材料加工理论与技术丛书

带钢冷连轧液压与伺服控制

Hydraulic and Servo Control of Cold Strip Mill

刘宝权　王军生　张　岩　刘相华　编著

科学出版社

北　京

内 容 简 介

本书介绍冷轧机液压传动系统和液压伺服系统的组成及功能，并对各液压伺服系统的功能进行详尽的理论分析。全书共9章。第1章介绍了液压传动和液压伺服系统的发展，轧机厚度控制技术的发展和机型的演变。第2章介绍了液压伺服系统组成、电液伺服阀的分类、伺服阀的特性和液压伺服系统的设计和相关流体力学基础知识。第3章介绍了冷轧机辊缝液压伺服系统的组成、控制方式、非线性特性。第4章介绍了冷轧机工作辊弯辊液压系统和中间辊弯辊液压系统组成、动特性、非对称性，弯辊控制系统。第5章介绍了冷轧机窜辊液压伺服控制系统。第6章介绍了冷轧机辅助液压系统的构成及工作原理和液压传动系统设计方法。第7章介绍了冷轧机标定原理和标定过程。第8章介绍了液压伺服系统 Simulink 仿真方法，对单侧液压压上位置闭环系统进行了模拟。第9章介绍了基于神经网络的自适应 PID 控制，模拟了冷轧机前馈 AGC 厚度控制。

本书可供从事液压、机械、轧钢和自动化工作的科技人员和高等院校有关专业的师生参考阅读，对其他相关专业的工程技术人员也有一定的参考价值。

图书在版编目(CIP)数据

带钢冷连轧液压与伺服控制＝Hydraulic and Servo Control of Cold Strip Mill/刘宝权等编著．—北京：科学出版社，2016.1

(材料加工理论与技术丛书)

ISBN 978-7-03-047053-9

Ⅰ.①带… Ⅱ.①刘… Ⅲ.①带钢轧机-冷连轧-液压机②伺服控制
Ⅳ.①TG315②TP472

中国版本图书馆 CIP 数据核字(2016)第 013462 号

责任编辑：牛宇锋　高慧元／责任校对：郭瑞芝
责任印制：张　倩／封面设计：蓝正设计

科学出版社 出版
北京东黄城根北街16号
邮政编码：100717
http://www.sciencep.com

新科印刷有限公司印刷
科学出版社发行　各地新华书店经销

*

2016年1月第　一　版　开本：720×1000 1/16
2016年1月第一次印刷　印张：22　1/4
字数：430 000

定价：120.00元

（如有印装质量问题，我社负责调换）

前　言

冷轧钢板是以热轧钢卷为原料，在再结晶温度以下轧制而成的。冷轧钢板具有表面光洁度高、表面质量好、平直度高、尺寸精度高、易于涂镀加工等优点，同时具有深冲性能高和不时效的特点，因此被广泛用于汽车、家电、建筑、包装、食品、航空、精密仪表、电机制造、轻工等行业。冷轧钢板已成为现代社会国民经济发展不可缺少的材料。

冷轧机是生产冷轧钢板的关键设备。1553 年法国人 Brulier 制成一台轧机，轧制造币用的金板和银板。冷轧生产最初是在二辊轧机、四辊轧机上进行的。随着科学技术和工业的发展，电机、仪表、电子、通信等制造行业需要更薄、强度更大、质量要求更高的冷轧钢板。四辊轧机已无法满足这一要求，为此开发出了不同轧辊数量和结构形式的的冷轧机，如六辊轧机、十二辊轧机、二十辊轧机、偏八辊轧机、CVC 轧机、UC 轧机等。目前，冷轧已成为综合材料、机械、液压、仪表、计算机、控制等多学科的技术体系。

20 世纪 60 年代，各种结构的电液伺服阀相继出现，特别是干式力矩马达的出现，进一步提高了伺服阀的性能，使得液压伺服系统成为军工和工业自动化的重要组成部分。液压伺服系统具有体积小、重量轻、惯性小、可靠性高、输出功率大、控制精度高、响应速度快等优点，被广泛应用于轧机的压上、弯辊、窜辊中，以实现辊缝位置、轧制力、张力、厚度和板形等的自动控制。同时轧机其他设备的动作也离不开液压传动系统，液压传动和液压伺服系统已成为现代化轧制设备的重要组成部分之一，也是冷轧机自动控制的核心。

冷轧机液压传动和伺服控制系统是冷轧机与液压传动、伺服阀、自动控制相结合的产物。本书主要介绍现代化大型冷轧机的液压伺服系统和液压传动系统，从轧制工艺角度系统地阐述多年从事冷轧机安装、调试、开发工作的心得体会和科学研究成果。本书部分科研成果曾获得国家、省、市科技进步奖，具有技术先进性和应用实践性。作者编写此书，希望与广大同行共勉，以丰富我国冷轧机液压传动和伺服控制理论，提高我国冷轧带钢轧制控制技术。

本书由鞍钢集团钢铁研究院刘宝权博士、王军生博士、张岩博士和东北大学刘相华教授编著，辽宁科技大学宋蕾博士负责完成轧辊窜辊系统部分的编著。特别感谢鞍钢集团钢铁研究院冷轧工艺控制技术研发团队全体同志，大家十年如一日坚持从事冷轧核心技术研发与工程项目调试工作，在此基础上形成本书。

由于作者水平有限，不足之处恳请广大读者批评指正。

作　者

2015年4月2日

目　　录

第1章 液压系统

1.1 轧机液压控制系统

随轧制过程向着高速化、自动化和连续化的方向发展，液压伺服系统已成为现代化轧制设备的重要组成部分之一，被广泛应用于轧机的液压辊缝、弯辊、窜辊和辅助控制设备中，以实现位置、速度、张力、厚度和板形等的控制。

板形与板厚是带钢生产的两个最重要的质量衡量指标。目前提高板厚精度的主要方法是厚度自动控制(automatic gauge control，AGC)，其目的是获取带钢的纵向厚度的均匀性。实践证明，AGC系统对提高带钢纵向厚度精度及整体质量起到了非常关键的作用。另外，作为板形的控制手段，板形自动控制(automatic flatness control，AFC)也越来越广泛地应用到带钢生产线中，它的目的是获取带钢横向厚度的均匀性和良好的平直度。

1.2 轧机厚度控制技术发展

轧机厚度控制技术的发展经历了由粗到精的过程，按出现的时间顺序可以分为以下几种。

第一种是手动辊缝调节厚度。最早的轧机是靠手动调节辊缝螺丝来进行辊缝调节的。这种调节方式仅能设定原始辊缝，无法达到厚度控制精度的要求，因而在板带轧机上已基本不再采用。

第二种是电动辊缝调节厚度。这种调节方式一般不能在线调节，无法保证严格的厚度精度，因而目前只有在开环和厚板轧机上使用，板带轧机上很少使用。

第三种是电动双辊缝系统调节厚度。为了进一步控制板厚偏差，许多较为先进的轧机的板厚调节装置都被分为粗调和精调两个部分，其中粗调装置用来设定原始辊缝，而精调装置用来在轧制过程中，随各种轧制条件的变化而进行微量的在线调整。电动双辊缝系统由高速和低速两套电动辊缝系统组成。其中高速电动辊缝系统用来设定原始辊缝，低速电动辊缝系统用做在线调整。这种辊缝系统虽然比单一的电动辊缝系统要好，但由于它的精调系统滞后比较严重，不能适应高速轧机的需要，因而，现代化的轧机上已基本不再采用。

第四种是电-液双辊缝系统调节厚度。电-液双辊缝系统也是由粗调和精调两部分组成的，其中粗调部分就是一般的电动辊缝装置，用它来设定原始辊缝。精调部分采用液压系统，由于液压系统响应频率高，速度快，因而这种调节方式的调节精度高。这种控制方式主要用于热轧机辊缝控制系统中。

第五种是全液压辊缝调节装置。全液压辊缝的厚度控制系统取消了传统的辊缝螺丝，用液压缸直接辊缝，这种厚度控制方式结构简单，灵敏度高，能够满足很严格的厚度精度要求，并可根据需要，改变轧机的当量刚度，是现代化轧机上普遍采用的厚度控制方式。

1.3　轧机机型演变

20 世纪 60 年代前带钢的板形是通过磨削轧辊原始凸度来控制的，20 世纪 60 年代液压弯辊装置被应用到板带轧机上，从而开始了自动板形控制的艰难历程。20 世纪 70～80 年代，是冷轧机发展史上具有划时代意义的时期，相继开发了具有多种板形调控手段、调控能力强的新机型，其目的是达到动态减小或补偿轧辊的弹性变形。到目前为止，冷轧机上相继使用过或正在使用的板形调控手段主要包括液压弯辊、轧辊分段冷却、双阶梯支撑辊、HC、VC、CVC、PC 和 DSR。

1.3.1　液压弯辊

液压弯辊的方法最早应用于橡胶、塑料、造纸等工业部门，美国学者鲍尔斯于 1947 年首次提出工作辊弯辊概念并申请了专利，弯辊力作用于上下工作辊轴承座之间，只能实现正弯辊。随后的几十年内各国又相继提出了其他形式的工作辊弯辊方案和支撑辊弯辊方案。

20 世纪 60 年代以后逐渐应用到金属加工领域中来，并发展成为一个行之有效的板形控制方法。最初的弯辊系统有轧辊平衡装置演变而来，人们在生产实际中发现，改变平衡缸的压力对板形的调整有一定的调整作用。因此从结构上对平衡装置进行改进，增大其能力，就发展成为最初的液压弯辊装置，液压弯辊的成功应用标志着板带轧机已进入现代化时代。液压弯辊控制技术具有精度高、响应速度快、功率大、结构紧凑和使用方便等优点，其他改善板形的方法，如 HC 轧机、UC 轧机、CVC 轧机、DSR 轧机、PC 轧机等，都必须配合采用液压弯辊，液压弯辊是改善板形质量的一项基础性的措施。工作辊弯辊只能对带材边部起调节作用，不能影响到带材中部。

液压弯辊通过装设在弯辊缸块上的液压缸向工作辊或中间辊辊颈施加液压弯辊力，使轧辊产生附加弯曲，来瞬时地改变轧辊的有效凸度，从而改变承载辊缝形状和轧后带钢的延伸沿横向的分布，以补偿由于轧制压力和轧辊温度等工艺因素的变化而产生的辊缝形状的改变。在诸多板形控制手段中,轧辊弯辊是最活跃和有效的,是改善板形质量的一项基础性的措施,其他改善板形的方法都必须配合采用液压弯辊。

工作辊弯辊系统能够在轧制过程中连续地对带钢横向厚度进行控制,然而,在一些实际的使用中,弯辊提供的凸度控制范围要受到工作辊轴承所能承受的最大载荷的限制。

1.3.2　轧辊冷却控制

分段冷却也是板形调控的一项基本的和最有效的板形调控手段(图 1-1),用于控制高次板形缺陷分量。

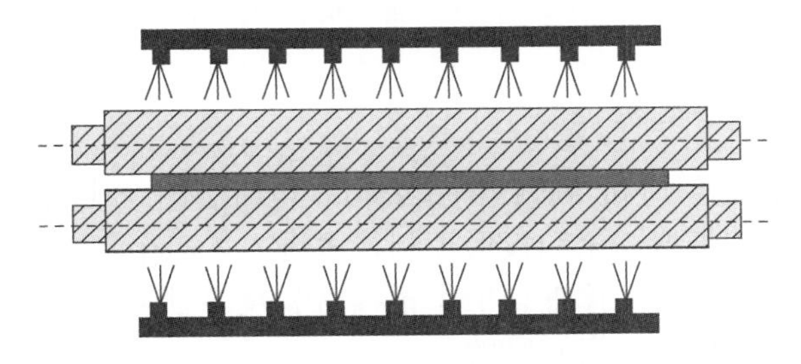

图 1-1　轧辊分段冷却原理

在高速冷轧带钢生产中,轧件的塑性变形、轧辊与轧件间的摩擦、轧辊间的摩擦等均会产生大量热量,导致轧辊的温度较高且温度分布不均,故辊身上的各处的热凸度必然不均,从而造成带钢的局部缺陷。分段冷却控制技术通过调整沿辊身轴向布置冷却液的分段流量来改变轧辊热膨胀量的横向分布,改变轧辊的局部热膨胀变形量,从而改变轧制带材相应位置处的延伸率,能对任意板形进行控制,达到控制非对称或局部板形等复杂板形缺陷的目的。对于控制局部复杂的板形缺陷,分段冷却是任何其他板形控制手段不可能代替的。

1.3.3　双阶梯支撑辊

传统四辊轧机由于本身结构的特点,板带与工作辊的接触宽度总是小于轧辊辊身长度,图 1-2 为辊系受力分析,在位于带宽以外的辊间接触区,其接触压力形成有害弯矩,导致工作辊附加弯曲变形,且随轧制力的增大而增大,降低了弯辊效率,这就要求弯辊系统必须具有较大的弯辊力。

采用阶梯支撑辊,带钢宽度与支撑辊面长度相同,则可以完全消除带宽以外的有害接触部分,增大力轧机的刚度,弯辊效率大幅度提高。但阶梯形支撑辊接触部分的宽度无法随板带宽度的变换而变化,在轧制不同规格的板带材时,不能取得最佳效果。

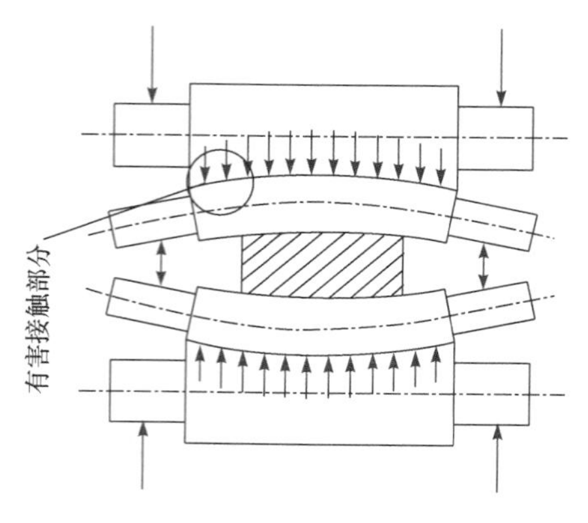

图 1-2　传统四辊轧机受力分析

1.3.4　HC 轧机和 UC 轧机

1972 年日本日立公司和新日铁钢铁公司联合研制出新式六辊 High Crown 轧机，简称 HC 轧机，使板形理论和板形控制技术进入了一个新的时期。HC 轧机是为了克服阶梯支撑辊轧机支撑辊与工作辊接触长度不能随板宽的变化而改变，以及提高工作辊弯辊调控功效而开发的。

HC 轧机是在普通四辊轧机的基础上，在支撑辊和中间辊之间安装一对可轴向窜动的中间辊，如图 1-3 所示。中间辊的窜动量可根据轧制板带的宽度动态调整，其作用相当于可变辊长的双阶梯轴支撑辊。通过中间辊的窜动，改善了工作辊和支撑辊间的接触状态，消除了普通四辊轧机的有害接触区，提高辊系的横向刚度，提高了弯辊的调控功效。此外由四辊增加到六辊，允许较小直径的工作辊，在保证板形质量良好的条件下，实现大辊缝轧制。根据轧辊窜动配置情况 HC 轧机又派生出多种形式，如六辊 HCM、六辊 HCMW 和四辊 HCW。HCM 具有较大的调节范围，适用于连轧机组的入口机架，以防止来料不均造成的轧辊磨损而影响带材凸度；HCW 的调节范围较小，但具有较高的调节精度，更适用于连轧机的出口机架；HCMW 同时具有上述两种优点。HC 轧机也可以与其他调控手段相结合形成板形调控能力更强的轧机，如 HC-CVC 轧机。

HC 轧机缺点：由于工作辊或中间辊的轴向移动，辊间接触长度减小，辊间接触压力呈三角形分布，存在峰值，增加了辊面损伤的风险。与 CVC 轧机和 PC 轧机相比，轧辊消耗增大。为减少轧辊磨损和提高轧辊寿命可采用如下措施：合理配置轧辊硬度，工作辊、中间辊和支撑辊逐次降低，防止工作辊辊面损伤；合理配置辊身长度；采用带有锥形端部的中间辊。

为了轧制更薄、更宽和精度更高的冷轧带钢，必须继续采用减小辊径和增加高次板形缺陷的控制手段。在此背景下，日本日立公司于 1981 年研制开发出了 UC

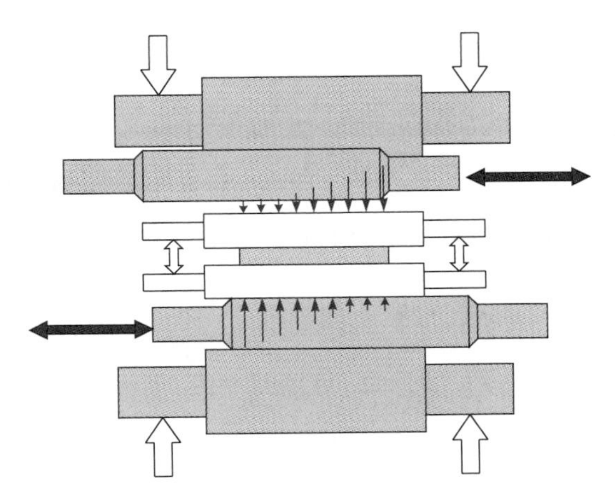

图 1-3 六辊 HC 轧机

轧机(universal crown control mill),如图 1-4 所示。它是在 HC 轧机的基础上,通过采用小辊径的工作辊,同时增加了中间辊弯辊的控制手段发展起来的。与 HC 轧机相比,UC 轧机又增加了两个新的特点即除 HC 轧机所具有的中间辊横移、工作辊辊弯辊外,又增加了中间辊弯辊和力图实现工作辊直径的小径化。细长工作辊的弯曲和较粗的中间辊的弯曲巧妙地结合为板形控制的精调手段,可以对二次方曲线特征的中浪、边浪以及四次方曲线特征的二肋浪、复合浪进行控制。

当中间辊横移到适当的位置时,UC 轧机的横向刚度趋近于无穷,加之板形调控能力更强、工作辊直径更小,因此 UC 轧机可以生产更宽、更薄、更硬及板形精度要求更高的冷轧带钢。UC 轧机的主要机型包括 UCM、UCMW。

1.3.5 VC 轧机

为了满足辊形可变形的要求,1974 年日本住友金属工业公司开发出 VC(variable crown)轧机,1977 年首次应用于鹿岛热轧带钢二辊平整机,1979 年又在和歌山厂四辊 2000mm 冷轧机上得到应用。VC 辊由辊芯与辊套装配而成,芯轴与套筒之间有液压腔。压力高达 50MPa 的高压油,由辊芯进入液压腔,见图 1-5。通过调节油压高低来改变辊套的膨胀量,从而改变轧辊凸度,达到控制板形、板凸度的目的。

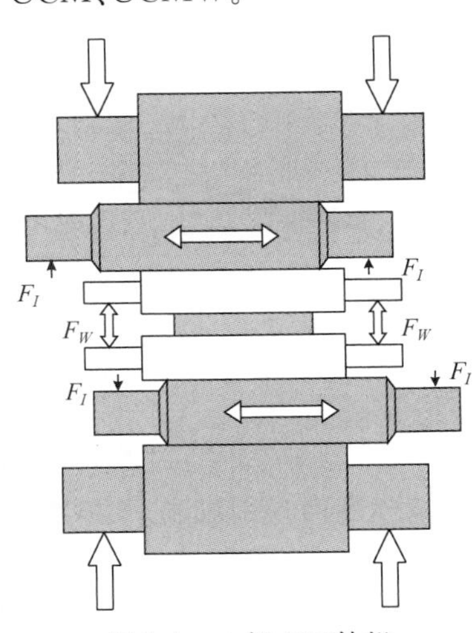

图 1-4 六辊 UC 轧机

VC 辊的缺点是:密封困难,结构复杂,维护难度大,轧辊消耗大,不能有效地控制复合浪，调整轧辊凸度的幅度较小，若无轧辊横移，无法避免局部高点。

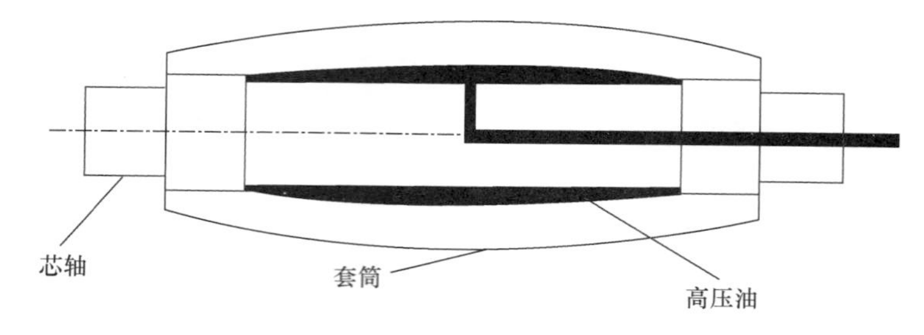

图 1-5　VC 辊原理图

VC 轧机具有较多优点：①减少支撑辊的换辊次数；②可补偿轧辊磨损及热辊形；③在带材轧制加、减速阶段，可有效补偿因轧制速度的变化引起的轧制力波动和轧辊凸度变化；④对现有轧机进行改造比较方便，用 VC 辊代替原有支撑辊即可。

1.3.6　CVC 轧机

CVC(continuously variable crown)轧机，1980 年由德国 SMS 公司研制，1981 年首次用于四辊可逆冷轧机上。如图 1-6 所示，这种轧机将上、下轧辊辊身磨削成相同的 S 形 CVC 曲线，上、下辊的位置倒置 180°，当曲线的初始相位为零时，形成等距的 S 形平行辊缝，通过轧辊窜动机构，使上、下 CVC 轧辊相对同步窜动，就可在辊缝处产生连续变化的正、负凸度轮廓，从而适应工艺对轧辊在不同条件下，能迅速、连续、任意改变辊缝凸度的要求。

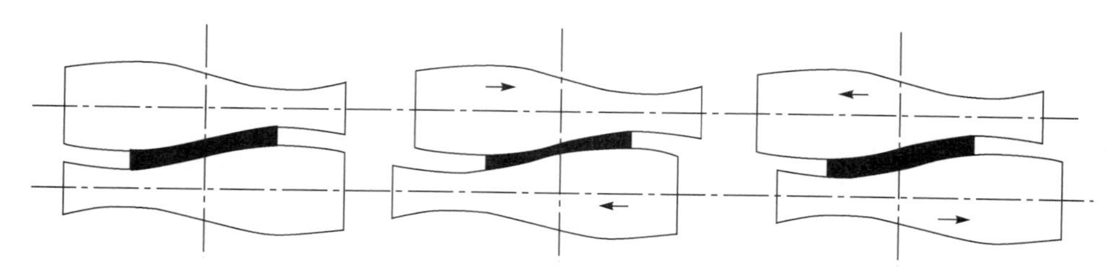

图 1-6　CVC 轧辊辊系及其工作原理

CVC 辊和弯辊装置配合使用可以调整辊缝达 600μm。CVC 轧机辊形复杂、磨削精度高而且困难、辊形互换性差、辊耗增加、辊间接触压力大、辊形磨损后板形调控能力变差、无边部减薄功能及带钢易出现蛇形缺陷。但由于 CVC 轧机具有板形调控能力强、操作方便、易改造及投资少的优点，被普遍采用。

1.3.7 PC轧机

早在1932年就由美国开发出轧辊交叉(pair cross)的PC轧机(图1-7),由于这种轧机的轴向力大,故未能实际应用于金属轧制。1979～1981年新日铁与三菱重工共同开发成对交叉PC轧机,比单辊交叉轧机的轴向力相对小些,于1984年8月在新日铁广畑厂的1840mm热轧机上得到应用。PC轧机上下工作辊成对交叉,而上下工作辊与相应的支撑辊保持平行。

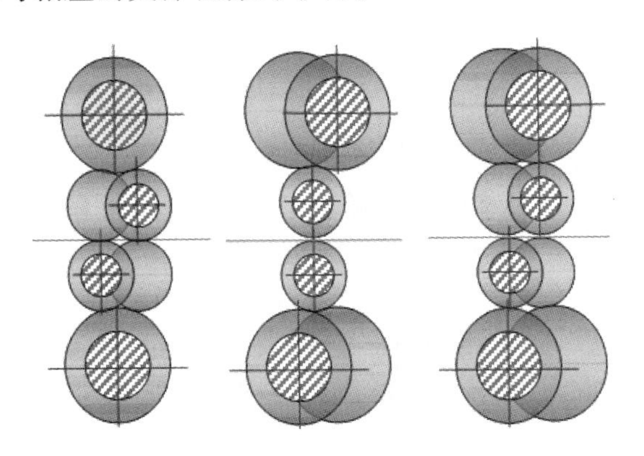

图1-7 轧辊交叉轧机原理

PC轧机属于辊缝柔性调节轧机,整个辊系抵抗轧制力波动的能力弱。PC轧机的辊间接触长度与普通轧机一样,存在辊间有害接触区。此外,PC轧机存在结构复杂、维修难度大、轧辊磨损大、自由轧制困难等缺点。但在各类型轧机中,PC轧机具有较大的凸度控制范围和较高的控制精度,轧件越宽板形的调控能力越大,适用于各种辊形曲线。

1.3.8 DSR动态板形辊

20世纪90年代,英国Davy Mekee公司和法国VAI Clecim公司合并后,改进了Davy公司先前潜心研究的NIPCO技术,开发出DSR(dynamic shape roller)动态板形辊及其控制系统,不仅能进行全辊缝调节,而且能够对轧制辊缝中任意位置进行调节,满足对轧制辊缝中任意一个局部缺陷的调控要求。

如图1-8所示,DSR动态板形辊主要由静止芯轴、旋转辊套、7个液压缸、电液伺服阀等部分组成。在工作辊的带动下,动态板形辊的金属套筒可以绕着固定轴自由旋转,套筒内共有7个压块,每个压块装备了一个液压缸,此液压缸固定在芯轴上,静止不动。压块与旋转的辊套内表面之间为动静压油膜,进而实现转动和静止元件间的分离。板形控制系统通过对液压缸压力的控制调整每个压块的辊缝,7个压块的压力可以单独控制,通过控制7个压块的压力分布就可以调整辊缝的分布，从而达到控制板形的目的。DSR 动态板形辊多用于四辊轧机的支撑辊，可成对使用，也可单独使用。

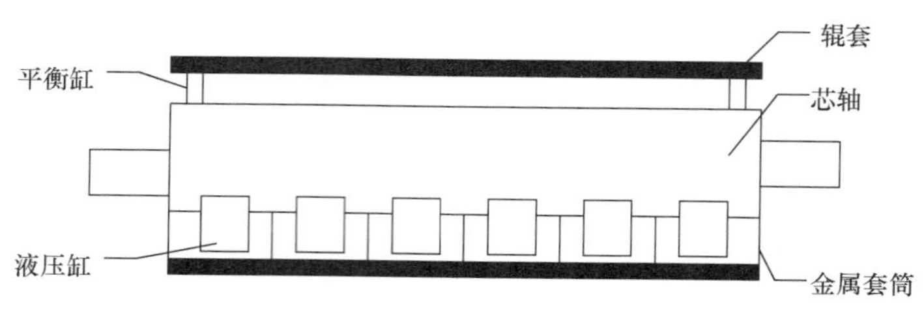

图 1-8　DSR 支撑辊结构图

DSR 动态板形辊高精度板形控制具有突出的优点：①能消除其他调节手段无法消除的非对称、高次局部的板形缺陷；②能针对不同的板宽消除辊间的有害接触区，提高工作辊的弯辊功效；③能动态、快速、大范围、高精度控制板形。DSR 虽有突出的优点，但其结构相对复杂，承载油膜运行稳定性差，辊套磨损量大，检修和维护难度大，且价格昂贵。DSR 技术具有较好的市场前景，但目前尚未大范围普及，技术上需要进一步完善。国内，DSR 技术率先在上海宝钢 2030 冷轧机上得到应用，液压伺服系统的供油压力为 42MPa，静压油膜的供油压力为 60MPa。

从轧机厚度控制技术的发展、板形控制技术的发展及轧机机型的演变可以看出：正是由于液压伺服系统具有响应速度快、负载刚度大、控制功率大等优点，因此得以在轧机上得到广泛应用。到目前为止，冷轧机的厚度精度调节、板形精度调节都是由液压伺服系统来完成的。轧机轧制过程中，通过伺服阀调节轧机辊缝液压缸的位置或力，实时保持轧机的辊缝恒定不变或轧制力恒定，以消除原料厚度波动、轧辊偏心、轧件变形抗力变化等各种扰动因素导致的轧件厚度偏差，从而使轧机出口板厚保持稳定。此外，板形控制系统的各种调控手段也都采用液压伺服系统进行控制。多年的实践经验证明，液压伺服控制系统是保证成品纵向和横向厚差、提高成材率、稳定轧制工艺、优化产品性能的重要技术装备。

1.3.9　锥形工作辊横移技术

在边部减薄控制方法中，目前世界上使用最广泛的是锥形工作辊横移轧机。该轧机采用两个单锥度的工作辊，通过带钢在锥形段有效工作长度来控制金属边部的横向流动，补偿工作辊压扁引起的边部金属变形，减少边部减薄的发生，如图 1-9 所示。这种控制方法比较容易实现，设备加工制造成本低，控制效果明显，且四辊或六辊轧机都可以使用。

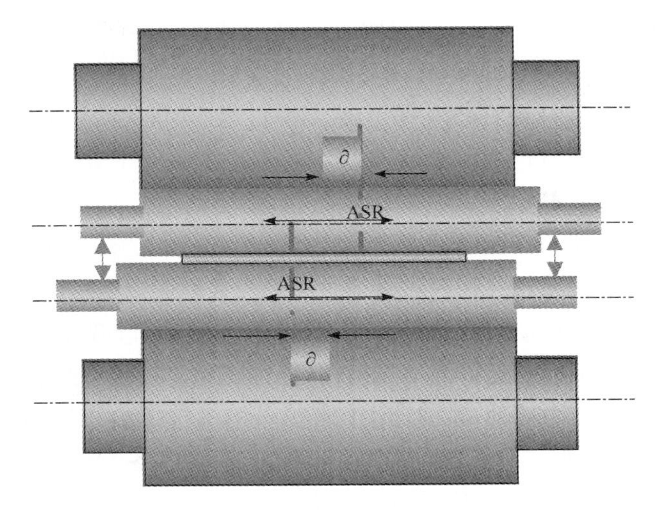

图1-9　锥形工作辊横移轧机

锥形工作辊横移轧机上下工作辊的轴向横移，可减小工作辊由于磨损和热变形对板形带来的影响，并且可以控制各种宽度带钢的边部减薄。工作辊横移既可以提高弯的辊力的控制效果，又可以提高辊系的横向刚度，从而提高板形的控制效果。

1.4　传动形式

一般的设备都有传动装置，借助它达到对动力进行传递和控制的目的。传动的形式有多种，按所采用的机件或工作介质的不同可分为机械传动、电气传动、流体传动。

在传动装置中以流体(矿物油、水或气体等)为工作介质进行能量传递与控制的称为流体传动装置，简称流体传动。在流体传递能量时，存在着将机械能转变为流体能，再由流体能转变为机械能的过程。流体能有三种形式：势能、压力能和动能。流体传动按照工作介质的不同分为气压传动和液体传动。液体传动按工作原理的不同又可分为液力传动和液压传动。

凡是以工作气体的压力能进行能量传递和控制的装置称为气压传动装置，简称为气压传动。气压传动由风动技术与液压技术演变、发展而来。气压传动通常以空气为工作介质，具有黏度小、管道阻力损失小、使用安全、无爆炸危险、无电击危险、有过载保护能力强、污染小等优点，因此具有广阔的发展前景。气压传动广泛应用于纺织、机械、汽车、电子、军事、钢铁、化工、食品、包装等行业。1829年出现了多级空气压缩机，为气压传动的发展创造了条件。1871年风镐开始用于采矿。1868 年美国学者威斯汀豪斯发明气动制动装置，并在 1872 年用于铁路车辆的制动。后来，随着兵器、机械、化工等工业的发展，气动机具和控制系统得到广泛的应用。1930 年出现了低压气动调节器。20 世纪 50 年代研制成功用于导弹尾翼控制的高压气动伺服机构。20 世纪 60 年代发明射流和气动逻辑元件，遂使气压传动得到很大的发展。

凡是以工作液体的势能或动能进行能量传递和控制的装置称为液力传动。液力传动的输入轴与输出轴之间只靠液体为工作介质联系，构件间不直接接触，是一种非刚性传动。液力传动的优点是：能吸收冲击和振动，过载保护性好，甚至在输出轴卡住时动力机械仍能运转而不受损伤，能很容易实现带负载起动，能实现自动变速和无级调速。液力传动最初应用于船舶内燃机与螺旋桨间的传动。20 世纪 30 年代后很快在车辆、工程机械、起重运输机械、钻探设备、大型鼓风机、泵和其他冲击大、惯性大的传动装置上广泛应用。常用的液力传动装置有液力耦合器和液力变矩器两种。如图 1-10 所示，液力耦合器由壳体、泵轮、涡轮三部分组成，泵轮、壳体和输入轴连接在一起，构成液力耦合器的主动部分，涡轮和输出轴连接在一起，是液力耦合器的从动部分。输入轴转动时，带动壳体和泵轮一同转动，泵轮叶片内的液体在泵轮的带动下随之一同旋转，在离心力的作用下，液体被甩向泵轮叶片的边缘，并在边缘处冲向涡轮叶片，使涡轮在流体冲击力的作用下旋转，冲向涡轮叶片的流体沿涡轮叶片向内缘流动，返回到泵轮然后再次被甩出。

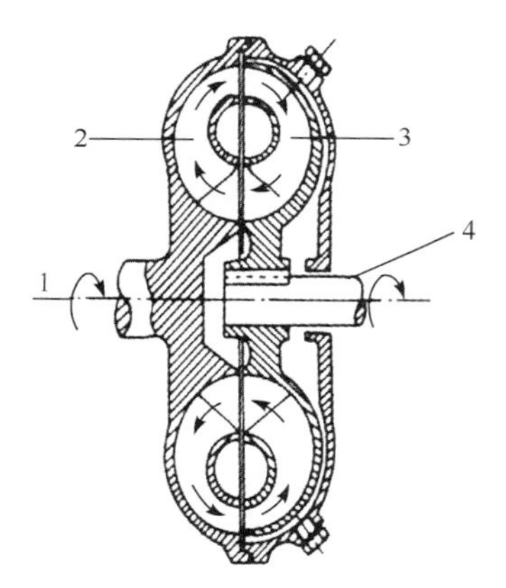

图 1-10　液力耦合器

1-输入轴；2-泵轮叶轮；3-涡轮叶轮；4-轮出轴

1.5　液压传动

凡是以工作液体的压力能进行能量传递和控制的装置称为液压传动装置，简称为液压传动。其工作元件称为液压元件。

早在 1662 年，帕斯卡就发现了利用液体产生很大力量的可能性。液压传动是根据 17 世纪帕斯卡提出的液体静压力传动原理而发展起来的一门新兴技术。1795 年，英国的 Braman(1749～1814)，在伦敦用水作为工作介质，以水压机的形式将其应用于工业上，从此世界上第一台水压机诞生了。1905 年将工作介质由水改为油，又进一步得到改善。

第一次世界大战(1914～1918)后液压传动广泛应用，特别是1920年以后，发展更为迅速。液压元件在19世纪末到20世纪初的20年间，才开始进入正规的工业生产阶段。1925年，Vikers发明了压力平衡式叶片泵，为近代液压元件工业或液压传动的逐步建立奠定了基础。20世纪初，Constantimsco对能量波动传递所进行的理论及实际研，对液力传动领域的发展起到了推动作用。

第二次世界大战(1939～1945)期间，美国机床中有30%应用了液压传动。应该指出，日本液压传动的发展较欧美等国家晚了近20多年。在1955年前后，日本迅速发展液压传动，1956年成立了液压工业会。日本液压传动发展相当迅猛，30年后就达到世界领先地位。

液压传动有许多突出的优点，因此它的应用非常广泛。如一般工业用的塑料加工机械、压力机械、机床等；行走机械中的工程机械、建筑机械、农业机械、汽车等；钢铁工业用的冶金机械、提升装置、轧辊调整装置等；土木水利工程用的防洪闸门及堤坝装置、河床升降装置、桥梁操纵机构等；发电厂涡轮机调速装置、核发电厂等；船舶用的甲板起重机械(绞车)、船头门、舱壁阀、船尾推进器等；特殊技术用的巨型天线控制装置、测量浮标、升降旋转舞台等；军事工业用的火炮操纵装置、船舶减摇装置、飞行器仿真、飞机起落架的收放装置和方向舵控制装置等。

1.6 液压系统组成

要完成液压传动的任务必须由一些主要液压元件组成液压系统，一个完整的液压系统由五个部分组成。

动力部分。动力部分的作用是将原动机的机械能转换成液体的压力能，一般指液压系统中的油泵，它向整个液压系统提供动力。液压泵的结构形式一般有齿轮泵、叶片泵和柱塞泵。

控制部分。即各种液压阀，在液压系统中控制和调节液体的压力、流量和方向。根据控制功能的不同，液压阀可分为压力控制阀、流量控制阀和方向控制阀。压力控制阀又分为益流阀(安全阀)、减压阀、顺序阀、压力继电器等；流量控制阀包括节流阀、调整阀、分流集流阀等；方向控制阀包括单向阀、液控单向阀、梭阀、换向阀等。根据控制方式不同，液压阀可分为开关式控制阀、定值控制阀和比例控制阀。

执行部分。执行部分(如液压缸和液压马达)的作用是将液体的压力能转换为机械能，驱动负载做直线往复运动或回转运动。

辅件部分。包括油箱、管路、管接头、蓄能器、滤油器、换热器及各种控制仪表等。

液压油。液压油是液压系统中传递能量的工作介质，有各种矿物油、乳化液和合成型液压油等几大类。其作用除传递能量外，还能起到润滑、防止锈蚀、冲洗系统内的污染物质并带走热量等作用。

凡是一个液压系统，无论其复杂程度如何，均可分为上述几个部分，图 1-11 即为一个典型的用图形符号表示的液压系统。

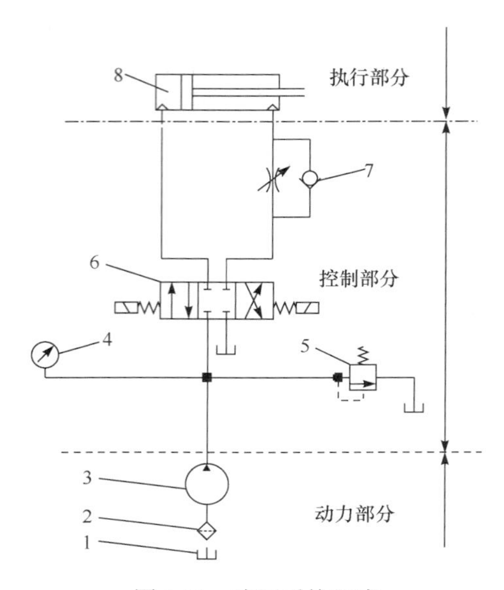

图 1-11　液压系统组成

1-油箱；2-过滤器；3-液压泵；4-压力表；5-溢流阀；6-换向阀；7-单向节流阀；8-液压缸

液压系统按照油液循环方式的不同，可以分为开式系统和闭式系统。图 1-11 所示系统就是一个开式系统。液压泵自油箱吸油，经过换向阀送入液压缸或液压马达，而液压缸或液压马达的回油返回油箱，液压油在油箱中冷却及沉淀过滤后再进行工作循环。闭式系统如图 1-12 所示，液压泵的吸油管直接与液压马达的回油管相连，形成一个闭合回路。

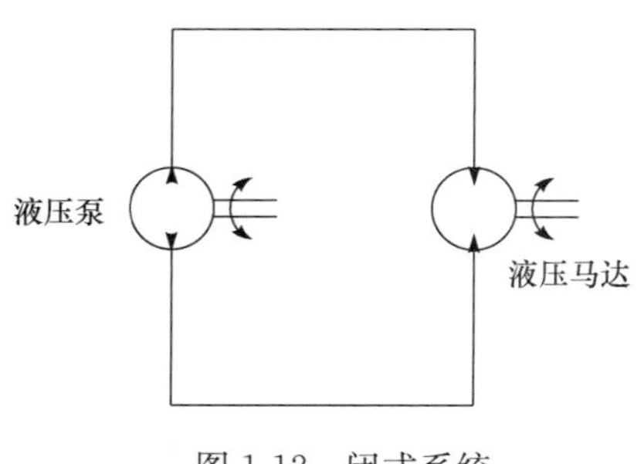

图 1-12　闭式系统

液压系统按照对力和运动的控制方式的不同，又可分为液压伺服控制系统和液压传动系统。液压伺服控制系统采用了伺服控制的方式，是一个自动控制系统。而液压传动系统采用了不包括伺服控制方式的液压系统，如常见的开关控制方式和比例控制方式。液压传动系统主要研究液压缸系统或液压马达系统的最佳功率、振动、噪声和优化设计问题。液压伺服控制主要研究系统的高精度性、高响应性和稳定性等问题。

1.7　液压伺服系统

第二次世界大战期间，由于军事上的需要，出现了以电液伺服系统为代表的响应快、精度高的液压元件和控制系统，从而使液压技术得到了迅猛发展。20 世纪 40 年代开始了滑阀特性和液压伺服理论的研究。1940 年年底，首先在飞机上应用了电液伺服系统，滑阀由伺服电机拖动作为电液转换器。由于伺服电机惯量大，限制了电液伺服系统的响应速度。20 世纪 50 年代初，出现了快速响应的永磁力矩马达，形成了现今电液伺服阀的雏形。20 世纪 50 年代末，又出现了喷嘴挡板作为第一级的电液伺服阀，进一步提高了电液伺服阀的快速性，形成了具有响应速度快、控制精度高的电液伺服系统。20 世纪 60 年代，各种结构的电液伺服阀相继出现，特别是干式力矩马达的出现，进一步提高了伺服阀的性能。液压伺服系统已成为军工和工业自动化的重要组成部分，如飞机、雷达、火炮、仿形机床、数控机床、船舵操控和消摆系统、振动试验台、材料试验机、冷轧机和热轧机、水轮机自动调速系统、天文望远镜的追踪动作等。

伺服系统又称为随动系统或跟踪系统，是一种自动控制系统。在这种系统中，执行元件能以一定的精度自动地按照输入信号的变化规律而动作。用液压元件组成的伺服系统称为液压伺服系统。液压伺服控制不但是液压技术中的一个分支，而且是控制领域中的一个重要组成部分。液压伺服系统是使系统的输出量，如位移、速度或力等，能自动、快速而准确地跟随输入量的变化而变化。与此同时，输出功率被放大几十至几百万倍以上。液压伺服系统以其响应速度快、负载刚度大、控制功率大等优点在工业控制中得到了广泛的应用。

图 1-13 是一个简单的液压伺服系统。液压泵 2 是系统的动力源，以恒定的压力向系统供油，供油压力由溢流阀 3 设定。四通滑阀 4 是一个转换放大元件，它将输入的机械信号转换为液压信号输出并放大。液压缸 5 是执行元件，输入的是压力油的流量，输出的是运动速度或位移。滑阀与液压缸的组合称为伺服液压缸，阀体与液压缸体做成一体，构成了反馈连接。

当滑阀处于中间位置($x_v=0$)时，阀的四个窗口均关闭，阀没有流量输出，液压缸不动，系统处于静止状态。若滑阀向右移动一个距离 x_i，则窗口 a 和 b 便有一个相应的开口量 $x_v=x_i$，压力油经窗口 a 进入液压缸右腔，推动液压缸右移，液压缸左腔油液经窗口 b 排出。缸体运动过程中，滑阀是不同的，这样随着缸体的移动阀的开口量逐渐减小，缸体的位移 x_p 等于滑阀的位移 x_i 时，阀的开口量 $x_v=0$，阀的输出等于零，液压缸停止运动，处于一个新的平衡位置上，从而完成了液压缸输出位移对滑阀输入位移的跟随运动。如果滑阀反向运动，则液压缸也反向跟随运动。

这个系统之所以能够精确地复现输入位移的变化，是因为阀体与液压缸体固定在一起，构成了反馈控制系统。

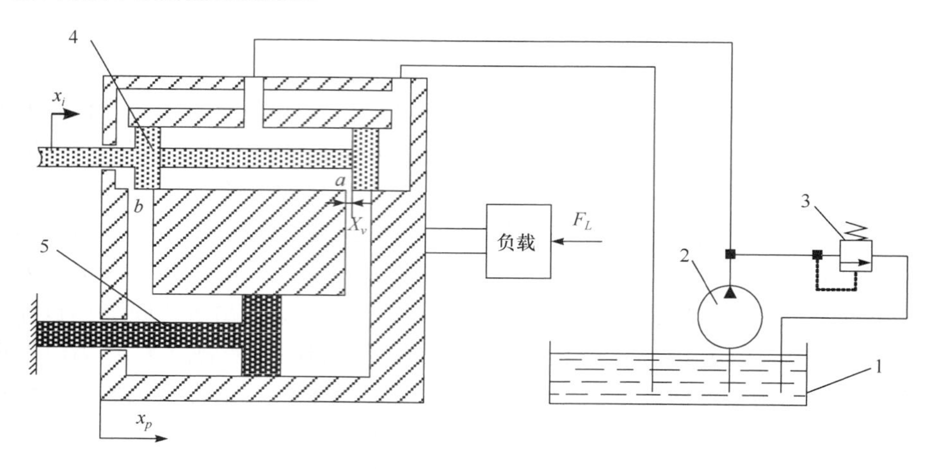

图 1-13 液压伺服系统原理

1-油箱；2-液压泵；3-溢流阀；4-四通滑阀；5-液压缸

液压伺服系统是反馈闭环控制系统，反馈回来代表实际状态的信号与指令信号比较，得到误差信号，如果误差不是零，便进行调节。例如，高射炮自动瞄准系统中，雷达跟踪飞机，将信号送给指挥仪，指挥仪计算出相应的位置，炮管的实际位置与指挥仪算出的指令位置在系统中不断进行比较和调节，直到误差小于允许值时才射击。液压伺服系统通常应包括：实际状态的测量反馈元件；小功率指令信号的传递元件和大功率液压执行元件；期望状态和反馈状态的比较元件；差值信号的放大元件。液压伺服系统分为机械-液压伺服系统、电气-液压伺服系统和气动-液压伺服系统。它们的指令信号分别为机械信号、电信号和气压信号。机械液压伺服系统应用较早，主要用于飞机的舵面控制和机床仿型装置上。随着电液伺服阀的出现，电液伺服系统在自动化领域占有重要位置。很多大功率快速响应的位置控制和力控制都应用电液伺服系统，例如，飞机、导弹的舵机控制系统；船舶的舵机系统；雷达、大炮的随动系统；轧钢机械的液压辊缝系统；机械手控制和各种科学试验装置（飞行模拟转台、振动试验台）等。气液伺服系统用于防爆的环境或容易获得气压信号的场合。

实际液压伺服系统无论多么复杂，都是由一些基本元件组成的，并可用图 1-14来表示。输入元件将给定值加于系统的输入端，该元件可以是机械的、电气的、液压的或者是其他形式。反馈测量元件测量系统的输出量并转换成为反馈信号，加于系统的输入端与输入信号进行比较，从而构成了反馈控制。输入信号和反馈信号应转换成相同的物理量纲，以便进行比较。输入元件和反馈测量元件可以是机械的、电气的、气动的、液压的或它们的组合形式。比较元件将反馈信号与输入信号进行比较，产生的偏差信号加于放大装置。转换放大装置的作用是将偏差信号放大，并将各种形式的信号转换成大功率的液压信号，输入执行机构。转换放大装置的输出级是液压的，前置级可以是电的、液压的、气动的、机械的或它们的组合形式。液压执行元件是指液压缸或液压马达。

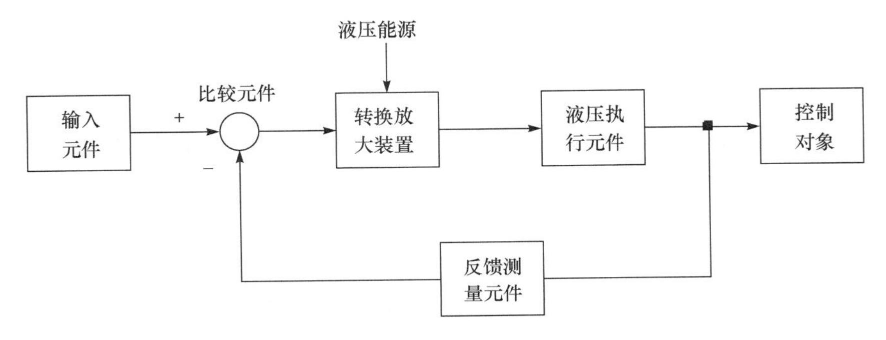

图 1-14 液压伺服系统构成

液压伺服系统可按照不同的原则进行分类，按系统中信号传递介质的形式或信号的能量形式，液压伺服系统可分为：

(1) 机械-液压伺服系统；

(2) 电气-液压伺服系统；

(3) 气动-液压伺服系统。

按拖动装置的控制方式和控制元件的类型不同，液压伺服系统可分为：

(1) 阀控系统——由伺服阀利用节流原理控制流入执行元件的流量或压力的系统；

(2) 泵控系统——利用伺服变量泵改变排量的办法控制流入执行机构的流量和压力的系统。

按被控物理量的不同可分为：

(1) 位置控制系统；

(2) 速度控制系统；

(3) 加速度控制系统；

(4) 压力控制系统；

(5) 力控制系统。

液压伺服系统是自动控制系统中应用最广泛的一种，与电气伺服系统相比具有如下优点：

(1) 体积小、重量轻、惯性小、可靠性高、输出功率大。

(2) 液压执行元件的响应速度快，在液压伺服系统中采用液压执行元件可以使回路增益提高频带加宽。

电动机就电压-速度而言，是一个简单的滞后环节。而液压执行元件就流量-速度而言是一个固有频率很高的二阶振荡环节。因而液压执行元件响应速度快，能快速启动、制动和反向。液压执行元件工作腔内的油液具有一定的压缩性，可以看成液压弹簧，这个液压弹簧与负载质量组成一个弹簧质量系统。由于油液的压缩性很小，所以液压弹簧刚度很大，从而使液压弹簧的固有频率很高。就目前的技术水平而言，液压伺服控制系统的响应速度是最快的，这也是许多场合非用它不可的原因。

(3) 抗负载的刚性大，控制精度高。由于油液的压缩性很小，所以液压执行元件的刚度较高。泄漏对速度的影响非常小，或者说速度刚度比较大。当加上负载后，速度只稍许有些下降。用在闭环控制系统中，其结果就是定位刚度比较大，位置误差比较小。这个优点也是液压伺服控制系统得到广泛应用的原因之一。

(4) 液压油能兼起润滑剂的作用，元件的润滑性能好、寿命长。

(5) 调速范围宽、低速稳定性好。

液压伺服系统因具有上述突出优点，促使它得到了广泛的应用，但它还存在着不少缺点：

(1) 抗污染能力差，对工作油液的清洁度要求高；

(2) 油液的体积弹性模量随着温度和混入空气的含量而变化；

(3) 当液压元件的密封装置设计、制造和使用维护不当时，容易引起油液泄漏，造成环境污染；

(4) 液压元件制造精度高，成本高；

(5) 液压执行机构与液压源之间的距离不能太远，否则会使系统的响应速度降低，甚至引起系统不稳定。

1.8 液压传动系统设计

现代机械一般多是机械、电气、液压三者紧密联系和结合的一个综合体。现代机械中，液压传动与机械传动、电气传动并列为三大传动形式，液压传动系统的设计在现代机械的设计工作中占有重要的地位。因此，液压系统作为现代机械的一个组成部分，其设计要同主机的总体设计同时进行。着手设计时，必须从实际情况出发，有机地结合各种传动形式，充分发挥液压传动的优点，力求设计出结构简单、工作可靠、成本低、效率高、操作简单、维修方便的液压传动系统。

液压传动系统的设计步骤并无严格的顺序，各步骤间往往要相互穿插进行。一般来说，液压系统设计的步骤大致如下：

(1) 确定液压执行元件的形式,明确设计要求,进行工况分析;
(2) 初定液压系统的主要参数;
(3) 制定基本方案,拟订液压系统原理图;
(4) 计算和选择液压元件;
(5) 验算液压系统性能;
(6) 绘制工作图和编写技术文件。

1.8.1 明确设计要求进行工况分析

设计要求是进行每项工程设计的依据。在制定基本方案并进一步着手液压系统各部分设计之前,必须把设计要求以及与该设计内容有关的其他方面了解清楚。

(1) 主机的概况:用途、性能、工艺流程、作业环境、总体布局以及对液压传动装置的位置和空间尺寸的要求等。

(2) 主机对液压系统的性能要求,具体包括:①液压系统要完成哪些动作,动作顺序及彼此联锁关系如何;②液压驱动机构的运动形式,运动速度;③各动作机构的载荷大小及其性质;④对调速范围、运动平稳性、转换精度等性能方面的要求;⑤自动化程度、操作控制方式的要求;⑥对效率、温升、成本等方面的要求。

(3) 液压系统的工作环境的要求,对防尘、防爆、防寒、噪声、安全可靠性的要求。

在上述工作的基础上,应对主机进行工况分析,工况分析包括运动分析和动力分析。对复杂的系统还需编制负载和动作循环图,由此了解执行元件的负载和速度随时间变化的规律,为确定系统及各执行元件的参数提供依据。

以下对工况分析的内容作具体介绍。

1. 运动分析

主机的执行元件按工艺要求的运动情况,可以用位移循环图(L-t)、速度循环图(v-t)或速度与位移循环图表示,由此对运动规律进行分析。

1) 位移循环图 L-t

图 1-15 为液压机的主液压缸位移循环图,纵坐标 L 表示活塞位移,横坐标 t 表示从活塞启动到返回原位的时间,曲线斜率表示活塞移动速度。该图清楚地表明液压机的工作循环分别由快速下行、减速下行、压制、保压、泄压慢回和快速回程六个阶段组成。

2) 速度循环图 v-t(或 v-L)

工程中液压缸的运动特点可归纳为三种类型。图 1-16 为三种类型液压缸的 v-t 图,第一种如图中实线所示,液压缸开始做匀加速运动,然后匀速运动,最后匀减速运动到终点;第二种,液压缸在总行程的前一半做匀加速运动,在另一半做匀减速运动，且加速度的数值相等；第三种，液压缸在总行程的一大半以上以较小的加速度做匀加速运动，然后匀减速至行程终点。v-t 图的三条速度曲线，不仅清楚地表明了三种类型液压缸的运动规律，也间接地表明了三种工况的动力特性。

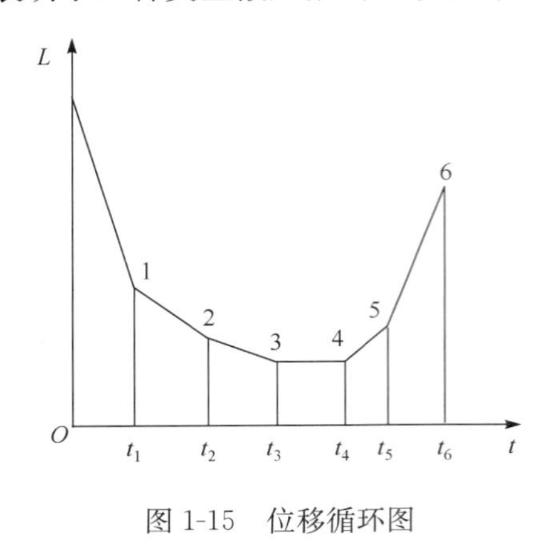

图 1-15　位移循环图

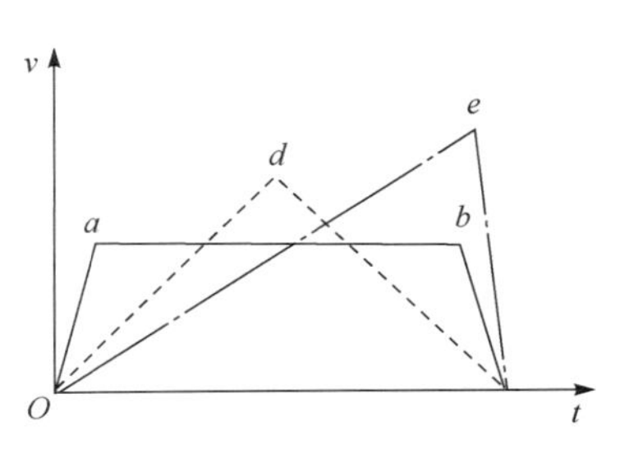

图 1-16　速度循环图

2. 动力分析

动力分析是研究机器在工作过程中，其执行机构的受力情况，对液压系统而言，就是研究液压缸或液压马达的负载情况。

1）液压缸的负载及负载循环图

（1）液压缸的负载力计算

工作机构作直线往复运动时，液压缸必须克服的负载由六部分组成：

$$F=F_c+F_f+F_i+F_G+F_m+F_b$$

式中，F_c 为切削阻力；F_f 为摩擦阻力；F_i 为惯性阻力；F_G 为重力；F_m 为密封阻力；F_b 为排油阻力。

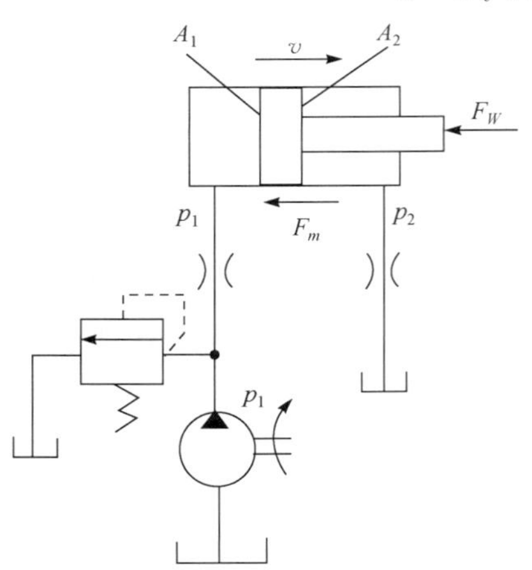

图 1-17　液压系统计算简图

图 1-17 所示为一个以液压缸为执行元件的液压系统计算简图。各有关参数已标注在图上，其中 F_W 是作用在活塞杆上的外部载荷，F_m 是活塞与缸壁以及活塞杆与导向套之间的密封阻力。作用在活塞杆上的外部载荷包括工作载荷 F_g、导轨的摩擦力 F_f 和由速度变化而产生的惯性阻力 F_i。其中，常见的工作载荷 F_g 有作用于活塞杆轴线上的重力 F_G、切削阻力 F_c、挤压力等。

① 切削阻力 F_c

液压缸运动方向的主要工作载荷，对于机床来说就是沿工作部件运动方向的切削力，此作用力的方向如果与执行元件运动方向相反为正值，两者同向为负值。该作用力可能是恒定的，也可能是变化的，其值要根据具体情况计算或由实验测定。

② 摩擦阻力 F_f

为液压缸带动的运动部件所受的摩擦阻力，它与导轨的形状、放置情况和运动状态有关，其计算方法可查有关的设计手册。

③ 惯性阻力 F_i

惯性阻力 F_i 为运动部件在启动和制动过程中的惯性力，可按下式计算：

$$F_i = ma = \frac{G}{g}\frac{\Delta v}{\Delta t}(\mathrm{N})$$

式中，m 为运动部件的质量；a 为运动部件的加速度；G 为运动部件的重量；g 为重力加速度；Δv 为速度变化量(m/s)；Δt 为启动或制动时间(s)，一般机械 $\Delta t = 0.1 \sim 0.5\mathrm{s}$，对轻载低速运动部件取小值，对重载高速部件取大值。

行走机械一般取 $\Delta v/\Delta t = 0.5 \sim 1.5\mathrm{m/s^2}$。

④ 重力 F_G

垂直放置和倾斜放置的移动部件，其本身的重量也成为一种负载，当上移时，负载为正值，下移时为负值。

⑤ 密封阻力 F_m

密封阻力指装有密封装置的零件在相对移动时的摩擦力，其值与密封装置的类型、液压缸的制造质量和油液的工作压力有关。由于各种缸的密封材质和密封形成不同，密封阻力难以精确计算，在初算时，一般估算为

$$F_m = (1 - \eta_m)\frac{F_m}{\eta_m}$$

式中，η_m 为液压缸的机械效率，一般取 0.90～0.95。

验算时，按密封装置摩擦力的计算公式计算。

⑥ 排油阻力 F_b

排油阻力为液压缸回油路上的阻力，该值与调速方案、系统所要求的稳定性、执行元件等因素有关，在系统方案未确定时无法计算，可放在液压缸的设计计算中考虑。

(2) 液压缸运动循环各阶段的总负载力

液压缸运动循环各阶段的总负载力计算，一般包括启动加速、快进、工进、快退、减速制动等几个阶段，每个阶段的总负载力是有区别的。

① 启动加速阶段:这时液压缸或活塞处于由静止到启动并加速到一定速度,其总负载力包括导轨的摩擦力、密封装置的摩擦力(按缸的机械效率 $\eta_m=0.9$ 计算)、重力和惯性力等项,即

$$F=F_f+F_i\pm F_G+F_m+F_b$$

② 快速阶段:

$$F=F_f\pm F_G+F_m+F_b$$

③ 工进阶段:

$$F=F_f+F_c\pm F_G+F_m+F_b$$

④ 减速阶段:

$$F=F_f\pm F_G-F_i+F_m+F_b$$

对简单液压系统,上述计算过程可简化。例如,采用单定量泵供油,只需计算工进阶段的总负载力,若简单系统采用限压式变量泵或双联泵供油,则只需计算快速阶段和工进阶段的总负载力。

(3) 液压缸的负载循环图

对较为复杂的液压系统,为了更清楚地了解该系统内各液压缸(或液压马达)的速度和负载的变化规律,应根据各阶段的总负载力和它所经历的工作时间 t 或位移 L 按相同的坐标绘制液压缸的负载-时间(F-t)或负载-位移(F-L)图,然后将各液压缸在同一时间 t(或位移)的负载力叠加。

图 1-18 为一部机器的 F-t 图,其中,$0\sim t_1$ 为启动过程;$t_1\sim t_2$ 为加速过程;$t_2\sim t_3$ 为恒速过程;$t_3\sim t_4$ 为制动过程。它清楚地表明了液压缸在动作循环内负载的规律。图中最大负载是初选液压缸工作压力和确定液压缸结构尺寸的依据。

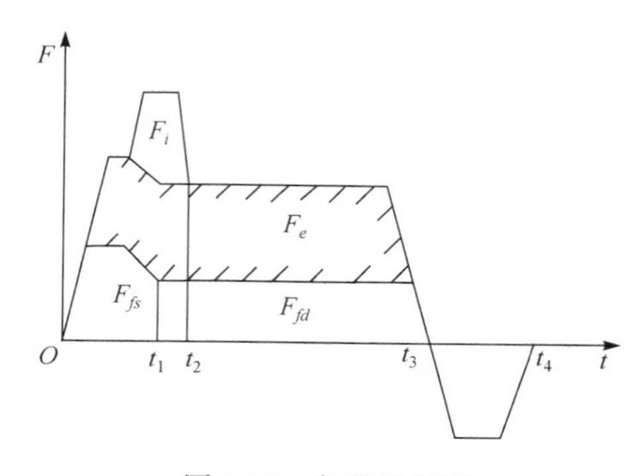

图 1-18　负载循环图

2) 液压马达的负载

工作机构做旋转运动时,液压马达必须克服的外负载为

$$T=T_e+T_f+T_i$$

(1) 工作负载力矩 T_e

工作负载力矩可能是定值,也可能随时间变化,应根据机器工作条件进行具体分析。常见的工作负载力矩有驱动轮的阻力矩、液压卷筒的阻力矩等。

(2) 摩擦力矩 T_f

为旋转部件轴颈处的摩擦力矩,其计算公式为

$$T_f=\mu GR(\mathrm{N \cdot m})$$

式中,G 为旋转部件施加于轴颈上的径向力;μ 为摩擦系数;R 为旋转轴颈的半径。

(3) 惯性力矩 M_i

为旋转部件加速或减速时产生的惯性力矩,其计算公式为

$$T_i=J\varepsilon=J\frac{\Delta\omega}{\Delta t}(\mathrm{N \cdot m})$$

式中,ε 为角加速度;$\Delta\omega$ 为角速度变化量;Δt 为启动或制动时间;J 为回转部件的转动惯量,各种回转体的转动惯量可查《机械设计手册》。

起动加速时:

$$T=T_e+T_f+T_i$$

稳定运行时:

$$T=T_e+T_i$$

减速制动时:

$$T=T_e+T_f-T_i$$

计算液压马达负载转矩 T_M 时还要考虑液压马达的机械效率 $\eta_m=0.9\sim0.98$。

$$T_M=\frac{T}{\eta_m}$$

只要算出液压马达在一个工作循环内各阶段的负载大小,便可绘制液压马达的负载循环图。

无论选择的执行元件是液压缸还是液压马达,先要计算各阶段的载荷,绘制出执行元件的负载循环图,以便进一步选择系统工作压力和确定其他有关参数。

1.8.2 确定液压系统主要参数

液压系统的主要参数是压力和流量,它们是设计液压系统、选择液压元件的主要依据。

压力决定于外载荷。流量取决于液压执行元件的运动速度和结构尺寸,故液压系统的主要参数决定了执行元件结构和尺寸,同样也决定了液压系统的结构尺寸与成本。

1. 初选系统工作压力

执行元件的工作压力主要根据运动循环各阶段中的最大总负载力来确定，此外，还需要考虑以下因素。

(1) 设备类型及各类设备的不同特点和使用场合。

(2) 执行元件的装配空间、经济、元件供应情况和重量等因素，工作压力选得低，则元件尺寸大、重量重，对某些设备来说，尺寸要受到限制，从材料消耗角度看也不经济；反之，压力选得高一些，则元件尺寸小、重量轻，但对元件的材质、制造精度、密封性能要求高，必然要提高设备成本。一般来说，对于固定的、尺寸不太受限的设备，压力可以选低一些，行走机械、重载设备压力要选得高一些。

值得注意的是，高压化是液压系统的发展趋势之一，因此压力应选得高一些，以减小系统的体积是可行的。此外，低压阀已逐渐淘汰，即使是低压系统也应采用高压阀。

2. 液压缸的设计计算

1) 液压缸主要尺寸的计算

缸的有效面积和活塞杆直径，可根据缸受力的平衡关系具体计算。液压缸主要设计参数见图 1-19。图(a)为液压缸活塞杆工作在受压状态，图(b)为活塞杆工作在受拉状态。

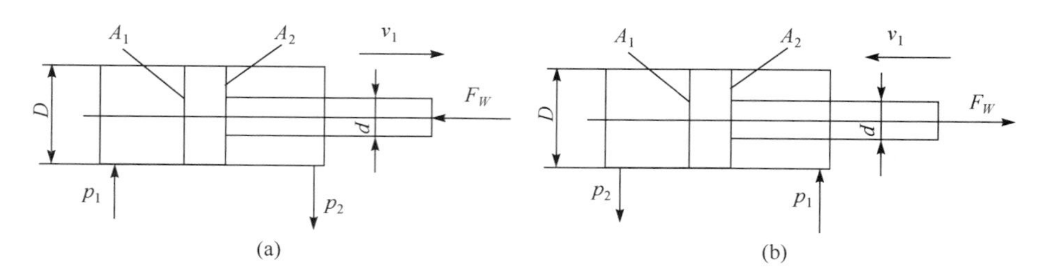

图 1-19　液压缸主要设计参数

活塞杆受压时：

$$F = p_1 A_1 - p_2 A_2$$

活塞杆受拉时：

$$F = p_1 A_2 - p_2 A_1$$

式中，A_1 为无杆腔活塞有效作用面积

$$A_1 = \frac{\pi}{4} D^2$$

A_2 为有杆腔活塞有效作用面积

$$A_2=\frac{\pi}{4}(D^2-d^2)$$

式中，P_1 为液压缸工作腔压力；P_2 为液压缸回油腔压力，即背压力，其值根据回路的具体情况而定，初算时可参照表 1-1 取值，差动连接时则要另行考虑；D 为活塞直径；d 为活塞杆直径。

表 1-1　执行元件背压力

系统类型	背压力/MPa
简单系统或轻载节流调速系统	0.2～0.5
回油路带调速阀的系统	0.4～0.6
回油路设置有背压阀的系统	0.5～1.5
用补油泵的闭式回路	0.8～1.5
回路较复杂的工程机械	1.2～3
回油路较短且直接回油箱	可忽略不计

一般液压缸在受压状态下工作，其活塞面积为

$$A_1=\frac{F+p_2A_2}{p_1}$$

运用上式须事先确定 A_1 与 A_2 的关系，或是活塞杆直径 d 与活塞直径 D 的关系，令杆径比 $\varphi=d/D$，其比值可按表 1-2 和表 1-3 选取。

$$D=\sqrt{\frac{4F}{\pi[p_1-p_2(1-\phi^2)]}}$$

采用差动连接时，$v_1/v_2=(D_2-d_2)/d_2$。当要求往返速度相同时，应取 $d=0.71D$。

表 1-2　按工作压力选取 d/D

工作压力/MPa	≤5.0	5.0～7.0	≥7.0
d/D	0.5～0.55	0.62～0.70	0.7

表 1-3　按速比要求确定 d/D

v_2/v_1	1.15	1.25	1.33	1.46	1.61	2
d/D	0.3	0.4	0.5	0.55	0.62	0.71

注：v_1 为无杆腔进油时活塞运动速度；v_2 为有杆腔进油时活塞运动速度。

对行程与活塞杆直径比 $l/d>10$ 的受压柱塞或活塞杆，还要做压杆稳定性验算。当工作速度很低时，还须按最低速度要求验算液压缸尺寸：

$$A\geqslant\frac{q_{\min}}{v_{\min}}$$

式中，A 为液压缸有效工作面积；q_{min} 为系统最小稳定流量，在节流调速中取决于回路中所设调速阀或节流阀的最小稳定流量，容积调速中决定于变量泵的最小稳定流量；v_{min} 为运动机构要求的最小工作速度(m/s)。

如果液压缸的有效工作面积 A 不能满足最低稳定速度的要求，则应按最低稳定速度确定液压缸的结构尺寸。

另外，如果执行元件安装尺寸受到限制，液压缸的缸径及活塞杆的直径须事先确定，则可按载荷的要求和液压缸的结构尺寸来确定系统的工作压力。

液压缸直径 D 和活塞杆直径 d 的计算值要按国标规定的液压缸的有关标准进行圆整。如与标准液压缸参数相近，最好选用国产标准液压缸，免于自行设计加工。常用液压缸内径及活塞杆直径可查找相关技术手册。

2）液压缸的流量计算

液压缸的最大流量：

$$q_{max}=Av_{max}$$

式中，A 为液压缸的有效作用面积 A_1 或 A_2；v_{max} 为液压缸的最大速度。

液压缸的最小流量：

$$q_{min}=Av_{min}$$

式中，v_{min} 为液压缸的最小速度。

液压缸的最小流量 q_{min}，应等于或大于流量阀或变量泵的最小稳定流量。若不满足此要求，则需重新选定液压缸的工作压力，使工作压力低一些，缸的有效工作面积大一些，所需最小流量 q_{min} 也大一些，以满足上述要求。

流量阀和变量泵的最小稳定流量，可从产品样本中查到。

3. 液压马达的设计计算

1）计算液压马达排量

液压马达的排量为

$$V_M=\frac{2\pi T}{\Delta p\eta_m}$$

式中，T 为液压马达的负载转矩；Δp 为液压马达的进出口压差；η_m 为液压马达的机械效率，一般齿轮和柱塞马达取 0.9～0.95，叶片马达取 0.8～0.9。液压马达的排量也应满足最低转速要求

$$V_M\geqslant\frac{q_{min}}{n_{min}}$$

式中，q_{min} 为通过液压马达的最小流量；n_{min} 为液压马达工作时的最低转速。

2）计算液压马达所需流量(液压马达的最大流量)

$$q_{max}=V_Mn_{Mmax}$$

式中，V_M 为液压马达排量；$n_{M\max}$ 为液压马达的最高转速。

4. 绘制液压系统工况图

工况图包括压力循环图、流量循环图和功率循环图。它们是调整系统参数、选择液压泵、阀等元件的依据。

1）压力循环图——p-t 图

通过最后确定的液压执行元件的结构尺寸，再根据实际载荷的大小，倒求出液压执行元件在其动作循环各阶段的工作压力，然后把它们绘制成 p-t 图。

2）流量循环图——q-t 图

根据已确定的液压缸有效工作面积或液压马达的排量，结合其运动速度算出它在工作循环中每一阶段的实际流量，把它绘制成 q-t 图。若系统中有多个液压执行元件同时工作，要把各自的流量图叠加起来绘出总的流量循环图。

3）功率循环图——P-t 图

绘出压力循环图和总流量循环图后，根据 $P=pq$，即可绘出系统的功率循环图。

1.8.3　制定基本方案和绘制液压系统图

1. 制定基本方案

1）制定调速方案

液压执行元件确定之后，其运动方向和运动速度的控制是拟订液压回路的核心问题。

方向控制用换向阀或逻辑控制单元来实现。对于一般中小流量的液压系统，大多通过换向阀的有机组合实现所要求的动作。对高压大流量的液压系统，现多采用插装阀与先导控制阀的逻辑组合来实现。

速度控制通过改变液压执行元件输入或输出的流量或者利用密封空间的容积变化来实现；相应的调速方式有节流调速、容积调速以及二者的结合——容积节流调速。

（1）节流调速

一般采用定量泵供油，配以溢流阀，用流量控制阀改变输入或输出液压执行元件的流量来调节速度。此种调速方式结构简单。由于这种系统必须用溢流阀溢流恒压，有节流损失和溢流损失，故效率低，发热量大，用于功率不大的场合。

节流调速又分别有进油节流、回油节流和旁路节流三种形式。进油节流启动冲击较小，回油节流常用于有负值负载的场合，旁路节流多用于高速。

（2）容积调速

容积调速是靠改变变量泵或变量马达的排量来达到调速的目的。其优点是没有溢流损失和节流损失，效率较高。但为了散热和补充泄漏，需要有辅助泵。此种调速方式适用于功率大、运动速度高的液压系统。

(3) 容积节流调速

一般是用变量泵供油，用流量控制阀调节输入或输出液压执行元件的流量，流量控制阀是泵的负载，使泵的供油量与需油量相适应。此种调速回路效率也较高，速度稳定性较好，但其结构比较复杂。

调速回路一经确定，回路的循环形式也就随之确定了。

节流调速一般采用开式循环形式。在开式系统中，液压泵从油箱吸油，压力油流经系统释放能量后，再排回油箱。开式回路结构简单，散热性好，但油箱体积大，容易混入空气。

容积调速大多采用闭式循环形式。闭式系统中，液压泵的吸油口直接与执行元件的排油口相通，形成一个封闭的循环回路。其结构紧凑，但散热条件差。

2) 制定压力控制方案

液压执行元件工作时，要求系统保持一定的工作压力或在一定压力范围内工作，也有的需要多级或无级连续地调节压力，一般在节流调速系统中，通常由定量泵供油，用溢流阀调节所需压力，并保持恒定。在容积调速系统中，用变量泵供油，用安全阀起安全保护作用。需要无级连续地调节压力时，可用比例溢流阀。

在有些液压系统中，有时需要流量不大的高压油，这时可考虑用增压回路得到高压，而不用单设高压泵。液压执行元件在工作循环中，某段时间不需要供油，而又不便停泵的情况下，需考虑选择卸荷回路。

在系统的某个局部，工作压力需低于主油源压力时，要考虑采用减压回路来获得所需的工作压力。

3) 制定顺序动作方案

主机各执行机构的顺序动作，根据设备类型不同，有的按固定程序运行，有的则是随机的或人为的。工程机械的操纵机构多为手动，一般用手动多路换向阀控制。加工机械的各执行机构的顺序动作多采用行程控制，当工作部件移动到一定位置时，通过电气行程开关发出电信号给电磁铁推动电磁阀或直接压下行程阀来控制接续的动作。行程开关安装比较方便，而用行程阀需连接相应的油路，因此只适用于管路连接比较方便的场合。

另外还有时间控制、压力控制等。例如，液压泵无载启动，经过一段时间，当泵正常运转后，延时继电器发出电信号使卸荷阀关闭，建立起正常的工作压力。压力控制多用在带有液压夹具的机床、挤压机、压力机等场合。当某一执行元件完成预定动作时，回路中的压力达到一定的数值，通过压力继电器发出电信号或打开顺序阀使压力油通过，来启动下一个动作。

4）选择液压动力源

液压系统的工作介质完全由液压源来提供，液压源的核心是液压泵。节流调速系统一般用定量泵供油，在无其他辅助油源的情况下，液压泵的供油量要大于系统的需油量，多余的油经溢流阀流回油箱，溢流阀同时起到控制并稳定油源压力的作用。

容积调速系统多数是用变量泵供油，用安全阀限定系统的最高压力。

为节省能源提高效率，液压泵的供油量要尽量与系统所需流量相匹配。对在工作循环各阶段中系统所需油量相差较大的情况，一般采用多泵供油或变量泵供油。对长时间所需流量较小的情况，可增设蓄能器作为辅助油源。

油液的净化装置是液压源中不可缺少的。一般泵的入口要装有粗过滤器，进入系统的油液根据被保护元件的要求，通过相应的精过滤器再次过滤。为防止系统中杂质流回油箱，可在回油路上设置磁性过滤器或其他形式的过滤器。根据液压设备所处环境及对温升的要求，还要考虑加热、冷却等措施。

2. 绘制液压系统原理图

整机的液压系统原理图由拟订好的控制回路及液压动力源组合而成。各回路相互组合时要去掉重复多余的元件，力求系统结构简单。注意各元件间的联锁关系，避免误动作发生。要尽量减少能量损失环节，提高系统的工作效率。

为便于液压系统的维护和监测，在系统中的主要路段要装设必要的检测元件（如压力表、温度计等）。

大型设备的关键部位，要附设备用件，以便意外事件发生时能迅速更换，保证主机连续工作。各液压元件尽量采用国产标准件，在图中要按国家标准规定的液压元件职能符号的常态位置绘制。对于自行设计的非标准元件可用结构原理图绘制。

系统图中应注明各液压执行元件的名称和动作，注明各液压元件的序号以及各电磁铁的代号，并附有电磁铁、行程阀及其他控制元件的动作表。

1.8.4 液压元件的选择

1. 液压泵的选择

1）确定液压泵的最大工作压力 p_p

液压泵所需工作压力的确定，主要根据液压缸在工作循环各阶段所需最大压力 p_1，再加上油泵的出油口到缸进油口处总的压力损失 $\Sigma\Delta p$，即

$$p_p \geqslant p_1 + \Sigma\Delta p$$

式中，p_1 为液压缸或液压马达最大工作压力；$\Sigma\Delta p$ 为从液压泵出口到液压缸或液

压马达入口之间总的管路损失。包括油液流经流量阀和其他元件的局部压力损失、管路沿程损失等，$\Sigma\Delta p$ 的准确计算要待元件选定并绘出管路图时才能进行，在系统管路未设计之前，可根据同类系统经验估计。

管路简单、流速不大的节流阀调速系统，取 $\Sigma\Delta p=0.2\sim0.5$MPa；管路复杂，进口有调速阀的系统，取 $\Sigma\Delta p=0.5\sim1.5$MPa。回油背压应折算到进油路。$\Sigma\Delta p$ 也可只考虑流经各控制阀的压力损失，而将管路系统的沿程损失忽略不计，各阀的额定压力损失可从液压元件手册或产品样本中查找，也可参照表 1-4 选取。

表 1-4　常用中、低压各类阀的压力损失(Δp_n)

阀名	Δp_n/MPa	阀名	Δp_n/MPa	阀名	Δp_n/MPa	阀名	Δp_n/MPa
单向阀	0.03～0.05	背压阀	0.3～0.8	行程阀	0.15～0.2	转阀	0.15～0.2
换向阀	0.15～0.3	节流阀	0.2～0.3	顺序阀	0.15～0.3	调速阀	0.3～0.5

2）确定液压泵的流量 q_p

泵的流量 q_p 根据执行元件动作循环所需最大流量 q_{max} 和系统的泄漏确定。

(1) 多个液压缸或液压马达同时工作时，液压泵的流量要大于同时动作的几个液压缸(或马达)所需的最大流量，并应考虑系统的泄漏和液压泵磨损后容积效率的下降，即

$$q_p \geqslant K \cdot \Sigma q_{max}$$

式中，K 为系统泄漏系数，一般取 $K=1.1\sim1.3$，大流量取小值，小流量取大值；Σq_{max} 为同时动作的液压缸(或马达)的最大总流量，可从 q-t 图上查得。对于在工作过程中用节流调速的系统，还须加上溢流阀的最小溢流量，一般取 $0.5\times10^{-4}\text{m}^3/\text{s}$。

(2) 采用差动液压缸回路时，液压泵所需流量为

$$q_p \geqslant K \cdot (A_1 - A_2) \cdot V_{max}$$

式中，A_1、A_2 分别为液压缸无杆腔与有杆腔的有效面积；v_{max} 为活塞的最大移动速度。

(3) 系统使用蓄能器作为辅助动力源时，液压泵流量按系统在一个循环周期中的平均流量选取，即

$$q_p \geqslant \sum_{i=1}^{z} \frac{V_i K}{T_t}$$

式中，K 为系统泄漏系数，一般取 $K=1.2$；T_t 为液压设备工作周期；V_i 为每一个液压缸或液压马达在工作周期中的总耗油量；Z 为液压缸或液压马达的个数。

3）选择液压泵的规格

根据上面所计算求得的最大压力 p_p 和流量 q_p，按系统中拟订的液压泵的形式，从产品样本或手册中选择相应的液压泵。

上面所计算的最大压力 p_p 是系统静态压力，系统工作过程中存在着过渡过程的动态压力，而动态压力往往比静态压力高得多，所以泵的额定压力 p_n 应比系统最高压力大25％～60％，使液压泵有一定的压力储备。若系统属于高压范围，压力储备取小值；若系统属于中低压范围，压力储备取大值。

4）确定驱动液压泵的功率

（1）在工作循环中，如果液压泵的压力和流量比较恒定，即 p-t 图、q-t 图变化较平缓，则

$$P=\frac{p_p q_p}{\eta_P}$$

式中，p_p 为液压泵的最大工作压力；q_p 为液压泵的流量；η_P 为液压泵的总效率，参考表1-5选择，液压泵规格大，取大值，反之取小值，定量泵取大值，变量泵取小值。

表1-5 液压泵的总效率

液压泵类型	齿轮泵	螺杆泵	叶片泵	柱塞泵
总效率	0.6～0.7	0.65～0.80	0.60～0.75	0.80～0.85

（2）限压式变量叶片泵的驱动功率，可按流量特性曲线拐点处的流量、压力值计算。一般情况下，可取 $p_p=0.8p_{P\max}$，$q_p=q_n$，则

$$P=\frac{0.8p_{P\max}q_n}{\eta_P}$$

式中，$p_{P\max}$ 为液压泵的最大工作压力；q_n 为液压泵的额定流量。

（3）在工作循环中，如果液压泵的流量和压力变化较大，即 p-t、q-t 曲线起伏变化较大，则须分别计算出各个动作阶段内所需功率，驱动功率取其平均功率，即

$$P_{PC}=\sqrt{\frac{P_1^2t_1+P_2^2t_2+\cdots+P_n^2t_n}{t_1+t_2+\cdots+t_n}}$$

式中，$t_1,t_2,\cdots,t_n$ 为一个工作循环中各动作阶段内所需的时间；$P_1,P_2,\cdots,P_n$ 为一个工作循环中各动作阶段内所需的功率。

按上述功率和泵的转速，从产品样本中选取标准电动机，再进行验算，验算每一阶段内电动机发出最大功率时，超载量是否都在允许范围内（电动机允许的短时间超载量一般为25％）。

2. 阀类元件的选择

1）选择依据

选择依据为额定压力、最大流量、动作方式、安装固定方式、压力损失数值、工作性能参数和工作寿命等。

2）选择阀类元件应注意的问题

（1）应尽量选用标准定型产品，除非不得已时才自行设计专用件。

（2）阀类元件的规格主要根据流经该阀油液的最大压力和最大流量选取。选择溢流阀时，应按液压泵的最大流量选取；选择节流阀和调速阀时，应考虑其最小稳定流量应满足执行机构最低稳定速度的要求。

（3）一般选择控制阀的额定流量应比系统管路实际通过的流量大一些，必要时，允许通过阀的最大流量超过其额定流量的20%。

3. 蓄能器的选择

根据蓄能器在液压系统中的功用，确定其类型和主要参数。

（1）液压执行元件短时间快速运动，由蓄能器来补充供油，其有效工作容积为

$$\Delta V=\Sigma A_i l_i K-q_p t$$

式中，A 为液压缸有效作用面积；l 为液压缸行程；K 为油液损失系数，一般取 $K=1.2$；q_p 为液压泵流量；t 为动作时间。

（2）蓄能器作为应急能源，其有效工作容积为

$$\Delta V=\Sigma A_i l_i K$$

式中，$\Sigma A_i l_i$ 为要求应急动作液压缸总的工作容积。

当蓄能器用于吸收脉动缓和液压冲击时，应将其作为系统中的一个环节与其关联部分一起综合考虑其有效容积。有效工作容积算出后，根据有关蓄能器的相应计算公式，求出蓄能器的容积，再根据其他性能要求，即可确定所需蓄能器。

4. 管道的选择

1）油管类型的选择

液压系统中使用的油管分硬管和软管，选择的油管应有足够的通流截面和承压能力，同时，应尽量缩短管路，避免急转弯和截面突变。

（1）钢管：中高压系统选用无缝钢管，低压系统选用焊接钢管，钢管价格低，性能好，使用广泛。

（2）铜管：紫铜管工作压力为6.5～10MPa，易变曲，便于装配；黄铜管承受压力较高，达25MPa，不如紫铜管易弯曲。铜管价格高，抗振能力弱，易使油液氧化，应尽量少用，只用于液压装置配接不方便的部位。

（3）软管：用于两个相对运动件之间的连接。高压橡胶软管中夹有钢丝编织物；低压橡胶软管中夹有棉线或麻线编织物；尼龙管是乳白色半透明管，承压能力为2.5～8MPa，多用于低压管道。因软管弹性变形大，容易引起运动部件爬行，所以软管不宜装在液压缸和调速阀之间。

2）油管尺寸的确定

（1）管道内径计算：

$$d=\sqrt{\frac{4q}{\pi v}}$$

式中，q 为管道内的最大流量；v 为管内允许流速，见表 1-6。

计算出内径 d 后，按标准系列选取相应的管子。

表 1-6　允许流速推荐值

管道	推荐流速/(m/s)
液压泵吸油管	0.5～1.5，一般常取 1 以下
液压系统压油管道	3～6，压力高，管道短，黏度小取大值
液压系统回油管道	1.5～2.6

（2）管道壁厚 δ 的计算：

$$\delta=\frac{pd}{2[\sigma]}$$

式中，p 为管道内最高工作压力(Pa)；d 为管道内径(m)；$[\sigma]$为管道材料的许用应力(Pa)，$[\sigma]=\sigma_b/n$，σ_b 为管道材料的抗拉强度，n 为安全系数，对钢管来说，$p<7\text{MPa}$ 时，取 $n=8$；$7\text{MPa}<p<17.5\text{MPa}$ 时，取 $n=6$；$p>17.5\text{MPa}$ 时，取 $n=4$。

根据计算出的油管内径和壁厚，查手册选取标准规格油管。

5. 油箱的设计

油箱的作用是储油，散发油的热量，沉淀油中杂质，逸出油中的气体。其形式有开式和闭式两种：开式油箱油液液面与大气相通；闭式油箱油液液面与大气隔绝。开式油箱应用较多。

1）油箱设计要点

（1）油箱应有足够的容积以满足散热，同时其容积应保证系统中油液全部流回油箱时不渗出，油液液面不应超过油箱高度的 80%。

（2）吸箱管和回油管的间距应尽量大。

（3）油箱底部应有适当斜度，泄油口置于最低处，以便排油。

（4）注油器上应装滤网。

（5）油箱的箱壁应涂耐油防锈涂料。

2）油箱容量计算

初设计时，先按下式确定油箱的容量，待系统确定后，再按散热的要求进行校核。油箱容量的经验公式为

$$V=a\Sigma q_V$$

式中，Σq_V 为各液压泵每分钟排出压力油的容积总和；a 为经验系数，见表 1-7。

表 1-7　经验系数 a

系统类型	行走机械	低压系统	中压系统	锻压机械	冶金机械
a	1～2	2～4	5～7	6～12	10

在确定油箱尺寸时，一方面要满足系统供油的要求，还要保证执行元件全部排油时，油箱不能溢出，以及系统中最大可能充满油时，油箱的油位不低于最低限度。

6. 滤油器的选择

选择滤油器的依据有以下几点。

(1) 承载能力：按系统管路工作压力确定。

(2) 过滤精度：按被保护元件的精度要求确定(表 1-8)。

(3) 通流能力：按通过最大流量确定。

(4) 阻力压降：应满足过滤材料强度与系数要求。

表 1-8　滤油器过滤精度的选择

系统	过滤精度/μm	元件	过滤精度/μm
低压系统	100～150	滑阀	1/3 最小间隙
70×10^5Pa 系统	50	节流孔	1/7 孔径(孔径小于 1.8mm)
100×10^5Pa 系统	25	流量控制阀	2.5～30
140×10^5Pa 系统	10～15	安全阀溢流阀	15～25
电液伺服系统	5		
高精度伺服系统	2.5		

1.8.5　液压系统性能验算

液压系统初步设计是在某些估计参数情况下进行的，当各回路形式、液压元件及连接管路等完全确定后，为了判断液压系统的设计质量，针对实际情况对所设计的系统进行各项性能分析。对一般液压传动系统来说，主要是进一步验算液压回路各段压力损失、容积损失及系统效率、压力冲击、系统的动态特性和发热温升等。根据分析计算发现问题，对某些不合理的设计要进行重新调整，或采取其他必要的措施。由于液压系统的验算较复杂，只能采用一些简化公式近似地验算某些性能指标，如果设计中有经过生产实践考验的同类型系统供参考或有较可靠的实验结果可以采用时，可以不进行验算。

1. 液压系统压力损失的验算

当液压元件规格型号和管道尺寸确定之后，就可以较准确地计算系统的压力损失，压力损失包括油液流经管道的沿程压力损失 Δp_1、管路的局部压力损失 Δp_2 和流经阀类元件的局部压力损失 Δp_3，总的压力损失为

$$\Sigma\Delta p=\Sigma\Delta p_1+\Sigma\Delta p_2+\Sigma\Delta p_3=\Sigma\lambda\frac{l}{d}\frac{\rho v^2}{2}+\Sigma\xi\frac{\rho v^2}{2}+\Sigma\Delta p_n\left(\frac{q}{q_n}\right)^2$$

式中，l 为管道的长度；d 为管道内径；v 为液流平均速度；ρ 为油密度；λ 为沿程阻力系数；ξ 为局部阻力系数，λ、ξ 的具体值可参考液压流体力学有关内容；q_n 为阀的额定流量；q 为通过阀的实际流量；Δp_n 为阀的额定压力损失，可从产品样本中查到。

如果管中为层流流动，沿程压力损失可按下经验公式计算：

$$\Delta p_\lambda=4.3\frac{qL\nu}{d^4}$$

式中，q 为通过管道的流量；L 为管道长度；d 为管道内径；ν 为油液的运动黏度。

局部压力损失可按下式估算：

$$\Delta p_\zeta=(0.05\sim0.15)\Delta p_\lambda$$

计算系统压力损失是为了正确确定系统的调整压力和分析系统设计的好坏。系统的调整压力：

$$p_T=p_1+\Delta p$$

式中，p_T 为液压泵的工作压力或支路的调整压力；p_1 为执行元件的工作压力。

对于泵到执行元件间的压力损失，如果计算出来的 Δp 比在初选系统工作压力时粗略选定的压力损失大得多，应该重新调整有关元件、辅件的规格，重新确定管道尺寸。

2. 系统发热温升的验算

系统发热来源于系统内部的能量损失，如液压泵和执行元件的功率损失、溢流阀的溢流损失、液压阀及管道的压力损失等。这些能量损失转换为热能，使油液温度升高。油液的温升使黏度下降，泄漏增加，同时，使油分子裂化或聚合，产生树脂状物质，堵塞液压元件小孔，影响系统正常工作，因此必须使系统中油温保持在允许范围内。一般机床液压系统正常工作油温为 30～50℃；矿山机械正常工作油温 50～70℃；最高允许油温为 70～90℃。

1）系统发热功率 P 的计算

液压系统工作时，除执行元件驱动外载荷输出有效功率外，其余功率损失全部转化为热量，使油温升高。若一个工作循环中有几个工序，则可根据各个工序的发热量，求出系统单位时间的平均发热量。液压系统的功率损失主要有以下几种形式。

（1）液压泵的功率损失

$$P_{h1} = \frac{1}{T_t}\sum_{i=1}^{z} P_{ri}(1-\eta_{Pi})t_i$$

式中，T_t 为工作循环周期；z 为投入工作液压泵的台数；P_{ri} 为液压泵的输入功率；η_{Pi} 为各台液压泵的总效率；t_i 为第 i 台泵工作时间。

（2）液压执行元件的功率损失

$$P_{h2} = \frac{1}{T_t}\sum_{j=1}^{M} P_{rj}(1-\eta_j)t_j$$

式中，M 为液压执行元件的数量；P_{rj} 为液压执行元件的输入功率；η_j 为液压执行元件的效率；t_j 为第 j 个执行元件工作时间。

（3）溢流阀的功率损失

$$P_{h3} = p_y q_y$$

式中，p_y 为溢流阀的调整压力；q_y 为经溢流阀流回油箱的流量。

（4）油液流经阀或管路的功率损失

$$P_{h4} = \Delta p q$$

式中，Δp 为通过阀或管路的压力损失；q 为通过阀或管路的流量。

由以上各种损失构成了整个系统的功率损失，即液压系统的发热功率为

$$P_{hr} = P_{h1} + P_{h2} + P_{h3} + P_{h4}$$

上式适用于回路比较简单的液压系统，对于复杂系统，由于功率损失的环节太多，计算较麻烦，通常用下式计算液压系统的发热功率：

$$P_{hr} = P_r - P_c$$

式中，P_r 为液压系统的总输入功率；P_c 为输出的有效功率。

$$P_r = \frac{1}{T_t}\sum_{i=1}^{z}\frac{p_i q_i t_i}{\eta_{Pi}}$$

$$P_c = \frac{1}{T_t}\left(\sum_{i=1}^{n} F_{Wi} s_i + \sum_{j=1}^{m} T_{Wj}\omega_j t_j\right)$$

式中，T_t 为工作周期；z、n、m 分别为液压泵、液压缸、液压马达的数量；p_i、q_i、η_{Pi} 为第 i 台泵的实际输出压力、流量、效率；t_i 为第 i 台泵工作时间（s）；T_{Wj}、ω_j、t_j 为液压马达的外载转矩、转速、工作时间；F_{Wi}、s_i 为液压缸外载荷及驱动此载荷的行程。

2）液压系统的散热功率和系统温升的计算

液压系统的散热渠道主要是油箱表面，但如果系统外接管路较长，而且计算发热功率时，也应考虑管路表面散热。

$$P_{hc} = \left(\sum_{i=1}^{m} K_1 A_{1i} + \sum_{j=1}^{n} K_2 A_{2j}\right)\Delta T$$

式中，K_1 为油箱散热系数，见表 1-9；K_2 为管路散热系数，见表 1-10；A_{1i}、A_{2j} 为油箱、管道的散热面积；ΔT 为油温与环境温度之差。

表 1-9 油箱散热系数 K_1

冷却条件	K_1
通风条件很好	8～9
通风条件良好	15～17
用风扇冷却	23
循环水强制冷却	110～170

表 1-10 管路散热系数 K_2

风速/(m/s)	管道外径/m		
	0.01	0.05	0.1
0	8	6	5
1	25	14	10
5	69	40	23

当油箱长、宽、高比例为 1∶1∶1 或 1∶2∶3，油面高度为油箱高度的 80%时，油箱散热面积近似为

$$A=0.065\sqrt[3]{V^2}$$

式中，V 为油箱体积。

若系统达到热平衡，则 $P_{hr}=P_{hc}$，油温不再升高，此时，最大温差为

$$\Delta T=\frac{P_{hr}}{\sum_{i=1}^{m}K_1A_{1i}+\sum_{j=1}^{n}K_2A_{2j}}$$

环境温度为 T_0，则油温 $T=T_0+\Delta T$，不应超过油液的最高允许温度(各种机械允许油温见表 1-11)。如果计算出的油温超过该液压设备允许的最高油温，就要设法增大散热面积，如果油箱的散热面积不能加大，或加大一些也无济于事时，则需要装设冷却器。冷却器的散热面积为

$$A=\frac{P_{hr}-P_{hc}}{K\Delta t_m}$$

式中，K 为冷却器的散热系数，见液压设计手册有关散热器的散热系数；Δt_m 为平均温升

$$\Delta t_m=\frac{T_1+T_2}{2}-\frac{t_1+t_2}{2}$$

式中，T_1、T_2 为液压油入口和出口温度；t_1、t_2 为冷却水或风的入口和出口温度。

当系统允许的温升确定后，也能利用上述公式来计算油箱的容量。

表 1-11　各种机械允许温度

液压设备类型	正常工作温度/℃	最高允许温度/℃
数控机床	30～50	55～70
一般机床	30～55	55～70
机车车辆	40～60	70～80
船舶	30～60	80～90
冶金机械、液压机	40～70	60～90
工程机械、矿山机械	50～80	70～90

3. 根据散热要求计算油箱容量

最大温差 ΔT 是在初步确定油箱容积的情况下，验算其散热面积是否满足要求。当系统的发热量求出之后，可根据散热的要求确定油箱的容量。

由 ΔT 计算公式，可得油箱的散热面积为

$$A_1 = \frac{\dfrac{P_{hr}}{\Delta T} - \sum_{j=1}^{n} K_2 A_{2j}}{K_1}$$

忽略管路的散热，上式为

$$A_1 = \frac{P_{hr}}{\Delta T K_1}$$

油箱主要设计参数如图 1-20 所示。一般油面的高度为油箱高 h 的 0.8 倍，与油直接接触的表面算全散热面，与油不直接接触的表面算半散热面，图示油箱的有效容积和散热面积分别为

$$V = 0.8abh$$

$$A_1 = 1.8h(a+b) + 1.5ab$$

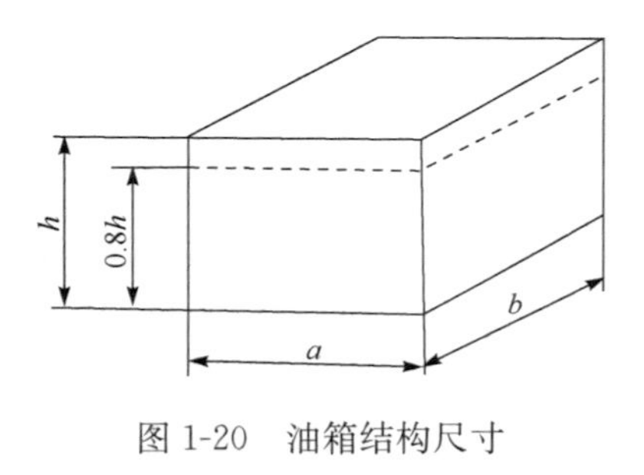

图 1-20　油箱结构尺寸

若 A_1 求出，再根据结构要求确定 a、b、h 的比例关系，即可确定油箱的主要结构尺寸。

如按散热要求求出的油箱容积过大，远超出用油量的需要，且又受空间尺寸的限制，则应适当缩小油箱尺寸，增设其他散热措施，如装设冷却器，散热面积按冷却器的冷却器的散热面积公式计算。

4. 计算液压系统冲击压力

压力冲击是由于管道液流速度急剧改变或管道液流方向急剧改变而形成的。例如,液压执行元件在高速运动中突然停止,换向阀的迅速开启和关闭,都会产生高于静态值的冲击压力。它不仅伴随产生振动和噪声,而且会因过高的冲击压力而使管路、液压元件遭到破坏;对系统影响较大的压力冲击常为以下两种形式。

(1) 迅速打开或关闭液流通路时,在系统中产生的冲击压力。

直接冲击,即 $t<\tau$ 时,管道内压力增大值:

$$\Delta p=c\rho\Delta v$$

间接冲击,即 $t>\tau$ 时,管道内压力增大值:

$$\Delta p=c\rho\Delta v\frac{\tau}{t}$$

式中,ρ 为液体密度;Δv 为关闭或开启液流通道前后管道内流速之差;t 为关闭或打开液流通道的时间;$\tau=2l/c$ 为管道长度为 l 时,冲击波往返所需的时间;c 为管道内液流中冲击波的传播速度。

若不考虑黏性和管径变化的影响,冲击波在管内的传播速度:

$$c=\frac{\sqrt{\frac{E_0}{\rho}}}{\sqrt{1+\frac{E_0 d}{E\delta}}}$$

式中,E_0 为液压油的体积弹性模量,其推荐值为 $E_0=700\mathrm{MPa}$;δ、d 为管道的壁厚和内径;E 为管道材料的弹性模量,常用管道材料弹性模量,对于钢,$E=2.1\times10^{11}\mathrm{Pa}$,对于紫铜,$E=1.18\times10^{11}\mathrm{Pa}$。

(2) 急剧改变液压缸运动速度时,由于液体及运动机构的惯性作用而引起的压力冲击,其压力的增大值为

$$\Delta p=\left(\sum l_i\rho\frac{A}{A_i}+\frac{M}{A}\right)\frac{\Delta v}{t}$$

式中,l_i 为液流第 i 段管道的长度;A_i 为第 i 段管道的截面积;A 为液压缸活塞面积;M 为与活塞连动的运动部件质量;Δv 为液压缸的速度变化量;t 为液压缸速度变化 Δv 所需时间。

计算出冲击压力后,此压力与管道的静态压力之和即为此时管道的实际压力。实际压力若比初始设计压力大得多,要重新校核一下相应部位管道的强度及阀件的承压能力,如不满足,要重新调整。

5. 系统效率验算

液压系统的效率是由液压泵、执行元件和液压回路效率来确定的。

液压回路效率 η_c 一般可用下式计算：

$$\eta_c=\frac{p_1q_1+p_2q_2+\cdots}{p_{b1}q_{b1}+p_{b2}q_{b2}+\cdots}$$

式中，p_1q_1，p_2q_2，…为每个执行元件的工作压力和流量；$p_{b1}q_{b1}$，$p_{b2}q_{b2}$，…为每个液压泵的供油压力和流量。

液压系统总效率：

$$\eta=\eta_b\eta_c\eta_m$$

式中，η_b 为液压泵总效率；η_m 为执行元件总效率；η_c 为回路效率。

1.8.6 设计液压装置、绘制正式工作图和编写技术文件

1. 液压装置总体布局

液压系统总体布局分为集中式、分散式。

集中式结构将整个设备液压系统的油源、控制阀部分独立设置于主机之外或安装在地下，组成液压站。如冷轧机、锻压机、电弧炉等有强烈热源和烟尘污染的冶金设备，一般都是采用集中供油方式。

分散式结构是把液压系统中液压泵、控制调节装置分别安装在设备上适当的地方。机床、工程机械等可移动式设备一般都采用这种结构。

2. 液压阀的配置形式

(1) 板式配置。板式配置是把板式液压元件用螺钉固定在平板上，板上钻有与阀口对应的孔，通过管接头连接油管而将各阀按系统图接通。这种配置可根据需要灵活改变回路形式。液压实验台等普遍采用这种配置。

(2) 集成式配置。目前液压系统大多数都采用集成形式。它是将液压阀件安装在集成块上，集成块一方面起安装底板作用，另一方面起内部油路作用。这种配置结构紧凑、安装方便。

3. 集成块设计

(1) 块体结构。集成块的材料一般为铸铁或锻钢，低压固定设备可用铸铁，高压强振场合要用锻钢。块体加工成正方体或长方体。

对于较简单的液压系统，其阀件较少，可安装在同一个集成块上。如果液压系统复杂，控制阀较多，就要采取多个集成块叠积的形式。

相互叠积的集成块，上下面一般为叠积接合面，钻有公用压力油孔 P、公用回

油孔 T、泄漏油孔 L 和 4 个用以叠积紧固的螺栓孔。

P 孔，液压泵输出的压力油经调压后进入公用压力油孔 P，作为供给各单元回路压力油的公用油源。

T 孔，各单元回路的回油均通到公用回油孔 T，流回到油箱。

L 孔，各液压阀的泄漏油，统一通过公用泄漏油孔 L 流回油箱。

集成块的其余四个表面，一般后面接通液压执行元件的油管，另三个面用以安装液压阀。块体内部按系统图的要求，钻有沟通各阀的孔道。

(2) 集成块结构尺寸的确定。外形尺寸要满足阀件的安装、孔道布置及其他工艺要求；为减少工艺孔，缩短孔道长度，阀的安装位置要仔细考虑，使相通油孔尽量在同一水平面或是同一竖直面上。

对于复杂的液压系统，需要多个集成块叠积时，一定要保证三个公用油孔的坐标相同，使之叠积起来后形成三个主通道。

各通油孔的内径要满足允许流速的要求，一般来说，与阀直接相通的孔径应等于所装阀的油孔通径。

油孔之间的壁厚 δ 不能太小；一方面防止使用过程中，由于油的压力而击穿，另一方面避免加工时，因油孔的偏斜而误通。对于中低压系统，δ 不得小于 5mm，高压系统应更大些。

4. 绘制正式工作图和编写技术文件

经过对液压系统性能的验算和必要的修改之后，液压系统完全确定，便可绘制正式工作图，它包括绘制液压系统原理图、系统管路装配图和各种非标准元件设计图。正规的液压系统图，除用元件图形符号表示的原理图外，还包括运动部件的运动循环图、元件的规格型号表及电磁铁、压力继电器动作表。图中各元件一般按系统停止位置表示，如特殊需要，也可以按某时刻运动状态画出，但要加以说明。

装配图包括泵站装配图、管路布置图、操纵机构装配图、电气系统图等。管道装配图是正式施工图，各种液压部件和元件在机器中的位置、固定方式、尺寸等应表示清楚。

自行设计的非标准件，应绘出装配图和零件图。

编写的技术文件包括设计任务书、设计计算说明书、设备的使用维护说明书、专用件、通用件、标准件、外购件明细表以及试验大纲等。

1.9 常用检测元件

1.9.1 压力继电器

压力继电器是利用液体的压力来启闭电气触点的液压电气转换元件。其作用是当液压系统中某处压力上升或下降到压力继电器的调定值时，发出电信号，使电气元件(如电磁铁、电机、时间继电器、电磁离合器等)动作，使油路卸压、换向，执行元件实现顺序动作，或关闭电动机使系统停止工作，起安全保护和联锁等功能。

传统的压力继电器通常由压力-位移转换机构和电气微动开关等组成。根据感压元件的不同，压力继电器可分为膜片式、柱塞式、弹簧管式和波纹管式四种。

膜片式压力继电器结构如图 1-21 所示，当控制油口 P 中的液压力达到弹簧 10 的调定值时，压力油通过薄膜 2 使柱塞 3 上升。柱塞 3 压缩弹簧 10 至弹簧座 9 达到极限位为止。同时，柱塞 3 锥面推动钢球 4 和 6 水平移动，钢球 4 使杠杆 1 绕销轴 12 转动，杠杆的另一端辊缝微动开关 14 的触点，发出电信号。调节螺钉 11 可调节弹簧的预紧力，即可调节油压的设定值。当油口压力 P 降低到一定值时，弹簧 10 通过钢球 8 将柱塞 3 辊缝，钢球 6 靠弹簧 5 的力使柱塞定位，微动开关触点的弹簧力使杠杆 1 和钢球 4 复位，电路切换。

当控制油压力 P 使柱塞上移时，除克服弹簧 10 的弹簧力外，还需克服摩擦力；当控制油压力降低时，弹簧 10 使柱塞 3 下移，摩擦力反向。当控制油压力上升使压力继电器动作(此压力称为开启压力或动作压力)之后，如控制油压力稍有下降，压力继电器并不复位，而要在控制压力降低到闭合压力(或称复位压力)时才复位。调节螺钉 7 可调节柱塞 3 移动时的摩擦力，从而使压力继电器的启、闭压力差可在一定范围内改变。

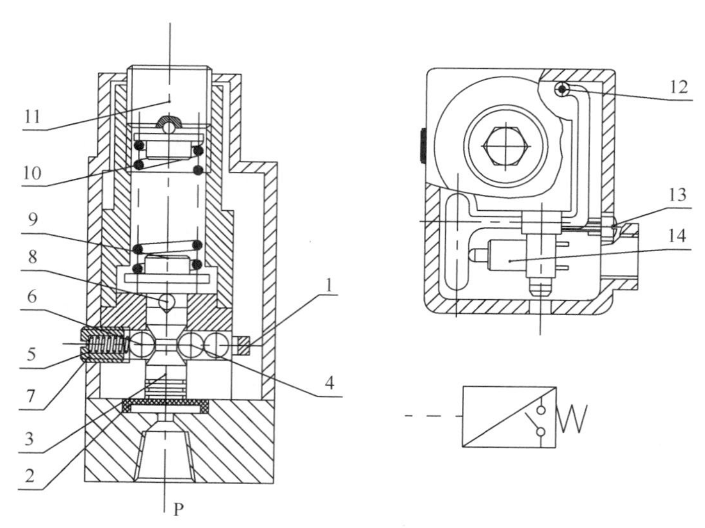

图 1-21　薄膜式压力继电器

1-杠杆；2-薄膜；3-柱塞；4、6、8-钢球；5-钢球弹簧；7-调节螺钉

9-弹簧座；10-调压弹簧；11-调节螺钉；12-销轴；13-连接螺钉；14-微动开关

柱塞式压力继电器的结构如图1-22所示，当油液压力达到预调弹簧力设定的开启压力时，作用在柱塞1上的力克服弹簧力通过顶杆2使微动开关切换，发出电信号。同样当油辊缝降到闭合压力时，柱塞1在弹簧力作用下复位，顶杆2则在微动开关触点弹簧力作用下复位，微动开关也复位。调节螺钉3可调节弹簧预紧力和压力继电器的启、闭压力。

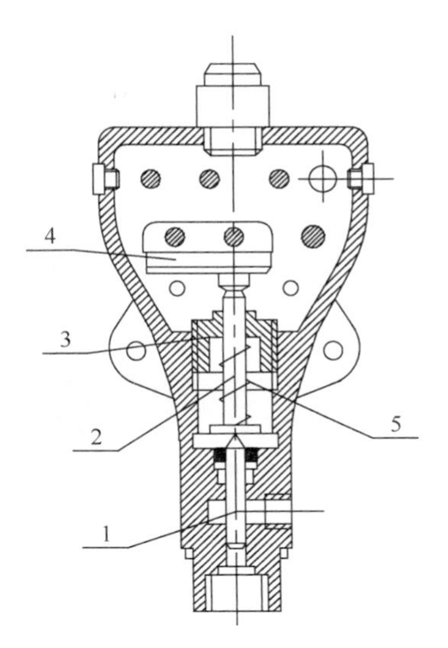

图1-22 柱塞式压力继电器
1-柱塞；2-顶杆；3-调节螺钉
4-微动开关；5-弹簧

1.9.2 接近开关

接近开关是一种无须与运动部件进行机械直接接触而可以操作的位置开关，当物体接近开关的感应面到动作距离时，不需要机械接触及施加任何压力即可使开关动作，给PLC计算机提供控制指令。接近开关是种开关型传感器(即无触点开关)，它既有行程开关、微动开关的特性，同时具有传感性能，且动作可靠、性能稳定、频率响应快、应用寿命长、抗干扰能力强等，并具有防水、防震、耐腐蚀等特点。产品有电感式、电容式、霍尔式、交流型、直流型等。

接近开关又称无触点接近开关，是理想的电子开关量传感器。当金属检测体接近开关的感应区域，开关就能无接触、无压力、无火花、迅速发出电气指令，准确反映出运动机构的位置和行程，即使用于一般的行程控制，其定位精度、操作频率、使用寿命、安装调整的方便性和对恶劣环境的适用能力，是一般机械式行程开关所不能相比的。它广泛地应用于机床、冶金、化工、轻纺和印刷等行业。在自动控制系统中可作为限位、计数、定位控制和自动保护环节等。

无触点接触开关根据测量原理不同可分为：电位计式、霍尔式、应变式、差动变压器式、差动电感式、磁栅式、电容式、微动同步、磁感应同步、电涡流位移传感器。

冷连轧机主要使用的是电涡流位移传感器，即涡流式接近开关，如图1-23所示。这种开关有时也称为电感式接近开关。它利用导电物体在接近这个能产生电磁场接近开关时，使物体内部产生涡流。这个涡流反作用到接近开关，使开关内部电路参数发生变化，由此识别出有无导电物体移近，进而控制开关的通或断。这种接近开关所能检测的物体必须是导电体。

涡流式接近开关由电感线圈和电容及晶体管组成振荡器,并产生一个交变磁场,当有金属物体接近这一磁场时就会在金属物体内产生涡流,从而导致振荡停止。这种变化被后极放大处理后转换成晶体管开关信号输出。其抗干扰性能好,开关频率高。

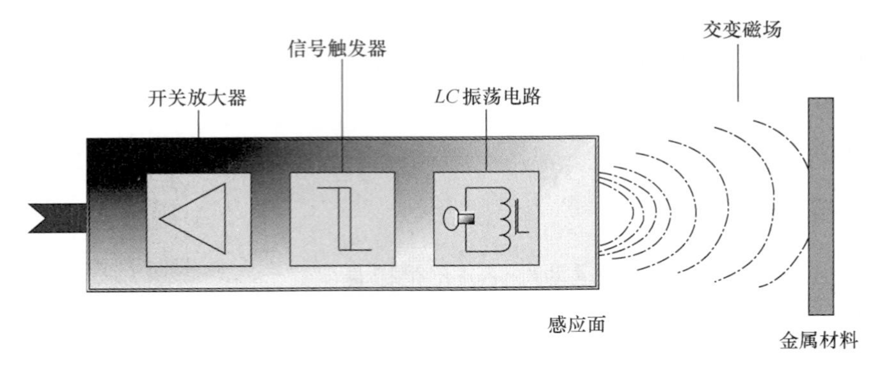

图 1-23 接近开关

第 2 章　液压伺服系统

电液伺服控制系统广泛应用于冶金机械、航空航天、舰船等领域。电液伺服阀是电液伺服系统的核心部件,其性能优劣直接影响到电液伺服系统的控制精度、稳定性和可靠性。伺服阀是液压伺服控制系统的关键元件,是一种功率放大器,也称为液压放大器,能连续地控制输出流体的压力和流量。其特点是响应快、精度高,通常只工作在零位附近。它将较小的电信号转变为较大的快速响应的液压信号输出,是一种大功率的电-液变换器。它通常作为控制元件用于响应要求快、精度要求高的伺服控制系统。

2.1　电液伺服阀结构组成

电液伺服阀的结构如图 2-1 所示,由电-机械转换器、先导阀、主阀及反馈元件等组成。若是单级阀,则无先导级;若是三级阀,则先导级为两级阀。电-机械转换器将电信号转换为力、力矩,产生位移或角位移等机械量驱动先导阀;先导阀再将机械量转换为液压力驱动主阀;主阀将先导阀的液压力转换为流量或压力输出;反馈元件将主阀控制口的压力或阀芯位移反馈到先导级的输入处,实现输入输出的平衡。

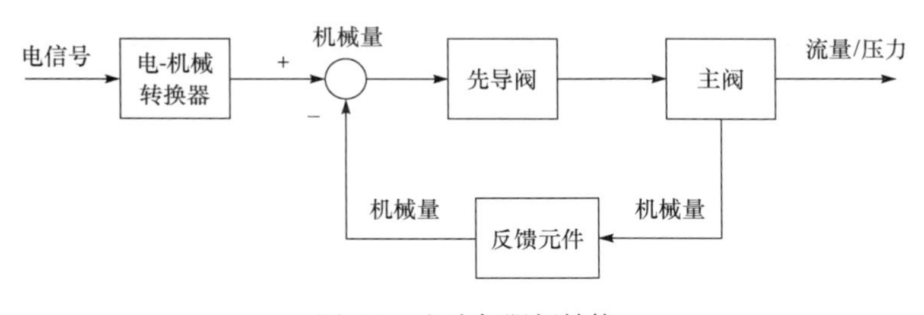

图 2-1　电液伺服阀结构

2.2　电液伺服阀分类

2.2.1　按阀结构分类

(1) 按级数主要有单级阀、两级阀和三级阀三种。单级阀结构简单,响应快,流量小,功率放大系数小;多级阀则相反。单级伺服阀只有主阀芯而无先导阀,两级及多级伺服阀既有主阀又有先导阀，如图 2-2 所示。

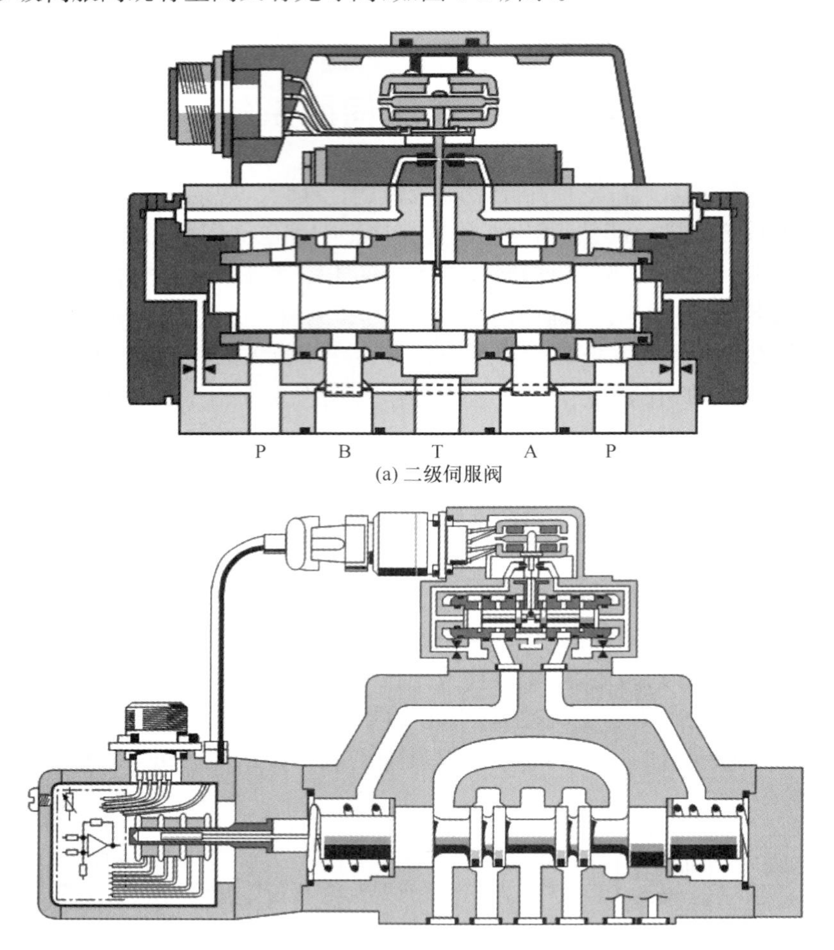

(a) 二级伺服阀

(b) 三级伺服阀

图 2-2　二级和三级伺服阀

(2) 按主阀零位阀开口情况，有正开口(负遮盖、负重叠)、零开口(零遮盖、零重叠)和负开口(正遮盖、正重叠)三种，如图 2-3 所示。绝大多数伺服阀属于零开口这一种，其实际结构则具有微小的负开口(0.03mm)以保证较小的零位泄漏。正开口只用于少数压力阀以改善压力可控性，而大的负开口基本不用。

(3) 按阀的主油路通道口数分，主要有三通阀(图 2-4)和四通阀(图 2-5)。常用四通阀，具有两个负载通道，以便双向控制。三通阀只用于部分压力控制和差动缸控制，只有一个负载通道。

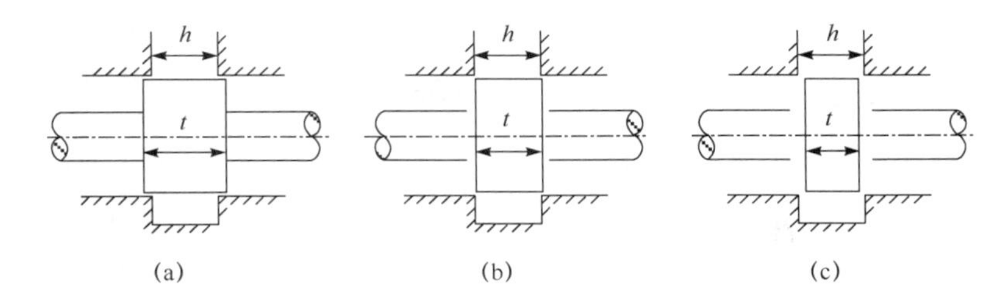

图 2-3 不同开口形式

(a) 负开口(正重叠)$t>h$;(b) 零开口 $t=h$;(c) 正开口(负重叠)$t<h$

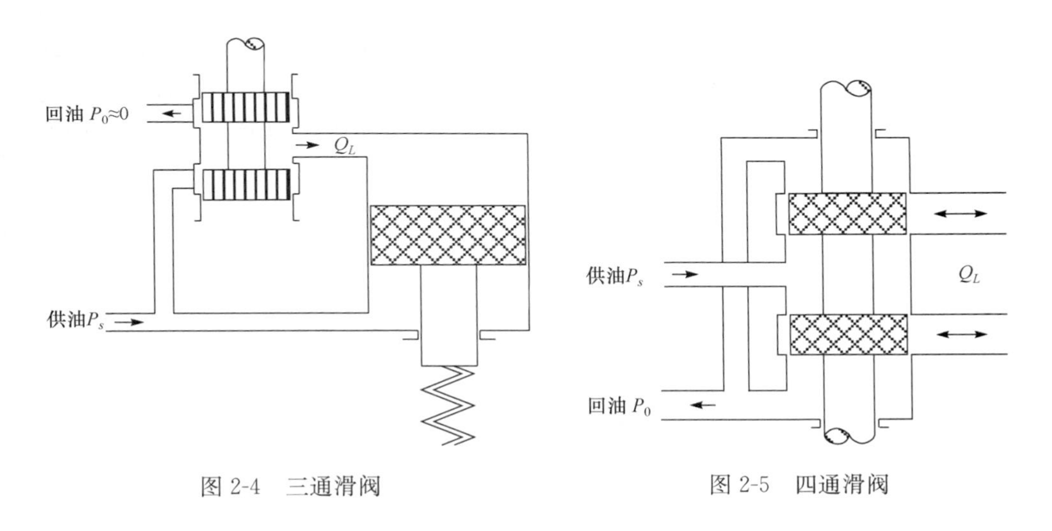

图 2-4 三通滑阀

图 2-5 四通滑阀

(4) 按主阀结构分滑阀和转阀。伺服阀按主阀芯结构形式不同可分为滑阀和转阀。图 2-3～图 2-5 所示为伺服阀均为滑阀结构的伺服阀,滑阀通常用于多级伺服阀的主阀芯。

液压伺服阀的功率放大部分,即主阀芯通常采用滑阀的结构形式,这类阀的阀芯为圆柱形。通过阀芯在阀体孔内的滑动来改变液流通路开口的大小,以实现对液流压力、流量以及方向的控制。

滑阀按工作边数不同可分为四边滑阀、双边滑阀和单边滑阀。由于四边滑阀的控制性能好,因此常见的伺服阀主阀芯均采用这种结构。如图 2-3 所示,四边滑阀在零位(即中间位)时,其开口形式有三种情况:正开口、零开口和负开口。负开口的阀,阀芯上的凸肩的宽度大于阀套上的油口宽度。零开口的阀,阀芯上的凸肩宽度等于阀套上的油口宽度。正开口的阀,阀芯上的凸肩宽度小于阀套上的油口宽度。阀的开口形式对其特性,特别是零位附近的特性有很大的影响,零开口阀的特性最好,应用的也最多。

转阀常用于单级伺服阀的主阀芯。转阀通过手动方式或电动方式使阀芯转动一定角度,阀芯的偏心槽与三角孔面积的变化造成回油节流与进油节流,改变阀芯与阀体间油孔重合面积的大小来达到控制液体流量及压力大小的目的。根据旋转阀芯的形状可分为柱塞式、转轴式、转套式、转板式、齿轮式、旋塞式。转阀内部结构简单,对污染不敏感,能够保证油路通畅,换向更加灵敏,体积小,使用寿命长,维修方便,可靠度高,可以代替几个截止阀减少安装空间,进一步提高系统的集成化,广泛应用在化工、冶金、矿山、工程机械、车辆、船舶、航空航天、军事等领域。

转阀的结构如图 2-6 所示,由阀套、阀芯、旋转电枢、端盖和轴组成。在对中状态下,阀套上的 4 个通道 A、B、进油口和出油口是不通的。旋转电枢带动阀芯转动,当阀芯顺时针转过一定角度后,A 口进油,B 口回油。当阀芯逆时针转过一定角度后,A 口回油,B 口进油。其优点是结构简单、抗污染能力强、可靠性高、制造和装配方便。

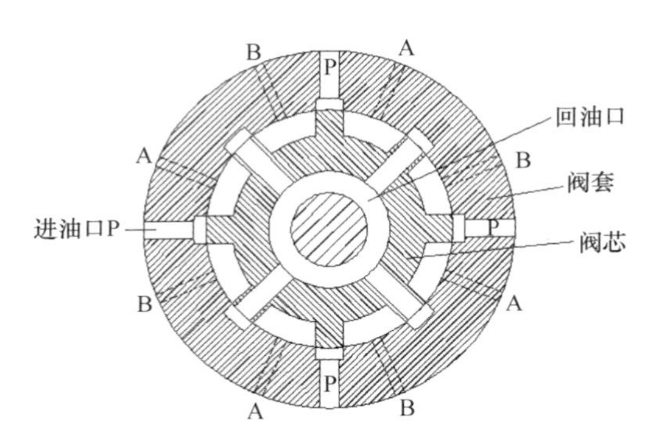

图 2-6　转阀结构示意图

2.2.2　按电-机械转换器类型分类

电-机械转换器能将输入的电信号(电流或电压)转换为力或力矩输出,去推动阀动作,产生一个小位移,是伺服阀的驱动装置。伺服阀按电-机械转换器类型进行分类,主要有动铁式力矩马达式、动圈式力马达和直动式力马达三种。动铁式力矩马达式伺服阀响应快,输入功率小,比较常用。动圈式力马达伺服阀输入功率较大,输出流量大,线性度较好。直动式力马达伺服阀输入功率最大,线性度好,输出流量大,对油液精度要求低。

力矩马达是电-机械转换器中的一种。它与其他电-机械转换器如同步机、旋转变压器、伺服电机相比有更多的优点,即体积小、结构紧凑、动态性能好、响应速度快等。力矩马达是基于衔铁在磁场中受力而工作的,利用控制磁场调制极化磁场来改变不同气隙中的磁通,以得到衔铁上不同大小和方向的静力输出。力矩马达根据衔铁运动方向与极化磁通平行还是垂直可分为两种。二者是相同的，但输出特性不同。衔铁运动方向与极化磁通方向是平行的，具有较大的力位移比，它在较短的距离上能产生很大的力，但总位移有限。衔铁运动方向与极化磁通是垂直的，气隙长度不变，具有较大的行程和较小的力。伺服阀多采用前一种形式的力矩马达。

动铁式力矩马达单级伺服阀的结构原理如图 2-7 所示，包括永久磁铁 1、导磁体 2、扭簧 3、衔铁 4、控制线圈 5、阀体 6 和阀芯 7 组成。线圈中无电流信号时，衔铁由扭簧支撑处于左右导磁体的中间位置，永久磁铁在 4 个气隙中产生的极化磁通 ϕ_g 是相同的，力矩马达无力矩输出。此时，阀芯处于阀体的中间位置，A 通道和 B 通道无油液进出。当控制线圈 5 有信号电流输入时，控制线圈产生磁通 ϕ_c，其大小与方向由信号电流所决定。为使衔铁产生的力矩和扭簧的反力矩平衡，衔铁偏转 θ 角度，力矩马达直接驱动滑阀阀芯并移动相应的位移 x_v，A 通道或 B 通道流入高压油。由于力矩马达输出功率小，位移量小，定位刚度差，因而这种阀常用于小流量、低压和负载变化不大的场合。

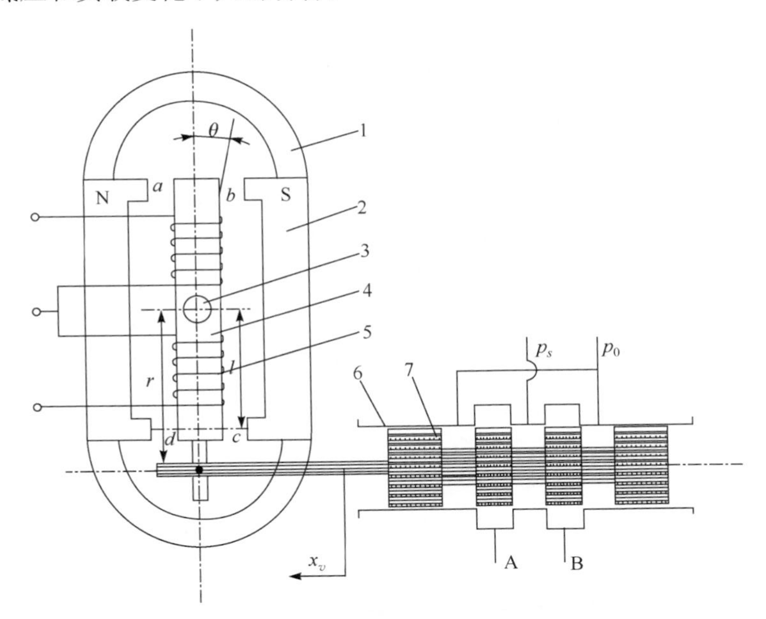

图 2-7　动铁式力矩马达单级伺服阀

动圈式力马达的结构原理如图 2-8 所示，由线圈、永久磁铁、弹簧和导磁体构成。动圈式力马达是根据通电导体在磁场中受力而工作的，改变控制线圈电流的大小和方向就可以得到不同大小和方向的输出力。力马达的线圈置于工作气隙中，固定磁场在工作气隙中形成固定磁通。当线圈中通电流时，线圈就会因电磁力的作用而运动。在固定磁通不变的情况下,线圈运动方向决定于线圈上电流方向。线圈所受的电磁力克服弹簧力和负载力,使线圈产生一个与控制电流成比例的位移,与线圈骨架相连的第一级阀的阀芯也产生同样的位移。

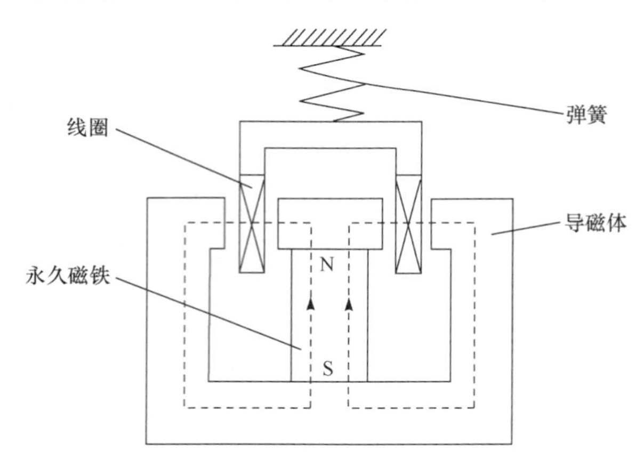

图 2-8　动圈式力马达

直动式力马达单级伺服阀的结构如图 2-9 所示,直动式力马达单级伺服阀取消了二级或三级伺服阀的前置喷嘴挡板组或射流管阀组,用直线力电动机取代了力矩马达,提高了阀的抗污染能力和可靠性。目前国外能生产这种电液伺服阀的厂家主要有美国 MOOG 公司、德国 BOSCH 公司、日本三菱株式会社等。直动式力马达单级电液伺服阀主要由三部分组成,即直线力马达、液压阀和放大器。直动式电液伺服阀的驱动装置是永磁式力马达,用集成电路实现阀芯位置的闭环控制,对中弹簧使阀芯保持中位,直线力马达克服弹簧对中力使阀芯在两个方向均能偏离中位,平衡在一个新位置,这就解决了比例电磁线圈只能在一个方向产生力的不足。永磁直线力马达由二组磁钢、左右导磁体、衔铁、控制线圈及弹簧片组成。

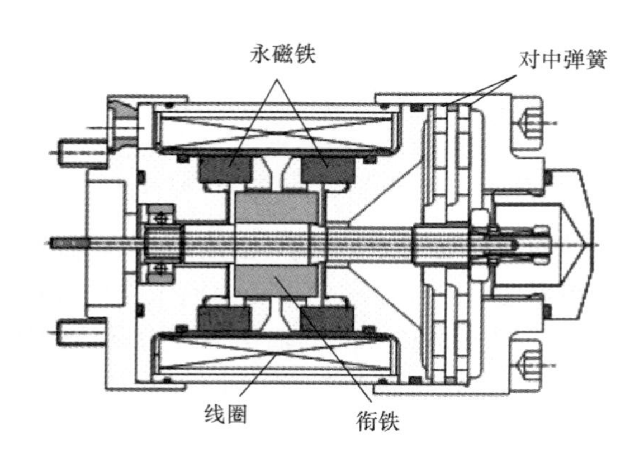

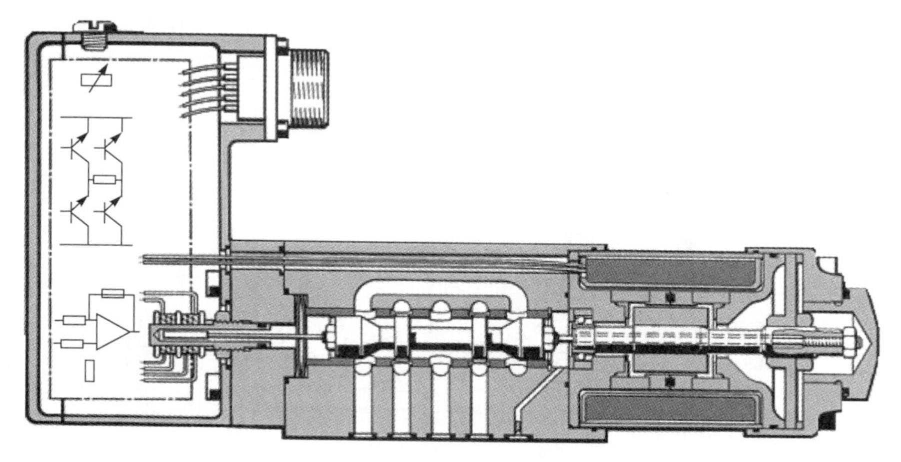

图 2-9　直动式力马达单级伺服阀

与阀芯位移成正比的电信号输入伺服阀放大器，放大器将该信号转换成脉宽调制电流作用在直线力电动机上，力电动机产生推力阀芯移动，同时阀芯位移传感器检测到一个与阀芯实际位移成正比的电信号，解调后的阀芯位移信号与输入指令信号进行比较，比较后得到的偏差信号将改变力电动机的电流，直到阀芯位移达到所需值。

直动力马达由二组永久磁铁、左导磁体、衔铁、控制线圈及弹簧片组成。在控制线圈的输入电流为零时，左右永久导磁体各自形成两个小磁回路，由于两块永久磁铁的磁感应强度相等、导磁体的材料相同，衔铁保持在中位，此时无力输出。当控制线圈的输入电流不为零时，线圈产生一控制磁通，衔铁两端气隙的合成磁通量发生变化，衔铁失去平衡，克服弹簧片的对中力而移动。

2.2.3　按先导阀结构分类

电液伺服阀按先导级的结构形式分类，主要有喷嘴挡板式、射流管式和滑阀式三种，它们的结构和特点如下。

1. 喷嘴挡板式先导级

喷嘴挡板式先导级的结构及组成原理见图 2-10 和图 2-11，分单喷嘴和双喷嘴两种形式。它具有体积小、运动部件惯量小、无摩擦、所需驱动力小、灵敏度高等优点。其缺点主要有中位泄漏量大、负载惯性差、输出流量小、节流孔及喷嘴的间隙小而易堵

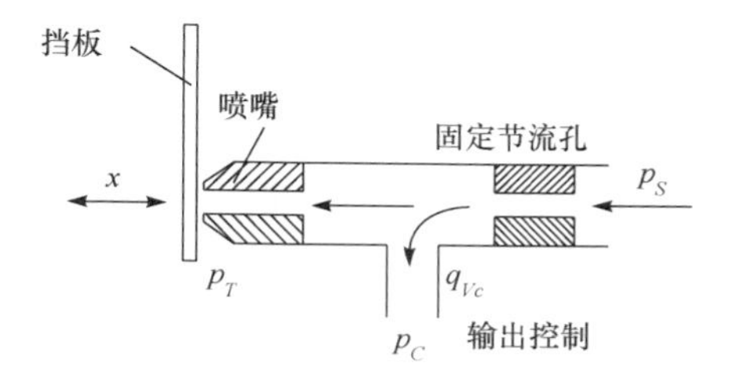

图 2-10　单喷嘴

塞、抗污染能力差。喷嘴挡板阀特别适用于小信号工作，因此常用做二级伺服阀的前置放大级。

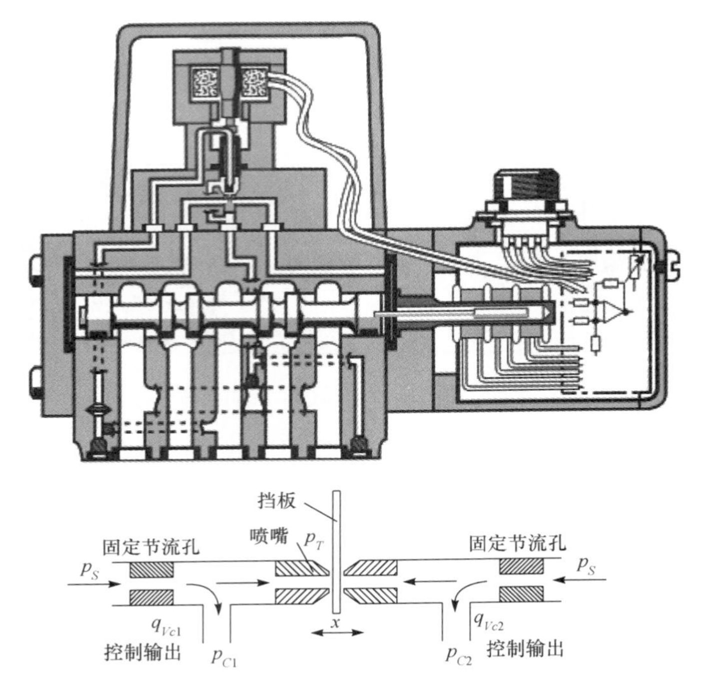

图 2-11　双喷嘴

2. 射流管式先导级

伺服阀按液压放大级数可分为单级电液伺服阀、两级电液伺服阀和三级电液伺服阀。伺服阀按液压前置的结构形式可分为单喷嘴挡板式、双喷嘴挡板式、滑阀式、射流管式和偏转板射流式。伺服阀按反馈形式可分为位置反馈式、负载压力反馈式、负载流量反馈式和电反馈式。伺服阀按电机转换装置不同可分为动铁式和动圈式。伺服阀按功能不同可分为流量伺服阀、压力伺服阀。伺服阀按力矩马达是否浸在油中可分为干式和湿式两种。

射流管式先导级包含射流管偏转和对中板偏转两种，如图 2-12 所示。射流管偏转先导级是根据动量原理工作的，优点是射流喷嘴与接收器孔之间的距离较大，不易堵塞，抗污染能力强；射流喷嘴有实效对中能力。其缺点是结构较复杂，加工与调试较难，运动零件惯性较大；射流管的引压管刚性较低，易振动；性能不易计算，特性很难预计。常用做两级伺服阀的前置放大级，适用于对抗污染能力有特殊要求的场合。

对中板偏转式先导级也是根据动量守恒原理工作的，射流喷嘴、偏转板与射流盘之间的间隙大，不易堵塞，抗污染能力强，运动零件惯量小，性能在理论上不易精确计算，特性很难预测，在低温及高温时性能不稳定，常用做两级伺服阀的前置放大级，适用于对抗污染能力有特殊要求的场合。

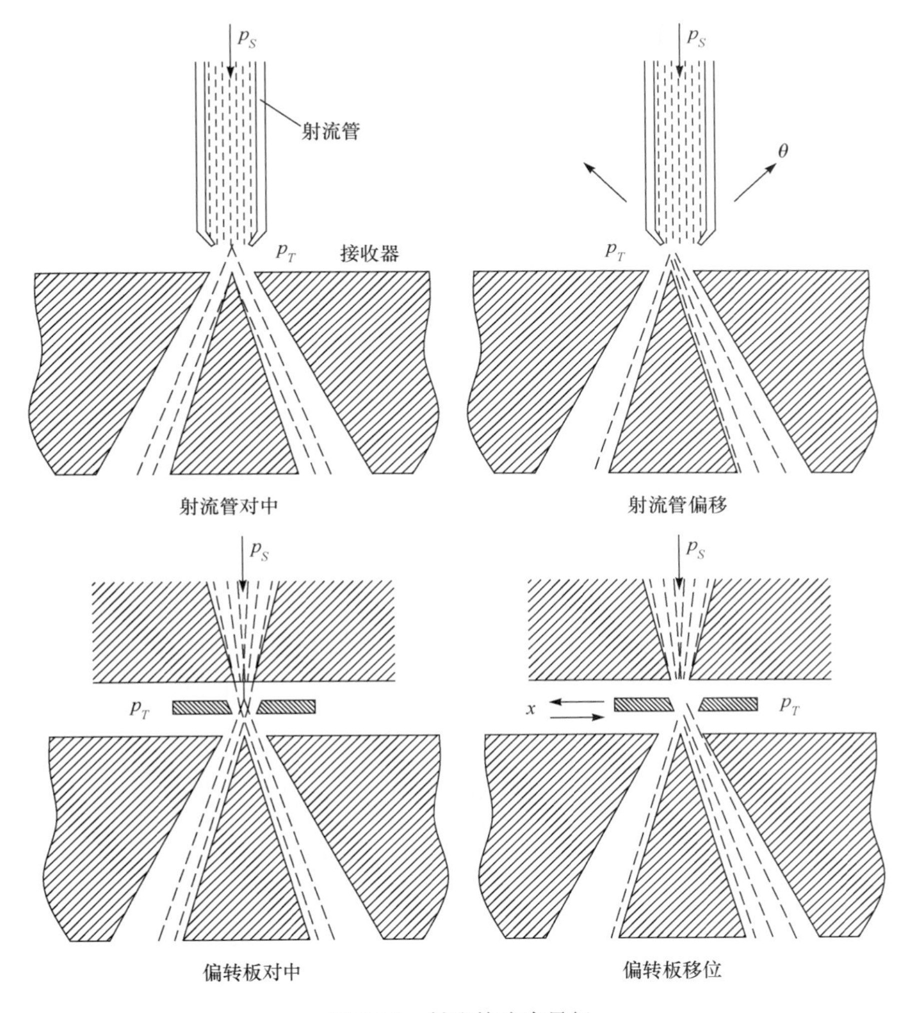

图 2-12　射流管式先导级

3. 滑阀式先导级

滑阀式先导级结构如图 2-13 所示，有单边和双边之分。作单边控制时，构成单臂可变液压半桥，阀口前后各接一个不同压力的油口，即为二通阀；作双边控制时，构成双臂可变的液压半桥，两个阀口前后必须与三个不同压力的油口相连，即为三通阀。滑阀允许位移大，当阀孔为矩形或全周开口时，线性范围宽，输出流量大，流量增益和压力增益高。相对于其他形式的先导级来讲，滑阀式先导级配合副加工精度要求较高，阀芯运动有摩擦力，运动部件惯量较大，所需的驱动力也较大，通常与动圈式力马达或比例电磁铁直接连接。

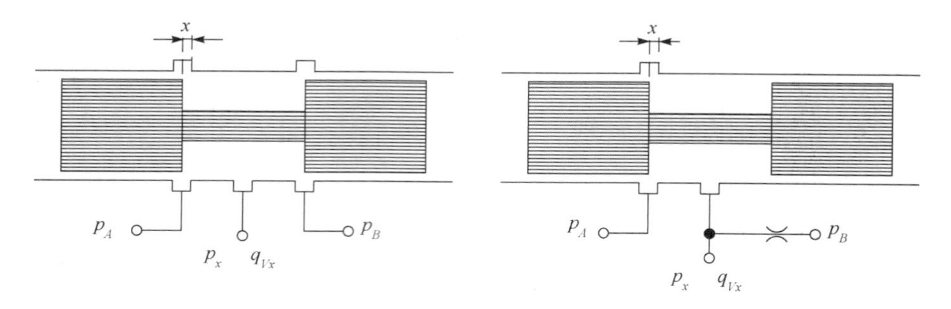

图 2-13　滑阀式先导级

2.2.4　按输出量分类

伺服阀按输出量不同可分为流量阀、压力阀和压力流量阀三种。流量阀最常用，也是传统意义上的伺服阀。压力阀控制出口压力，采用压力反馈，具有较小的压力增益和较大的调节范围。是流量控制方式还是压力控制方式，主要取决于控制系统外环传感器的形式。压力流量阀简称 PQ 阀，如图 2-14 所示，它可以控制压力，也可以控制流量，内部装有控制口压力传感器和主阀芯位移传感器，并各自带有放大板。当流量控制时，开关处于 1-2 位置。当压力控制时，开关处于 1-3 位置。

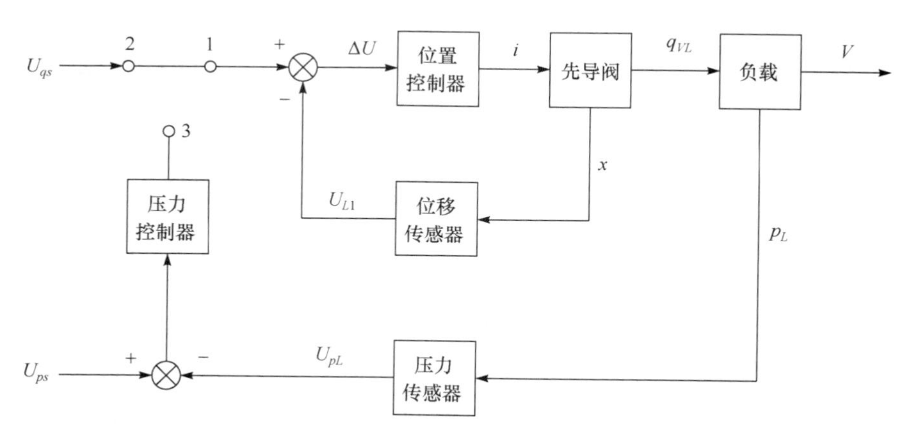

图 2-14　PQ 控制阀方框图

2.2.5　按阀内部反馈信号分类

伺服阀按照内部反馈信号可分为力反馈、位移反馈、压力反馈和电反馈等，目前最常用的是电反馈。也有采用动压反馈的，主要是为提高阀的阻尼比，改善动态品质。

力反馈伺服阀如图 2-15 所示，由力矩马达、前置放大级和功率放大级组成，磁铁把导磁体磁化成 N、S 极，形成磁场。衔铁和挡板固连在一起，由弹簧支撑位于导磁体的中间。挡板下端球头嵌放在滑阀中间凹槽内，线圈无电流时，力矩马达无力矩输出，挡板处于两喷嘴中间。当输入电流通过线圈使衔铁左端被磁化为 N 极，右端为 S 极，衔铁逆时针偏转。弹簧管弯曲产生反力矩，使衔铁转过 θ 角。电流越大 θ 角就越大，力矩马达把输入电信号转换为力矩信号输出。

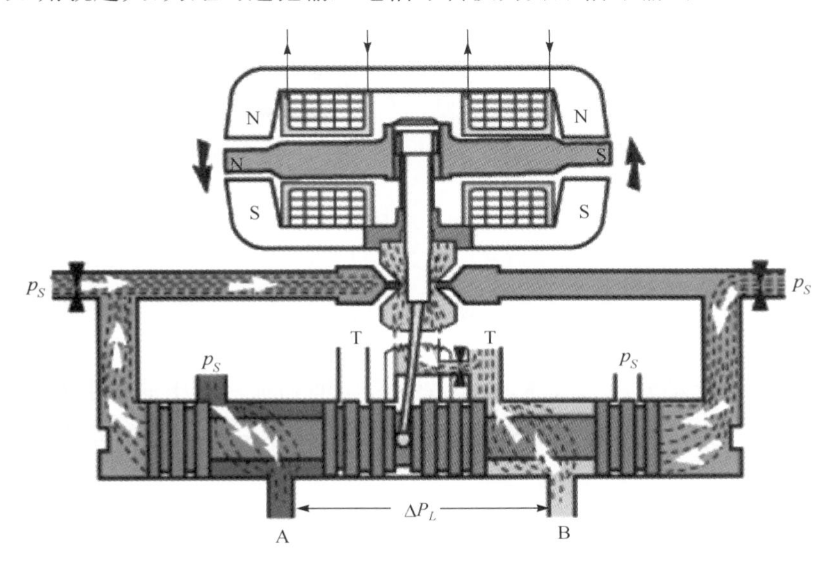

图 2-15　力反馈伺服阀工作原理

压力油经节流孔流到滑阀左、右两端油腔和两喷嘴腔，由喷嘴喷出，经阀中部流回油箱。力矩马达无输入信号时，挡板不动，滑阀两端压力相等。当力矩马达有信号输入时，挡板偏转，两喷嘴和挡板之间的间隙不等，致使滑阀两端压力不等，推动阀芯移动。

当前置放大级有信号输入使滑阀阀芯移动时，主油路被接通。滑阀位移后的开度正比于力矩马达的输入电流，即阀的输出流量和输入电流成正比；当输入电流反向时，输出流量也反向。滑阀移动的同时，挡板下端的小球亦随同移动，使挡板弹簧片产生弹性反力，阻止滑阀继续移动。挡板变形又使它在两喷嘴间的位移量减小，实现了反馈。当滑阀上的液压作用力和挡板弹性反力平衡时，滑阀便保持在这一开度上不再移动。

电反馈伺服阀见图 2-16，其工作原理与力反馈伺服阀相似，只是采用位移电反馈代替了反馈杆的力反馈，性能更好。

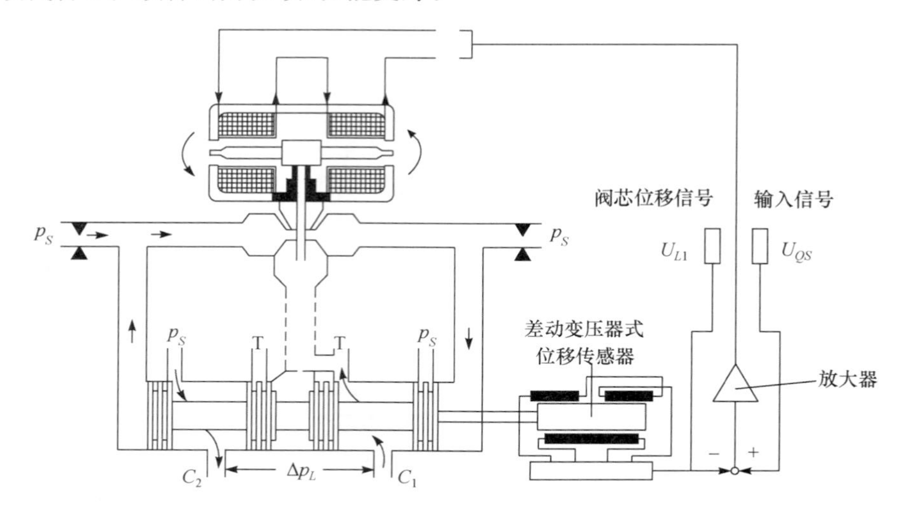

图 2-16　电反馈伺服阀

2.3　液压流体力学

液压系统的传动介质为液体，常用的有液压油和水。液压油和水的可压缩性很小，通常按不可压缩流体处理，即认为密度等于常数。但是在研究液压冲击时，必须考虑可压缩性的影响。

流体的黏性是指流动中产生内摩擦力（黏性力）的性质，它总是阻碍流体的相对滑动，抵抗剪切变形，造成流动阻力和能量耗散。对于常见的流体，如液压油、水和空气等，其黏性可用牛顿黏性定律来描述。无黏性的流体称为理想流体。

2.3.1　液压流体的流动状态

1. 定常流动和非定常流动

流体流动过程中各流体质点的速度 u、压力 p、密度 ρ 等不随时间改变的流动称为定常流动。定常流动的数学表达式为

$$\frac{\partial u}{\partial t}=\frac{\partial p}{\partial t}=\frac{\partial \rho}{\partial t}=0$$

流体流动过程中各流体质点的速度 u、压力 p、密度 ρ 等随时间变化而变化的流动称为非定常流动。

2. 层流与紊流

当流体的速度、压力等物理参数随时间和空间的变化都很平滑时的流动称为层流。在这种流动中，流体微团的轨迹没有大的不规则脉动。当流体的速度、压力等随时间和空间都以很不规则、很不光滑的方式变化时的流动称为紊流，该流动中流体微团做随机运动。

在层流中，分子运动的结果会导致相邻两流层之间的诸如动量、热量和质量的输运，分子运动对动量的输运表现为两流层之间的相互作用力，即黏性力，其大小通过黏度来体现。如图 2-17 所示，两块很长的平行放置的平板，其中一块静止，另一块在力 F 的作用下以恒定速度 U 做平行运动，平板面积为 A，两平板间距离为 h，流体的压力为常数。

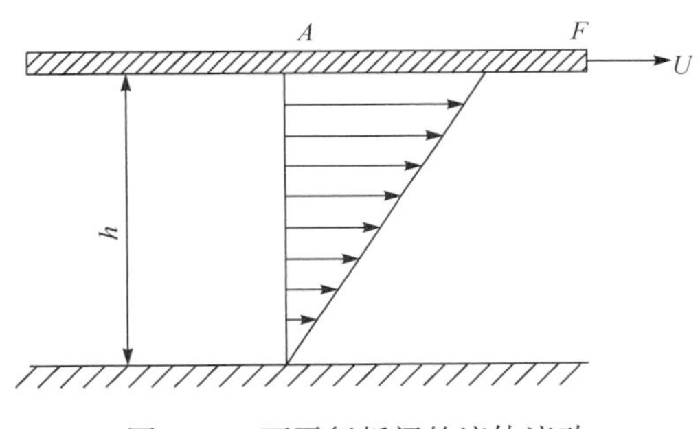

图 2-17　两平行板间的流体流动

对于牛顿流体有

$$\tau=\frac{F}{A}=\mu\frac{U}{h}\text{或}F=\mu\frac{AU}{h}$$

式中，τ 为黏性切应力；μ 为动力黏度(Pa · s)。

对于图 2-18 所示的具有一般速度分布的情形，黏性剪应力为

$$\tau=\mu\frac{\mathrm{d}u}{\mathrm{d}y}$$

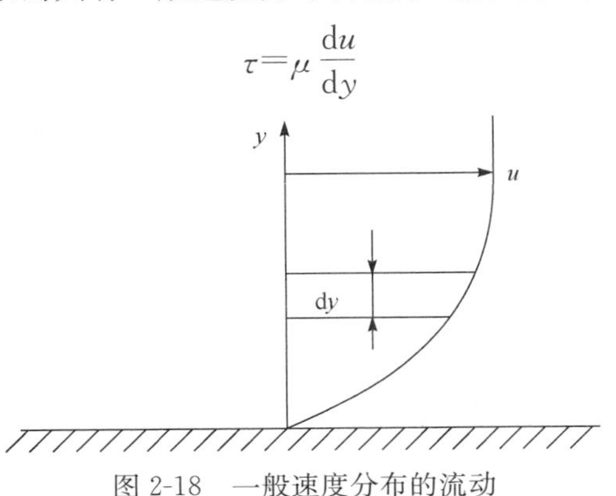

图 2-18　一般速度分布的流动

工程实践中常用到运动黏度，或称运动黏性系数 ν：

$$\nu=\frac{\mu}{\rho}$$

式中，ρ 为流体密度。

黏度 μ 受压力的影响在低压时不明显，只有当压力大于 50MPa 时，压力才对黏度有显著影响。液压流体的黏度随温度的升高而下降，不同温度下的黏度值可通过黏温特性曲线查得。

在紊流中，流体微团不仅有横向脉动，而且有相对于流体平均运动的反向运动，因而流体微团的运动轨迹非常紊乱，流体质点的运动随时间变化很快。紊流中动量、热量和质量的传递速率比层流高几个数量级。

1883 年，雷诺(Reynolds)进行了不稳定流动实验，如图 2-19 所示。在圆管的入口处注入染料，保持圆管直径 d 和水的黏度 ν 不变，改变圆管中的水流平均速度 u，当由 d、ν 和 u 确定的雷诺数 $Re<2000$ 时，染上色的流体在管中延伸成一条直线，此时管内为层流。当水的速度增加，使雷诺数达到 2200～13000 时，直线在下游某个位置破碎，并与周围流体混合，管内流体均染上颜色。

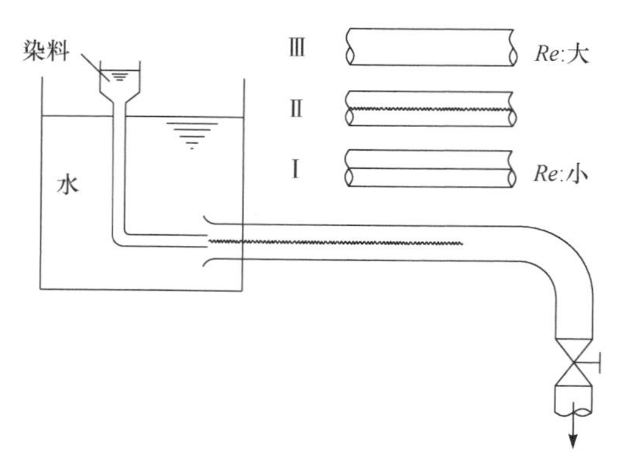

图 2-19　雷诺实验

表征流体惯性力和黏性力相对大小的数，记为 Re。雷诺数与流动状态相对应，判断流动状态转变时的雷诺数，称为临界雷诺数。当流动状态由层流转变为紊流时，称上临界雷诺数，由紊流转变为层流时，称下临界雷诺数。

$$\frac{\text{惯性力}}{\text{黏性力}}=\frac{\rho u^2L^2}{\mu uL}=\frac{\rho uL}{\mu}=\frac{uL}{\nu}=Re$$

式中，ρ 为流体密度；u 为特征速度；L 为物体的特征长度；ν 为流体运动黏度；μ 为流体动力黏度。

圆管流动的雷诺数计算式为

$$Re=\frac{ud}{\nu}$$

式中，u 为过流断面的平均流速；d 为圆管直径；ν 为流体运动黏度。

非圆形管道流动的雷诺数计算式与圆管流动的雷诺数计算式相似，区别在于 d 用水力直径 d_H 来表示：

$$d_H=4\frac{A}{\chi}$$

式中，A 为过流断面面积；χ 为过流断面上流体与固体相润湿的周长，称为润湿。

2.3.2 液压流体基本方程

流体的运动遵循物理定律中的质量守恒定律、动量守恒定律（牛顿运动定律）和能量守恒定律（热力学第一定律）。在流体为连续介质的假设下，将上述三定律写成适合于运动流体的数学表达式后分别称为连续性方程、运动方程和能量方程。

1. 连续性方程

如图 2-20 所示，在流场中任取一个有限体积 V，它的位置不随流体运动，形状不发生改变，称为控制体，其封闭周界面 S 称为控制面。

根据质量守恒定律，V 内流体质量的增加率等于单位时间内通过 S 面流入的流体质量，积分形式的连续性方程用数学公式表示为

$$\int_V \frac{\partial\rho}{\partial t}\mathrm{d}V+\oint_S \rho\boldsymbol{v}\cdot\boldsymbol{n}\mathrm{d}S=0$$

式中，ρ 为流体的密度；$\boldsymbol{v}$ 为流体的速度矢量；$\boldsymbol{n}$ 为微元表面积 $\mathrm{d}S$ 的外法线单位矢量；t 为时间。

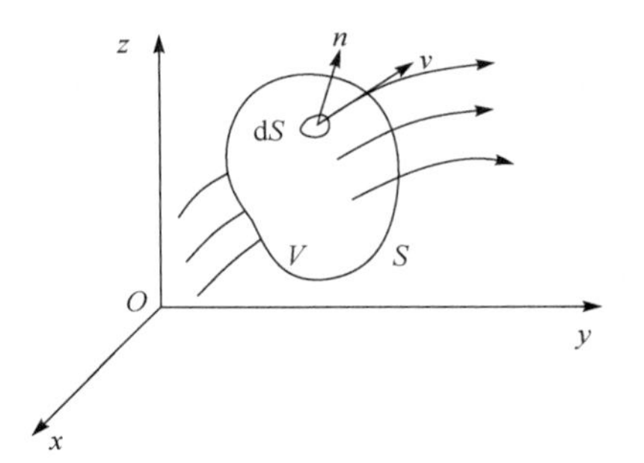

图 2-20　流场中的控制体

当流动为定常时，即流动参数都不随时间而改变时，上式变为

$$\oint_S \rho\boldsymbol{v}\cdot\boldsymbol{n}\mathrm{d}S=0$$

对于不可压缩流体，无论定常与否，都有

$$\oint_S \boldsymbol{v}\cdot\boldsymbol{n}\mathrm{d}S=0$$

当质量守恒定律用于流体场中无限小控制体时，得到矢量微分形式的连续性方程：

$$\frac{\partial\rho}{\partial t}+\nabla\cdot(\rho\boldsymbol{v})=0$$

式中，∇ 为矢量微分算子。

设在 x、y、z 方向的速度分量分别为 u、v、w，则直角坐标系中标量形式的微分连续性方程为

$$\frac{\partial\rho}{\partial t}+\frac{\partial(\rho u)}{\partial x}+\frac{\partial(\rho v)}{\partial y}+\frac{\partial(\rho w)}{\partial z}=0$$

或

$$\frac{\partial u}{\partial x}+\frac{\partial v}{\partial y}+\frac{\partial w}{\partial z}=0$$

流体质点不存在绕自身瞬时轴旋转的流体称为无旋流体，否则就是有旋流体。黏性流体的运动总是有旋流动。理想流体绕物体的流动一般都可以单做无旋流动。无旋流动在数学上满足

$$\nabla\times\boldsymbol{v}=\boldsymbol{0}$$

2. 运动方程

运动方程是牛顿第二运动定律应用于运动流体的一种数学表达式。有黏性的牛顿流体的运动微分方程称为 Navier-Stokes 方程，简称 N-S 方程。假定牛顿流体的动力黏度 μ 为常数的情况下，N-S 方程的表达式为

$$\frac{\mathrm{D}\boldsymbol{v}}{\mathrm{D}t}=\boldsymbol{F}-\frac{1}{\rho}\nabla p+\frac{\upsilon}{3}\nabla(\nabla\cdot\boldsymbol{v})+\upsilon\nabla^2\boldsymbol{v}$$

式中，$\frac{\mathrm{D}}{\mathrm{D}t}=\frac{\partial}{\partial t}+(\boldsymbol{v}\cdot\nabla)$ 为随体导数，也就是对时间的全导数；$\boldsymbol{F}$ 为作用在流体上的单位质量力；υ 为流体的运动黏度$\left(\upsilon=\frac{\mu}{\rho}\right)$；$\nabla^2$ 为拉普拉斯算子。

对于黏性不可压缩流体的非定常流动，N-S 方程则为

$$\frac{\partial\boldsymbol{v}}{\partial t}+(\boldsymbol{v}\cdot\nabla)\boldsymbol{v}=\boldsymbol{F}-\frac{1}{\rho}\nabla\boldsymbol{p}+\boldsymbol{v}\nabla^2\boldsymbol{v}$$

在直角坐标系中，式 $\frac{\mathrm{D}\boldsymbol{v}}{\mathrm{D}t}=\boldsymbol{F}-\frac{1}{\rho}\nabla p+\frac{\upsilon}{3}\nabla(\nabla\cdot\boldsymbol{v})+\boldsymbol{\upsilon}\nabla^2\boldsymbol{v}$ 可写成

$$\frac{\partial u}{\partial t}+u\frac{\partial u}{\partial x}+v\frac{\partial u}{\partial y}+w\frac{\partial u}{\partial z}=X-\frac{1}{\rho}\cdot\frac{\partial p}{\partial x}+\frac{\upsilon}{3}\cdot\frac{\partial}{\partial x}\left(\frac{\partial u}{\partial x}+\frac{\partial v}{\partial y}+\frac{\partial w}{\partial z}\right)+\upsilon\left(\frac{\partial^2 u}{\partial x^2}+\frac{\partial^2 u}{\partial y^2}+\frac{\partial^2 u}{\partial z^2}\right)$$

$$\frac{\partial v}{\partial t}+u\frac{\partial v}{\partial x}+v\frac{\partial v}{\partial y}+w\frac{\partial v}{\partial z}=Y-\frac{1}{\rho}\cdot\frac{\partial p}{\partial y}+\frac{\upsilon}{3}\cdot\frac{\partial}{\partial y}\left(\frac{\partial u}{\partial x}+\frac{\partial v}{\partial y}+\frac{\partial w}{\partial z}\right)$$

$$+\upsilon\left(\frac{\partial^2 v}{\partial x^2}+\frac{\partial^2 v}{\partial y^2}+\frac{\partial^2 v}{\partial z^2}\right)$$

$$\frac{\partial w}{\partial t}+u\frac{\partial w}{\partial x}+v\frac{\partial w}{\partial y}+w\frac{\partial w}{\partial z}=Z-\frac{1}{\rho}\cdot\frac{\partial p}{\partial z}+\frac{\upsilon}{3}\cdot\frac{\partial}{\partial z}\left(\frac{\partial u}{\partial x}+\frac{\partial v}{\partial y}+\frac{\partial w}{\partial z}\right)$$
$$+\upsilon\left(\frac{\partial^2 w}{\partial x^2}+\frac{\partial^2 w}{\partial y^2}+\frac{\partial^2 w}{\partial z^2}\right)$$

式中，X、Y、Z 为 $\boldsymbol{F}$ 在 x、y、z 方向的分量。

理想流体的运动微分方程称为欧拉(Euler)运动方程，可由 N-S 方程中忽略黏性力向直接得到

$$\frac{\partial \boldsymbol{v}}{\partial t}+(\boldsymbol{v}\cdot\boldsymbol{\nabla})\boldsymbol{v}=\boldsymbol{F}-\frac{1}{\rho}\boldsymbol{\nabla}p$$

3. 动量方程

如果对图 2-20 所示的流场中的有限控制体应用动量守恒定律，则可以得到积分形式的运动方程，又称动量方程。

$$\frac{\partial}{\partial t}\int_V \rho\boldsymbol{v}\mathrm{d}V+\oint_S \rho\boldsymbol{v}(\boldsymbol{v}\cdot\boldsymbol{n})\mathrm{d}S=\sum\boldsymbol{F}$$

式中，$\boldsymbol{v}\cdot\boldsymbol{n}=v_n$，表示速度 $\boldsymbol{v}$ 在 dS 面元外法线方向 $\boldsymbol{n}$ 上的投影分量；$\sum\boldsymbol{F}$ 为所有外力的矢量和，包括作用在控制体 V 内流体上的全部质量力和作用在控制面 S 上的全部表面力。

写成直角坐标系标量形式为

$$\frac{\partial}{\partial t}\int_V \rho u\mathrm{d}V+\oint_S \rho u v_n\mathrm{d}S=\sum F_x$$

$$\frac{\partial}{\partial t}\int_V \rho v\mathrm{d}V+\oint_S \rho v v_n\mathrm{d}S=\sum F_y$$

$$\frac{\partial}{\partial t}\int_V \rho w\mathrm{d}V+\oint_S \rho w v_n\mathrm{d}S=\sum F_w$$

4. 能量方程

能量方程是能量守恒定律对运动流体的一种数学表达式。如果在一个实际问题中只涉及机械能，那么能量方程就仅仅是运动微分方程的一次积分，称为伯努利(Bernoulli)方程。如果加热过程和流动的热效应是重要的，此时的能量方程称为一般能量方程。

一般能量方程来源于热力学第一定律，它有积分和微分两种形式，常用微分形式。一般能量方程的微分矢量形式为

$$\frac{De}{Dt}=q+\frac{1}{\rho}\nabla\cdot(\lambda\nabla T)-\frac{p}{\rho}(\nabla\cdot\boldsymbol{v})+\frac{\Phi}{\rho}$$

式中，e 为单位质量流体的内能；q 为单位时间内由于辐射、化学反应等原因加给单位质量流体的热量；λ 为流体的导热系数；T 为流体的温度；Φ 为与黏性有关的耗散功，或称耗散函数。

直角坐标系标量形式为

$$\frac{De}{Dt}=q+\frac{1}{\rho}\left[\frac{\partial}{\partial x}\left(\lambda\frac{\partial T}{\partial x}\right)+\frac{\partial}{\partial y}\left(\lambda\frac{\partial T}{\partial y}\right)+\frac{\partial}{\partial z}\left(\lambda\frac{\partial T}{\partial z}\right)\right]-\frac{p}{\rho}\left(\frac{\partial u}{\partial x}+\frac{\partial v}{\partial y}+\frac{\partial w}{\partial z}\right)+\frac{\Phi}{\rho}$$

上述的一般能量方程又称为内能方程，它适用于黏性可压缩流体的非定常流动。方程的左边表示单位时间内单位质量流体内能的变化；右边第一项表示单位时间内加给单位质量流体的辐射热等热源项，第二项为单位时间内外界通过单位质量流体表面传入的热量，当流动绝热时，这两项都为零；第三项是单位质量流体由于体积压缩或膨胀时压力 p 所做功率，当流体为不可压缩时，这项为零；第四项表示耗散功率，由于黏性力所做的功总是不断地转换成热，并由热不可逆地转换成内能，因此 $\Phi\geqslant 0$，当黏性效应忽略时，$\Phi=0$。

5. 伯努利方程

伯努利方程是理想流体运动过程中，表达总能量沿流线守恒的一个方程，它是在一些特定条件下欧拉运动方程的一个积分。

1）不可压缩流体的伯努利方程

不可压缩流体的伯努利方程为

$$\frac{v^2}{2}+\frac{p}{\rho}+gz=c(\psi)$$

或

$$\frac{v^2}{2g}+\frac{p}{\rho g}+z=c_1(\psi)$$

式中，$v^2=\boldsymbol{v}\cdot\boldsymbol{v}$；$z$ 为相对于基准水平面的垂直高度；g 为重力加速度；$c(\psi)$、$c_1(\psi)$ 为积分常数；沿同一流线取同一常数值，不同的流线 ψ 可取不同的值。但对于无旋流动，全流场取同一常数值。

以上两式适用于理想不可压缩流体在重力作用下的定常流动。它们表示了单位质量或单位重量流体所具有的总机械能（即动能、压力能和势能的总和）沿流线守恒。左边第一项代表流体质点以初速度 v 垂直方向上运动所能达到的高度，称为速度头；第二项相当于液柱底面静压力为 p 时液柱的高度，称为压力头；第三项代表流体质点在流线上所处的位置高度，称为位势头。

如果忽略重力或者流线是水平线，上式则变为

$$p+\frac{1}{2}\rho v^2=p_0(\psi)$$

式中，p 为流体的静压；$\frac{1}{2}\rho v^2$ 为流体的动压；p_0 为流体的总压，是流速为零的点(驻点)上的压力。

2）黏性流体在一元定常管流中的伯努利方程

在一元管流中，可以将管轴线看成一条流线，用过流断面上的平均值代替相应的流动参数，则伯努利方程变为

$$\frac{v_1^2}{2g}+\frac{p_1}{\rho g}+z_1=\frac{v_2^2}{2g}+\frac{p_2}{\rho g}+z_2=\text{常数}$$

上式为理想流体的伯努利方程，该式表明，从过流断面 A_1 到过流断面 A_2 时，沿程的总能量和流量都不变。对于黏性不可压缩流体在重力作用下的一元定常管流动，如果考虑到从过断面 A_1 到过断面 A_2 间沿程有机械能的损失，还可能装有与外界进行能量交换的流体机械，则可将上式修改为黏性流体在一元定常管流中的伯努利方程：

$$\frac{\alpha_1 v_1^2}{2g}+\frac{p_1}{\rho g}+z_1\pm H=\frac{\alpha_2 v_2^2}{2g}+\frac{p_2}{\rho g}+z_2+h_s$$

式中，下标 1 和 2 分别代表上游过流断面 A_1 和下游过流断面 A_2；v 为过流断面上平均流速；α 为动能修正系数，通常取 $\alpha_1=\alpha_2=1$；h_s 为从断面 A_1 到 A_2 间，单位重量流体的机械能损失，又称为能头损失，包括沿程损失和局部损失；H 为从断面 A_1 到 A_2 间，单位重量流体与外界交换的能量。如果在 A_2 到 A_2 间装有泵，则 H 前取正号；装有马达，则 H 前取负号；没有泵与马达，则 $H=0$。

2.3.3　流速和压力损失计算

管道过流断面上的流速并不均匀，所以采用过流断面平均流速计算各种压力损失，平均流速可定义为

$$v=\frac{1}{A}\int_A u\,\mathrm{d}A=\frac{q_v}{A}$$

式中，u 为断面上任意点的实际流速；A 为管道的过流断面面积；q_v 为体积流量。

管道定常流动的连续性方程为

$$\rho Av=q_m=\text{常数}$$

式中，ρ 为流体的密度；q_m 为质量流量。

不可压缩流体的连续性方程为

$$Av=q_v=\text{常数}$$

在管道内，流体运动时的能量损失由摩擦力所引起的沿程能量损失、管道形状

改变和流动方向改变等引起的局部能量损失组成。工程上通常用压差形式表示能量损失，称为压力损失。管道流动的压力损失包括沿程压力损失和局部压力损失。

（1）沿程压力损失。管道的沿程压力损失 Δp 计算公式为

$$\Delta p=\lambda\frac{l}{d_H}\frac{\rho}{2}v^2$$

$$\mathrm{d}_H=4\frac{A}{\chi}$$

式中，λ 为沿程阻力系数；l 为管道长度；d_H 为水力直径；χ 为湿周，即过流断面上流体与固体壁面接触的周界长度。

对于圆管，水力直径 d_H 即为圆管的内径 d。沿程阻力系数 λ 是雷诺数和管壁粗糙度的函数。

（2）局部压力损失。流速在某一局部受到扰动而变化所产生的损失 Δp 称局部压力损失，通常按下式计算：

$$\Delta p=\xi\frac{\rho v^2}{2}$$

式中，ξ 为局部阻力系数。

在液压管道中，当速度、水力直径较小而黏度较大时将呈现层流。如图 2-21 所示，长为 l 的等直径圆管两端的压力差为 $\Delta p=p_1-p_2$，管内流速 u 按抛物线规律分布：

$$u=\frac{\Delta p}{4\mu l}\left(\frac{d^2}{4}-r^2\right)$$

式中，r 为半径方向坐标；d 为圆管内径。

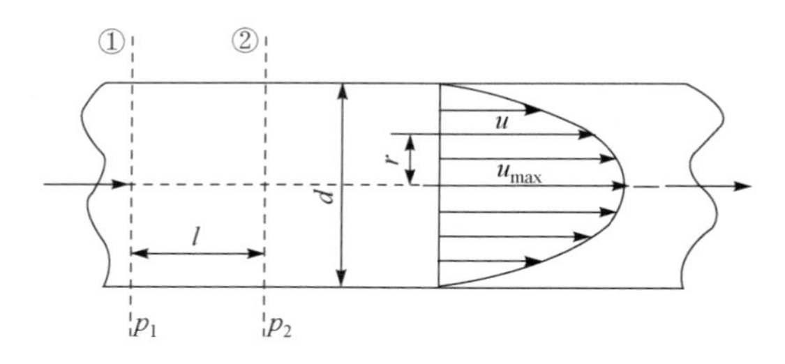

图 2-21　圆管内层流的速度分布

中心处的最大流速 u_{max} 为

$$u_{max}=\frac{\Delta p d^2}{16\mu l}$$

平均流速为

$$v=\frac{\Delta p d^2}{32\mu l}=\frac{u_{max}}{2}$$

流量为

$$q_v=\frac{\pi\Delta pd^4}{128\mu l}$$

由此可得，断面①～②之间的压力损失，即两处的压差 Δp 按下式计算：

$$\Delta p=\frac{128uLq_v}{\pi d^4}=\frac{64}{Re}\frac{l}{d}\frac{\rho}{2}v^2$$

由沿程压力损失计算公式可得

$$\lambda=\frac{64}{Re}$$

管流为紊流时，过流断面上的速度分布大致分为三个区域，如图 2-22 所示，在紧靠管壁处存在一薄层流体仍保持层流，这层流体称层流次层或近壁层流层。离边壁不远处到中心的大部分区域流速分布比较均匀，这部分流体处于紊流运动状态，称紊流核心区。在层流次层与紊流核心区之间存在着范围很小的过渡区域。

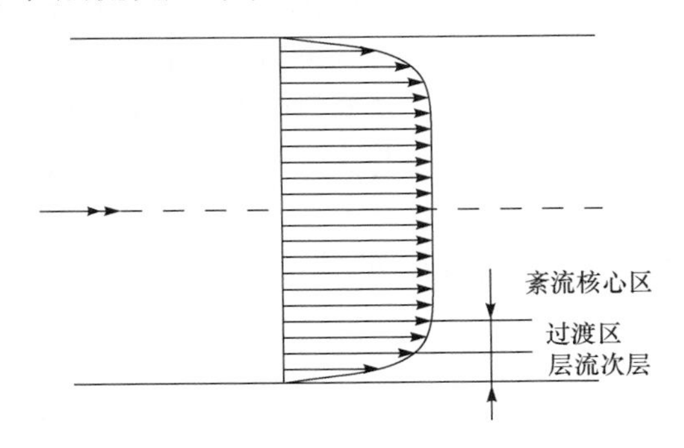

图 2-22　紊流速度结构

圆管中的层流次层厚度为

$$\delta\approx 30\frac{d}{Re\sqrt{\lambda}}$$

层流次层厚度 δ 大于壁面绝对粗糙度 Δ 的管道，称为水力光滑管。在水力光滑管的情况下，流体的阻力不受管壁粗糙度的影响。

层流次层厚度 δ 小于壁面绝对粗糙度 Δ 的管道，称为水力粗糙管。在粗糙管的情况下，层流次层被破坏，流体的阻力主要取决于管壁粗糙度。

层流次层厚度 δ 随雷诺数变化，所以对于同一管道，在某一雷诺数时是水力光滑管，而在另一雷诺数时可能转变为水力粗糙管。

2.3.4　圆柱形节流孔流量压力方程

假设流体不可压缩，流动是一维的，流体的质量力和运动的惯性力忽略不计。

缝隙中流体产生运动的原因有两种：一种是由于存在压差而产生流动，称为差流；另一种是由于组成缝隙的壁面具有相对运动而使液体流动，称为剪切流。

圆柱形节流孔在液压技术中应用很广，因为多数阻尼器件本身尺寸较小，阻尼直径只有几毫米，有的在 1mm 以下，很难加工成薄壁锐缘孔口，所以往往做成圆柱形长孔。由于油液的黏度较大，而孔径很小，阻尼孔中的流动一般呈层流状态，很少呈紊流。图 2-23 为管道中的圆柱形节流孔，节流孔的内径为 d，长为 l，由压差 $\Delta p(\Delta p=p_1-p_2)$ 产生的流量为 q_v，断面平均流速为 v，油的运动黏度为 ν，雷诺数 $Re=dv/\nu$。

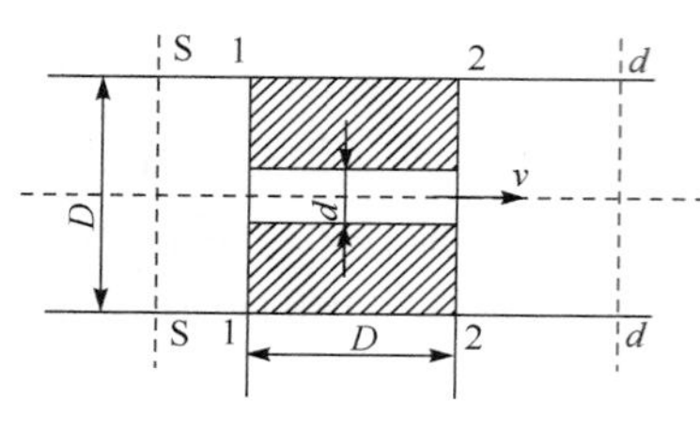

图 2-23　圆柱形节流孔

圆柱形节流孔的流量-压力特性为

$$q_v=C_q\frac{\pi d^2}{4}\sqrt{\frac{2\Delta p}{\rho}}$$

式中，C_q 为流量系数；ρ 为油液的密度。

流体自孔口射出的流动称为射流，射流周围被同种流体所包围称为淹没射流。伺服阀、节流阀、换向阀和溢流阀等液压元件的下游并不与大气接触，而是充满液体，所以属淹没射流范畴。

流体通过淹没孔口的射流流量 q_v 可用下式表示：

$$q_v=C_qA_0\sqrt{\frac{2\Delta p}{\rho}}$$

式中，C_q 为流量系数；A_0 为孔口面积；Δp 为孔口压差；ρ 为流体的密度。

1. 圆柱滑阀阀口的流量计算

圆柱形滑阀的阀口如图 2-24 所示，阀口的流动可看做淹没射流，流量系数 C_q 的大小不仅与雷诺数 Re 有关，而与阀开口度 x、径向间隙 δ 都有关系，C_q 值可由实验测得。

A_0 为圆柱滑阀阀口的过流面积：

$$A_0=\pi d\sqrt{x^2+\delta^2}$$

式中，d 为阀芯的直径；x 为阀开口度；δ 为径向间隙。

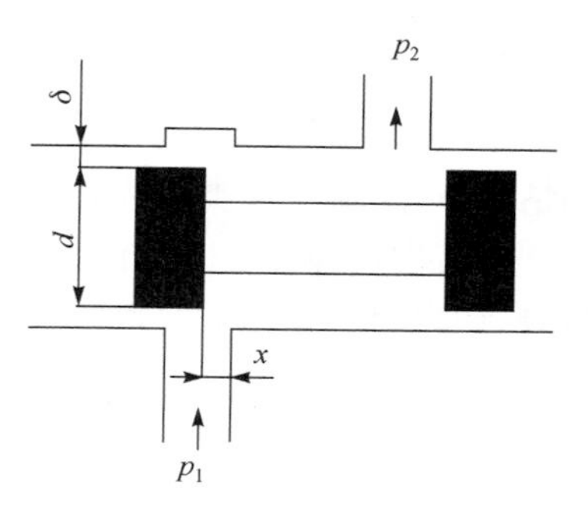

图 2-24　圆柱滑阀阀口

2. 圆锥阀阀口的流量计算

一般常用圆锥阀口的基本形式如图 2-25 所示，当座阀倒角较小时，流量计算淹没孔口的射流流量计算公式。

对于小开口无重叠圆锥阀口，过流面积为

$$A_0 = \pi d_1 x \sin\alpha$$

式中，d_1 为阀座孔直径；x 为阀芯提升量；α 为半锥角。

对于具有小倒角圆锥阀口，过流面积为

$$A_0 = \pi d_m x \sin\alpha$$

式中，d_m 为圆锥阀口平均直径，$d_m = (d_1 + d_2)/2$。

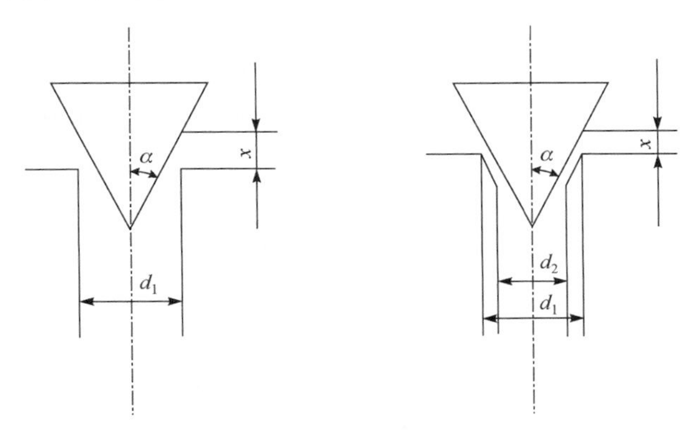

图 2-25　圆锥阀阀口

2.3.5　液动力

在流体工程中，往往要研究流体与固体壁面间的相互作用力，运用动量定理则能够较容易地求出结果。当液体流经液压阀阀腔时，由于液流的动量发生变化，液流对液压阀产生作用力，这个力称为液动力，液动力包括稳态液动力和瞬态液动力。稳态液动力是由流速方向及大小发生变化而引起的，瞬态液动力是在液压阀开启及关闭过程中，由液流的速度瞬时变化而引起的。液动力是作用在阀芯上的主要轴向力之一。

滑阀结构如图 2-26 所示，选择阀腔进、出过流断面及腔内壁面为控制面的控制体。图 2-26(a)为流体从阀腔流出时被节流，阀芯固定不动，阀的开口度 x 为定值，阀芯所受轴向稳态液动力 R_{sx} 为

$$R_{sx} = -\rho q_V v \cos\theta$$

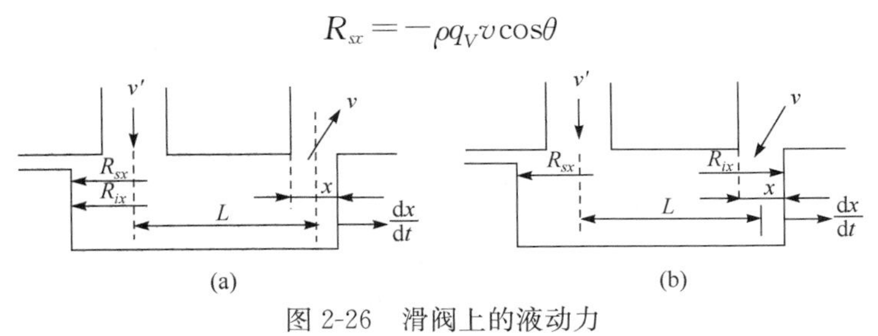

图 2-26　滑阀上的液动力

式中，v 为滑阀节流口处的平均流量；θ 为射流方向角；q_V 为流量。

液流与阀体内壁之间的黏性作用力，控制体进、出口断面上受到的轴向压力等均忽略不计。当流体反向流动时，如图 2-26(b)所示，稳态液动力不变。因此无论流动方向如何，稳态液动力始终使阀口趋于关闭。

滑阀节流口处的流速为

$$v=C_v\sqrt{\frac{2\Delta p}{\rho}}$$

式中，C_v 为流速系数，一般取 0.98～0.99；Δp 为节流口处两端的压差。

设阀开口度为 x，阀口节流边周长为 $w=\pi d$，则阀口开启面积为 wx，通过阀口的流量为

$$q_V=C_q wx\sqrt{\frac{2\Delta p}{\rho}}$$

式中，C_q 为流量系数。

这样稳态液动力 R_{sx} 的计算式还可以表示为

$$R_{sx}=-2C_vC_q wx\Delta p\cos\theta$$

在定常流动的情况下，滑阀阀芯受到的液动力只有轴向稳态液动力，即 $R_s=R_{sx}$。

在阀芯的移动过程中，阀口的开口度 x 变化而使流量随时间 t 发生变化，阀腔内的液流速度也将随时间变化，因此属于非定常流动的情况，此时阀芯还受到轴向瞬态液动力 R_{ix}，R_{ix} 可由动量方程的第一项计算得到

$$R_{ix}=-\frac{\partial}{\partial t}\iiint_V \rho v\,\mathrm{d}V=\mp\rho L\frac{\mathrm{d}q_V}{\mathrm{d}t}$$

式中，∓当出口节流时取“－”，进口节流时取“＋”；L 为进、出口中心距离；q_V 为流量。

由上式可知，瞬态液动力 R_{ix} 在滑阀开启过程中使滑阀趋于关闭，而在滑阀关闭过程中使滑阀趋于开启，即 R_{ix} 与阀芯的运动方向相反。

瞬态液动力 R_{ix} 的计算式还可以表示为

$$R_{ix}=-C_q wL\sqrt{2\rho\Delta p}\frac{\mathrm{d}x}{\mathrm{d}t}$$

式中，$\frac{\mathrm{d}x}{\mathrm{d}t}$为阀开口变化率，即阀芯移动速度。

当阀芯移动时，控制体内的液体也将随阀芯产生牵连运动，当牵连运动存在加速度时，则需考虑由此产生的液体惯性力 R_{fx}：

$$R_{fx}=-m_{cv}\frac{\mathrm{d}^2x}{\mathrm{d}t^2}$$

式中，m_{cv} 为阀腔中所包含全部油液质量。

因此，对于非定常流动，滑阀阀芯总的轴向液动力为

$$R_x = R_{sx} + R_{ix} + R_{fx} = -\rho q_V v \cos\theta \mp \rho L \frac{\mathrm{d}q_V}{\mathrm{d}t} - m_{cv} \frac{\mathrm{d}^2 x}{\mathrm{d}t^2}$$

2.4　伺服阀特性

2.4.1　圆柱滑阀的特性

伺服阀主阀通常采用圆柱滑阀，圆柱滑阀通过圆柱形阀芯在阀套内的可连续移动或从起点到终点的位置切换，来改变液流通路（滑阀开口度的大小），从而控制液压系统的压力、流量和液流的方向。

圆柱滑阀的压力流量特性是指流经阀的流量与阀前后压力差以及滑阀开口之间的关系。如图 2-27 所示，滑阀的开口长度为 x_v，阀芯与阀体内孔之间的径向间隙为 C_r，阀芯直径为 d，阀孔前后压差 Δp。

根据流体力学中流经节流小孔的流量公式，得到流经阀的负载流量为

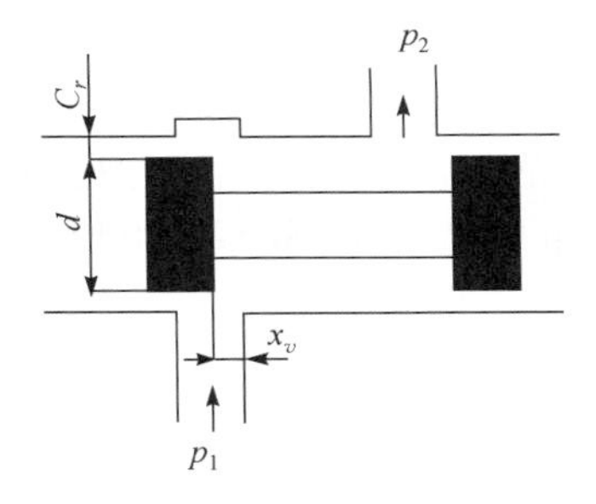

图 2-27　圆柱滑阀

$$Q_L = C_q A \sqrt{\frac{2}{\rho} \Delta p}$$

$$A = W \sqrt{x_v^2 + C_r^2}$$

式中，A 为滑阀阀口的过流面积；W 为滑阀开口宽度，又称阀口过流面积梯度；C_q 为流量系数，当 $Re > 260$ 时为常数，如阀口是锐边时为 0.6～0.65，阀口为圆边或有很小倒角时为 0.8～0.9。

过流面积是滑阀最重要的参数，对圆柱滑阀 $W = \pi d$。在大多数情况下，滑阀的开口度远远大于其径向间隙，即 $x \gg C_r$，故有 $A = \pi d x_v$。

$$Q_L = C_q \pi d x_v \sqrt{\frac{2}{\rho} \Delta p}$$

当油液流经滑阀阀腔和阀口时，由于油液流动速度发生变化，将有液动力作用在滑阀的阀芯上。

稳态液动力可分解为轴向分力和径向分力，由于阀体油腔的对称设置，作用在阀芯上的径向分力互相抵消。稳态液动力总是力图使滑阀的开口趋于关闭，如果工作压力较高、流量较大，将因稳态液动力较大而使滑阀操纵困难。常用的稳态液动力补偿措施包括：①前置先导阀，主滑阀用液压力推动；②阀套上的通油孔改成多个小孔，并排成螺旋线状，以保证流量连续性和增大射流角；③利用环形通道的压力降来补偿稳态液动力；④利用不同的阀芯和阀套结构形式来补偿液动力。

除稳态液动力外，作用在滑阀上的力还有瞬态液动力。瞬态液动力是因滑阀开口度变化引起流经滑阀的流速变化而导致流道中液体的动量变化而产生的。瞬态液动力的作用方向与液流方向以及滑阀的移动方向有关。

由于阀芯和阀体的锥度、同心度偏差的存在，阀芯不可避免地存在液压侧向力，增大阀芯的运动阻力。减少液压侧向力的常用方法有：①提高配合副的几何加工精度；②阀芯配合表面开均压槽；③减少不必要的配合长度；④阀芯作持续高频微幅振动，使得配合副处于液体摩擦状态。

2.4.2　伺服阀静态特性

伺服阀的静态参数（即输出流量、输入电流和负载压力三者）之间的关系称为阀的静态特性，主要包括负载流量特性、空载流量特性和压力特性，并由此得到阀的一些静态指标。它可以用三种方法表示，即特性方程、特性曲线和阀系数。其中，特性方程由流体力学基本方程导出，适合于定性分析；特性曲线可以由特性方程绘制，但通常由实测得到，产品样本上给出的都是实际试验曲线，它可以给出阀的静态指标；阀系数由特性方程的线性化得到，用于系统动态分析。

伺服阀流量：

$$Q_L = C_q \pi d x_v \sqrt{\frac{2}{\rho}\Delta p}$$

上式可改写成

$$Q_L = C_q \pi d I \sqrt{\frac{2}{\rho}(p_S - p_L)}$$

阀流量与输入电流及负载压力之间的关系称为负载流量特性。稳态情况下，伺服阀的主阀芯位置 x_v 与输入电流 I 成正比。当输入不同的电流时，对应的流量与负载压力构成抛物线曲线簇，称为负载流量特性曲线。

当负载压力 p_L 为零时，伺服阀输出流量为 $Q = C_q \pi d x_v \sqrt{\frac{2}{\rho} p_S}$，伺服阀的输出流量完全取决于阀的开口度 x_v，并与阀的开口度成正比，当输入不同的电流时，输出的流量点形成的曲线称为空载流量特性曲线。当开口度达到最大时，空载流量达到最大值 Q_0：

$$Q_0 = C_q \pi d x_{v\max} \sqrt{\frac{2}{\rho} p_S}$$

$Q_L = C_q \pi d I \sqrt{\frac{2}{\rho}(p_S - p_L)}$除以上式可得

$$\frac{Q_L}{Q_0} = \frac{x_v}{x_{v\max}} \sqrt{\left(1 - \frac{p_L}{p_S}\right)}$$

式中，$\frac{Q_L}{Q_0}=\overline{Q_L}$为无因次负载流量；$\frac{x_v}{x_{v\max}}=\overline{x_v}$为无因次阀开口度；$\frac{p_L}{p_S}=\overline{p_L}$为无因次负载压降。

$\frac{Q_L}{Q_0}=\frac{x_v}{x_{v\max}}\sqrt{\left(1-\frac{p_L}{p_S}\right)}$可改写为

$$\overline{Q_L}=\overline{x_v}\sqrt{1-\overline{p_L}}$$

该式可用图 2-28 的无因次曲线族表示。

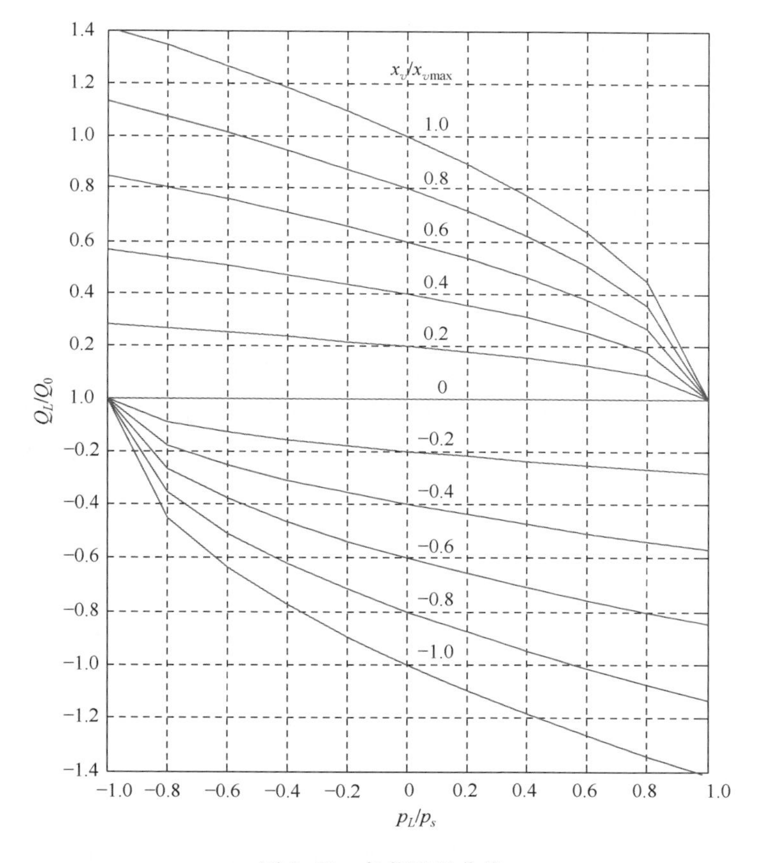

图 2-28　负载流量曲线

在规定的阀压降(P-A 和 B-T 两个阀口压降之和)下，额定电流所对应伺服阀的流量称为额定流量。电液伺服阀没有零位死区，通常工作在零位附近，特别强调零位性能。为了保持电液伺服阀的响应特性，伺服阀需要很高的阀口压降，一般以 1/3 供油压力设计(通常为 7MPa，即单阀口 3.5MPa)，它的额定流量及其他性能指标也是在这种工况下给出的。

滑阀的静特性是指在稳态情况下，负载流量 Q_L、负载压降 p_L 和滑阀位移 x_v 三者之间的函数关系 $Q_L=f(p_L,x_v)$，它表示了滑阀本身的工作能力和性能。它是一个非线性方程，作系统分析时较为困难，通常将它线性化处理，并以增量形式表示为

$$\Delta Q_L=\frac{\partial Q_L}{\partial x_v}\Delta x_v+\frac{\partial Q_L}{\partial p_L}\Delta p_L$$

式中，x_v 为主阀阀芯的位移量，与输入电流成正比。

由此定义三个阀系数如下。

(1) 流量增益(流量放大系数)K_q。伺服阀的空载流量特性曲线中与名义流量曲线偏差最小的直线的斜率称为名义流量增量，分正向和负向两条：

$$K_q=\frac{\partial Q_L}{\partial x_v}$$

它是流量特性曲线的斜率。

(2) 流量压力系数 K_c。

$$K_c=-\frac{\partial Q_L}{\partial p_L}$$

它是压力-流量特性曲线的斜率并冠以负号，使其成为正值。

(3) 压力增益 K_p。当负载流量为零时，负载压降对输入电流的变化率称为压力增益。压力增益通常规定为，在最大负载压降的 40%之间，负载压降对输入电流曲线的平均斜率。

$$K_p=\frac{\partial p_L}{\partial x_v}$$

它是压力特性曲线的斜率。三个阀系数之间的关系为

$$K_p=\frac{K_q}{K_c}$$

根据阀系数的定义，$\Delta Q_L=\frac{\partial Q_L}{\partial x_v}\Delta x_v+\frac{\partial Q_L}{\partial p_L}\Delta p_L$ 可表示为

$$\Delta Q_L=K_q\Delta x_v-K_c\Delta p_L$$

由于伺服阀通常工作在零位附近，工作点在零位，其参数的增量也就是它的绝对值，因此增量形式的方程可改写为

$$Q_L=K_q x_v-K_c p_L$$

阀方程的线性化是在某一工作点展开的，阀系数的值随工作点的变化而变化。在零位时阀的流量增益最大(即系统的增益最高)，而流量-压力系数最小(即系统阻尼最小)，因而其稳定性最差。若系统在零位稳定，则在其余各工作点也稳定。而伺服阀又大多以零位为工作点，因而伺服阀的零位特性最重要。

1. 理想零开口四边滑阀的零位阀系数

由阀的静态特性方程可以求得阀系数。对于节流窗口为矩形，面积梯度为 W 的理想零开口四边滑阀，其压力-流量方程为

$$Q_L = C_d W x_v \sqrt{\frac{1}{\rho}\left(p_s - \frac{x_v}{|x_v|} p_L\right)}$$

式中，Q_L 为负载流量；C_d 为流量系数；x_v 为阀芯位移；ρ 为油液密度；p_s 为系统供油压力；p_L 为负载压力。

相应的零位阀系数为

$$K_{q0} = C_d W \sqrt{\frac{p_s}{\rho}}$$

$$K_{c0} = 0$$

$$K_{p0} = \infty$$

2. 实际零开口四边滑阀的零位系数

实际零开口阀的阀芯与阀体之间存在间隙，阀口边缘有圆角，而且零位时有微小的正重叠量，因而其零区特性与理想状态的不同，零区以外两者才相同。实际的零区特性取决于泄漏特性，可通过实验测定，也可用泄漏公式理论估算。相应的零位阀系数也可以用实验或理论估算得到。

图 2-29 为实测的压力特性曲线，其原点附近的斜率即为实际的零位压力增益。

图 2-30 为典型的伺服阀泄漏量曲线，零位时最大，因为此时供油口与回油口之间的密封长度最短。

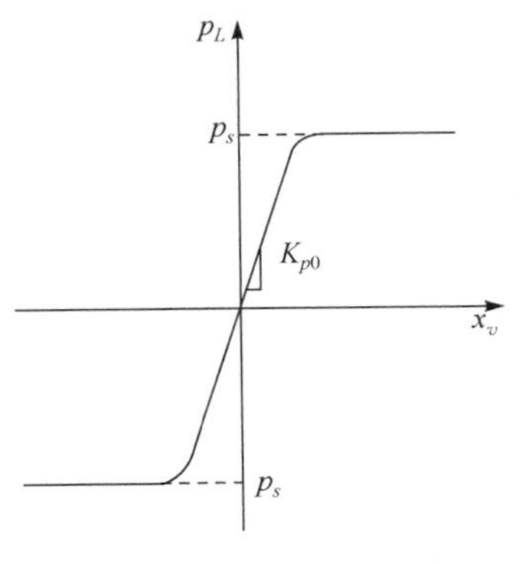

图 2-29　压力特性曲线

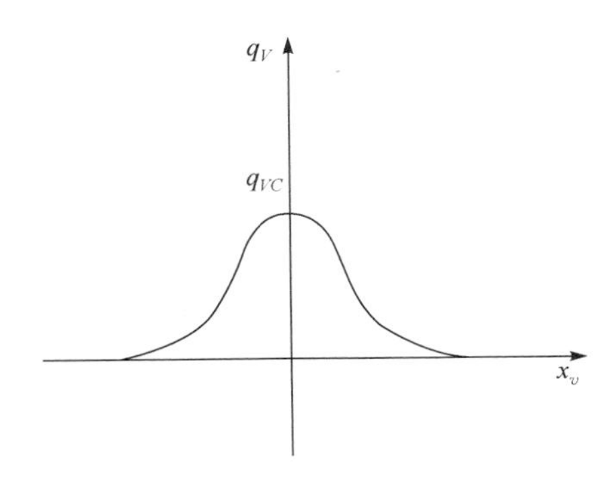

图 2-30　典型的阀泄漏量曲线

当阀处于零位时，每个节流口压力差和泄漏量分别为$\frac{p_S}{2}$和$\frac{q_{VC}}{2}$，按层流公式可得总的泄漏量为

$$q_{VC}=\frac{\pi W r_c^2}{32\mu}p_S$$

式中，r_c 为阀芯径向间隙；μ 为油液的绝对黏度。

对上式关于 p_s 微分得实际零位流量-压力系数为

$$K_{c0}=\frac{\pi W r_c^2}{32\mu}$$

而流量增益与理想状态的相同，由此可求得零位压力增益的估算值为

$$K_{p0}=\frac{32\mu C_d\sqrt{\frac{p_s}{\rho}}}{\pi r_c^2}$$

2.4.3　液压缸连续性方程

假定：

(1) 所有连接管道都短而粗，管道内的摩擦损失、流体质量影响和管道动态忽略不计；

(2) 液压缸每个工作腔内各处压力相同，油液温度和体积弹性模数可认为是常数；

(3) 液压缸的内、外泄漏为层流流动。

可压缩流体的连续性方程(图 2-31)为

$$\sum Q_{入}-\sum Q_{出}=\frac{\mathrm{d}V}{\mathrm{d}t}+\frac{V}{\beta_e}\times\frac{\mathrm{d}p_L}{\mathrm{d}t}$$

式中，V 为所取控制腔的体积，$V=Ay$，A 为活塞有效面积，y 为活塞位移；$\sum Q_{入}$ 为流入控制腔的总流量

$$\sum Q_{入}=Q_L$$

$\sum Q_{出}$ 为流出控制腔的总流量

$$\sum Q_{出}=C_i(p_L-p_b)$$

C_i 为液压缸的内部泄漏系数；p_b 为液压缸背压腔油压；β_e 为液体体积弹性模数。

以上几式整理得

$$Q_L=A\frac{\mathrm{d}y}{\mathrm{d}t}+C_i(p_L-p_b)+\frac{Ay}{\beta_e}\times\frac{\mathrm{d}p_L}{\mathrm{d}t}$$

由于轧机在稳定工作时，液压缸的位移变化量很小，因此可将 Ay 视为常数

$V_0, V_0 = Ay_0, y_0$ 为液压缸的初始行程。

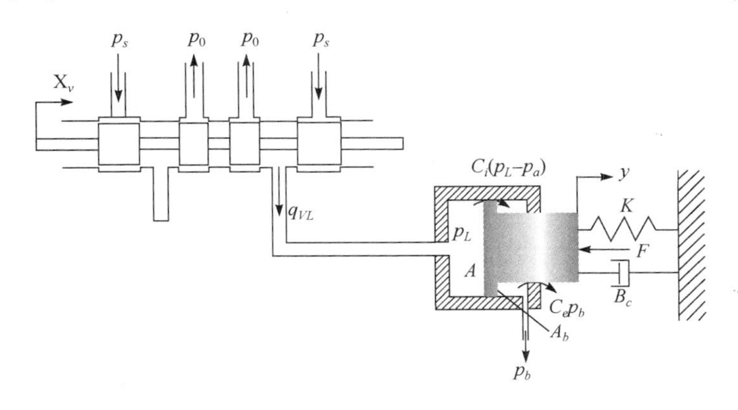

图 2-31　阀控缸系统

2.4.4　液压缸和负载的力平衡方程

忽略库仑摩擦等非线性负载，忽略油液的质量，根据牛顿第二定律，可得

$$A_h p_L - A_r p_b = m\frac{\mathrm{d}^2 y}{\mathrm{d}t^2} + B_c\frac{\mathrm{d}y}{\mathrm{d}t} + Ky + F$$

$$p_L = \frac{1}{A_h}\left(m\frac{\mathrm{d}^2 y}{\mathrm{d}t^2} + B_c\frac{\mathrm{d}y}{\mathrm{d}t} + Ky + F\right) + \frac{A_r}{A_h}p_b$$

式中，m 为活塞和下辊系的总质量；B_c 为活塞的黏性阻尼系数；K 为负载的弹簧刚度；F 为作用在活塞上的外负载力；A_h 为液压缸无杆腔的作用面积；A_r 为液压缸有杆腔的作用面积。

2.4.5　伺服阀动态特性

伺服阀最大的特点之一是响应速度快。动态特性的主要内容是动态响应，可用频域或时域来描述，常用频率响应，由幅频特性和相频特性表示。不同的输入信号或供油压力，动态曲线也不同，所以动态响应总是对应于一定的工作条件，一般有±5%、±40%和±90%三种输入信号实验曲线，而供油压力通常规定为21MPa。

频率特性曲线中幅值比为−3dB或相位滞后90°时对应的频率为阀的频率响应。由生产厂家提供的样本上通常有阀的动态频响值和特性曲线，图2-32为MOOG公司生产的D765系列额定流量为38lpm的伺服阀幅频和相频特性曲线。

当伺服阀的输入信号以较低频率变化时，阀输出能快速、准确地跟踪输入信号的变化。随着输入信号频率的增加，输出信号变得不能准确地跟踪输入信号。一般情况下，首先是输出滞后于输入，接着当输入信号开始反向时，阀的输出还不能

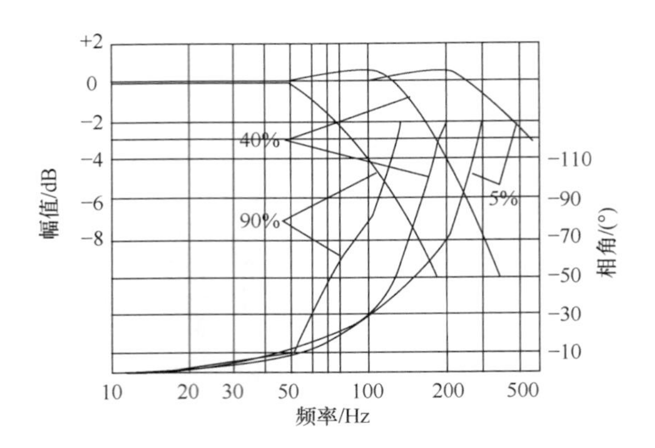

图 2-32　伺服阀幅频和相频特性曲线

达到最大值。输入信号与输出信号之间的滞后称为相位滞后，用角度表示，这个角度随输入频率变化的曲线称为相频特性。输出幅值的减小称为衰减，衰减通常用分贝表示。幅值分贝随着输入信号频率的变化曲线，称为幅频特性曲线。幅值衰减达到−3dB 时的输入信号频率，定义为伺服阀的幅频宽。相位滞后达到−90°时的输入信号频率，定义为伺服阀的相频宽。当伺服阀的相位滞后达到−90°或者幅值衰减达到−3dB 时，就已不能完成正常的控制功能。因此，伺服阀的频宽取幅频宽与相频宽中的较小者。

伺服阀样本中给出的幅频特性和相频特性曲线，是在±5%、±40%和±90%三种额定电流输入，供油压力 21MPa，环境温度 40℃，油液黏度 $32mm^2/s$ 等条件下测得的。上述条件发生变化后，伺服阀的幅频特性和相频特性曲线会发生相应变化。因此，当伺服阀应用于一个实际控制系统中时，不仅要注意伺服阀本身的动态特性，也必须注意伺服阀的使用环境条件。

在系统分析时必须考虑阀的数学模型，即它的传递函数。伺服阀的传递函数可以由理论分析得到，但更多的是由实际测试曲线求得。根据实测曲线，频率低于 50Hz 时伺服阀的传递函数可用一阶惯性环节表示，即

$$G_v(s)=\frac{Q(s)}{I(s)}=\frac{K_q}{\dfrac{s}{\omega_v}+1}$$

式中，K_q 为伺服阀的流量增益；s 为拉普拉斯算子；ω_v 为伺服阀的固有频率。

当液压执行机构的固有频率高于 50Hz 时，可用二阶环节表示，即

$$G_v(s)=\frac{Q(s)}{I(s)}=\frac{K_q}{\dfrac{s^2}{\omega_v^2}+\dfrac{2\xi_v s}{\omega_v}+1}$$

式中，ξ_v 为伺服阀阻尼比，可由测得曲线求得，通常为 0.4～0.7。

伺服阀流量公式的拉普拉斯变换为

$$Q_L = K_q X_v - K_c P_L$$

液压缸连续性方程的拉普拉斯变换为

$$Q_L = AYs + \left(C_i + \frac{V_0}{\beta_e}s\right)P_L - C_i p_b$$

液压缸负载力平衡方程的拉普拉斯变换为

$$P_L = \frac{1}{A_h}(ms^2 + B_c s + K)\ Y + \frac{F}{A_h} + \frac{A_r}{A_h}p_b$$

由以上三式可画出伺服阀控制液压缸动力机构方块图，如图 2-33 所示。

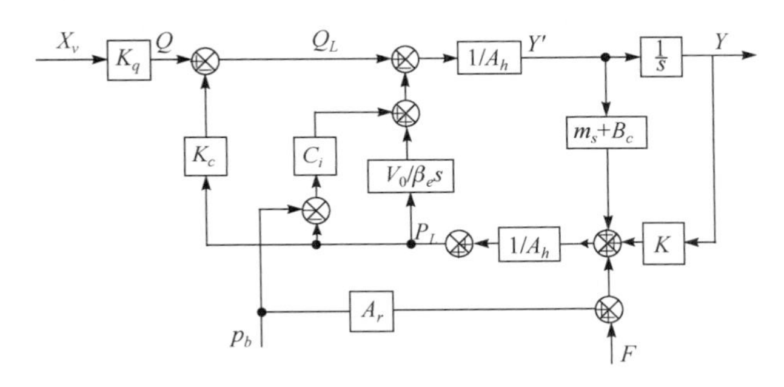

图 2-33　伺服阀控制液压缸机构方块图

阀控液压缸的传递函数为

$$\frac{Y}{Q} = \frac{1/A}{\omega_2\left(\frac{s}{\omega_r}+1\right)\left(\frac{s^2}{\omega_0{}^2}+\frac{2\xi_0}{\omega_0}s+1\right)}$$

$$Y = \frac{\frac{K_q}{A}X_v - \frac{K_{ce}}{A^2}\left(1+\frac{V_0}{\beta_e K_{ce}}s\right)F}{\omega_2\left(\frac{s}{\omega_r}+1\right)\left(\frac{s^2}{\omega_0{}^2}+\frac{2\xi_0}{\omega_0}s+1\right)}$$

式中，Y 为液压缸的位置输出；K_q 为伺服阀的流量增益；X_v 为伺服阀主阀芯位移；A 为液压缸的活塞面积；K_{ce} 为总的流量-压力系数

$$K_{ce} = K_c + C_i$$

K_c 为伺服阀的流量-压力系数；C_i 为液压缸的内泄系数；V_0 为液压缸工作腔的容积；β_e 为液体体积弹性模数；F 为外界负载；ω_1 为液压弹簧刚度与阻尼系数之比

$$\omega_1 = \frac{K_h K_{ce}}{A^2}$$

ω_2 为负载刚度与阻尼系数之比

$$\omega_2 = \frac{K K_{ce}}{A^2}$$

ω_r 为液压弹簧刚度和负载弹簧刚度串联耦合时的刚度与阻尼系数之比

$$\omega_r=\frac{1}{\dfrac{1}{\omega_1}+\dfrac{1}{\omega_2}}=\frac{\dfrac{K_{ce}}{A^2}}{\dfrac{1}{K}+\dfrac{1}{K_h}}$$

K_h 为液压弹簧刚度

$$K_h=\frac{\beta_e A^2}{V_0}$$

ω_0 为液压弹簧和负载弹簧与质量构成的系统固有频率

$$\omega_0=\sqrt{\frac{K_0}{m}}=\sqrt{\omega_h{}^2+\omega_m{}^2}=\omega_h\sqrt{1+\frac{K}{K_h}}$$

ω_m 为负载弹簧与质量构成的机械系统固有频率

$$\omega_m=\sqrt{\frac{K}{m}}$$

m 为活塞和负载的总折算质量；ω_h 为液压固有频率

$$\omega_h=\sqrt{\frac{K_h}{m}}=\sqrt{\frac{\beta_e A^2}{V_0 m}}$$

ζ_0 为阻尼比，无因次

$$\xi_0=\frac{1}{2\omega_0}\left[\frac{\beta_e K_{ce}}{V_0(1+K/K_h)}+\frac{B_c}{m}\right]$$

电液位置伺服控制系统方块图如图 2-34 所示，图中位置传感器的传递函数为

$$\frac{U_f}{Y}=\frac{K_f}{\dfrac{s}{\omega_f}+1}$$

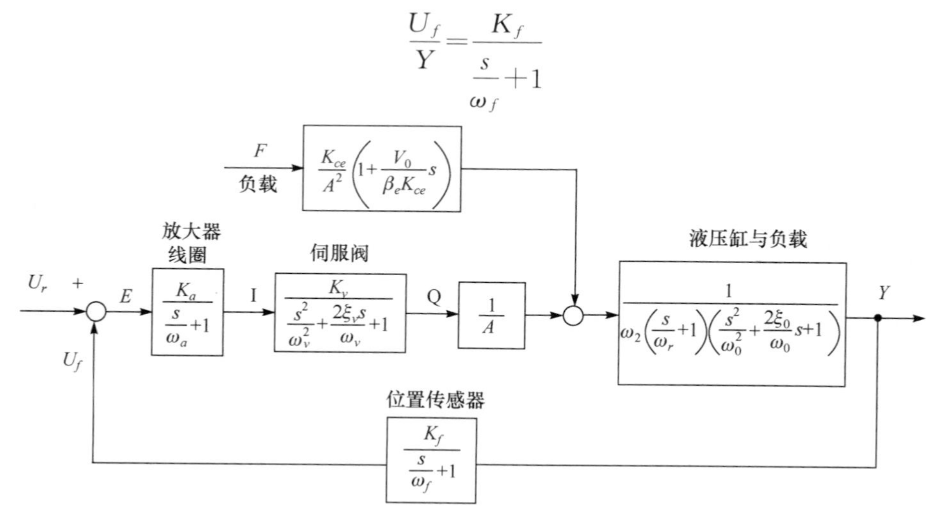

图 2-34　电液位置伺服控制系统

式中，U_f 为传感器输出电压；K_f 为传感器增益；ω_f 为传感器固有频率。

伺服放大器的传递函数为

$$\frac{I}{E}=\frac{K_a}{\dfrac{s}{\omega_a}+1}$$

式中，I 为放大器输出电流；E 为放大器输入电压；K_a 为放大器与线圈电路增益；ω_a 为线圈固有频率

$$\omega_a=\frac{R_c+r_p}{L_c}$$

R_c 为线圈电阻；r_p 为放大器内阻与线圈电路上电阻之和；L_c 为线圈电感。

2.4.6　伺服阀效率

电液伺服阀是一种液压控制元件，当液压系统采用恒压变量泵时，系统供油压力为 p_s，供油流量至少应为最大负载流量 $q_{L\max}$，而阀的输出压力为 p_L，输出流量为 q_{VL}，故效率为

$$\eta=\frac{p_L q_{VL}}{p_s q_{VL\max}}=\frac{p_L K_i\ \sqrt{p_s-p_L}}{p_s K_i\ \sqrt{p_s}}=\frac{p_L\ \sqrt{p_s-p_L}}{p_s\ \sqrt{p_s}}$$

效率最高时

$$\frac{\partial\eta}{\partial p_L}=0$$

得

$$p_L=\frac{2}{3}p_s$$

则

$$\eta_{\max}=38.4\%$$

对应的负载流量为

$$q_{VL}=\frac{1}{\sqrt{3}}q_{VL\max}=\frac{\sqrt{3}}{3}q_{VL\max}$$

2.4.7　零漂和零偏补偿

零点漂移是指当放大电路输入信号为零时，由于受温度变化、电源电压不稳等因素的影响，静态工作点发生变化，并被逐级放大和传输，导致电路输出端电压偏离原固定值而上下漂动的现象。显然，放大电路级数越多、放大倍数越大，输出端的漂移现象越严重。严重时，有可能使输入的微弱信号湮没在漂移之中，无法分辨，从而达不到预期的传输效果。

产生零点漂移的原因很多，如电源电压不稳、元器件参数变值、环境温度变化等。其中最主要的因素是温度的变化，因为晶体管是温度的敏感器件，当温度变化时，其参数 UBE、β、ICBO 都将发生变化，最终导致放大电路静态工作点产生偏移。此外，在诸因素中，最难控制的也是温度的变化。

大多数情况下，零点漂移相对于系统的输出值很小，往往可以忽略。但是对于伺服阀来说，伺服阀放大器的输入端通常为±10mA 电流，信号较弱。此外，伺服阀正常工作时的温度比室温要高几十度，因此伺服阀放大器零点漂移对伺服阀性能的影响是不容忽略的。

零偏也是电液伺服阀的一个重要性能指标。由于制造、调整和装配的差别，在控制线圈中不加电流时，伺服阀的主滑阀不一定位于中位，有时必须加一定的电流才能使其恢复中位(零位)，这一现象称为零偏。衡量零偏的大小，通常用使伺服阀处于零点所需输入的电流值相对于额定电流的百分比表示。伺服阀的零漂实质是指工作条件或环境变化所导致的零偏的变化，实际上是伺服阀死区的变化。生产制造中伺服阀元件参数的不对称，容易造成伺服阀的零偏和零漂。长时间使用后的伺服阀也容易出现零漂或零偏。供油压力或油温变化时，也会引起伺服阀零点的变化，称为压力零漂或温度零漂。

伺服阀的零漂和零偏是不可避免的，伺服阀出厂时已将零偏调到很小，但使用一段时间后，零偏可能会增大。这是因为在使用过程中，振动会使某些对中的调整元件产生松动或变形、阀口的棱边不对称磨损等。

抑制零点漂移的措施，除了精选元件、对元件进行防老化处理、选用高稳定度电源以及稳定静态工作点的方法外，在实际电路中常采用补偿和调制两种手段。补偿是指用另外一个元器件的漂移来抵消放大电路的漂移，如果参数配合得当，就能把漂移抑制在较低的限度之内。调制是指将直流成分或缓慢变化的信号通过某种方式转换成频率较高的信号。经过阻容放大之后，再转换成原来变化方式的信号，称为解调。通过调制和解调使信号即得到了放大，又抑制了漂移。这种方式电路结构复杂、成本高、频率特性差。

除硬件补偿措施外，目前较为常用的软件解决方案是根据设定信号与反馈信号偏差的变化情况，在控制器中加入积分器以补偿伺服阀的零漂和零偏，提高系统的稳定性、响应速度和控制精度。

在工程实际中，应用最为广泛的调节器控制规律为比例、积分、微分控制，简称 PID 控制，又称 PID 调节。PID 控制器问世至今已有近 70 年历史，以其结构简单、稳定性好、工作可靠、调整方便而成为工业控制的主要技术之一。在其他控制方法导致系统有稳态误差或过程反复的情况下，一个 PID 反馈回路却可以保持系统的稳定。当被控对象的结构和参数不能完全掌握，或得不到精确的数学模型时，即当我们不完全了解一个系统和被控对象，或不能通过有效的测量手段来获得系统参数时，最适合用 PID 控制技术。PID 控制器就是根据系统的误差，利用比例、积分、微分计算出控制量进行控制的。

比例控制是一种最简单的控制方式。其控制器的输出与输入误差信号呈比例关系。当仅有比例控制时系统输出存在稳态误差。

在积分控制中，控制器的输出与输入误差信号的积分呈正比关系。对一个自动控制系统，如果在进入稳态后存在稳态误差，则称这个控制系统是有稳态误差的或简称有差系统。为了消除稳态误差，在控制器中必须引入积分项。积分项对稳态误差的影响取决于时间的积分，随着时间的增加，积分值会逐渐增大。这样，即便误差很小，积分项也会随着时间的增加而加大，它推动控制器的输出增大使稳态误差进一步减小，直到等于零。在控制器中引入积分项可以起到对伺服阀零偏和零漂进行补偿的作用。

2.5 液压伺服系统设计

液压伺服系统的设计必须合理地选择各种元件，并检查由这些元件所组成的系统的控制精度和动态性能。前者称为初步设计或静态设计，后者称为动态设计。工程上采用频率法设计电液伺服控制系统。根据技术要求设计出系统以后，需要检查所设计的系统是否满足全部性能指标，若不能满足，可通过调整参数或者改变系统结构等方法，重复设计过程，直至满足要求为止。系统的设计可分以下几步进行。

2.5.1 分析整理所需要的设计参数——明确设计要求

1. 负载条件

负载条件是由被控对象决定的，负载类型包括惯性负载、弹性负载、摩擦负载和外作用力，设计时需要确定：

(1) 驱动负载所需要的最大作用力、最大速度、最大功率、负载运动的轨迹；

(2) 负载的性质是惯性负载还是弹性负载，或者兼而有之；

(3) 负载质量或转动惯量的大小；

(4) 弹性负载的刚度；

(5) 黏性负载的黏性摩擦系数；

(6) 外作用负载大小。

2. 控制性能要求

对于伺服控制系统的品质来说，除满足传动要求外，还应满足控制精度和动态品质的要求，设计时要明确：

(1) 被控制的物理量是位置、速度还是力，是不变系统还是时变系统；

(2) 精度要求包括输入引起的稳态误差、负载引起的稳态误差、元件特性（如伺服阀零漂）变化引起的误差、非线性因素（如伺服阀滞环、死区、执行元件摩擦力、油温变换等）引起的误差、传感器误差导致的系统误差；

(3) 动态品质要求，相对稳定性可用幅值裕量、相角裕量、谐振峰值、超调量等来规定响应的快速性可用穿越频率、频带宽度、上升时间、调整时间等规定；

(4) 负载最大位移、最大速度、最大加速度、最大消耗功率及控制范围。

3. 工作环境要求及其他要求

(1) 工作环境要求包括温度变化、振动、冲击、干扰、介质等；

(2) 其他要求包括尺寸、重量、可靠性、寿命及成本等。

2.5.2 拟定控制方案——绘制控制系统原理图

1. 控制方案确定

(1) 根据设计要求，如输出功率的大小、控制精度和响应速度的要求、环境条件、可靠性和成本等，确定采用开环控制还是闭环控制；

(2) 动力元件采用电气的还是液压的；

(3) 液压伺服系统是阀控制式的还是泵控制式的；

(4) 执行元件采用液压缸还是液压马达；

(5) 机械液压伺服系统还是电气液压伺服系统。

2. 绘制控制系统原理图

控制方案确定后，即可绘制控制控制系统的职能方块图，从原理上满足系统设计的要求。绘图时要考虑输入信号发送器和反馈传感器的形式，是数字式的还是模拟式的，是直流的还是交流的。

2.5.3 确定动力元件参数和动特性

动力元件是液压伺服系统中的主要元件，所选择的动力元件应该在整个工作循环中都能推动负载按预期的速度运动，这是动力元件的一个主要功用。此外，动力元件也是液压伺服系统动态响应的基本限定因素。动力元件选择以后，液压固有频率 ω_h 和阻尼比 ξ_h 也就确定了。系统的稳定性、快速性和稳态误差精度都受 ω_h 和 ξ_h 的限制。动力元件的选择不但要满足推动负载的要求，而且要考虑它对控制性能的影响。

动力元件参数的选择包括供油压力选择、确定执行元件尺寸和伺服阀流量。

1. 供油压力的选择

选择较高的供油压力，在相同的输出功率时，可以减小所需的流量，因而可以减小系统组成元件的尺寸和重量，这时采用高压能源的主要好处。但是当压力超过 28MPa 时，由于材料强度的限制又将使重量增加。

采用高压能源时，由于油的容积较小而油液弹性模量增大，因此可以获得高的响应速度。但泄漏量增大，增加了功率损失，且要求提高元件的加工精度，从而提高了成本。油压高使噪声增大，元件寿命降低，维护难度提高。

在一般的工业系统中，通常选取 2.5～14MPa 供油压力。在尺寸或空间受到限制的情况下，选用 21～32MPa 供油压力。条件允许的情况下，总是希望选用较低的供油压力，这有利于延长元件和系统的使用寿命，有利于减小泄漏，功率损失降到最低。同时低压系统也容易维护。

供油压力的选择还必须与执行元件的规格相配合，并与系统组成元件的额定压力相适应。

2. 执行元件的选择

供油压力确定以后，就可以确定执行元件的规格(液压缸的有效面积或液压马达的排量)。选择执行元件的基本原则如下。

(1) 满足拖动的要求。所选择的规格应当足够大，以保证在整个工作循环中都能拖动预期的负载。

(2) 满足动态响应的要求。液压伺服系统的闭环响应往往受执行元件-负载的液压固有频率所限，因此执行元件的规格必须足够大，以得到满意的液压固有频率。

(3) 执行元件的规格不能选得过大，否则为了得到最大速度所需的流量要很大，需要较大的伺服阀和能源，增大能源的功率储备，增大了低速、空载时的功率损失。

在液压伺服系统中，既要求大功率有要求具有快速相应的情况不多。在负载和功率都比较大的情况下，执行元件规格的选择主要是满足负载要求，而响应特性是次要的。对于这种情况，可按最大功率或最大负载来确定执行元件的规格。执行元件的选择方法包括三种。

1) 按最大功率选择

为了使动力元件在整个工作循环中都能驱动负载，必须使动力元件的输出特性曲线能包围全部负载轨迹。负载轨迹除与负载类型有关外，还与运动的幅度和频率有关。输入的幅度不能过大，否则要引起饱和非线性。随着输入幅度和运动频率的增大，驱动功率也增大。为了提高传动效率，应当在动力元件的最高功率点传递最大功率，即使动力元件的最高功率点与负载的最大功率点重合，见图 2-35。这就是按照负载匹配的条件来选择伺服阀和执行元件。显然，负载匹配也可以在流量-压力坐标系上进行。

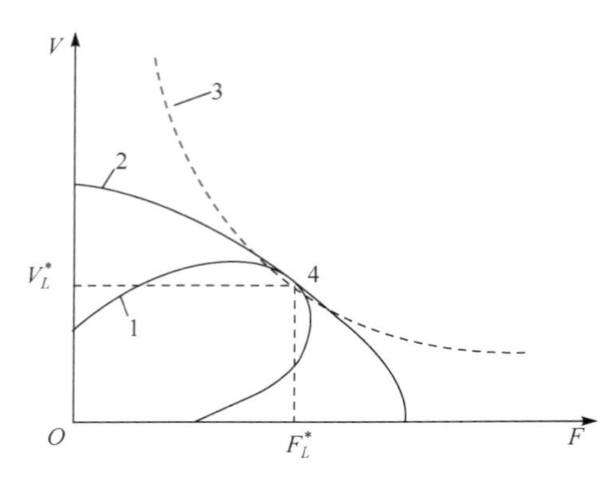

图 2-35　最大功率特征点及包容曲线

根据负载匹配条件有

$$F_L^* = \frac{2}{3} A p_s$$

$$V_L^* = \frac{Q_0}{\sqrt{3} A}$$

式中，F_L^* 为最大功率点的负载力；V_L^* 为最大功率点的负载速度；A 为液压缸有效面积；p_s 为供油压力；Q_0 为伺服阀空载流量。

根据负载力计算公式可以反向确定液压缸的有效面积 A，根据负载速度计算公式可以反向计算出伺服阀的流量 Q_0 和选择伺服阀。

2）按最大负载选择

对系统的典型工作循环加以分析，可以求出位移、速度、加速度时间图。然后根据负载条件就可以求出负载力时间图，从而确定出最大负载力 $F_{L\max}$。液压缸有效面积可按下式计算：

$$A_p = \frac{F_{L\max}}{p_L} = \frac{M_t \ddot{x} + B\dot{x} + Kx + F_L}{p_L}$$

式中，M_t 为负载质量；B 为负载阻尼系数；K 为负载刚度；p_L 为负载压力。

为简化计算，可以假定最大速度 $\dot{x}$ 和最大加速度 $\ddot{x}$ 同时发生。负载压力 p_L 通常取为$\frac{2}{3}p_s$，以保证有足够的流量增益控制，而且是在最佳状态下传递最大负载所对应的功率。其他负载工况都应位于动力元件的推荐工作区内。推荐工作区由最大输出特性曲线和过$\frac{2}{3}Ap_s$ 点且平行于纵轴的直线围成。通过选择液压缸有效

面积 A 可使负载工况点不超过右界限，通过选择伺服阀的流量可使负载负载工况点不超过上面界限。见图 2-36。

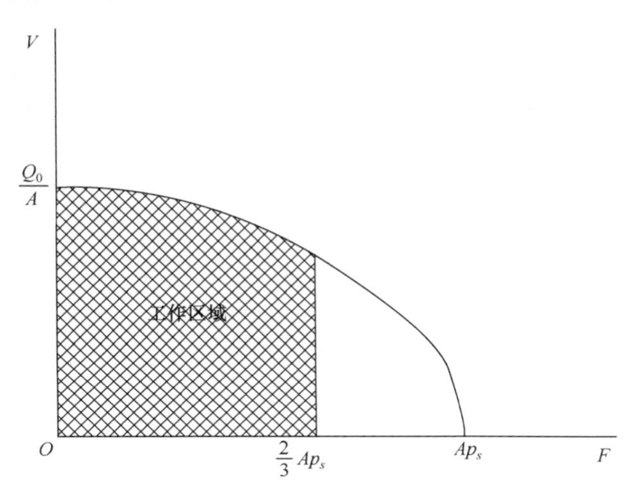

图 2-36　阀控液压缸工作区域

通过负载匹配条件确定 A，可以保证传动效率最高，同时控制性能也可满足要求。而根据最大负载确定 A，可以保证控制性能较好，而传递效率也可以。

如果系统的控制精度要求很高，可以用阀的容许位置误差乘以阀的压力增益来确定负载压力 p_L 的值。由这个 p_L 值所确定的活塞面积 A，就可以保证系统在容许的误差范围内驱动最大负载。

3）根据固有频率选择

对于负载很小的液压伺服系统，执行元件的规格，可以根据液压固有频率来确定。对于四边形滑阀-液压缸组合，活塞有效面积为

$$A=\sqrt{\frac{V_t M_t}{4E_h}}\omega_h$$

式中，V_t 为总压缩容积；M_t 为负载质量；E_h 为液压油体积弹性模量；ω_h 为无阻尼液压缸固有频率。

液压缸固有频率 ω_h 可以通过系统所要求的频宽确定，也可以根据经验或已有的某些液压伺服系统的使用情况推断。

液压缸中压缩油的容积大，因此固有频率低，且随活塞的行程而变化，特别是在行程较大时，固有频率 ω_h 更低。

执行元件的选择除了考虑执行元件的规格外，还应考虑执行元件的其他一些性能，如速度范围、低速平稳性、刚性、额定压力、效率、可靠性、寿命和价格等。

3. 伺服阀的选择

伺服阀的选择必须满足负载压降和负载流量的要求，可根据伺服阀样本的压降与输出流量关系曲线选择。伺服阀的输出流量应留有一定的余量。通常该余量为负载所需流量的15%，在快速响应的系统中可取30%。除了流量规格外，在选择伺服阀时，还应考虑以下的因素。

(1) 伺服阀的流量增益曲线应有很好的线性，并且具有较高的压力增益。

(2) 具有较小的零位泄漏量，以免功率损失过大。

(3) 伺服阀的不灵敏度、温度漂移、机械零偏和零漂应尽量小，以减小由此引起的误差。

(4) 伺服阀的频宽应满足系统的要求。阀的频宽过低，将限制系统的响应特性。阀的频率过高，将使高频干扰传递到负载，系统的抗干扰能力变差。

(5) 抗污染能力要强，以提高伺服阀和系统的可靠性。

(6) 还要考虑颤振信号、尺寸、重量、抗冲击系能、寿命和价格等因素。

动力元件选定后，液压缸有效面积 A_p、液压缸固有频率 ω_h、阻尼比 ξ_h 和伺服阀流量压力系数 K_q 等参数也就确定了，因而可以求出动力元件的传递函数和频率特性。

伺服阀动输出流量对输入电流的传递函数可以用一个二阶振荡环节形式的传递函数表示，当负载固有频率低于50Hz时可用一阶惯性环节表示。

$$G_v(s)=\frac{Q(s)}{I(s)}=\frac{K_v}{\frac{s^2}{\omega_v{}^2}+\frac{2\xi_v s}{\omega_v}+1}$$

或

$$G_v(s)=\frac{Q(s)}{I(s)}=\frac{K_v}{T_v s+1}$$

式中，$Q(s)$为伺服阀输出油液流量；$I(s)$为伺服阀输入电流；s 为拉普拉斯算子；ω_v 为伺服阀的固有频率；ξ_v 为伺服阀阻尼比；K_v 为伺服阀的流量增益，K_v 的大小与油源压力、负载压力有关；T_v 为伺服阀时间常数。

2.5.4 其他元件选择和动态特性确定

对于液压伺服控制系统的其他元件，如位置传感器、油压传感器、力传感器、隔离放大器等，这些元件的动态响应速度比伺服阀和执行元件的动态响应要高得多，其动态特性可忽略，将其看成比例环节。若必须考虑它们的动态特性，则可从产品样本中查得。

在选择这些元件时必须考虑控制精度的要求，根据系统误差看它们的精度是否满足要求，系统的控制精度低于检测元件的精度。

2.5.5 确定系统开环传递函数

液压伺服控制系统按被控物理量可分为位置控制系统、速度控制系统、力控制系统和压力控制系统。

根据负载类型不同，位置控制系统可分为惯性负载位置控制系统和弹性负载位置控制系统。

力控制系统有两种形式。若设定值为负载运动量的函数，称为被动式力控制系统，简称加载系统。若设定值和负载的运动量无关，称为主动式力控制系统。主动式力控制系统中，若力的检测量不包括负载质量力，称为负载力控制系统；若包含负载质量力，则称为驱动力控制系统。

1. 惯性负载位置控制系统

系统的负载主要时惯性负载，其他负载可忽略不计。这种电液位置控制系统应用最为广泛，系统位置输出相应电压与输入电压的开环传递函数为

$$G(s)=\frac{K_aK_qK_{fx}/A}{s\left(\frac{1}{\omega_v^2}s^2+\frac{2\xi_v}{\omega_v}s+1\right)\left(\frac{1}{\omega_h^2}s^2+\frac{2\xi_h}{\omega_h}s+1\right)}$$
$$=\frac{K}{s\left(\frac{1}{\omega_v^2}s^2+\frac{2\xi_v}{\omega_v}s+1\right)\left(\frac{1}{\omega_h^2}s^2+\frac{2\xi_h}{\omega_h}s+1\right)}$$

式中，K_a 为控制放大器增益；K_q 为伺服阀流量压力增益；K_{fx} 为位置传感器反馈增益；A 为液压缸有效作用面积；ω_v 为伺服阀固有频率；ξ_v 为伺服阀阻尼比；ω_h 为液压缸固有频率

$$\omega_h=\sqrt{\frac{4E_hA^2}{m_tV_t}}=\sqrt{\frac{K_h}{m_t}}$$
$$K_h=\frac{4E_hA^2}{V_t}$$

E_h 为液压油的体积弹性模量；m_t 为负载和液压缸可动部分的总质量；V_t 为阀至液压缸两腔的总体积；K_h 为液压弹簧刚度；ξ_h 为液压缸阻尼比；K 为系统开环增益

$$K=K_aK_qK_{fx}/A$$

2. 弹性负载位置控制系统

若位置控制系统中除惯性负载外还有弹性负载，而弹性负载所占比重为主时，简称弹性负载位置控制系统。系统位置输出相应电压与输入电压的开环传递函

数为

$$G(s)=\frac{K_aK_{fx}\frac{K_pA}{K_L}}{\left(\frac{s}{\omega_r}+1\right)\left(\frac{1}{\omega_v^2}s^2+\frac{2\xi_v}{\omega_v}s+1\right)\left(\frac{1}{\omega_0^2}s^2+\frac{2\xi_0}{\omega_0}s+1\right)}$$

式中，K_q 为伺服阀流量压力增益；K_{fx} 为位置传感器反馈增益；K_p 为电液伺服阀的压力增益

$$K_p=\frac{K_q}{K_c}$$

K_c 为伺服阀的流量-压力系数；A 为液压缸有效作用面积；K_L 为负载刚度；ω_v 为伺服阀固有频率；ξ_v 为伺服阀阻尼比；ω_r 为负载刚度引起的转折频率

$$\omega_r=\frac{K_LK_{ce}}{A^2\left(1+\frac{K_L}{K_h}\right)}$$

$$K_{ce}\approx K_c$$

K_h 为液压弹簧刚度；ω_0 为液压弹簧及负载弹簧刚度与负载质量构成的综合固有频率

$$\omega_0=\sqrt{\omega_h^2+\omega_m^2}=\omega_h\sqrt{1+\frac{K_L}{K_h}}$$

ω_h 为液压缸固有频率；ω_m 为负载弹簧与质量构成的机械系统固有频率；ξ_0 为综合固有频率 ω_0 的阻尼比，一般取 0.1～0.2。

3. 速度控制系统

速度控制系统的负载一般为惯性负载，系统速度输出相应电压与输入电压的开环传递函数为

$$\begin{aligned}G(s)&=\frac{K_aK_qK_{fv}/A}{\left(\frac{1}{\omega_v^2}s^2+\frac{2\xi_v}{\omega_v}s+1\right)\left(\frac{1}{\omega_h^2}s^2+\frac{2\xi_h}{\omega_h}s+1\right)}\\&=\frac{K}{\left(\frac{1}{\omega_v^2}s^2+\frac{2\xi_v}{\omega_v}s+1\right)\left(\frac{1}{\omega_h^2}s^2+\frac{2\xi_h}{\omega_h}s+1\right)}\end{aligned}$$

式中，K_a 为控制放大器增益；K_q 为伺服阀流量压力增益；K_{fv} 为速度传感器反馈增益；A 为液压缸有效作用面积；ω_v 为伺服阀固有频率；ξ_v 为伺服阀阻尼比；ω_h 为液压缸固有频率；ξ_h 为液压缸阻尼比；K 为系统开环增益

$$K=K_aK_qK_{fv}/A$$

4. 驱动力控制系统

驱动力控制系统的驱动力相应的电压与输入电压的开环传递函数为

$$G(s)=\frac{K_aK_{fL}K_pA\left(\frac{1}{\omega_m^2}s^2+\frac{2\xi_m}{\omega_m}s+1\right)}{\left(\frac{1}{\omega_v^2}s^2+\frac{2\xi_v}{\omega_v}s+1\right)\left(\frac{s}{\omega_r}+1\right)\left(\frac{1}{\omega_0^2}s^2+\frac{2\xi_0}{\omega_0}s+1\right)}$$

式中，K_a 为控制放大器增益；K_{fL} 为力传感器反馈增益；K_p 为电液伺服阀的压力增益；A 为液压缸有效作用面积；ω_m 为负载弹簧与质量构成的机械系统固有频率；ξ_m 为机械固有频率的阻尼比；ω_r 为负载刚度引起的转折频率；ω_v 为伺服阀固有频率；ξ_v 为伺服阀阻尼比；ω_h 为液压缸固有频率；ξ_h 为液压缸阻尼比；K 为系统开环增益

$$K=K_aK_{fL}K_pA$$

5. 负载力控制系统

负载力控制系统的负载力相应的电压与输入电压的开环传递函数为

$$G(s)=\frac{K_aK_{fL}K_pA}{\left(\frac{1}{\omega_v^2}s^2+\frac{2\xi_v}{\omega_v}s+1\right)\left(\frac{s}{\omega_r}+1\right)\left(\frac{1}{\omega_0^2}s^2+\frac{2\xi_0}{\omega_0}s+1\right)}$$

式中，K_a 为控制放大器增益；K_{fL} 为力传感器反馈增益；K_p 为电液伺服阀的压力增益；A 为液压缸有效作用面积；ω_r 为负载刚度引起的转折频率；ω_v 为伺服阀固有频率；ξ_v 为伺服阀阻尼比；ω_h 为液压缸固有频率；ξ_h 为液压缸阻尼比；K 为系统开环增益

$$K=K_aK_{fL}K_pA$$

6. 压力控制系统

压力控制系统的压力相应的电压与输入电压的开环传递函数为

$$G(s)=\frac{K_aK_{fp}K_pA\left(\frac{1}{\omega_m^2}s^2+\frac{2\xi_m}{\omega_m}s+1\right)}{\left(\frac{1}{\omega_v^2}s^2+\frac{2\xi_v}{\omega_v}s+1\right)\left(\frac{s}{\omega_r}+1\right)\left(\frac{1}{\omega_0^2}s^2+\frac{2\xi_0}{\omega_0}s+1\right)}$$

式中，K_a 为控制放大器增益；K_{fp} 为压力传感器反馈增益；K_p 为电液伺服阀的压力增益；A 为液压缸有效作用面积；ω_m 为负载弹簧与质量构成的机械系统固有频率；ξ_m 为机械固有频率的阻尼比；ω_r 为负载刚度引起的转折频率；ω_v 为伺服阀固有频率；ξ_v 为伺服阀阻尼比；ω_h 为液压缸固有频率；ξ_h 为液压缸阻尼比；K 为系统

开环增益

$$K = K_a K_{fp} K_p A$$

2.5.6 稳定性分析

处于平衡工作状态的系统，受到扰动作用后，其输出量偏离原来的平衡工作状态，当扰动取消后，如果系统能以足够的准确度逐渐恢复到原来的平衡状态，则称系统是稳定的，否则称系统是不稳定的。

稳定性是系统去掉扰动以后，自身的一种恢复能力，所以是系统的一种固有特性，它只取决于系统本身的结构和参数，而与初始条件和外作用无关。

系统是否稳定的判断方法包括 Routh 稳定判据、Nyquist 稳定判据和 Bode 稳定判据，液压伺服控制系统稳定性判定常采用 Bode 稳定判据。

一个反馈控制系统不仅要绝对稳定，而且对其稳定程度(即相对稳定性)也有一定要求，衡量其稳定程度的定量指标包括相位裕量 γ 和幅值裕量 K_g。这两个稳定裕量是根据系统开环幅相频率特性 $G(j\omega)H(j\omega)$ 和对数频率特性 $20\lg|(j\omega)H(j\omega)|$ 来定义的($G(j\omega)$ 为前向通道传递函数，$H(j\omega)$ 为反向通道传递函数)。

在 Nyquist 图上 $G(j\omega)H(j\omega)$ 曲线与负实轴相交点频率为 ω_1，在此点处

$$K_g \overset{\text{def}}{=} \frac{1}{|G(j\omega_1)H(j\omega_1)|}$$

式中，K_g 称为幅值裕量。它的物理意义是：如果系统的开环增益放大 K_g 倍，则曲线将通过(−1，j0)点，此时闭环系统处于临界稳定状态。在 Bode 图上幅值裕量的分贝值为

$$K_g(\text{dB}) = 20\lg\frac{1}{|G(j\omega_1)H(j\omega_1)|}$$

$K_g>1$ 或 $K_g(\text{dB})>0$ 的系统稳定，而 $K_g<1$ 或 $K_g(\text{dB})<0$ 的系统不稳定。

在 Nyquist 图上，当 $|G(j\omega_1)H(j\omega_1)|=1$ 时，$\omega=\omega_c$，定义

$$\gamma \overset{\text{def}}{=} 180^\circ + \varphi(\omega_c)$$

式中，γ 称为相交裕量；ω_c 称为穿越频率(或称截至频率)。相交裕量的物理意义是：当 $\varphi(\omega_c)$ 在滞后 γ 角时，系统处于临界稳定状态。$\gamma>0$ 系统稳定，$\gamma<0$ 系统不稳定。

一个稳定的系统，其相对稳定性必须既满足幅值裕量要求又满足相交裕量的要求。

2.5.7 动静态品质分析

1. 惯性负载位置控制系统

(1) 该系统为 1 型系统。在阶跃输入时，稳态误差为 0。影响系统动态性能的

主要时液压缸和伺服阀的固有频率 ω_h 和 ω_v，一般情况下 $\omega_v \gg \omega_h$，绘制 Bode 图时只考虑 ω_h。ξ_h 是液压缸的阻尼比，根据经验空载时一般为 0.1～0.2，负载增加时 ξ_h 值也增加。

(2) 相位裕量足够。系统稳定的条件是幅值裕量 $K_g \geqslant 10\text{dB}$。由于液压缸的阻尼比 ξ_h 很小，相位裕量足够，一般 $\gamma = 70° \sim 80°$。在伺服控制系统中受稳定条件约束的主要时幅频特性，在绘制系统开环 Bode 图判别系统动态性能时，只需作出系统的开环幅频特性。

(3) 精度、快速性和稳定性。系统的控制精度与开环增益 K 有关，K 值越大系统的精度越高。控制系统的快速性与开环系统 Bode 图中的穿越频率 ω_c 有关，ω_c 值越大则系统的频带越宽。开环系统 Bode 图中的穿越频率 ω_c 近似于其闭环系统在 -3dB 时的频率，因此常将 ω_c 作为控制系统的频宽指标。控制精度、快速性和稳定性是相互制约的，当系统的开环增益 K 增大时，幅频曲线上移，控制精度和频宽都得到提高，但幅值稳定裕量 K_g 将减少。

(4) 动力元件参数和其他元件参数确定后，系统的动态性能基本上已定。影响控制系统稳定性和快速性的主要是开环增益 K、液压缸固有频率 ω_h 和阻尼比 ξ_h。在开环增益中，液压杆有效面积 A 和伺服阀的流量增益 K_q 是不能调整的，位置传感器反馈增益 K_{fx} 可调整范围很小，放大器增益 K_a 受到伺服阀电流限制调整范围有限。所以在未加校正的惯性负载位置控制系统中，当动力元件参数和其他元件参数确定后，调整余量不大，系统的稳定裕量较大，但频带不宽。当需要进一步提高系统动态性能时，必须采取其他措施，如采用状态反馈、其他控制策略或改变初步设计等。

(5) 液压缸的固有频率需大于系统频率的 5 倍。系统的幅频特性为 -20dB/dec 的斜率穿越 0dB 线，当液压缸的固有频率 ω_h 为穿越频率 ω_c 的 5 倍时，该斜线处的幅值与 0dB 线相差约 14dB。空载时液压缸固有频率的阻尼比 ξ_h 为 0.1～0.2，即谐振峰值为 8～14dB，所以要使系统稳定，即幅频特性不再穿越 0dB 线，液压缸的固有频率需大于系统频率的 5 倍，即 $\omega_h \geqslant \omega_c$。

2. 弹性负载位置控制系统

(1) 0 型系统。弹性负载位置控制系统是有差系统，即 0 型系统。由一个比例环节、一个惯性环节和两个二阶环节组成，惯性环节的转折频率 ω_r 比二阶环节固有频率 ω_0 小。

(2) 需 PI 校正或 PID 校正。这种 0 型系统一般在稳定性、稳态精度和快速性之间存在矛盾。在阶跃输入时，若系统的开环增益增大，虽然可使精度及快速性增加，但系统稳定性变差，有时低频水平线和 ω_0 峰值之间的距离很小，难以同时满足稳定、精度和快速的要求。在斜坡输入时，位置误差将为无穷大，因此这种系统一般都有 PI 或 PID 装置对控制系统进行校正或补偿，使其性能达到要求。

(3) 负载刚度 K_L 决定系统的性能。负载刚度 K_L 和比值$\frac{K_L}{K_h}$对系统的影响较大。与惯性负载相比，弹性负载系统的固有频率增加了$\sqrt{1+\frac{K_L}{K_h}}$倍，与惯性负载的系统增益相差$\frac{A^2}{K_L K_{ce}}$倍。当 K_L 值增加时，穿越频率 ω_c 与固有频率 ω_0 的距离变大，稳定性变好，频宽变低，调整增益后可使频宽增加。当 K_L 值减小时，穿越频率 ω_c 与固有频率 ω_0 的距离变小，稳定性变差。当 K_L 值减小到与$\frac{K_L}{K_h}$比较可忽略不计时，系统为惯性负载。

3. 速度控制系统

(1) 0 型系统。速度控制系统是 0 型系统，穿越频率 ω_c 处的斜率为－40dB/dec。系统不仅是有差系统，而且相角裕量很小，系统往往不稳定或稳定裕量小。若阀的频率 ω_v 在穿越频率 ω_c 和固有频率 ω_h 之间，则穿越频率 ω_c 处的斜率为－80dB/dec，系统变得更不稳定。

(2) 必须进行校正。速度控制系统必须加以校正才能稳定。最简单的方法是在控制放大器中增加一个积分器(PI 控制器)，这样速度控制系统就类似于位置控制系统。

4. 驱动力控制系统

(1) 0 型系统。伺服阀的固有频率大于机械固有频率 ω_m 和综合固有频率 ω_0。

(2) 系统有极点，也有零点，稳定性差。零点形成的“谷”位于极点形成的“峰”的左面，这种力控制系统比弹性负载位置控制系统多了一对零点，使极点的峰值更容易穿过 0dB 线，因此在同样参数时，它的稳定性比弹性负载位置控制系统要差，必须进行校正。

(3) 负载刚度大时，系统性能较好。这种系统当负载刚度 K_L 较大时，转折频率 ω_r、穿越频率 ω_c 和综合固有频率 ω_0 都较大，稳定性较好。当负载刚度较小时，则反之。

5. 负载力控制系统

(1) 负载力控制系统的传递函数分母与弹性负载位置控制系统传递函数的分母相同，因此弹性负载位置控制系统的分析均适用于它。

(2) 负载力控制系统的传递函数的比例系数与弹性负载位置控制系统传递函

数的比例系数不同。同一系统由位置控制切换到力控制时，系统都必须改变比例系数。一般情况下，负载力控制系统传递函数的比例系数大于弹性负载位置控制系统传递函数的比例系数，因此在切换时必须相应地调小系统增益，否则系统将不稳定而产生强烈振动。

6. 压力控制系统

(1) 0 型系统。伺服阀的固有频率大于机械固有频率 ω_m 和综合固有频率 ω_0。

(2) 系统有极点，也有零点，稳定性差。零点形成的“谷”位于极点形成的“峰”的左面，这种力控制系统比弹性负载位置控制系统多了一对零点，使极点的峰值更容易穿过 0dB 线，因此在同样参数时，它的稳定性比弹性负载位置控制系统要差，必须进行校正。

(3) 负载刚度大时，系统性能较好。这种系统当负载刚度 K_L 较大时，转折频率 ω_r、穿越频率 ω_c 和综合固有频率 ω_0 都较大，稳定性较好。当负载刚度较小时，则反之。

7. 系统稳态误差

1) 单位阶跃输入

对于 0 型系统：

$$e_{ss}=\frac{1}{1+K}$$

式中，K 为系统开环传递函数增益系数；e_{ss} 为稳态误差。

对于 1 型或高于 1 型系统：

$$e_{ss}=0$$

2) 单位斜坡输入

对于 0 型系统：

$$e_{ss}=\infty$$

对于 1 型系统：

$$e_{ss}=\frac{1}{K}$$

对于 2 型或高于 2 型系统：

$$e_{ss}=0$$

3) 单位抛物线函数输入时

对于 0 型系统：

$$e_{ss}=\infty$$

对于 1 型系统：

$$e_{ss}=\infty$$

对于 2 型系统：

$$e_{ss}=\frac{1}{K}$$

对于 3 型或高于 3 型系统：

$$e_{ss}=0$$

2.5.8　控制系统的校正

如果一个系统的所有元件参数已全部给定，但仍不能满足所要求的性能指标，常需要在系统中引入附加装置以改善系统性能，这称为校正或补偿。所引入的附加装置称为校正装置或补偿装置。

校正装置可以是由电阻、电容组成的无源校正，也可以是由运算放大器等组成的有源校正。按校正装置在系统中的连接方式又可分为串联校正和并联校正。

1. 串联校正

串联无源校正包括超前校正、滞后校正和滞后一超前三种校正装置，串联有源校正包括 PD（比例微分）、PI（比例积分）和 PID（比例积分微分）三种调节器。

1）超前校正

超前校正装置的传递函数为

$$G_c(s)=\alpha\frac{Ts+1}{\alpha Ts+1}$$

式中，α 为滞后超前比，$\alpha<1$；T 为时间常数。

超前校正环节的转折频率$\frac{1}{T}$和$\frac{1}{\alpha T}$分别设在被校正系统原截止频率 ω_{c1} 的两侧，使系统新的截止频率增大到 ω_{c2}，且斜率变为－20dB/dec。校正后系统总的开环增益不变。由于相位超前的作用，截止频率附近的相频曲线明显上升，增加了稳定裕度。这样既调高了系统的快速性，又改善了其稳定性。见图 2-37。

超前校正很难使原系统的低频特性（即系统的稳态性能）得到改善。若提高开环增益，使低频段上升，则系统的稳定性将下架，还会削弱系统抗干扰的能力。

2）滞后校正

滞后前校正装置的传递函数为

$$G_c(s)=\frac{Ts+1}{\beta Ts+1}$$

式中，T 为时间常数；β 为滞后超前比，$\beta>1$。

滞后校正环节的转折频率$\frac{1}{\beta T}$ 和$\frac{1}{T}$均应设置在远小于被校正系统原截止频率 ω_{c1} 处，使系统新的截止频率 ω_{c2} 的斜率为－20dB/dec，以保证足够的稳定性。滞后

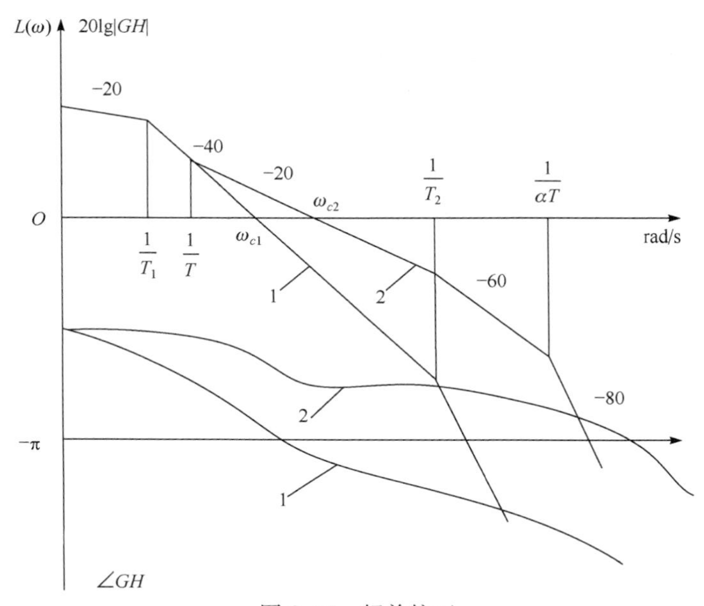

图 2-37　超前校正

1-校正前系统；2-校正后系统

系统以牺牲系统的快速性(减小频宽)来换取稳定性的提高。如果系统的快速响应能力足够令人满意，在滞后校正时还可以适当提高开环增益，以增大静态误差系统，改善系统的稳定性能。见图 2-38。

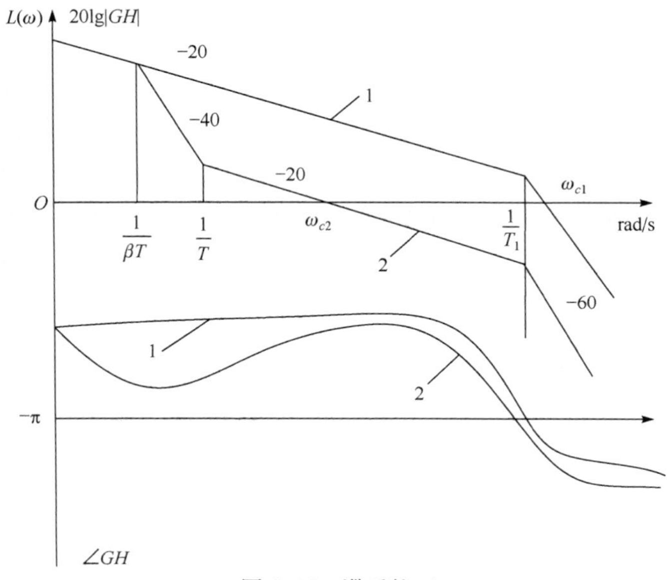

图 2-38　滞后校正

3）滞后-超前校正

滞后-超前校正装置的传递函数为

$$G_c(s)=\frac{\tau_1 s+1}{T_1 s+1}\cdot\frac{\tau_2 s+1}{T_2 s+1}$$

式中，τ_1、T_1、τ_2和 T_2 均为时间常数，且 $T_1\cdot T_2=\tau_1\cdot\tau_2$，$T_1>\tau_1>\tau_2>T_2$。

滞后-超前校正网络综合了超前校正和滞后校正的优点，适用于需要同时改进快速响应能力和稳定性的系统。

4）PD 调节器（比例-微分校正）

其作用相当于超前校正。传递函数为

$$G_c(s)=K_d s+K_p$$

式中，K_d 为微分系数；K_p 为比例系数。

5）PI 调节器（比例-积分校正）

其作用相当于滞后校正，静态增益为无穷大，稳态误差为零。传递函数为

$$G_c(s)=K_p+K_i\frac{1}{s}$$

式中，K_p 为比例系数；K_i 为积分系数。

6）PID 调节器（比例-积分-微分校正）

其作用相当于滞后-超前校正。传递函数为

$$G_c(s)=K_p+K_i\frac{1}{s}+K_d s$$

2. 并联校正

并联校正又称反馈校正，它能有效地改变被包围环节的动态结构参数。当开环增益较大时，反馈校正能取代被包围环节，从而大大减弱这部分环节由于特性参数变化及各种干扰给系统带来的不利影响。反馈校正的缺点是实现起来比较困难。液压伺服控制系统常见的四种反馈校正形式（图 2-39）包括比例反馈包围积分环节、比例反馈包围惯性环节、微分反馈包围惯性环节、微分反馈包围振荡环节。

1）比例反包围积分环节

回路传递函数为

$$G(s)=\frac{\frac{K}{s}}{1+\frac{KK_H}{s}}=\frac{\frac{1}{K_H}}{\frac{s}{KK_H}+1}$$

原来的积分环节转变为惯性环节。

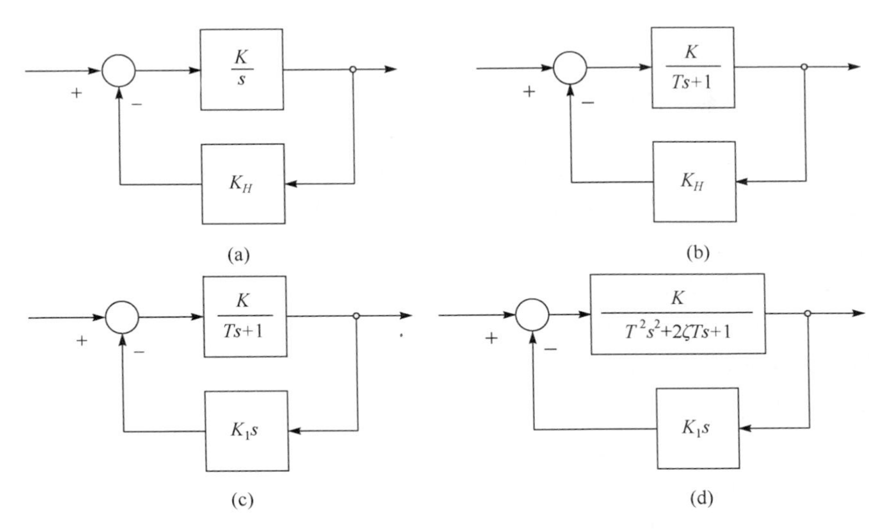

图 2-39　反馈校正的四种形式

2）比例反包围惯性环节

回路传递函数为

$$G(s)=\frac{\dfrac{K}{Ts+1}}{1+\dfrac{KK_H}{Ts+1}}=\frac{\dfrac{K}{1+KK_H}}{\dfrac{T}{1+KK_H}s+1}$$

惯性环节仍为惯性环节，但是时间常数减小了。反馈系数 K_H 越大，时间常数越小。

3）微分反包围惯性环节

回路传递函数为

$$G(s)=\frac{\dfrac{K}{Ts+1}}{1+\dfrac{KK_1}{Ts+1}s}=\frac{K}{(T+KK_1)s+1}$$

惯性环节仍为惯性环节，但是时间常数增大了。反馈系数 K_1 越大，时间常数越大。

4）微分反包围振荡环节

回路传递函数为

$$G(s)=\frac{K}{T^2s^2+(2\zeta T+KK_1)s+1}$$

结果仍为振荡环节，但是阻尼比 ζ 显著增加。

2.5.9 设计实例

1. 位置控制系统设计实例

设有一数控机床工作台的位置需要连接控制，其技术要求如下。
指令信号速度输入时引起的速度误差为 $e_v=5\text{mm}$。
干扰为位置输入时引起的位置误差 $e_{pf}=\pm0.2\text{mm}$。
给定设计参数如下。
工作台质量：$m=1000\text{kg}$。
最大加速度：$a_{\max}=1\text{m/s}^2$。
最大行程：$S=50\text{cm}$。
最大速度：$v_{\max}=8\text{cm/s}$。
工作台最大摩擦力：$F_f=2000\text{N}$。
最大切削力：$F_c=500\text{N}$。
供油压力：$p_s=6.3\text{MPa}$。
反馈传递函数增益：$K_{fp}=1\text{V/cm}$。
1）确定系统方案
采用图 2-40 所示的伺服阀控制液压缸的系统结构。

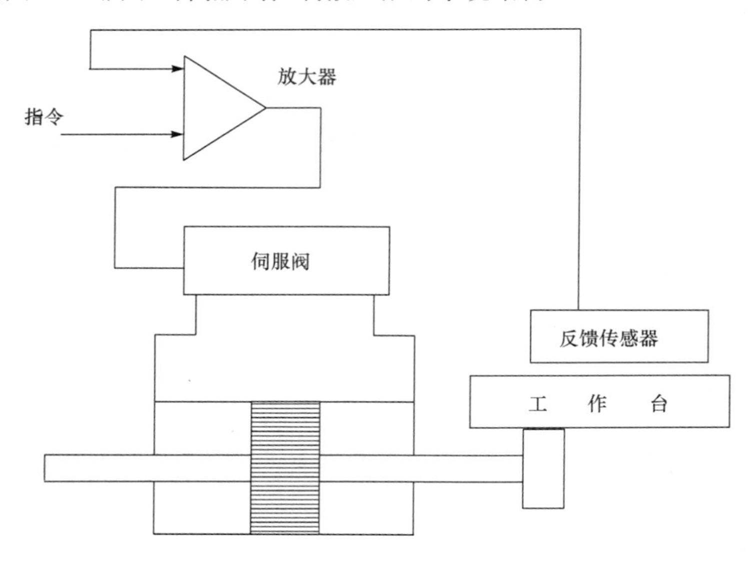

图 2-40　电液位置控制系统设计实例

2）确定工作台速度和负载力的关系
负载力由切削力 F_c、摩擦力 F_f 和惯性力 F_a 等组成。惯性力 F_a 按最大加速度考虑

$$F_a = ma_{\max} = 1000\text{N}$$

系统在最恶劣的负载条件下工作时的总负载力 $F=3500\text{N}$，最大速度为 $v_{\max}=0.08\text{m/s}$。

3）确定液压缸有效工作面积 A 和结构尺寸 D、d

令负载压力 $p_L=\frac{2}{3}p_s$，得

$$A=\frac{F}{p_L}=\frac{3F}{2p_s}=8.3\times10^{-4}\text{m}^2$$

因为 $A=\frac{\pi}{4}(D^2-d^2)$，取 $d/D=0.5$，则可得 $D=0.0375\text{cm}$，圆整取 $D=0.04\text{m}$，$d=0.024\text{m}$。液压缸有效工作面积 $A=8.04\times10^{-4}\text{m}^2$，取 $A=8\times10^{-4}\text{m}^2$。

4）确定伺服阀规格

最大速度工况时负载压降为

$$p_L=\frac{F}{A}=4.375\text{MPa}$$

伺服阀压降为

$$\Delta p_v=p_s-p_L=1.925\text{MPa}$$

负载流量为

$$q_L=v_{\max}\times A=3.84\text{L/min}$$

查伺服阀样本，阀压降 7MPa，额定电流 $I_R=30\text{mA}$ 时，流量为 8L/min 的伺服阀就可满足 $\Delta p_v=1.925\text{MPa}$，输出流量 $q_L>3.84\text{L/min}$ 的要求。

5）确定系统传递函数

绘制伺服阀控制液压缸系统的方块图如图 2-41 所示。

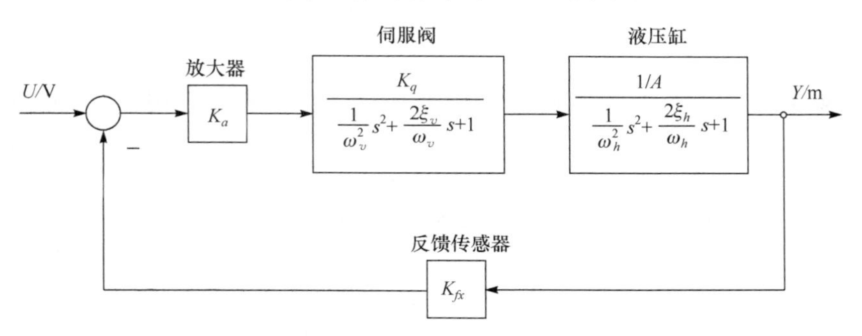

图 2-41　伺服阀控制液压缸系统方块图

额定流量 8L/min 的伺服阀在供油压力 $p_s=6.3\text{MPa}$ 时的空载流量为 7.6L/min，阀的增益为

$$k_q=\frac{7.6\mathrm{L/min}}{30\mathrm{mA}}=4.2222\times10^{-3}\mathrm{m^3/(s\cdot A)}$$

伺服阀生产厂提供了 $\omega_v=600\mathrm{rad/s}$，$\xi_v=0.5$ 的数值。

伺服阀的传递函数为

$$G_v(s)=\frac{4.2222\times10^{-3}}{\dfrac{s^2}{600^2}+\dfrac{2\times0.5}{600}s+1}$$

设 $\beta_e=700\mathrm{MPa}$，$V_t=A\times S=4\times10^{-4}\mathrm{m^3}$

$$\omega_h=\sqrt{\frac{4\beta_e A^2}{V_t m}}=67\mathrm{rad/s}$$

取 $K_{ce}=0.0258\mathrm{cm^5/(s\cdot N)}$，得

$$\xi_h=\frac{K_{ce}m\omega_h}{2A^2}=0.138$$

液压缸的传递函数为

$$G_{cyl}(s)=\frac{1/A}{s\left(\dfrac{1}{\omega_h^2}s^2+\dfrac{2\xi_h}{\omega_h}s+1\right)}=\frac{1250}{s\left(\dfrac{1}{67^2}s^2+\dfrac{2\times0.138}{67}s+1\right)}$$

反馈传感器的传递函数：

$$K_{fx}=100\mathrm{V/m}$$

系统的开环增益：

$$K=K_aK_qK_{fx}/A=527K_a$$

根据系统稳定判别条件 $2\xi_h\omega_h=0.276\omega_h$，$K<2\xi_h\omega_h$，取 $K=10\mathrm{rad/s}$ 可得

$$K_a=\frac{K}{527}=0.019\mathrm{A/V}$$

6）系统 Bode 图

绘制的开环系统 Bode 图如图 2-42 所示，系统的幅值稳定裕量为 5dB，相角裕量为 90°。

7）计算系统的稳态误差

指令输入最大速度 $v_{\max}=8\mathrm{cm/s}$ 时的误差为

$$e_v=\frac{v_{\max}}{K}=0.8\mathrm{cm/s}$$

干扰有伺服放大器温度零漂、伺服阀的零漂、伺服阀的迟滞及执行元件的不良灵敏度等，将其总和折合成伺服阀输入电流的干扰为 $f=\pm0.02I_R$，系统属于 0 型系统，系统的稳态位置误差为 0。

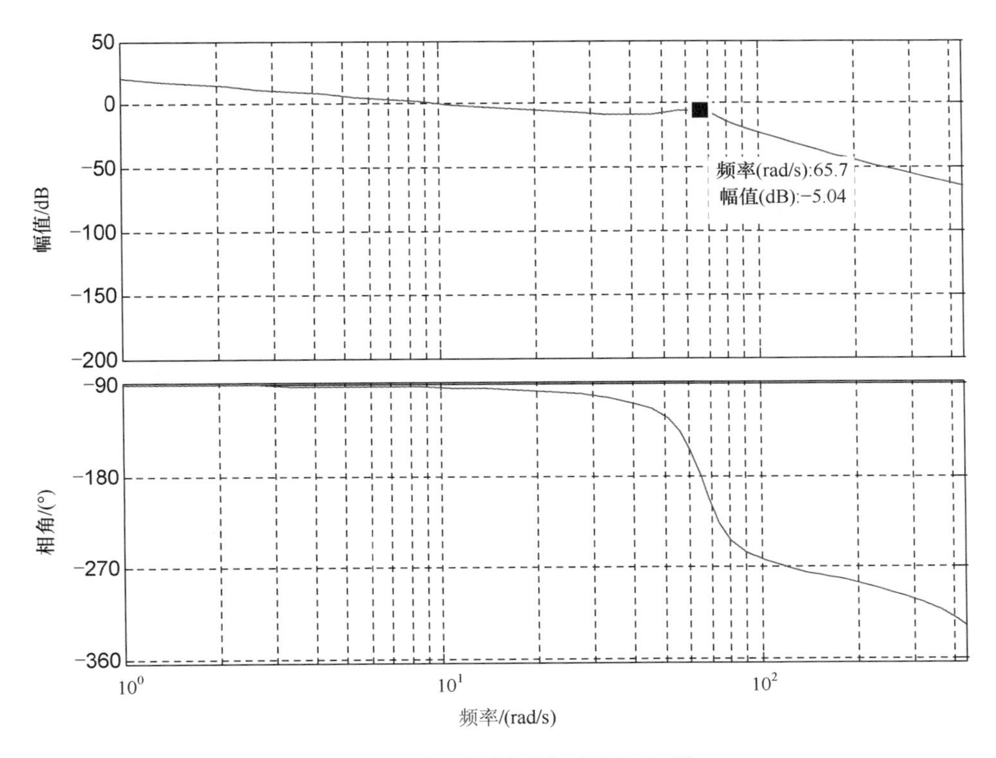

图 2-42　位置控制系统开环 Bode 图

2. 力控制系统设计实例

设计的力控制系统如图 2-43 所示，设计参数及性能指标如下。

拉伸和压缩状态下的最大静负载力：$F_{\max}=10^5$ N。

工作频率范围：0.01～50Hz。

静态负载下控制力的漂移：<±1%设定值。

系统最大振幅：12Hz±0.16cm。

液压缸最大行程：$S=0.1$m。

运动部件总质量：$m_t=145$kg。

负载弹性刚度：$K_L=1.7\times10^8$ N/m。

力传感器增益：$K_{fL}=1\times10^{-5}$ V/N。

供油压力：$p_s=21$MPa。

1）液压缸的确定

取负载压力为

$$p_L=\frac{2}{3}p_s=14\text{MPa}$$

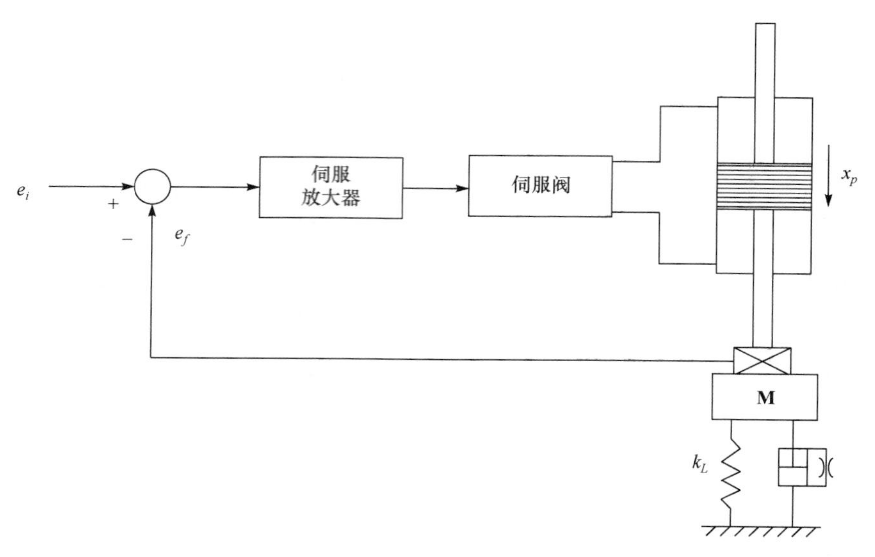

图 2-43　力控制系统

则液压缸有效作用面积为

$$A=\frac{F_{\max}}{p_L}=7.1\times10^{-3}\,\mathrm{m}^2$$

为使系统留有一定的裕量,可取液压缸的有效作用面积为

$$A=9\times10^{-3}\,\mathrm{m}^2$$

2）选择伺服阀

系统最大流量为

$$Q_{\max}=A\cdot S\cdot 2\pi\cdot 12=1.0857\times10^{-3}\,\mathrm{m}^3/\mathrm{s}=65.14\mathrm{L/min}$$

根据阀压降及其负载流量,选用空载流量 $Q_0=100\mathrm{L/min}$、额定电流 I 为 30mA 的伺服阀,阀的增益为

$$K_q=\frac{Q_0}{I}=0.0556\,\mathrm{m}^3/(\mathrm{s}\cdot\mathrm{A})$$

其流量压力增益为

$$K_c=5.16\times10^{-12}\,\mathrm{m}^5/(\mathrm{s}\cdot\mathrm{N})$$

伺服阀的压力增益为

$$K_p=\frac{K_q}{K_c}=1.077\times10^{10}\,\mathrm{Pa/A}$$

伺服阀阻尼系数 $\xi_v=0.3$,伺服阀固有频率 $\omega_v=628\mathrm{rad/s}$。

3）确定系统传递函数

油液总体积为

$$V_t = SA = 4.5 \times 10^{-4}\,\mathrm{m}^3$$

液压油的体积弹性模量为

$$E_h = 700\mathrm{MPa}$$

液压弹簧刚度为

$$K_h = \frac{4E_h A^2}{V_t} = 2.52 \times 10^8\,\mathrm{N/m}$$

负载刚度引起的转折频率 ω_r 为

$$K_{ce} \approx K_c$$

$$\omega_r = \frac{K_L K_{ce}}{A^2\left(1 + \dfrac{K_L}{K_h}\right)} = 6.47\mathrm{rad/s}$$

机械固有频率为

$$\omega_m = \sqrt{\frac{K_L}{m_t}} = 1082.8\mathrm{rad/s}$$

液压固有频率为

$$\omega_h = \sqrt{\frac{K_h}{m_t}} = 1318.3\mathrm{rad/s}$$

液压弹簧及负载弹簧刚度与负载质量构成的综合固有频率为

$$\omega_0 = \sqrt{\omega_h^2 + \omega_m^2} = 1706\mathrm{rad/s}$$

综合固有频率 ω_0 的阻尼比为

$$\xi_0 = 0.15$$

机械阻尼比为

$$\xi_m = 0.1$$

开环增益为

$$K = \frac{1}{0.01} = 100$$

放大器增益为

$$K_a = \frac{K}{K_{fL} K_p A} = 0.1032\mathrm{A/V}$$

开环传递函数为

$$G(s) = \frac{K_a K_{fL} K_p A\left(\dfrac{1}{\omega_m^2}s^2 + \dfrac{2\xi_m}{\omega_m}s + 1\right)}{\left(\dfrac{1}{\omega_v^2}s^2 + \dfrac{2\xi_v}{\omega_v}s + 1\right)\left(\dfrac{s}{\omega_r} + 1\right)\left(\dfrac{1}{\omega_0^2}s^2 + \dfrac{2\xi_0}{\omega_0}s + 1\right)}$$

$$=\frac{100\left(\frac{1}{1082.8^2}s^2+\frac{2\times0.1}{1082.8}s+1\right)}{\left(\frac{1}{628^2}s^2+\frac{2\times0.3}{628}s+1\right)\left(\frac{s}{6.47}+1\right)\left(\frac{1}{1706^2}s^2+\frac{2\times0.15}{1706}s+1\right)}$$

4）绘制 Bode 图

开环系统 Bode 图见图 2-44。系统有极点，也有零点，稳定性差，系统幅值裕量 $K_g=-2.19\text{dB}$，相角裕量 $\gamma=90.4°$，必须进行校正。

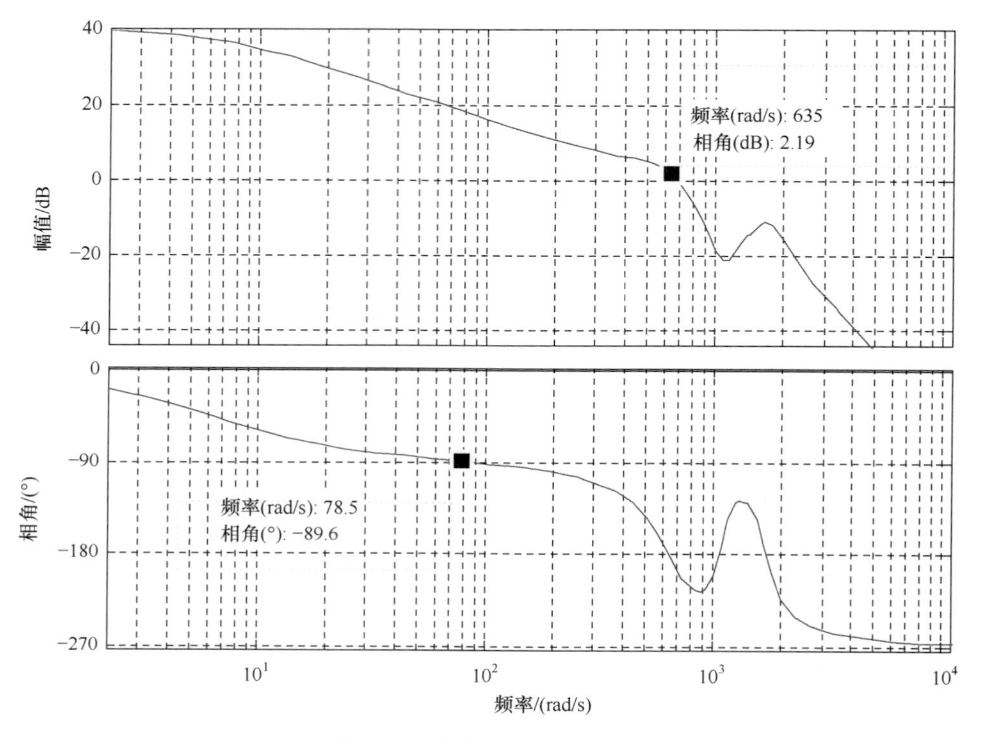

图 2-44　力控制系统 Bode 图

5）系统校正

为使系统的幅频特性－20dB/dec 的斜率穿越 0dB 线，系统校正可采用滞后校正法或 PI 校正方法。其作用相当于滞后校正，静态增益为无穷大，稳态误差为零。传递函数为

$$G_c(s)=0.05\times\frac{1}{s}+1$$

初步校正后的开环系统 Bode 图见图 2-45，系统幅值裕量 $K_g=14.3\text{dB}$，相角裕量 $\gamma=15°$，相角裕量略有不足，可通过继续优化 PI 校正传递函数中的比例和积分系数进行优化。

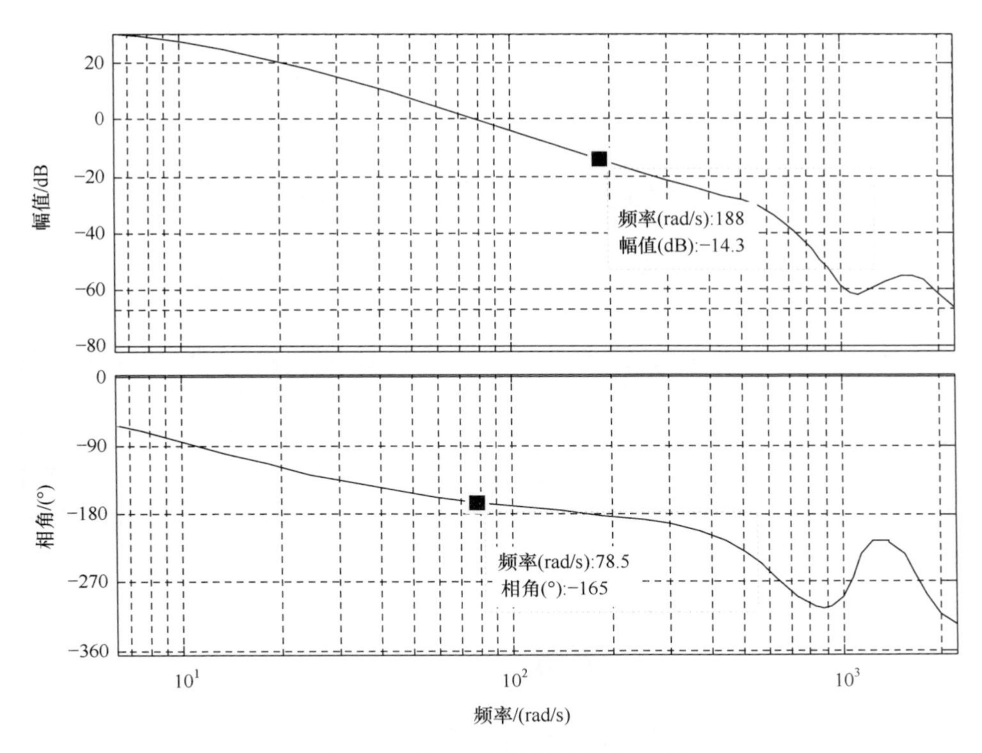

图 2-45　校正后力控制系统 Bode 图

第 3 章　冷轧机辊缝液压伺服控制系统

3.1　冷轧机辊缝液压伺服控制系统组成

冷轧机辊缝液压控制系统见图 3-1。1 为轧机辊缝液压缸，活塞尺寸由设计轧制规程的最大轧制力确定，活塞杆的直径略小于活塞直径，辊缝液压缸的行程由工作辊、中间辊和支撑辊的最大最小辊系差决定。活塞杆伸出端与下支撑辊轴承箱接触，外部安装防护罩，防止水或其他机械杂质腐蚀或划伤活塞杆。活塞与活塞杆相对应的一侧设计一个较细的杆伸出缸体外，安装位置传感器，用于检测液压缸活塞的位置，进而可计算出轧机辊缝的位置，用于 HGC 位置闭环控制。

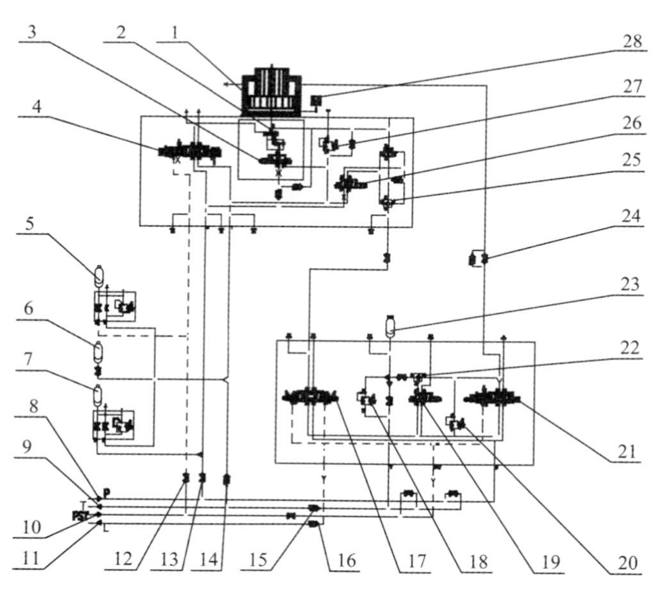

图 3-1　冷轧机单侧辊缝缸液压控制系统

插装阀 2 用于控制伺服阀与辊缝缸之间油路的通断。插装阀直接集成在辊缝缸缸块的内部，减少了漏油、振动、噪声和配管引起的故障，提高了可靠性。二位三通换向阀 3 控制插装阀 2 的开启和关闭。电磁铁通电时，插装阀 2 控油腔与主回油管道相通，插装阀 2 开启，伺服阀控制油路与辊缝缸活塞侧油腔相通。换向阀 3 断电时，插装阀 2 的控油腔通高压油，插装阀 2 关闭，伺服阀控制油路与辊缝缸活塞侧油腔的供油通道被切断，进而起到断电保护的作用。

伺服阀4控制辊缝缸活塞侧油腔油液压力或辊缝缸活塞的位置，进而控制辊缝与带钢变形区的轧制力，或者直接控制辊缝的位置。伺服阀有两种控制模式，压力闭环控制模式和位置闭环控制模式。伺服阀的响应频率和输出流量大小决定了辊缝缸的速度。位置传感器和压力传感器的精度影响位置闭环和压力闭环的控制精度。

气囊式蓄能器5保持伺服阀控制油压力恒定，气囊式蓄能器6保持伺服阀回油口压力恒定，气囊式蓄能器7保持伺服阀进油口压力恒定。

8为高压油供油管道，9为总回油管道，10为总控制油管道，11为总泄油管道。12为伺服阀控制油手动球阀，13为伺服阀高压油手动球阀。14为伺服阀回油管单向阀，能稳定伺服阀回油口压力，防止回油管油液压力波动对伺服阀的影响。15为背压伺服阀和辊缝比例阀回油管单向阀，能稳定背压伺服阀和辊缝比例阀回油口压力，防止回油管油液压力波动对背压伺服阀和辊缝比例阀的冲击。16为辊缝比例阀控制油回油管单向阀，能稳定辊缝比例阀控制油回油口压力，防止控制油回油管压力波动对辊缝比例阀的冲击。

快速打开或快速关闭辊缝，通过比例阀17控制。与此同时二位四通换向阀26通电，双向液压锁25打开。与此同时，伺服阀亦参与控制。

辊缝缸杆侧的油压用伺服阀21调节，皮囊式蓄能器23用于吸收背压伺服阀出口压力的波动。皮囊式蓄能器23工作时，二位三通换向阀19通电，液控单向阀22打开。蓄能器23的压力超过最大值后，蓄能器的压力通过溢流阀18泄荷。溢流阀20用于限定背压侧的最大压力。

背压伺服阀21采用压力闭环控制方式，其控制方式有两种，常规模式和快开模式。常规模式包括正常轧制、快速关闭辊缝、慢速打开辊缝，此时辊缝缸背压侧的压力保持70bar恒定。快开模式主要是指辊缝缸快速释放到底，此时辊缝缸背压侧的压力保持150bar恒定。

压力传感器28用于检测辊缝缸无杆腔油液的压力，实现辊缝缸压力闭环控制。压力传感器29用于检测辊缝缸杆腔油液的压力，实现辊缝缸背压压力闭环控制。

两侧辊缝缸的液压控制系统组成相同。

3.2 位置控制和轧制力控制

在液压伺服控制领域，为进一步提高系统的性能，控制器增参数优化研究，一直是科研、工程技术人员关注的重点。与其他直流或交流机电伺服系统相比，液压伺服控制系统具有高度的非线性。液压系统的非线性因素通常包括阀的流量压力特性、阀的饱和性、阀和缸的泄漏、缸的摩擦、介质的可压缩性、介质的黏温特性、介质管道形状和尺寸、油源压力波动、负载压力变化等。其中对系统动态特性影响最大的为流量压力非线性特性。

冷轧机辊缝系统相对于其他液压伺服系统更具有特殊性和复杂性。图 3-2 为冷轧机单侧辊缝缸液压伺服系统控制原理，杆腔和无杆腔分别由伺服阀进行控制，杆侧的背压设定值为常数，无杆侧的压力随控制外环的设定值变化。轧制过程中无杆侧可采用位置控制或轧制力控制，辊缝一步打开、辊缝打开 8mm、辊缝打开到换辊位、快开辊缝、辊缝在穿带位、辊缝甩尾位置等控制模式时采用位置控制，接触轧制力、最小轧制力、热辊轧制力、窜辊轧制力、标定轧制力、迟滞测试、穿带轧制力、甩尾轧制力等控制模式时采用轧制力控制。轧机无带标定过程中位置控制方式和轧制力控制方式频繁切换。

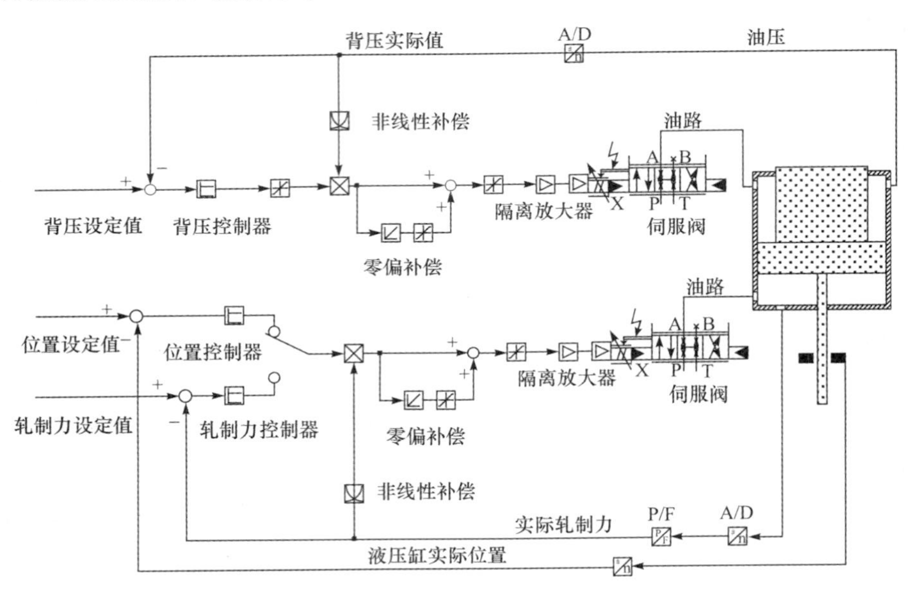

图 3-2 冷轧机单侧辊缝缸液压伺服控制系统

在没有自适应增益非线性补偿的情况下，位置控制系统和轧制力控制系统的动态性能都很难保证稳定，尤其是当缸运动正向和反向切换时。作为一个非线性时变系统，且 PI 参数整定域有限，在一定条件下整定好的控制器参数，当被控系统或被控对象的一个或几个参数发生变化后，该系统会变得不稳定，从而导致辊缝发生非对称变化。

3.2.1 位置控制系统的阶跃响应

伺服阀可以近似认为是一个二阶系统，伺服阀动态特性的一个重要评价手段是其时域阶跃响应。系统从加入输入信号开始，到系统输出量达到稳态值为止的动态过程称为暂态过程。系统的暂态过程通常是在单位阶跃输入下测定或计算的。一般认为，阶跃输入对系统来说是最严峻的工作状态。如果系统在阶跃信号作用下的暂态性能能满足要求，那么系统在其他输入信号的作用下，其暂态性能也能令人满意。因此，系统实际测试时，通常只是测试系统的阶跃响应，若响应时间、超调量满足要求即可。

伺服阀的阶跃响应是指在额定工作压力下，且负载压力为零时，伺服阀的输出流量对阶跃输入电流的跟踪过程。依据阶跃响应曲线可以确定上升时间、超调量和过渡过程时间等品质指标。时域性能参数比频域性能参数更能直观地反映阀的动态品质。但是阶跃响应的测量精度要比频率响应的测量精度低，这是因为频率特性是在稳定情况下测量的，而阶跃响应测量是在被测量的过渡过程中进行的。

系统的阶跃响应时间也可从具有对数相频特性的 Bode 图计算，纵坐标相角为 90°的曲线点，其横坐标所对应的频率点即为系统的固有频率。

影响阶跃响应时间的因素主要包括供油压力、油液温度、输入信号幅值、负载大小、负载刚度等。因此，对于一个实际的伺服控制系统，阶跃响应时间随这些影响因素的变化而变化。

冷轧机辊缝控制系统可以采用位置控制方式，也可采用轧制力控制方式，当采用位置控制方式时，控制原理如图 3-3 所示。两侧辊缝缸的无杆腔用一套伺服阀控制系统、一个伺服阀，控制器使用结构简单、鲁棒性强的 P 调节器。伺服阀的输入附加了伺服阀零偏、零漂的积分补偿电流，使得伺服阀始终工作于零位。压力由主管路和支管路的节点处测得。两侧辊缝缸的位置控制系统由一个控制器、两个伺服阀组成，控制器用 P 调节器。每个伺服阀的输入也附加了零偏、零漂的积分补偿电流。两侧的伺服阀根据检测到的辊缝缸无杆侧的压力进行了非线性补偿。两侧辊缝缸的位置由安装在缸下部芯上的位置传感器测得，用于位置闭环控制，测量精度为 1μm。位置控制系统只能控制两侧辊缝缸位置的均值，不能控制两侧辊缝缸位置的差值(即倾斜)。两侧辊缝缸的倾斜由倾斜控制系统控制，倾斜位置控制嵌入位置控制中，根据设定倾斜和实际倾斜的差值，通过 PID 控制器的运算后，对伺服阀附加输入电流用于调整两侧的倾斜。

为保证轧后带钢的厚度精度，通常要求冷轧机的辊缝系统的响应时间小于 40ms，超调量小于 3%。辊缝位置控制系统阶跃响应测试时，对位置控制器设定值附加幅值 30μm 的方波，时间间隔为 1s。控制器 P 参数整定采用经验凑试法，在超调量满足要求的条件下，尽可能增大 P 参数，以提高系统的响应速度。

图 3-4 为某 1450 冷连轧机第 1 机架辊缝系统采用位置控制方式时的阶跃响应曲线，当比例增益系数为 6000 时，系统的阶跃响应时间为 17ms。

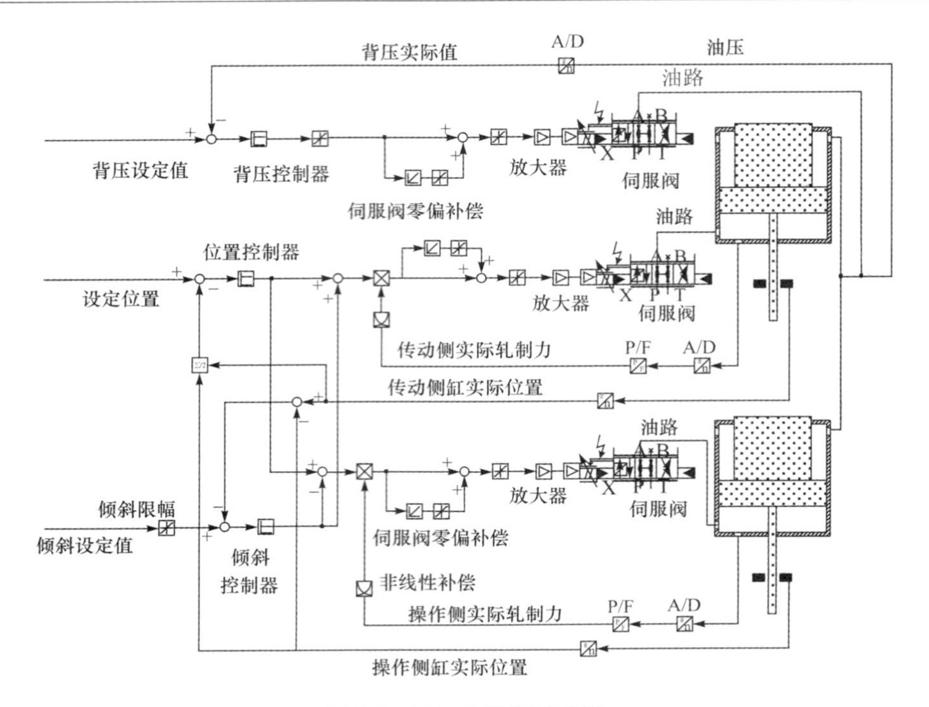

图 3-3　辊缝位置控制系统

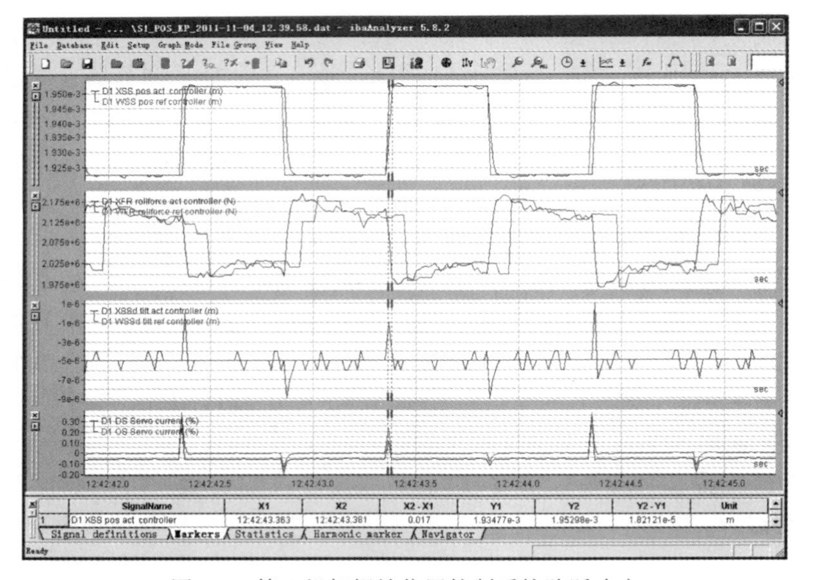

图 3-4　第 1 机架辊缝位置控制系统阶跃响应

图 3-5 为某 1450 冷连轧机第 2 机架辊缝系统采用位置控制方式时的阶跃响应曲线，当比例增益系数为 6000 时，系统的阶跃响应时间为 27ms。

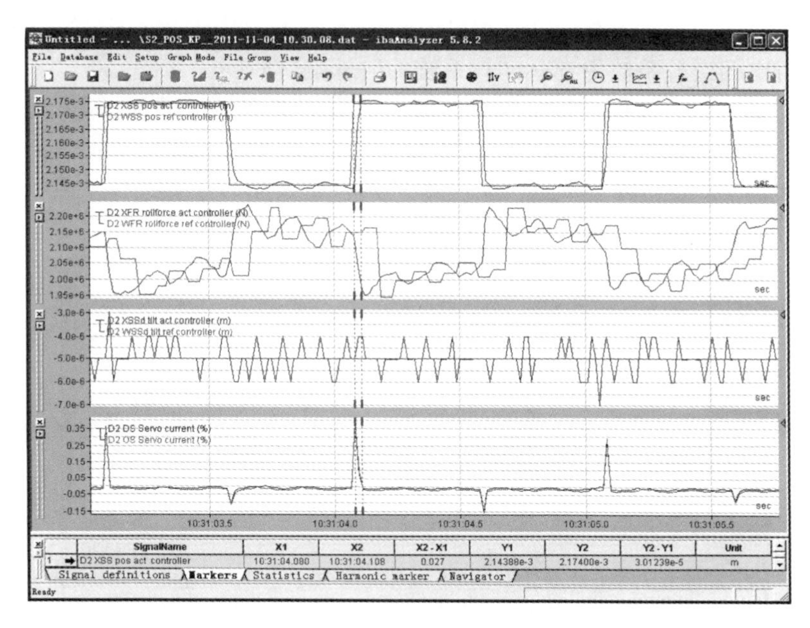

图 3-5　第 2 机架辊缝位置控制系统阶跃响应

图 3-6 为某 1450 冷连轧机第 3 机架辊缝系统采用位置控制方式时的阶跃响应曲线，当比例增益系数为 7000 时，系统的阶跃响应时间为 24ms。

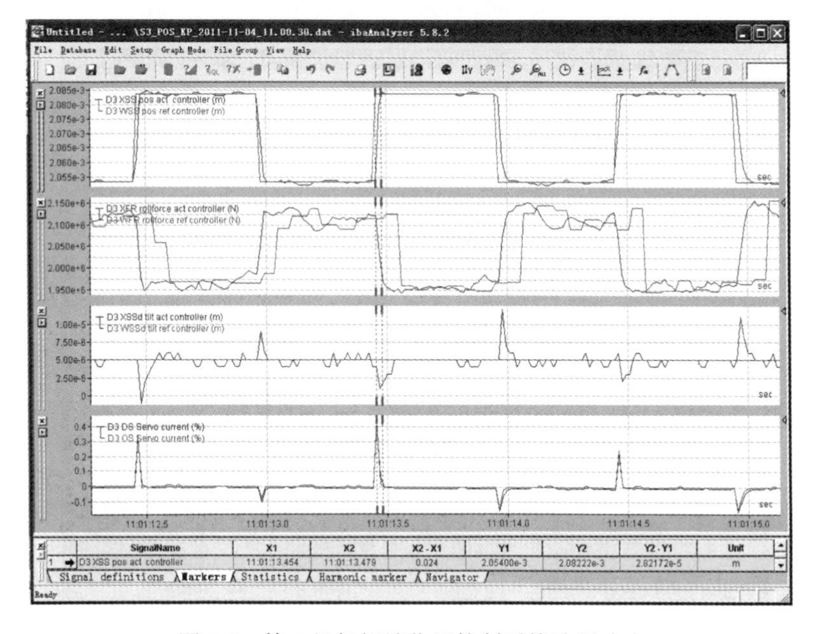

图 3-6　第 3 机架辊缝位置控制系统阶跃响应

图 3-7 为某 1450 冷连轧机第 4 机架辊缝系统采用位置控制方式时的阶跃响应曲线，当比例增益系数为 6000 时，系统的阶跃响应时间为 18ms。

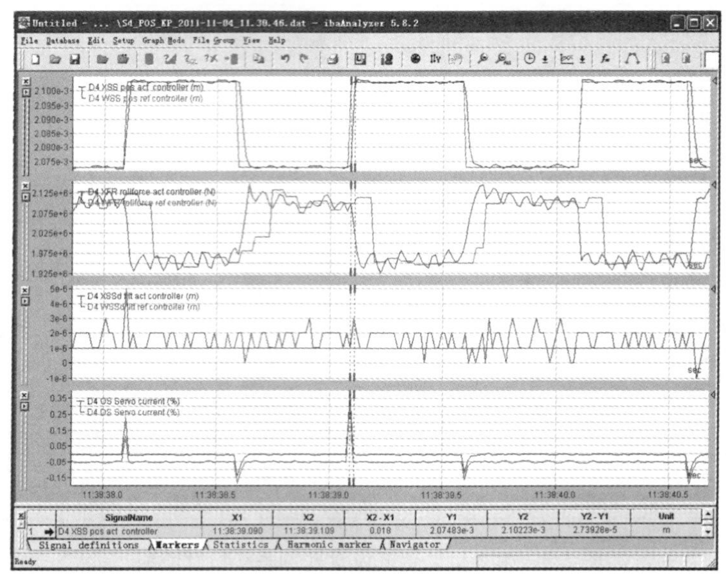

图 3-7　第 4 机架辊缝位置控制系统阶跃响应

图 3-8 为某 1450 冷连轧机第 5 机架辊缝系统采用位置控制方式时的阶跃响应曲线，当比例增益系数为 6000 时，系统的阶跃响应时间为 20ms。

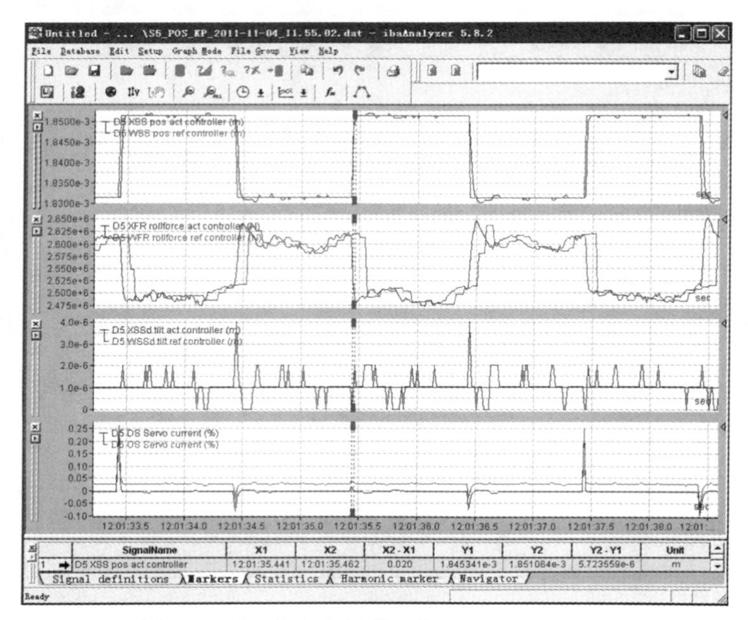

图 3-8　第 5 机架辊缝位置控制系统阶跃响应

由以上的测试结果可以看出，虽然测试时供油压力相同、油液温度相同、输入信号的幅值和频率相同，但由于各伺服阀的特性差异、负载大小不同、负载刚度不同、对象特性各异等导致各机架的响应时间不同。

3.2.2　轧制力控制系统的阶跃响应

当采用轧制力控制方式时，控制原理如图 3-9 所示。两侧辊缝缸的无杆腔用一套伺服阀控制系统、一个伺服阀，控制器使用结构简单、鲁棒性强的 P 调节器。伺服阀的输入附加了伺服阀零偏、零漂的积分补偿电流，使得伺服阀始终工作于零位。压力由主管路和支管路的节点处测得。两侧辊缝缸的轧制力控制系统由一个控制器、两个伺服阀组成，控制器用 P 调节器。每个伺服阀的输入也附加了零偏、零漂的积分补偿电流。两侧的伺服阀根据检测到的辊缝缸无杆侧的压力进行了非线性补偿。两侧辊缝缸的位置由安装在缸下部芯上的位置传感器测得，用于倾斜闭环控制，测量精度为 1μm。轧制力控制系统只控制两侧辊缝缸输出的轧制力总和，不能控制两侧轧制力的差值。两侧辊缝缸的倾斜由倾斜控制系统控制，倾斜位置控制嵌入到轧制力控制中，根据设定倾斜和实际倾斜的差值，通过 PID 控制器的运算后，对伺服阀附加输入电流用于调整两侧的倾斜。

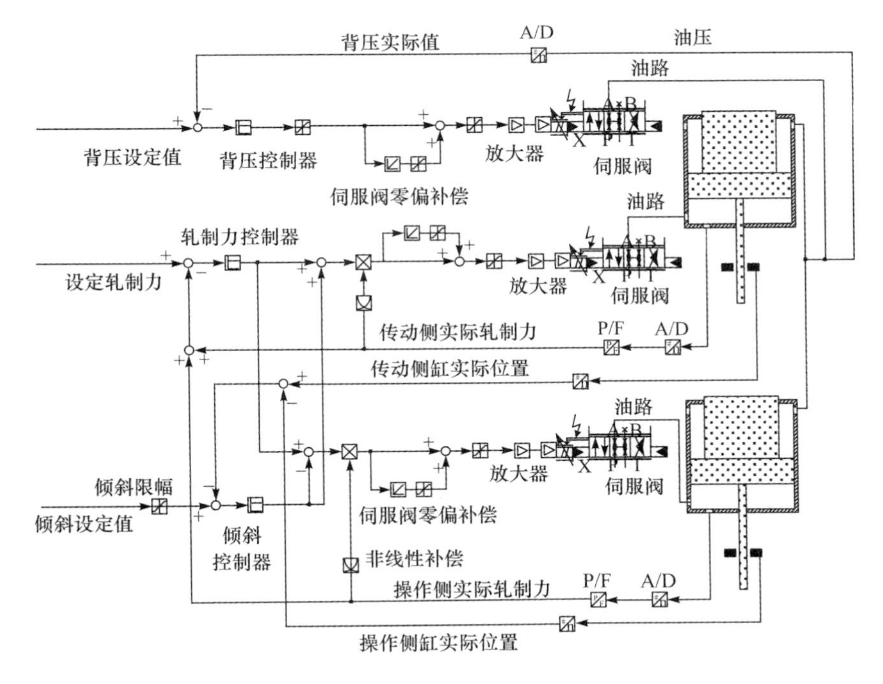

图 3-9　轧制力控制系统

为保证轧后带钢的厚度精度,通常要求冷轧机的辊缝系统的响应时间小于40ms,超调量小于3%。辊缝轧制力控制系统阶跃响应测试时,对轧制力控制器设定值附加幅值300kN的方波,时间间隔为1s。控制器P参数整定采用经验凑试法,在超调量满足要求的条件下,尽可能增大P参数,以提高系统的响应速度。

图3-10为某1450冷连轧机第1机架辊缝系统采用轧制力控制方式时的阶跃响应曲线,当比例增益系数为1.2×10^{-6}时,系统的阶跃响应时间为30ms。

图3-11为某1450冷连轧机第2机架辊缝系统采用轧制力控制方式时的阶跃响应曲线,当比例增益系数为1.2×10^{-6}时,系统的阶跃响应时间为26ms。

图3-12为某1450冷连轧机第3机架辊缝系统采用轧制力控制方式时的阶跃响应曲线,当比例增益系数为1.3×10^{-6}时,系统的阶跃响应时间为29ms。

图3-13为某1450冷连轧机第4机架辊缝系统采用轧制力控制方式时的阶跃响应曲线,当比例增益系数为1.1×10^{-6}时,系统的阶跃响应时间为26ms。

图3-14为某1450冷连轧机第5机架辊缝系统采用轧制力控制方式时的阶跃响应曲线,当比例增益系数为1.2×10^{-6}时,系统的阶跃响应时间为27ms。

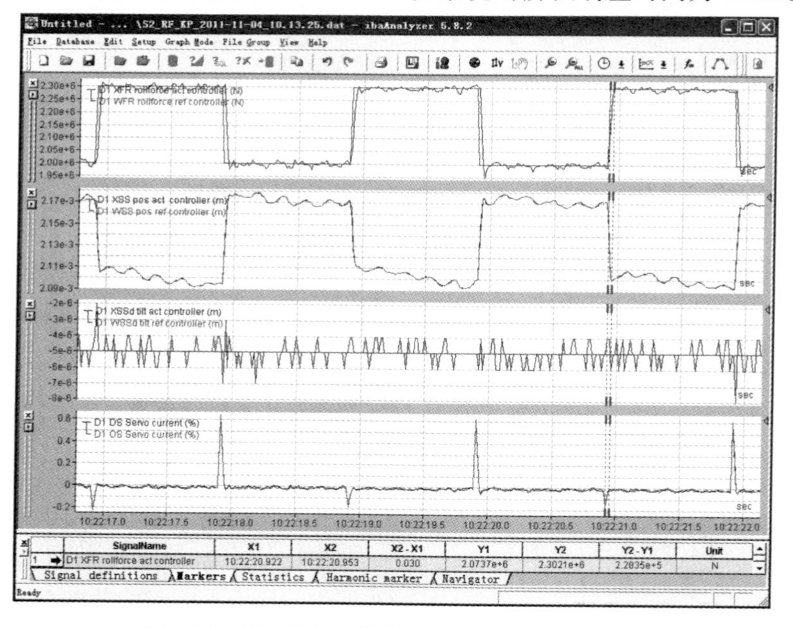

图3-10　第1机架辊缝轧制力控制系统阶跃响应

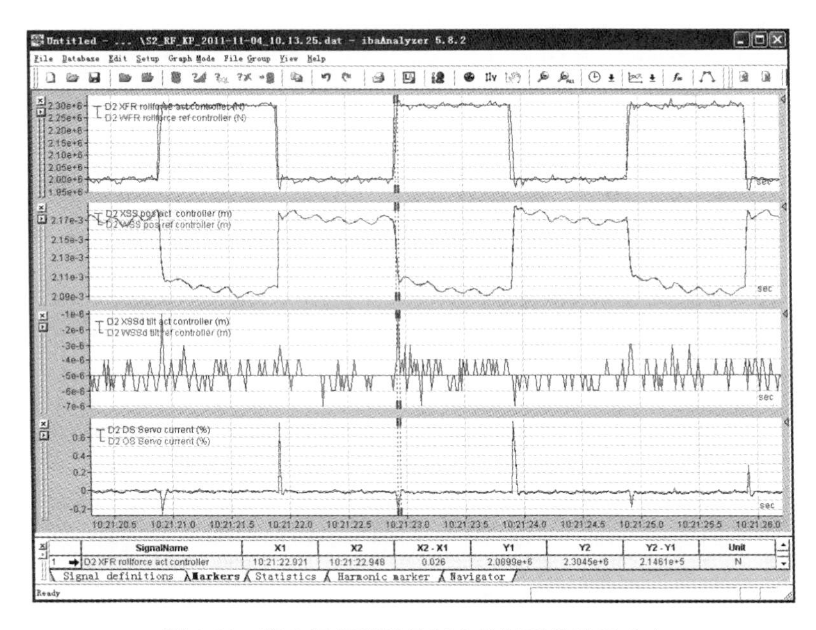

图 3-11　第 2 机架辊缝轧制力控制系统阶跃响应

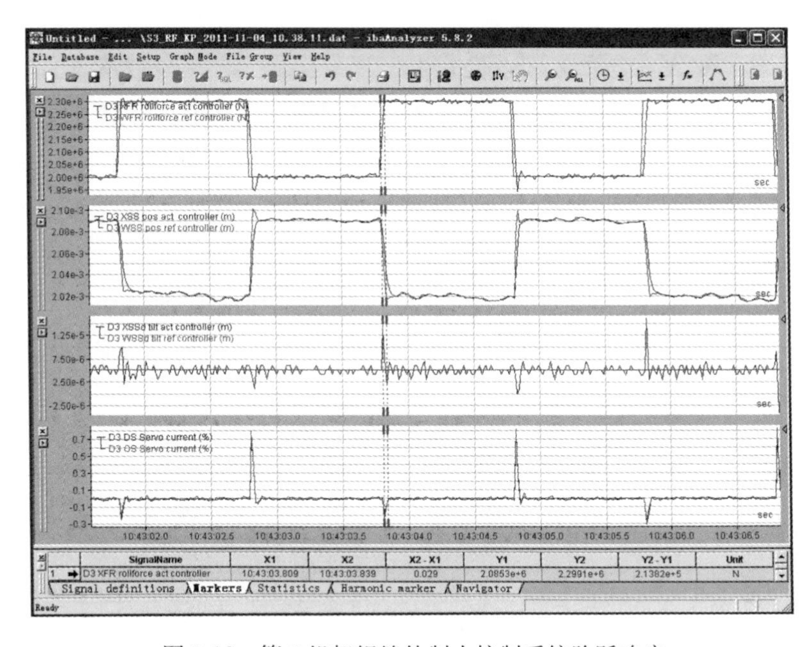

图 3-12　第 3 机架辊缝轧制力控制系统阶跃响应

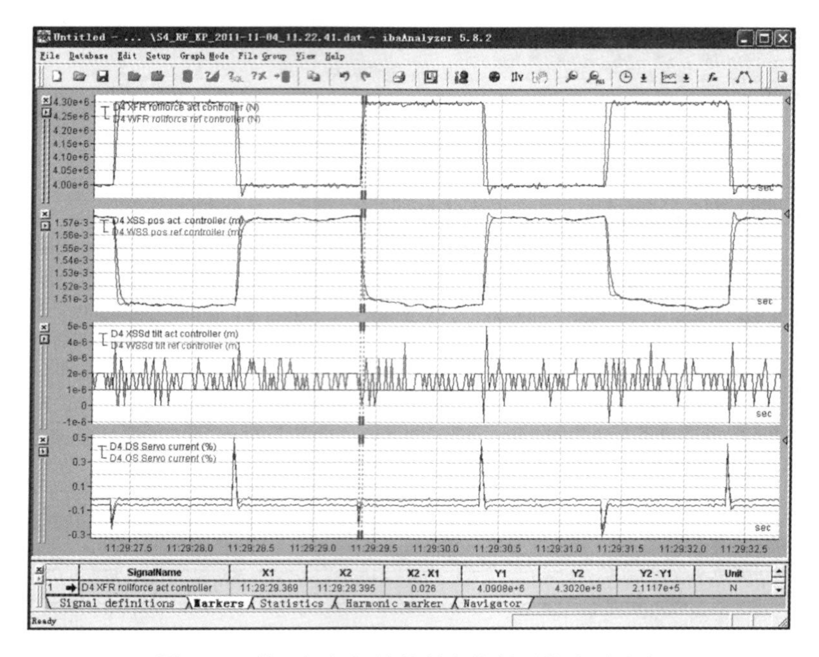

图 3-13　第 4 机架辊缝轧制力控制系统阶跃响应

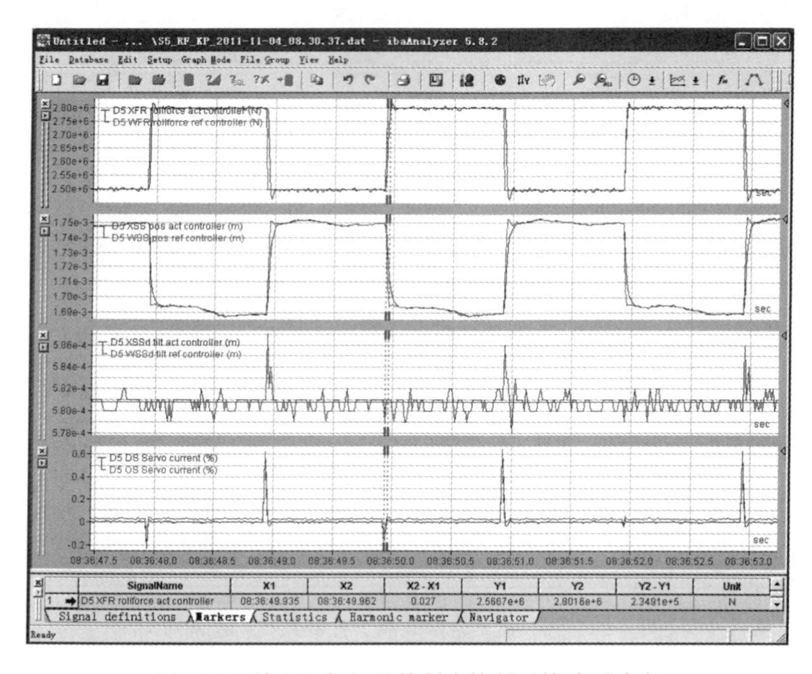

图 3-14　第 5 机架辊缝轧制力控制系统阶跃响应

3.3　伺服阀流量增益

冷轧机辊缝系统伺服阀通常采用 MOOG 系列三级电液伺服阀，其本身固有频率高于 50Hz，伺服阀的动态特性传递函数可以用一个二阶振荡环节形式的传递函数表示：

$$W_v(s)=\frac{Q(s)}{I(s)}=\frac{K_v}{\dfrac{s^2}{\omega_v^2}+\dfrac{2\xi_v s}{\omega_v}+1}$$

式中，$Q(s)$为伺服阀输出油液流量；$I(s)$为伺服阀输入电流；s 为拉普拉斯算子；ω_v 为伺服阀的固有频率；ξ_v 为伺服阀阻尼比；K_v 为伺服阀的流量增益，K_v 的大小与油源压力、负载压力有关。

冷轧机辊缝系统伺服阀控制辊缝缸的原理见图 3-15，伺服阀为零开口四通滑阀，伺服阀输入正电流，阀芯正向移动，伺服阀流出的流量为

$$Q_L=f(x_v,p_L)=C_d\cdot\omega\cdot x_v\sqrt{\frac{2}{\rho}(p_s-p_L)}$$

式中，x_v 为伺服阀主阀芯位移；p_s 为油源压力；p_L 为伺服阀出口压力；C_d 为伺服阀流量系数；ω 为与主阀芯直径有关的常数；ρ 为油液密度。

伺服阀输入负电流，阀芯反向移动，伺服阀流入流量为

$$Q_L=f(x_v,p_L)=C_d\cdot\omega\cdot x_v\sqrt{\frac{2}{\rho}(p_L-p_b)}$$

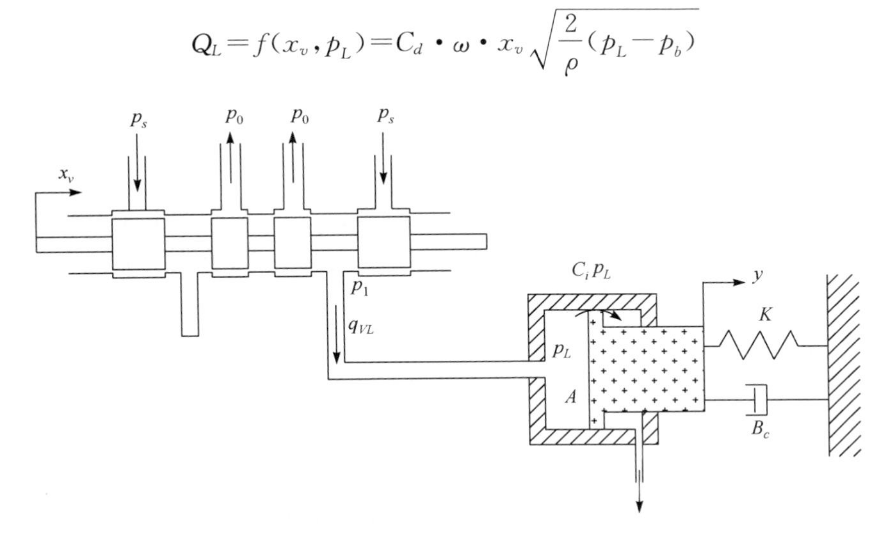

图 3-15　伺服阀控制辊缝缸原理图

式中，各符号意义与阀芯正向移动的公式相同，p_b 为回油管路背压。阀芯正向移动和反向移动时，伺服阀输出流量可以写成统一的形式为

$$Q=f(x_v,p_L)=C_d\cdot\omega\cdot x_v\sqrt{\frac{2}{\rho}\Delta p}$$

伺服阀的流量是主阀芯位移和伺服阀出入口油压差的非线性函数，而阀芯位移 x_v 与伺服阀输入电流成正比，$x_v=C'I$，C' 为与阀类型相关的常数。将其代入上式可得

$$Q=C_d\cdot\omega\cdot C'\cdot I\sqrt{\frac{2}{\rho}\Delta p}$$

在±10%输入电流 I、压差为 7MPa 的 Δp_N 的条件下，伺服阀的额定流量为 Q_N，则

$$C_d\cdot\omega\cdot C'\cdot\sqrt{\frac{2}{\rho}}=\frac{Q_N}{I_N\sqrt{\Delta p_N}}$$

代入上式可得

$$Q=\frac{Q_N}{I_N\sqrt{\Delta p_N}}I\sqrt{\Delta p}$$

伺服阀的静态流量为

$$Q=I\cdot K_v$$

$$K_v=\frac{Q_N}{I_N\sqrt{\Delta p_N}}\sqrt{\Delta p}$$

3.4　伺服阀动特性分析

冷轧机辊缝系统的供油系统的油源压力为 29.5MPa，回油管路背压为 0.2MPa。MOOG 系列标定流量(±10%额定电流输入，阀单边压降为 3.5MPa)为 160L/min 的伺服阀，当下辊系质量为 137.7t、最大轧制力为 23.84MN、辊缝缸活塞面积为 0.4258m^2，同时忽略缸的摩擦和泄漏，伺服阀的流量增益曲线如图 3-16 所示，K_{vc} 为关闭辊缝时阀的流量增益随负载压力变化曲线，K_{vo} 为打开辊缝时阀的流量增益随负载压力变化曲线。最大流量增益为 7.5154m^3/(s·A)，最小流量增益为 1.4261m^3/(s·A)，最大值为最小值的 5.27 倍。

若选用其他型号的伺服阀，K_v 值随标定流量 Q_N 呈正比变化，此外 K_v 值还受下辊系质量、系统油源压力波动和辊缝缸活塞面积大小的影响，但这些因素对辊缝系统动态性能的影响均可以通过调整比例控制器的参数 P 得到有效控制。

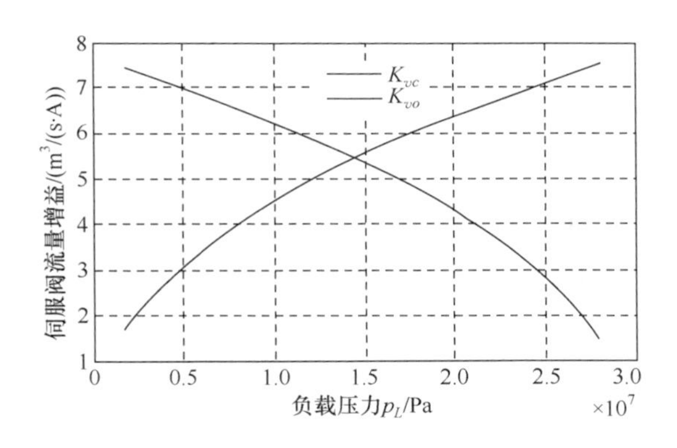

图 3-16　伺服阀流量增益曲线

实际运行经验及理论分析充分证明,常规 PID 控制是控制系统中应用最广泛的一种控制规律,90%以上的控制对象都能得到满意的控制效果。冷轧是高速的轧制工艺过程,通常要求冷轧机辊缝控制系统的响应时间不能超过 40ms,同时高精度的冷轧薄板要求厚度公差不超过±0.01mm。因此冷轧机辊缝系统无论位置控制方式还是轧制控制方式均采用常规 P 控制器,且 P 参数的整定限定在最优值附近一个很小的范围内。

P 参数的整定范围远远小于伺服阀流量增益变化范围,因此未经补偿的系统不可能存在一个合适的 P 值,使得系统在伺服阀流量增益变化范围内仍然保持系统的精度且使系统稳定。

3.5　非线性补偿

冷轧机合辊缝时有

$$K_{vc}=\frac{Q_N}{I_N\sqrt{\Delta p_N}}\sqrt{(p_s-p_L)}$$

上式两边同时乘以$\frac{\sqrt{\alpha p_s}}{\sqrt{(p_s-p_L)}}$,得

$$K'_{vc}=\frac{Q_N}{I_N\sqrt{\Delta p_N}}\sqrt{(p_s-p_L)}\cdot\frac{\sqrt{\alpha p_s}}{\sqrt{(p_s-p_L)}}=\frac{Q_N}{I_N\sqrt{\Delta p_N}}\sqrt{\alpha p_s}$$

令 $x=\frac{p_L}{\alpha p_s}$,$\alpha>0$ 的实数,则合辊缝时的非线性补偿系数为

$$k_c=\frac{\sqrt{\alpha p_s}}{\sqrt{(p_s-p_L)}}=\frac{1}{\sqrt{\frac{1}{\alpha}-\frac{p_L}{\alpha p_s}}}=\frac{1}{\sqrt{\frac{1}{\alpha}-x}}$$

又 $0<p_L<p_s$，所以 $0<x<\frac{1}{\alpha}$。

冷轧机打开辊缝时有

$$K_{vo}=\frac{Q_N}{I_N\sqrt{\Delta p_N}}\sqrt{(p_L-p_b)}$$

上式两边同时乘以$\frac{\sqrt{\alpha p_s}}{\sqrt{p_L}}$，得

$$K'_{vo}=\frac{Q_N}{I_N\sqrt{\Delta p_N}}\sqrt{(p_L-p_b)}\frac{\sqrt{\alpha p_s}}{\sqrt{p_L}}\approx\frac{Q_N}{I_N\sqrt{\Delta p_N}}\sqrt{\alpha p_s}$$

打开辊缝时的非线性补偿系数为

$$k_o=\frac{\sqrt{\alpha p_s}}{\sqrt{p_L}}=\frac{1}{\sqrt{x}}$$

为避免补偿系数 k_c 和 k_o 在 $0<x<\frac{1}{\alpha}$范围内变化过大造成系统性能不稳定，补偿系数 k_c 和 k_o 的值应在 1 附近变化，同时又考虑到对称性，应使 $x=\frac{1}{2\alpha}$时

$$k_c\big|_{\alpha=\frac{1}{2}}=\frac{1}{\sqrt{\frac{1}{\alpha}-\frac{1}{2\alpha}}}=1$$

解方程得 $\alpha=\frac{1}{2}$，此时 $k_o\big|_{\alpha=\frac{1}{2}}=1$。

这样整个系统的补偿系数为

$$\begin{cases}k_c=\dfrac{1}{\sqrt{2-x}}\\[2ex]k_o=\dfrac{1}{\sqrt{x}}\end{cases},\quad 0<x<2$$

辊缝缸无杆侧的压力变化范围为 $0.055<\frac{p_L}{p_s}<0.95$，因此 x 的取值范围为 $0.11<x<1.9$，考虑系统的对称性，x 的取值范围为 $0.1<x<1.9$。辊缝系统开关辊缝时的非线性补偿曲线如图 3-17 所示。

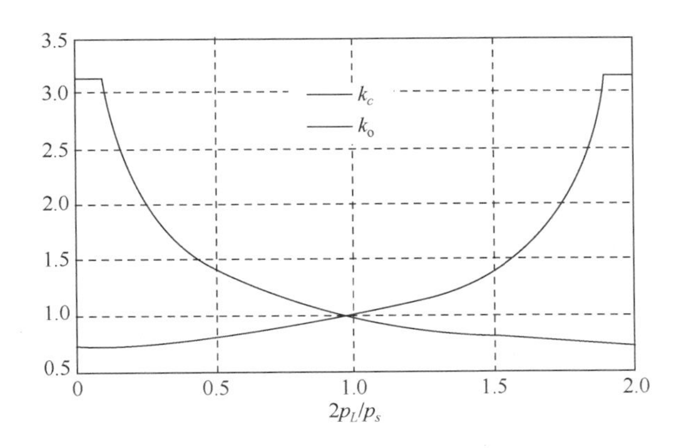

图 3-17　开关辊缝时的非线性补偿曲线

非线性自适应补偿后，关闭辊缝时伺服阀的流量增益 K'_{vc} 与开辊缝时的伺服阀的流量增益 K'_{vo} 相等，且为常数，即

$$K_v = K'_{vo} = K'_{vc} = \frac{Q_N}{I_N\sqrt{\Delta p_N}}\sqrt{\alpha p_s}$$

3.6　非线性特性分析

超调量是控制系统动态性能指标中的一个，是系统在阶跃输入信号下的系统的响应动态偏离设定值的最大程度。轧机采用位置控制方式，位置控制器的设定输入为 0.133m，同时在控制器输入端增加 0.025mm 方波扰动，控制器参数及系统其他参数不变，当总轧制力为 0、5000kN、10000kN、20000kN 时，未经非线性补偿和经过线性补偿后辊缝缸的响应见图 3-18，轧制力为 0 时，未经补偿的缸产生200%的超调，经过补偿缸的超调量为 100%(因补偿区间设定为 10%～90%，负载压力小于油源压力 5%，补偿值为常数)。当总轧制力为 5000kN 时，未经补偿的缸产生 129.957%的超调，补偿后辊缝缸的超调量为 5.6%。当总轧制力为 10000kN 时，未经补偿的缸产生 56%的超调，补偿后缸的超调量为 4.4%。当总轧制力为20000kN 时，未经补偿的辊缝缸产生 33%的超调量，补偿后辊缝缸的超调量为6%。辊缝缸超调量的变化趋势见图 3-19，经过自适应非线性补偿后辊缝缸的超调量在总轧制力超过 3000kN 后基本稳定，而未经补偿辊缝缸的超调量虽然随着总轧制力的升高逐渐降低，但即使总轧制力达到 20000kN 后仍有 33%的超调，因此冷轧机的双侧辊缝系统必须进行非线性补偿，否则辊缝的凸度无法得到有效控制，导致非对称板形缺陷的发生。

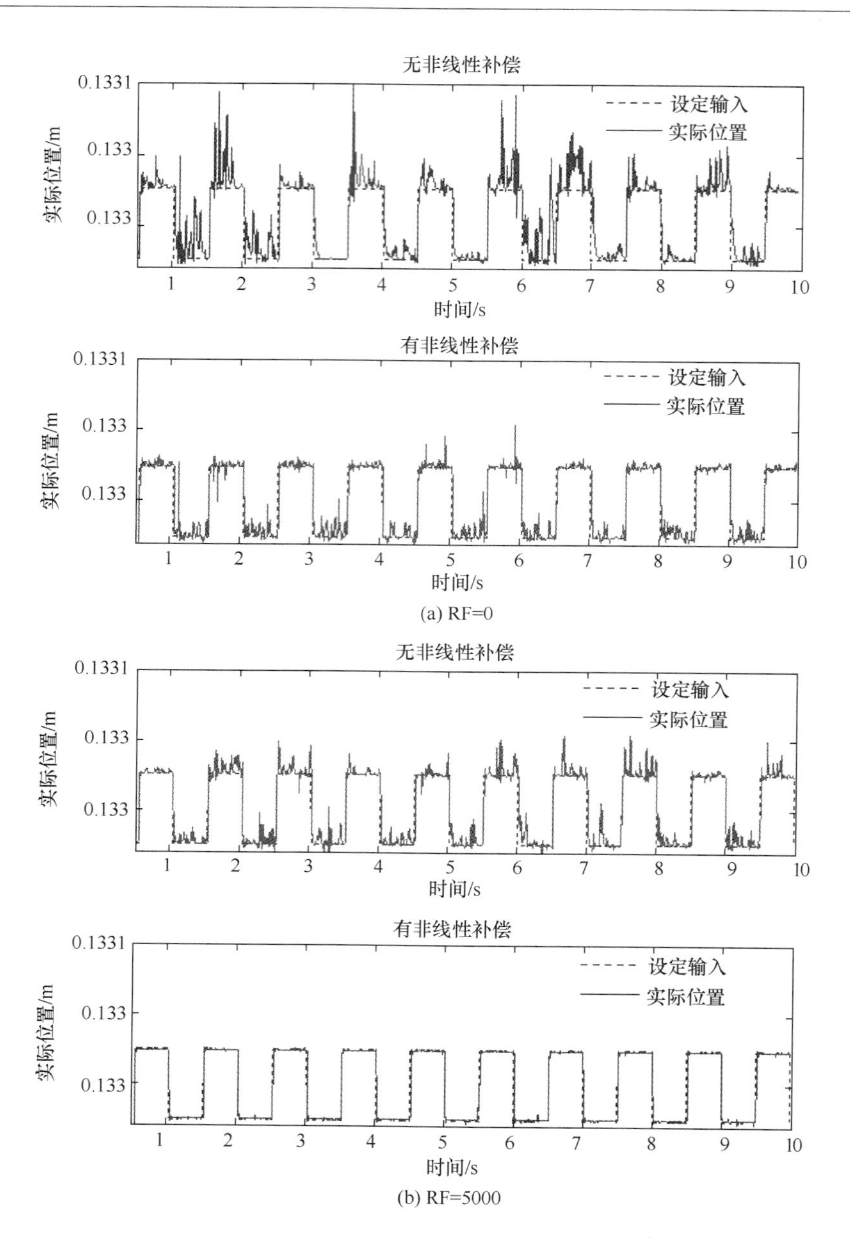

(a) RF=0

(b) RF=5000

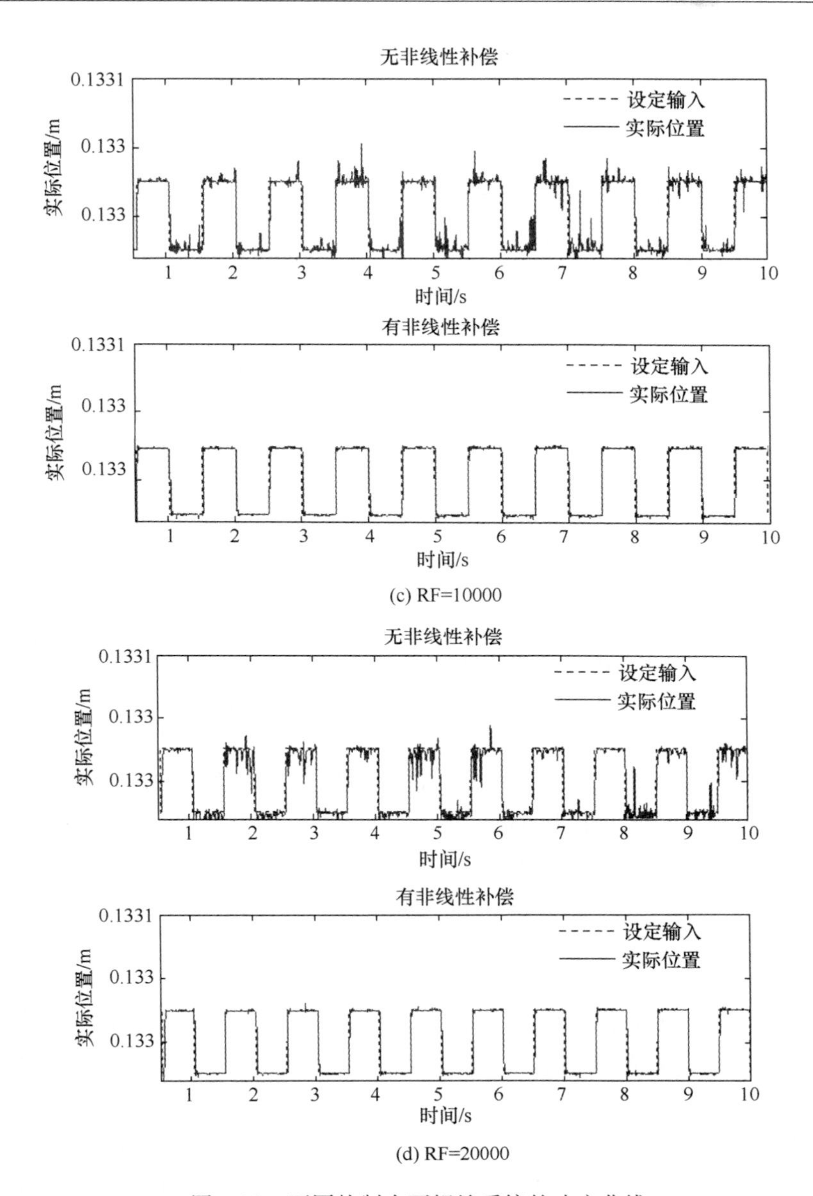

(c) RF=10000

(d) RF=20000

图 3-18　不同轧制力下辊缝系统的响应曲线

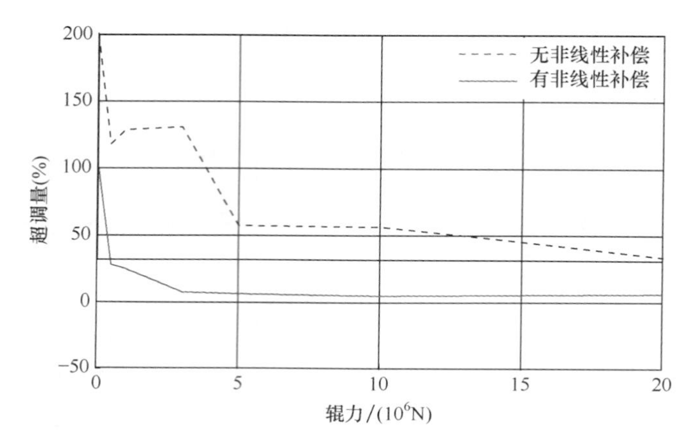

图 3-19　系统的超调量变化趋势

3.7　双侧辊缝系统动特性

操作侧液压缸和负载的动态平衡方程为

$$p_{LO}=\frac{1}{A_h}\left(m_O\frac{\mathrm{d}^2y}{\mathrm{d}t^2}+B_{cO}\frac{\mathrm{d}y}{\mathrm{d}t}+K_Oy+F_O\right)+\frac{A_r}{A_h}p_b$$

式中，p_{LO}为操作侧辊缝缸无杆腔油压；A_h 为液压缸活塞面积；m_O 为操作侧液压缸和负载的等效质量；B_{cO}为操作侧液压缸活塞的黏性阻尼系数；K_O 为操作侧刚度；F_O 为操作侧轧制力；A_r 为液压缸有杆腔的有效作用面积；p_b 为液压缸杆侧背压。

传动侧液压缸和负载的动态平衡方程为

$$p_{LD}=\frac{1}{A_h}\left(m_D\frac{\mathrm{d}^2y}{\mathrm{d}t^2}+B_{cD}\frac{\mathrm{d}y}{\mathrm{d}t}+K_Dy+F_D\right)+\frac{A_r}{A_h}p_b$$

式中，p_{LD}为操作侧辊缝缸无杆腔油压；m_D 为操作侧液压缸和负载的等效质量；B_{cD}为操作侧液压缸活塞的黏性阻尼系数；K_D 为操作侧等效刚度；F_D 为操作侧轧制力。

非线性补偿后，轧机两侧辊缝系统的稳定性和控制精度得到大幅度的提高。但是从以上两式可以看出，由于轧机两侧的等效质量、等效刚度、液压缸的阻尼系数不同，即使是两侧的无杆腔油压、液压缸的速度和加速度完全相同，两侧的轧制力也不相等，实际测量结果见图 3-20。

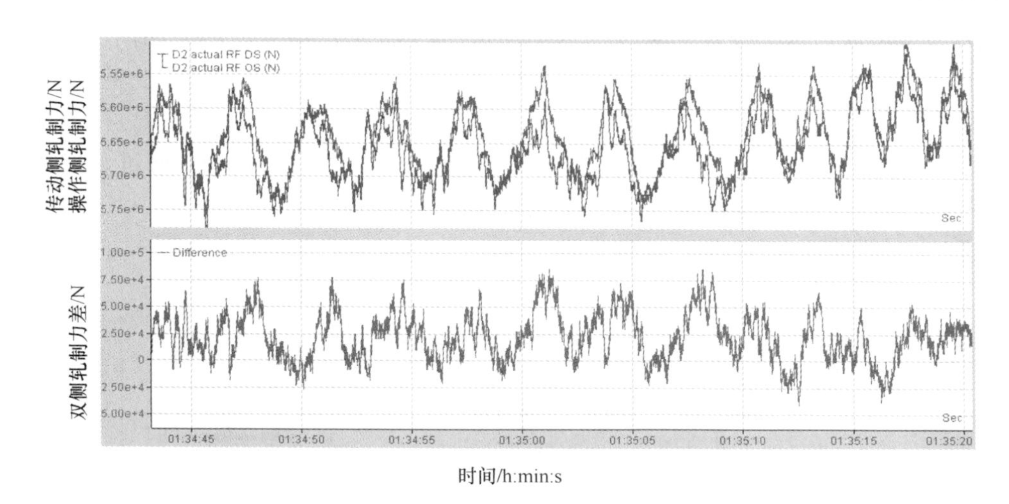

图 3-20 实测双侧轧制力及差值

3.8 轧辊位置倾斜和轧制力差的解耦控制

板厚精度和板形是决定板带材几何尺寸精度的两大质量指标。板厚精度的控制,经过多年的发展已日趋完善。而板形控制由于影响因素复杂多变,在基础理论、检测技术和控制技术等方面还有许多问题没有得到根本解决,时至今日,有关板形控制理论和控制技术的研究仍然在不断完善和更新。

冷轧带钢板形控制包括目标板形的设定、板形的测量、实测数据的处理及板形控制执行机构的调整。对采集到的板形实际测量数据,通常采用一个多项式进行回归和正交分解,分解成一次、二次、三次、四次和高次板形分量,以各分量的实测值和目标值的偏差为调整量,利用弯辊、轧辊横移、分段冷却和轧辊倾斜来消除各种板形缺陷。调整弯辊力可以改变辊缝的凸度,消除板形偏差中的二次和四次分量。轧辊横移可以改变辊系的接触状态,消除工作辊有害弯矩的影响,提高弯辊效率及减小带钢的边部减薄。无法通过轧辊倾斜和弯辊控制消除的高次分量板形缺陷,可用分段冷却进行控制。

3.8.1 冷轧机辊缝位置倾斜控制和轧制力控制

轧辊倾斜是通过调整传动侧和操作侧支撑辊液压缸的位置实现的,属于位置控制。轧辊倾斜后,构成楔形辊缝,用于消除板形偏差分量中的一次和三次非对称板形缺陷。冷轧机的倾斜控制系统嵌入在辊缝控制系统中,辊缝系统的控制方式有两种:位置控制和轧制力控制。若辊缝系统采用位置控制方式,倾斜控制嵌入其中后，设定值均属于位置量纲，其控制系统的稳定性是毋庸置疑的。如图 3-21 所示，若辊缝系统采用轧制力控制方式（连轧机末机架和平整机经常采用此种方式），该控制方式只是控制双侧辊缝缸的轧制力总和，未对双侧轧制力的差值进行控制。倾斜位置控制嵌入轧制力控制中，根据设定倾斜和实际倾斜的差值，通过 PI 控制器的运算后，对伺服阀附加输入电流用于调整轧辊的倾斜。

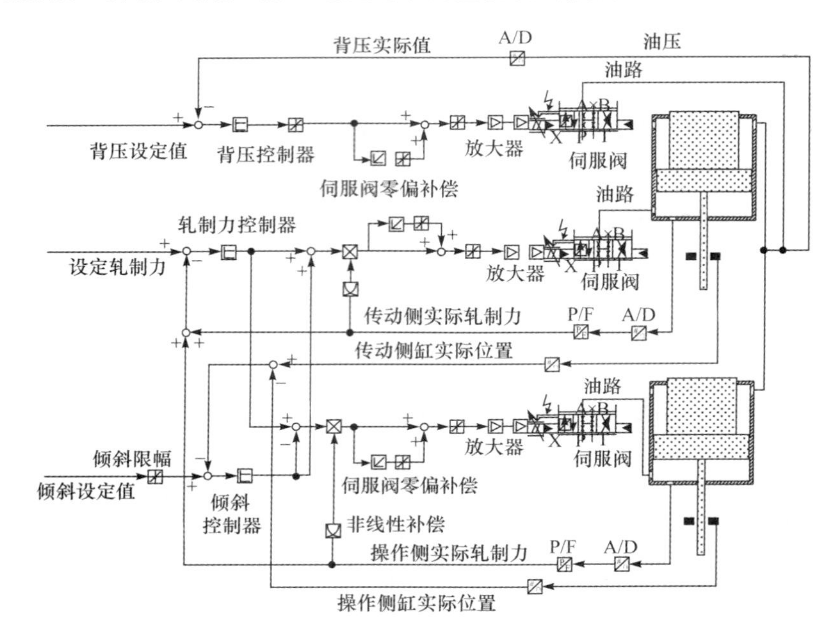

图 3-21　冷轧机位置和压力双闭环控制系统

倾斜位置控制系统和轧制力控制系统相互耦合，在正常轧制条件下，倾斜调整量和双侧轧制力差值有着本质的、必然的和定量的联系，倾斜调整量增加，双侧轧制力差值必然增加，反之亦然。

倾斜控制的设定值由人工干预量、轧机标定倾斜量、带钢张力偏差调整量和板形倾斜调整量叠加构成。当来料板形质量较差或者存在边部裂纹，为保证出口带钢的板形质量，倾斜位置控制的设定值必然增大，而此时双侧轧制力的差值亦应增加。若轧制力差值未发生变化，则随着倾斜调整量继续增加，势必导致轧制断带事故的发生。实际轧制断带过程的 PDA 曲线如图 3-22 所示，当倾斜设定值恒定时，传动侧和操作侧的轧制力差值基本保持恒定，随着倾斜设定值的增大，轧制力差值应继续增大，但实际却没有发生变化，说明带钢已出现边部裂纹，断带过程已经开始。轧断后的带钢如图 3-23 所示。从断带过程可以看出，若在断带开始出现征兆前能够有效地限定倾斜的幅值，则可避免断带事故的发生。

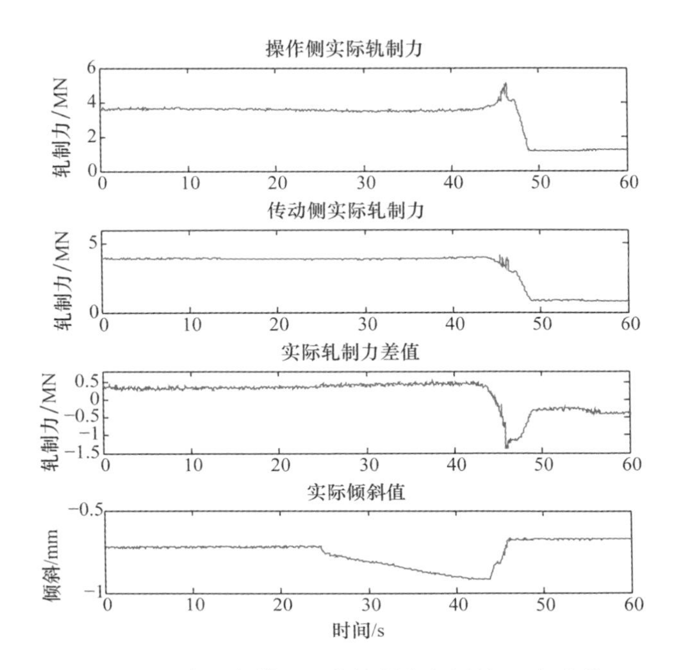

图 3-22　实际断带过程的轧制力和倾斜 PDA 曲线

图 3-23　断带的带钢

受液压系统油源压力和辊缝缸尺寸限制，轧制力设定值无顺限幅控制，而倾斜设定值给定一个 2.0mm 的定值限幅。不同厚度、不同宽度、不同来料楔形和不同材质的冷轧带钢，同时受边部厚度、边部质量和板形测量系统精度的影响，倾斜设定值的 2.0mm 固定值限幅显然过大，倾斜设定值稍有调节不当，就会导致带钢断带。分析原因：一是倾斜设定值调节过大；二是带钢的边部质量存在缺陷。判断轧制过程中是否断带的 PDA 曲线如图 3-24 所示，断带停车信号由轧机主传动系统发出,判断依据为轧制速度不为 0 且张力为 0。

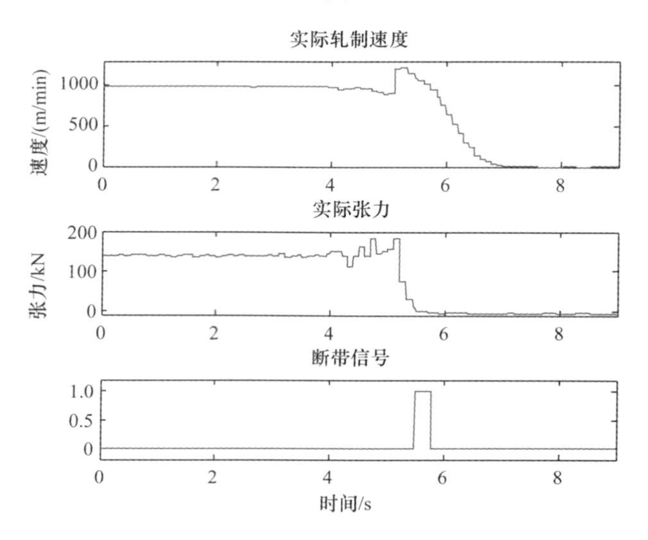

图 3-24　实际轧制过程中断带信号 PDA 曲线

在带钢发生断带前,已开始出现明显的断带征兆:轧辊的倾斜已发生较大的变化,但操作侧与传动侧的轧制力差值仍然保持不变。由于倾斜的限幅值为±1.0mm,断带前 20s 内,倾斜已达到限幅值,而轧制力的差值未随着倾斜的变化而变化。这时若能限制倾斜值的继续增大或及时停车,则可有效避免断带事故的发生。

3.8.2　轧辊位置倾斜和轧制力差的解耦理论分析

冷轧带钢的板形控制理论包括辊系弹性变形理论、轧件塑性变形理论和带钢屈曲变形理论。轧件塑性变形为辊缝变形模型提供轧制压力的横向分布,为屈曲变形模型提供前张力的横向分布;辊系变形模型为轧件塑性变形模型提供轧后带材厚度的横向分布;屈曲变形模型根据张力的分布,判断轧后带材的板形状态。

计算辊系弹性变形的方法有整体解析法、分割单元法和有限元法。整体解析法的计算结果偏离实际较大;有限元法的计算精度虽然较高,但求解计算需要较长的时间,而且对薄带钢冷轧过程,由于带钢网格畸变的原因,很难得出收敛的计算结果。因此,辊系变形计算采用广泛应用于实际工程计算的、精度能够满足要求的分割单元法。

分析轧件三维塑性变形的理论方法有变分法、三维差分法、有限元法、边界元法和条元法。倾斜和轧制力的解耦分析中,轧件塑性变形采用较适合于带钢冷轧过程的变分法。

近几年，带钢屈曲变形虽然取得了一些理论研究成果，但实际中还没有得到有效应用。因此在张力迭代计算中按照经典的带钢屈曲变形临界条件，对每步的计算结果进行限幅处理。

Bland-Ford-Hill 公式是冷轧带钢最常用的轧制力公式，单元轧制力的计算采用基于此公式推导的显示轧制力计算模型，避免了迭代计算。该模型综合考虑了轧件的塑性变形和弹性变形。

单元前后张应力的计算采用根据金属体积不变定律得出的模型，该模型既考虑了原料的板形，又考虑了金属的横向流动。轧辊倾斜后对轧件出口厚度和张力的影响均未知，故入口、出口带钢厚度的横向厚度分布可采用三次样条函数拟合。

进行理论分析计算过程中，以下辊系整体为研究对象，离散单元的划分只能采用沿辊身全长自左至右的整体排列法。由于研究问题的特殊性，各辊弹性弯曲变形的计算采用简支梁的形式，且需要依据卡氏定理推导。支撑辊与工作辊间的变形协调关系与以前的文献不同，需考虑附加倾斜向量。通过模型的迭代计算，进而可求出附加不同倾斜值后的辊间压力分布。

3.8.3　迭代计算

板带材的轧制过程是一个极其复杂的金属压力加工过程，轧后板带材的板凸度和板形决定于轧件在辊缝中的三维变形。金属三维塑性变形模型为辊系变形模型提供轧制压力及其横向分布，辊系变形模型为金属三维塑性变形模型提供轧后带材厚度横向分布。因此依据金属的三维变形模型和辊系变形模型，可以计算出轧辊倾斜与两侧轧制力差间的函数关系。

通过分割单元法建立的辊系变形模型和变分法建立的轧件三维变形模型无法直接进行求解，故采用迭代方法进行计算。整个程序由辊间压力修正内环、轧制力修正内环、出口厚度修正内环和张力修正外环四个循环体构成，如图 3-25 所示。ε_1、ε_2、ε_3、ε_4 为相应的迭代结束条件，$\varepsilon_1=1\mathrm{N}$，$\varepsilon_2=100\mathrm{N}$，$\varepsilon_3=10^{-7}\,\mathrm{m}$，$\varepsilon_4=3\mathrm{N}$。图中，$Q$ 为辊间压力分布向量，P 为轧制力向量，F_W 为工作辊弯辊力，h 为带钢出口厚度分布向量，$|\Delta h|_{\max}$为各分割单元带钢厚度差的最大值，$\max|\Delta t_{f(i)}|$为各分割单元张应力差的最大值，Y_H 为迭代循环变量。

3.8.4　轧制力差值计算

支撑辊受力分析见图 3-26，轧辊沿轴线分成 NB 个单元，每个单元的宽度为 Δx，各单元作用集中载荷 $q(i)$，操作侧支点的载荷为 F_O，传动侧支撑点的载荷为 F_D。根据力矩平衡条件，各力相对于操作侧支撑点的和力矩为零，即

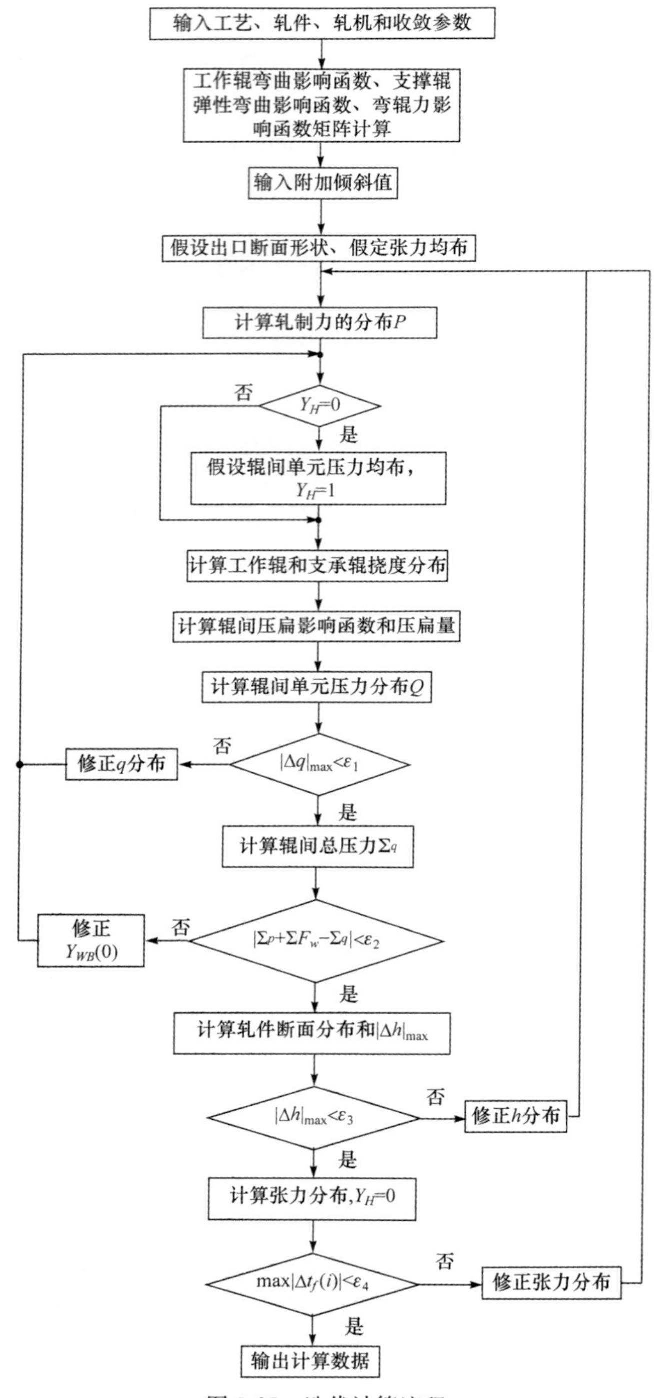

输入工艺、轧件、轧机和收敛参数
工作辊弯曲影响函数、支撑辊弹性弯曲影响函数、弯辊力影响函数矩阵计算
输入附加倾斜值
假设出口断面形状、假定张力均布
计算轧制力的分布P
否
$Y_H=0$
是
假设辊间单元压力均布，$Y_H=1$
计算工作辊和支承辊挠度分布
计算辊间压扁影响函数和压扁量
计算辊间单元压力分布Q
否
修正q分布
$|\Delta q|_{max}<\varepsilon_1$
是
计算辊间总压力Σq
修正 $Y_{WB}(0)$
否
$|\Sigma p+\Sigma F_w-\Sigma q|<\varepsilon_2$
是
计算轧件断面分布和$|\Delta h|_{max}$
$|\Delta h|_{max}<\varepsilon_3$
否
修正h分布
是
计算张力分布,$Y_H=0$
$\max|\Delta t_f(i)|<\varepsilon_4$
否
修正张力分布
是
输出计算数据

图 3-25　迭代计算流程

$$\sum_{i=1}^{NB} q(i)X(i) - F_D l_b = 0$$

$$F_D = \frac{1}{l_b}\sum_{i=1}^{NB} q(i)X(i)$$

$$F_O = \sum_{i=1}^{NB} q(i) - F_D$$

两侧轧制力差值为

$$\Delta F = F_D - F_O$$

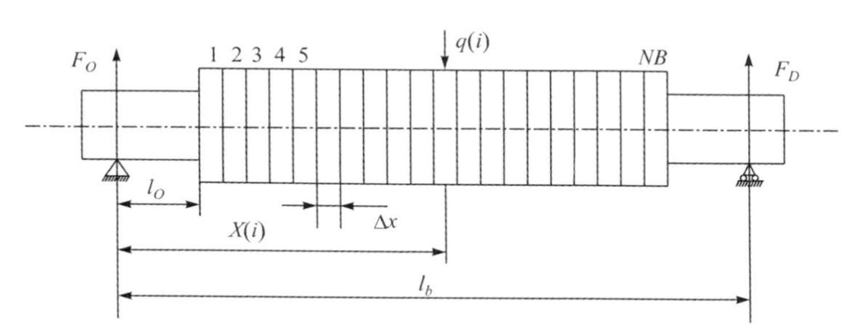

图 3-26　支撑辊受力分析

附加一倾斜量 tilt，就会得到相应的双侧轧制力差值 ΔF。

3.8.5　模型在线自适应修正

影响函数法计算辊系变形和能量变分法求解辊缝中金属横向流动问题，是实用的计算带钢出口横向厚度分布和张力分布的工程计算方法。但在求解辊系变形、张力公式的推导和求解欧拉微分方程的过程中作了许多近似和简化，使得出口横向厚度分布和张应力分布的计算结果存在一定的误差。

根据实际带钢的入口厚度、出口厚度、辊缝量、变形抗力、带钢宽度、出口设定张力、入口设定张力、工作辊和支撑辊辊径、工作辊和支撑辊凸度、带钢跑偏值等计算出倾斜与两侧轧制力差值间的关系，以轧制力差值为自变量，以倾斜为因变量，用多项式拟合出轧制力差值和倾斜的函数关系：

$$\text{tilt} = \sum_{i=0}^{n} a_0(i)(\Delta F)^i$$

实际检测到的两侧轧制力差值 ΔF，代入上式计算出轧辊的倾斜值，并把它作为设定倾斜值的限幅，进而实现了轧辊位置倾斜和轧制力差的解耦控制，如图 3-27 所示。

为消除理论计算模型的误差，可根据检测的实际轧制力差和实际倾斜数据对用最小二乘法，依据误差平方和最小原理动态修正倾斜与轧制力差多项式中的各项系数，修正后的多项式为

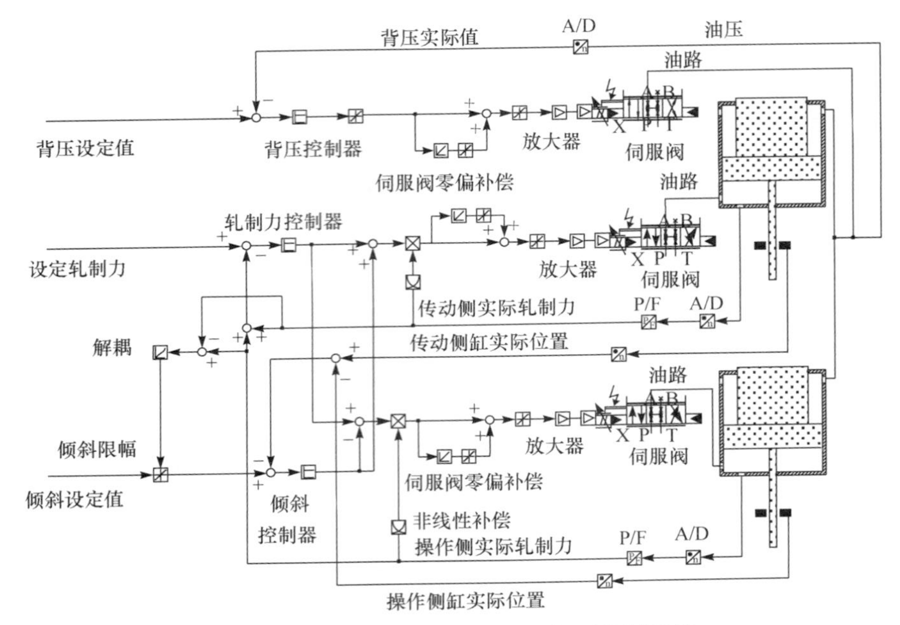

图 3-27　改进后的位置轧制力双闭环控制系统

$$\text{tilt}_{\text{act}} = \sum_{i=0}^{n} a_1(i)(\Delta F)^i$$

下一次修正前的倾斜限幅值，可根据修正后的多项式计算。

3.8.6　结果与分析

在 MATLAB 软件平台上开发相应的计算程序。以 1780 四辊冷轧机为研究对象，轧机及计算参数为：下支撑辊直径 $D_{BB}=1.43977\text{m}$，上支撑辊直径 $D_{BU}=1.44165\text{m}$，下工作辊直径 $D_{WB}=0.60007\text{m}$，上工作辊直径 $D_{WU}=0.5678\text{m}$，支撑辊轴端直径 $d_B=0.9906\text{m}$，工作辊辊轴端直径 $d_W=0.42\text{m}$，工作辊和支撑辊的辊身长度为 1.78m，支撑辊辊缝缸中心距 $l_b=2.95\text{m}$，工作辊弯辊缸中心距 $l_w=2.75\text{m}$，工作辊凸度 2×10^{-5} m，支撑辊凸度 5×10^{-5} m，轧辊弹性模量为 220000MPa，泊松比为 0.3，分割单元宽度为 0.02m。

当入口带钢厚度为 5.9860mm，辊缝率为 0.32，宽度为 1380mm，屈服强度为 610MPa 时，附加不同倾斜后辊间压力分布见图 3-28。倾斜值为 0 时，以轧制中心线为中心，两侧辊间压力分布呈对称分布。随着倾斜值增加，辊缝减小一侧辊间压力逐渐增大，辊缝增大一侧辊间压力逐渐减小，附加倾斜后辊间压力分布为非对称状态。

附加不同倾斜后单位宽度轧制力分布如图 3-29 所示，倾斜值为 0 时，单位宽度轧制力以轧制中心线为中心呈对称分布。随着倾斜值增加，辊缝间距减小的一侧单位宽度轧制力逐渐增加，辊缝间距增大一侧单位宽度轧制力逐渐减小。附加

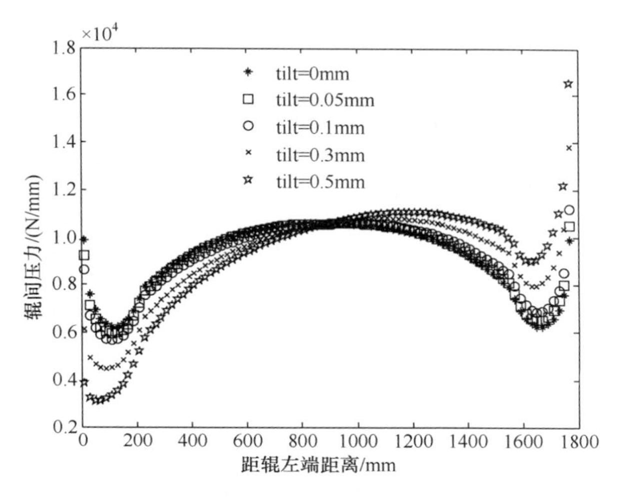

图 3-28　附加不同倾斜的辊间压力分布

倾斜后，两侧单位宽度轧制力呈非对称分布，辊缝间距减小一侧边部单位宽度轧制力随倾斜值增加而增大，边部减薄量增加。辊缝间距增大一侧边部单位宽度轧制力随倾斜值增大而减小。从附加不同倾斜后单位宽度轧制力分布可以看出，辊缝倾斜对楔形、边部减薄和边浪板形缺陷具有超强的控制作用。

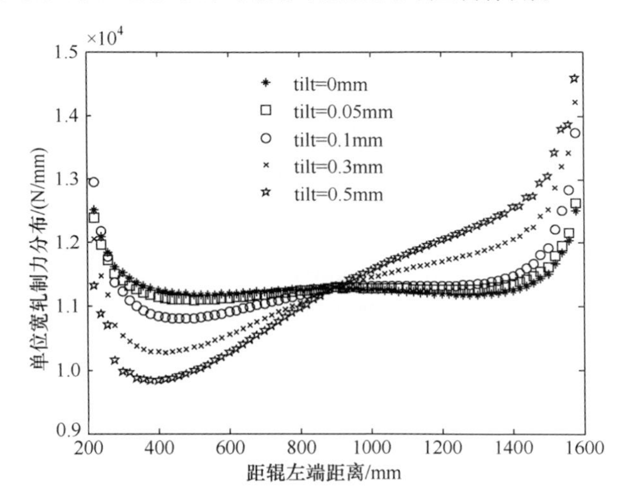

图 3-29　附加不同倾斜的单位宽度轧制力分布

附加不同倾斜后轧件出口厚度横向分布如图 3-30 所示，倾斜值小于等于 0.1mm，出口厚度分布基本没变化，呈左右对称分布。随着倾斜值增加，出口厚度分布呈非对称。辊缝间距减小一侧的出口厚度逐渐减小，边部厚度梯度变化较小。辊缝间距增大一侧的出口厚度逐渐增加，边部厚度梯度变化急剧。

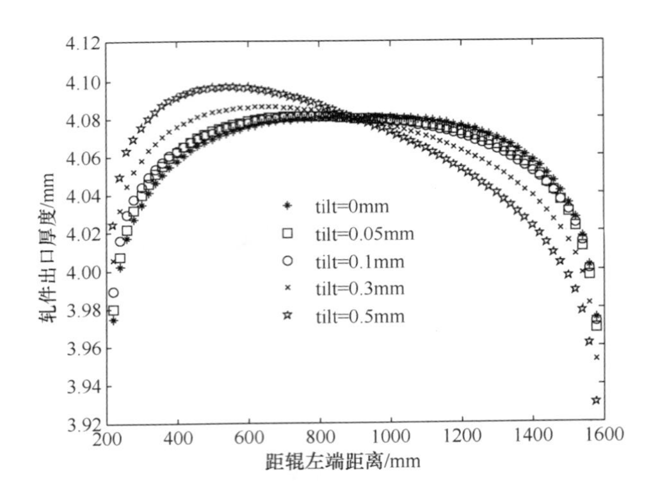

图 3-30　附加不同倾斜的出口横向厚度分布

附加不同倾斜后的出口张力分布如图 3-31 所示，倾斜值为 0 时，轧辊中心两侧张力呈对称分布。随着倾斜值的增加，辊缝间距减小一侧张力值逐渐减小，辊缝间距增大一侧张力值逐渐增大。由此可以看出，倾斜实质为非对称控制，其对消除原料楔形、边浪等非对称板形缺陷具有主导作用。

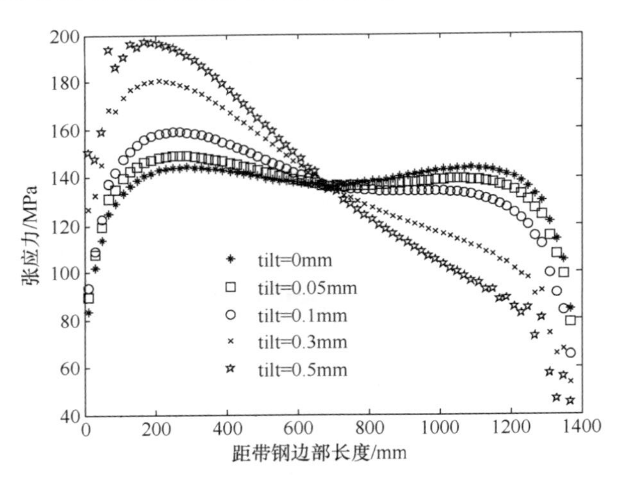

图 3-31　附加不同倾斜的出口张应力分布

附加不同倾斜后的双侧差值如图 3-32 所示，倾斜值为 0 时，操作侧和传动侧轧制力相同。随着倾斜值的增加，辊缝间距减小一侧的单侧轧制力逐渐增加，辊缝间距增大一侧的单侧轧制力逐渐减小。理论计算值与实测值基本吻合，误差在±10%以内。

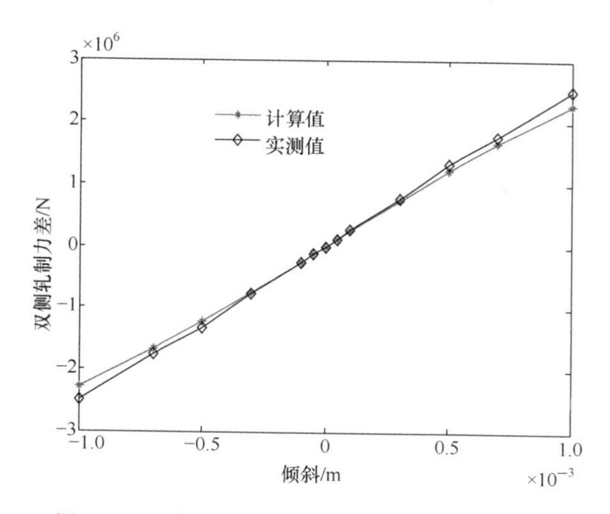

图 3-32　双侧轧制力差值与轧辊倾斜的关系曲线

入口厚度 H=5.9860mm；辊缝率 ε=0.32；带宽 B=1380mm；屈服强度 σ_s=610MPa

双侧轧制力差值计算结果拟合多项式为

$$\text{tilt}=-1.8\times10^{-21}(\Delta F)^2+3.9885\times10^{-10}\Delta F+2.2288\times10^{-9}$$

实测数据拟合多项式为

$$\text{tilt}_{\text{act}}=-8\times10^{-19}(\Delta F)^2+3.80518\times10^{-10}\Delta F-1.00155\times10^{-6}$$

当入口带钢厚度为 2.9706mm，辊缝率为 0.25，宽度为 1380mm，屈服强度为 610MPa 时，附加不同倾斜后，双侧轧制力差值计算结果和实测数据见图 3-33。

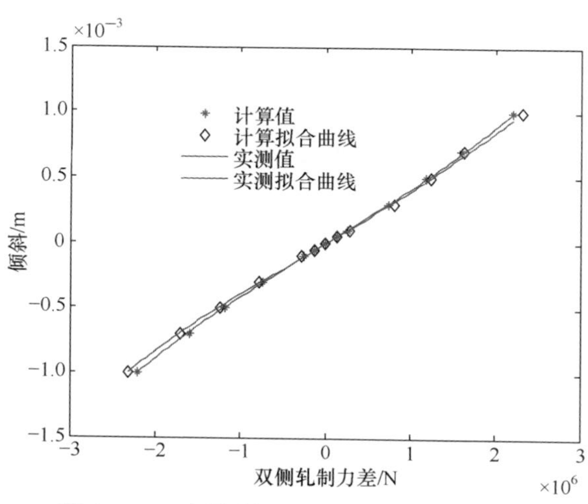

图 3-33　双侧轧制力差值与倾斜的关系曲线

入口厚度 H=2.97060mm；辊缝率 ε=0.25；带宽 B=1380mm；屈服强度 σ_s=610MPa

计算结果拟合多项式为

$$\text{tilt}=-2\times10^{-21}(\Delta F)^2+4.06622\times10^{-10}\Delta F+2.30312\times10^{-9}$$

实测数据拟合多项式为

$$\text{tilt}_{\text{act}}=7.9\times10^{-19}(\Delta F)^2+3.89178\times10^{-10}\Delta F-3.42626\times10^{-6}$$

无论理论计算还是实际测量结果均表明，冷轧机传动侧、操作侧轧制力差值与倾斜近似呈线性关系，二者之间的线性关系与辊缝量的大小无关。由于在轧机出口带钢横向厚度分布和张应力计算过程中进行大量的假设，计算轧制参数的选取与实际值不符，导致理论计算值与实际测量值间存在一定的偏差。取理论计算值±10%的包容线，如图 3-34 所示，则实测值均在两条包容线之间。因此倾斜设定值的限幅控制器的上限幅值为上次采用周期理论计算倾斜值的 1.1 倍，下限幅值为上次采样周期理论计算倾斜值的 0.9 倍。

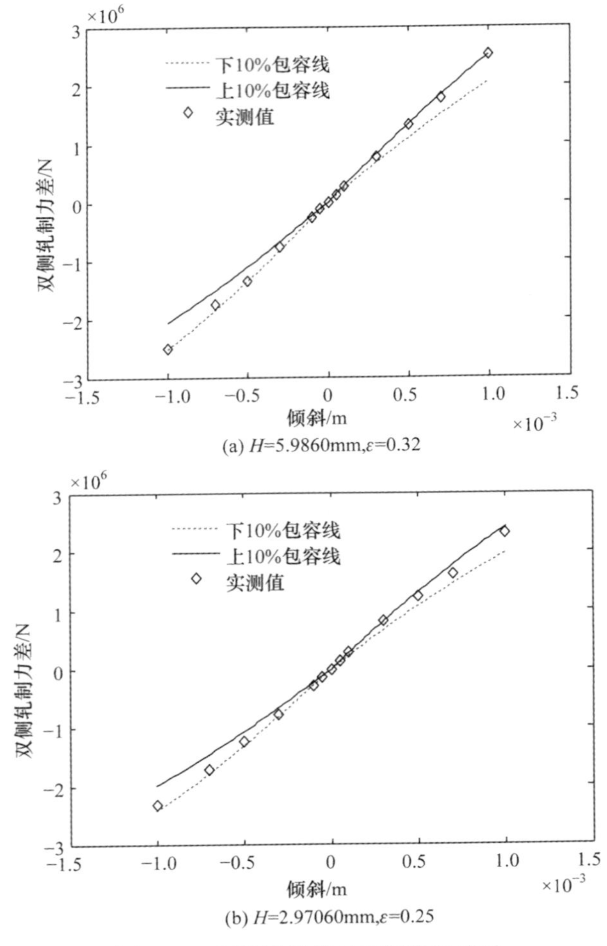

图 3-34　理论计算值与实测值的关系

3.9　辊缝控制系统

辊缝控制系统是冷连轧机的主要控制系统之一，它的任务是按数学模型计算出来的轧制压力或辊缝位置设定值去控制液压辊缝系统，液压辊缝装置的动作执行机构是液压缸及其控制元件伺服阀。伺服阀用于控制进入液压缸的液体流量，然后通过液压缸及机架内的有关结构来控制下支撑辊和下工作辊的上下移动，进而达到控制压力或辊缝位置的目的。

对辊缝的控制是一个综合性的控制，它与机械、液压、张力以及钢带的速度是密切相关的，因此，也就增加了它的控制复杂性。

所谓位置预调节，指的是上工作辊和下工作辊之间的相对位置预调节，一般以两轧辊的缝隙作为预调节量值大小。位置预调节是在穿带前，首先对辊缝进行调整，以适应穿带。之所以要进行预调整，主要是保证钢带头部的轧制厚度与整个钢带保持一致。对辊缝的预调节并不是按轧制厚度进行调节的。轧机在轧制过程中，由于加有相当大的轧制力，受轧制力的作用，机架框架受到上下的拉力要产生延伸变形，同时支撑辊、中间辊、工作辊以及液压缸受到轧制力的作用要产生压缩变形。这个变形量的大小是与轧制力大小成正比的，通常把它称为机架刚度。

在穿带之前机架不存在轧制力，所以机架没有弹性变形，一旦钢带进入辊缝，轧制力马上增加，同时弹性变形也随之产生，所以在穿带之前要先计算这一弹性变形的大小。辊缝预调节的值应是带钢出口厚度减去弹性变形的量，即

$$S=h-\frac{F}{K_m}$$

式中，S 为辊缝预调节值；h 为轧机出口要求的钢带厚度；F 为轧制力；K_m 为轧机刚度。在轧制过程中，带钢首先到达机架前的测厚仪，测厚仪根据测出的钢带厚度传递给计算机，计算机按轧制厚度对各机架的轧制量进行分配，并计算出各机架的轧制力，再预算出第一机架的弹性变形量，求得辊缝预调节值 S，再由计算机发出位置调节指令，机架进行辊缝预调节，一旦钢带头进入辊缝，马上将机架的位置预调节切换到位置控制或轧制力控制进行正常轧制。

在辊缝调节系统中，有两种调节控制，一种是位置控制，也称位置调节；另一种是轧制力控制，也称轧制力调节。位置控制就是把从位置传感器测得的实际值与辊缝位置的设定值进行比较，其偏差值作为辊缝位置调节量输出到位置调节器，达到准确控制辊缝位置的目的。位置控制主要是完成对轧辊的位置进行精确调节，对轧制力不作要求，可能大，也可能小。如对轧辊位置的预调节，轧制力是等于零的。冷连轧机在穿带、甩尾和停车状态时，为防止上下工作辊之间发生碰撞，辊缝

系统采用位置控制方式。在位置调节过程中，由计算机跟踪轧辊的位置，根据位置的偏差，发出调节指令。通过对轧制力液压缸的压力调整，实现轧辊位置偏差为零，以确定轧辊的实际位置。当轧辊达到预定位置后，计算机给定位置偏差为零，液压缸不再动作。

轧制力控制就是用轧制力设定值与压力传感器测得的实际值进行比较，二者的偏差值作为轧制力调节器的输入值达到准确控制轧制力的目的。采用轧制力控制方式具有速度快、控制精度高的优点，同时还可以克服轧辊偏心引起的误差。主要是由轧制力调节器跟踪计算机给定的轧制力，以保证在轧制过程中轧制力与计算机给定量相等，而计算机是通过钢带的进口厚度、轧制速度等，在对位置进行跟踪，通过数据计算后给出轧制力指令，传动部分根据这一指令进行调节。在实际轧制过程中，计算机给定的轧制力并不是一个恒定的量，而是一个变量，这是与速度指令不相同的。对于位置控制和轧制力控制的区别，关键是前者用来调节轧辊的位置，对轧制力不作要求，后者是对轧制力进行调节，而对轧辊的位置不作要求。虽然两者通过一个传动系统调节，并都是利用轧制力液压缸来完成，但有本质上的区别，位置调节和轧制力调节方式不能同时投入，但是可以相互切换。

在穿带时，由位置控制切换到轧制力控制，甩尾时，由轧制力控制切换到位置控制。在位置调节方式工作时，存储着当时的轧制力值，从而实现这两种控制方式的平稳切换。

轧辊的零位调节是与计算机有关的，但需传动系统进行协助，所谓轧辊零位调整，指的是对两辊缝的缝隙零位调节。计算机要准确知道辊缝的大小，首先要确定辊缝“0”时所处的位置。然后才能准确给出辊缝值。零位调整的方法是通过轧制力控制方式，由计算机给出确定的轧制力，通过传动系统调节，使两辊间压力增大到 1MN 时，由传动系统发出信号。通过该信号，由原来的位置调节平滑地转为轧制力调节并使轧机运转。当轧制力达到与计算机给定量相平衡时，计算机根据此时的位置值，再考虑机架弹性变形量，找出位置的实际零点。一旦位置零点确定后，就不再变化。如果需要换辊，零点必须重新校准。如果轧辊发生磨损后，零点也要重新校准。对于轧辊的位置“0”点调整，是由计算机来完成的。

倾斜度控制指的时两轧辊间的水平控制。要保证轧制出的带钢两边厚度相等，必须使两轧辊平行，一旦发生倾斜，将造成板形一边薄一边厚。这是不允许的。对倾斜度的调节，也是由传动系统来完成的，但倾斜度的跟踪是由计算机根据驱动侧和操作侧两边轧辊的位置来确定的。一旦出现倾斜，计算机将给出调节指令，然后传动系统根据指令调整两侧的液压缸保持轧辊的平行。

在轧制力控制系统中，可选择综合轧制力控制方式，也可选择单独轧制力控制方式。两者的区别除在传动系统的控制电路有所差别外，对轧制力的调节结果也是不同的。两者的选用由操作人员给定。综合轧制力控制方式是由计算机给定的轧制力指令与两个液压缸所产生的实际轧制力“和”值相比较，产生的偏差值对两个轧制力液压缸进行综合压力控制。而单独轧制力控制方式，是将计算机给定的轧制力指令分成两个给定值，一个值为驱动侧轧制力指令，与驱动侧轧制力实际值进行比较，产生偏差后单独对驱动侧液压缸压力进行调节。另一个给定值为操作侧轧制力指令值，与操作侧轧制力实际值进行比较，产生偏差后单独对操作侧液压缸的压力进行调节。综合轧制力控制方式与单独轧制力控制方式在工作过程中可以动态切换。两种方式的不同，主要是考虑轧辊倾斜度的补偿问题。在综合轧制力控制方式时，系统可根据倾斜度指令对轧辊倾斜度进行调整。而在单独轧制力控制方式时，倾斜度调整将失去意义。所以，综合轧制力控制方式适用于对带钢的厚度有要求的轧制，即一般轧制适用于该方式。而单独轧制力控制适用于对钢带的厚度没有要求的轧制，即用于恒轧制力轧制。两种方式的差别除电路上不同外，关键是综合轧制力控制时，驱动侧与操作侧的两个轧制力液压缸的压力能够产生压力差，而单独轧制力控制时，两侧的液压缸的压力保持相等，而不产生压力差，辊缝系统控制方式见图 3-35。

辊缝系统通信见图 3-36。辊缝控制系统 SDS 接收设定值 SDH 单元发送的二级设定值。钢卷信息通过带钢跟踪 MTR 单元发送给辊缝控制系统 SDS。辊缝控制系统 SDS 将实际轧制力发送给实际数据处理 ADP 单元进行数据处理，用于二级后计算。辊缝控制系统 SDS 将实际轧制数据发送给人机界面 HMI 和信息系统 MES，用于显示和报警，便于人工做操和设备维护。线协调单元 LCO 控制辊缝系统的动作，同时辊缝控制系统 SDS 将状态信号反馈给线协调单元 LCO。辊缝控制系统 SDS 根据厚度控制单元 THC 的调整量动态调整辊缝，以保证带钢厚度控制精度，同时将实际轧制力反馈给厚度控制单元。板形控制单元 FLC 将计算后的倾斜调整量发送给 SDS 单元调整倾斜，以实现成品带钢板形控制。张力控制单元 ITC 为保持张力恒定需动态修正辊缝值，SDS 单元实时接收张力控制单元发送的辊缝修正量。

轧辊存在轧辊横截面不为圆形、转动中心和几何中心相偏离、上下支撑辊或上下工作辊径向跳动、轧辊磨损、轧辊轴向热膨胀不均匀等现象，这些现象称为轧辊偏心。当轧辊发生偏心时，会引起辊缝的波动，直接引起轧件的出口厚度以及轧制力的变化，因此 SDS 系统必须实时接收偏心补偿单元 REC 的偏心补偿修正量。

弯辊控制单元 RBS 需要实时接收 SDS 单元发送的实际轧制力，根据实际轧制力大小动态修正弯辊。同时 RBS 单元需要将实际弯辊力发送给 SDS 单元，用于轧制力修正计算。

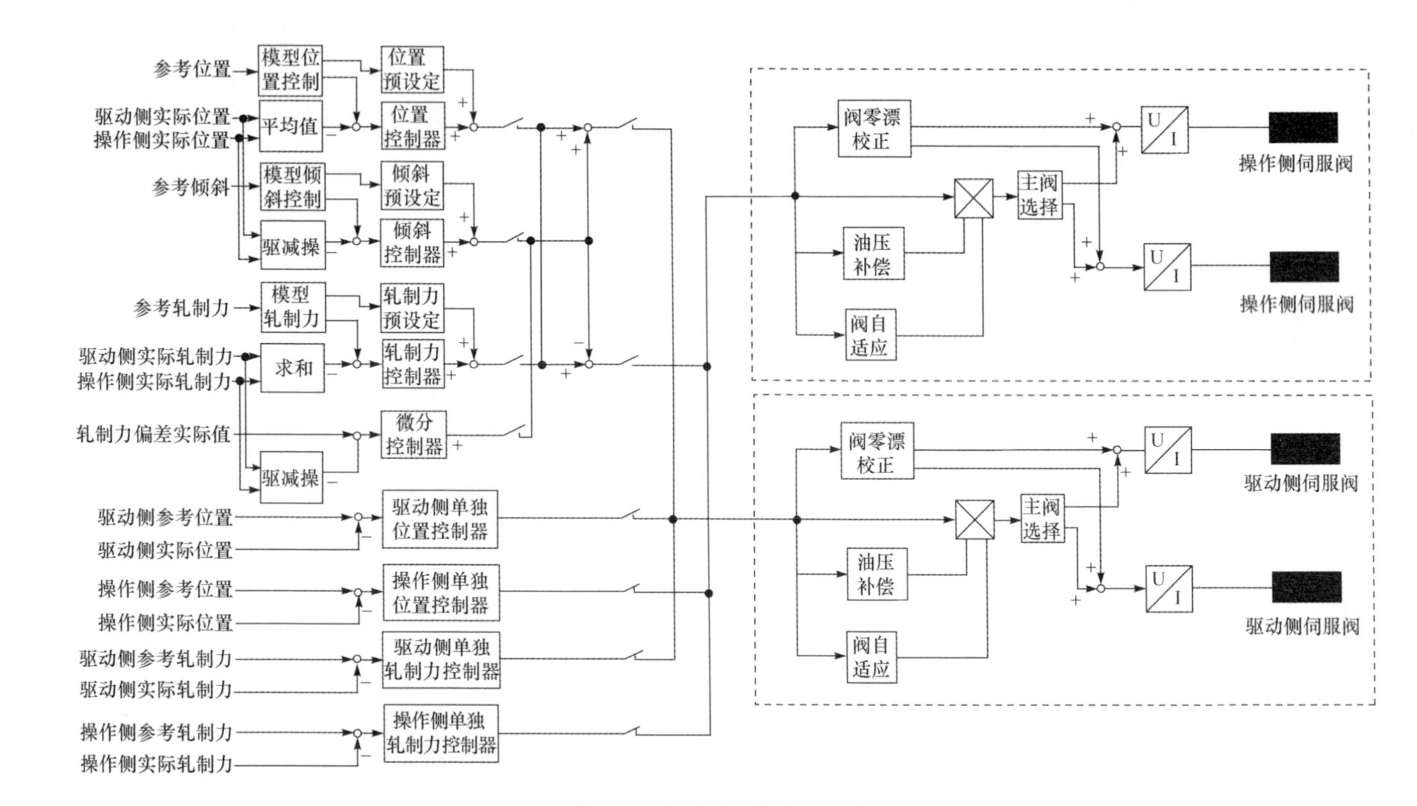

图 3-35　辊缝系统控制方式选择

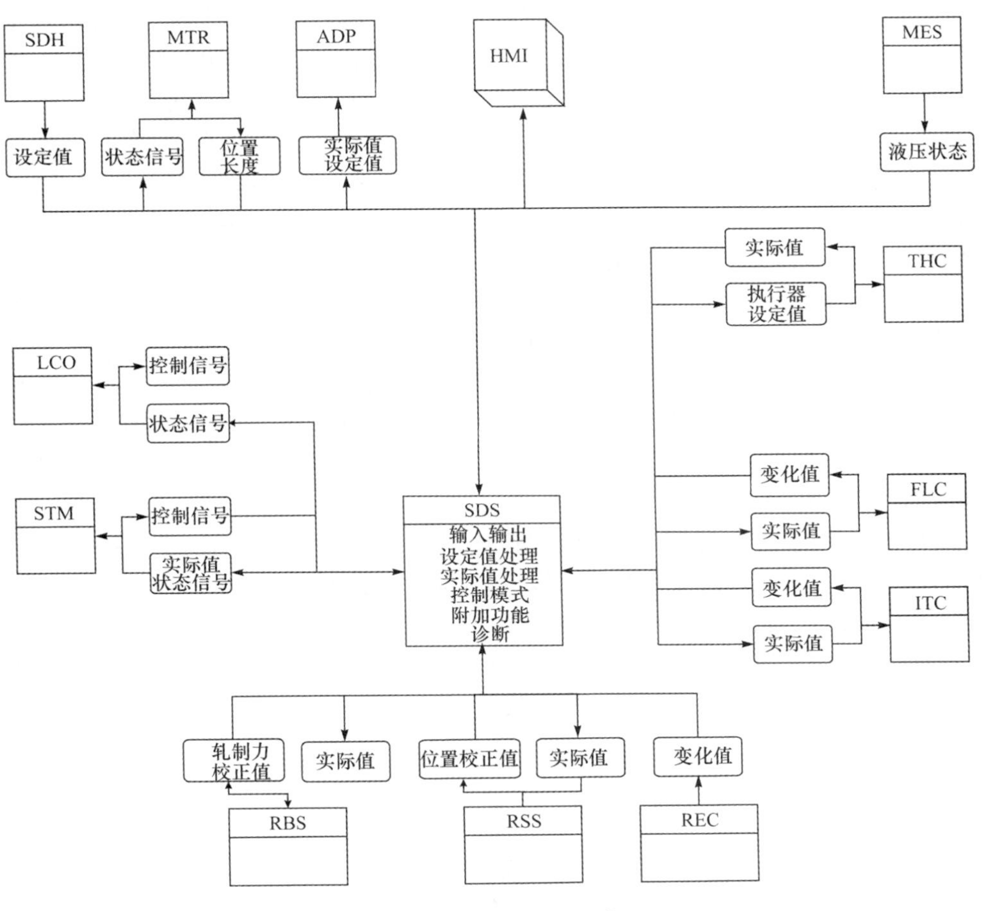

图 3-36　辊缝系统通信

3.10　油压传感器

冷轧机辊缝控制系统通常有轧制力控制和位置控制两种方式。轧制力的测量包括直接测量方法和间接测量方法。直接测量方法用轧制力传感器直接测得。间接测量方法是通过油压传感器直接测量辊缝缸活塞腔和杆腔的油液油压，然后再乘以两腔的受力面积，即可间接得到轧制力的大小。

轧制力传感器需要占用一定的轧机开口度，成本高、使用寿命低、测量精度高。油压传感器不需占用轧机开口度，成本低、使用寿命高、测量精度低。冷连轧机的第一机架和末机架对轧制力的测量精度要求较高，采用轧制力传感器，其他机架应用油压传感器。

油压传感器是将力信号转换为电信号输出的传感器。油压传感器一般由弹性敏感元件和位移敏感元件(或应变计)组成。弹性敏感元件的作用是使被测油压作用于某个面积上并转换为位移或应变,然后由位移敏感元件(位移传感器)或应变计(电阻应变计、半导体应变计)转换为与油压呈一定关系的电信号。有时把这两种元件的功能集于一体,如压阻式传感器中的固态油压传感器。常用油压传感器有电容式油压传感器、变磁阻式油压传感器、霍尔式油压传感器、光纤式油压传感器、谐振式油压传感器等。液压系统的油压检测普遍采用电容式油压传感器。

电容式油压传感器的工作原理是:电容极板的相对位置会随着油压的变化而改变,从而引起电容的改变,通过检测电路对电容的测量,实现油压的测量。它的优点是:分辨率高;可以进行动态的检测;结构很简单;可以在很恶劣的工作环境下正常工作,解决人不可能测量的很多问题;它可以进行非接触测量,使用方便。电容式油压传感器属于极距变化型电容式传感器,可分为单电容式油压传感器和差动电容式油压传感器。

单电容式油压传感器由圆形薄膜与固定电极构成,如图 3-37 所示。薄膜在油压的作用下变形,从而改变电容器的容量,其灵敏度大致与薄膜的面积和油压成正比而与薄膜的张力和薄膜到固定电极的距离成反比。这种型式可减小膜片的直接受压面积,以便采用较薄的膜片提高灵敏度。它还与各种补偿和保护部件以及放大电路整体封装在一起,以便提高抗干扰能力。

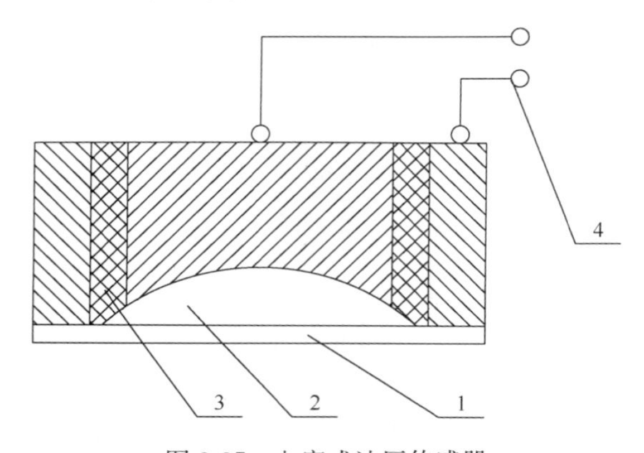

图 3-37　电容式油压传感器

1-平薄膜片;2-球面电极;3-绝缘体;4-引线

差动电容式油压传感器的受压膜片电极位于两个固定电极之间,构两个电容器。在油压的作用下一个电容器的容量增大而另一个则相应减小,它的固定电极是在凹曲的玻璃表面上镀金属层而制成。过载时膜片受到凹面的保护而不致破裂。差动电容式油压传感器比单电容式的灵敏度高、线性度好。

早期的电容式油压传感器以金属敏感元件作为活动极板,体积大、成本高。近几十年来,随着微机械加工技术和集成电路技术的发展,出现了代表先进技术的微型硅电容式集成传感器,现在,它已经广泛用于化工、石油、医药、农业等各大行业。

随着材料技术、微机械加工技术和微电子技术的应用,油压传感器向着小型化、集成化、智能化、系统化、标准化的方向发展,如 HYDAC 的 EDS1700 系列、EDS3000 系列、HDA4400 系列等。EDS3000 系列油压继电器分为低压陶瓷芯片和薄膜 DMS 芯片两类,敏感元件采用离子注入工艺形成电阻并连接成惠斯通电桥,用微机械加工技术在电桥下形成油压敏感膜片。当油压作用在膜片上时,电阻值发生变化并且产生一个与作用力油压成正比的线性化输出信号。只要在惠斯通电桥上加上直流电源,就会产生一个直流电压信号的输出。经过二次转换线路,实现两线制 4～20mA 输出。

由于各种液压系统的工况不同,压力变化多样,加之油压传感器品种的繁多,要根据使用目的、压力范围、精度等级和具体的工况选择合适的油压传感器。冷轧机液压伺服控制系统需要对液压缸的油压进行实时连续测量,且测量精度要求高、需要测出油压的瞬变情况。因此可以选用响应频率高达几百 kHz 的电容式油压传感器。油压传感器的量程选择以系统的工作压力在其标准量程值的 60%～100%,系统中可能出现的过载压力和异常情况下出现的冲击压力都不应超过油压传感器的耐压极限。油压传感器的测量精度通常选择 0.01%～0.5%FS。

液压系统对压力油压传感器的要求如下。

(1) 液压系统的油压传感器必须经常在振动、冲击、尘土和雨雪环境中工作,因此通常需要传感器结实。

(2) 油压传感器要有一个高的承受压力并能经受短时间的超高峰压。系统中的工作压力一般为 35MPa,而瞬时峰压可达 55MPa。压力传感器必须在此压力工况下工作而不至于影响它的寿命和输出。

(3) 传感器要经受几百万次的压力工作循环,而不受疲劳或坏损,液压系统在一个比较短的时间内要作几百万次的循环。

(4) 必须具有互换性,使用时无须重新调整。也就是全部传感器的预置输出信号在零压力时都有相同的输出并且在整个量程范围内都有相同的间距。油压传感器之间的精度差别必须处于规定的范围内。

(5) 温度变化时油压传感器的输出不应变化。每个厂家生产的传感器都会受温度的影响,但是采取一些结构措施可以补偿因温度变化而造成的度数的改变。

3.11 轧制力测量

轧制力测量在冷轧、热轧的厚度自动控制中具有非常重要的作用。轧制力变化大,环境恶劣(高温、冲击和振动等),安装的地点和位置也很特殊。对传感器的使用寿命、测量精度和过载性能都有很高的要求。目前在冷轧和热轧中，普遍应用的是瑞典ABB公司或加拿大KELK公司生产的轧制力测量传感器。

ABB轧制力测量系统为磁弹性式，其工作原理利用了“磁弹性”的现象，即钢的磁特性受作用在其上的机械负荷大小的影响。ABB压头由大量不锈钢片叠片(测量区)形成一个整体。每个不锈钢片上有4个孔，穿过这些孔缠绕两组相互垂直并且都与受力方向成45°的线圈。在没有负荷施加在不锈钢片时，由于两个线圈相互垂直，因此之间无磁耦现象。如果在其上施加机械负荷，则磁场会发生变化，不锈钢片在受力方向上的磁导率会下降，而与受力方向垂直方向上的磁导率将提高，从而导致磁力线的对称性发生变化，其中一部分磁力线将在二次绕组中产生交变电压，该电压和负载大小成正比，最终由控制单元将其转换成与轧制力成正比的直流电压信号。

ABB轧制力传感器由大量不锈钢片叠片(测量区)形成，多达1000多个测量区，每个测量区的信号线采用串联方式连接，因此传感器对表面负荷分布不均匀的现象并不敏感，提高了测量精度，但ABB轧制力传感器的这种结构方式使得当受力不均匀时叠片容易松散，影响了传感器的使用寿命，增加了设备购置费用。ABB轧制力传感器内部还装有温度补偿电阻，能够补偿温度变化造成的测量误差。由于低输出阻抗，压头的性能不受灰尘、烟、无线电或电磁等环境因素的干扰。

ABB每套轧制力测量系统由2个长方形压头、2个匹配单元、控制单元及连接电缆组成。传感器安装于上支撑辊轴承座上方，操作侧和传动侧各装有一个压头。匹配单元也安装在附近，控制单元安装在主电室内。控制单元主要包括如下部件：供电单元、变压器单元、处理器板、信号处理板、操作盘、带背板的安装机架。

传感器用于检测轧制力并将其转换成电信号。匹配单元将来自控制单元的传感器励磁电流转换成传感器所需的电流等级(为25A)，它还能补偿压力传感器和电缆的电抗性负载。变压器单元和供电单元用于压力传感器头提供励磁电流并向系统其他单元供电。处理器板负责系统运行的监控。模拟信号处理板用于处理和计算传感器反馈的轧制力信号并进行A/D转换，该板提供4个模拟量输出信号，分别是两个传感器的独立输出轧制力信号，以及它们的合力、差力信号。

KELK轧制力传感器为电阻式，将电阻应变片贴在钢板上，当钢板上受到垂直于钢板的作用力时，钢板就会沿着受力方向产生一个形变ΔL，从而导致电阻应变片的电阻值也要发生变化产生一个ΔR，将该电阻接入惠更斯电桥可得到一个和作用力F成正比的输出电压。

KELK轧制力传感器主体由一块高强度优质合金钢锻造而成。多个应变片粘在主体上，再与惠更斯电桥连接。把应变片装在同一钢板上能够克服受力不平衡造成的测量误差。主体的形状与应变片的分布使得传感器即使在中严重超载与偏载的情况下仍可保持优良的性能。R为桥路电阻(不受力)，但它和应变片R0

采用相同的材料，并且装在同一钢板上，保证和应变片感受形同的温度，避免产生温度附加电阻造成的误差。然而由于其使用直流电压信号输出，对于电气干扰很敏感，因此对于通信系统的敷设和环境要求比较高，这是 KELK 轧制力传感器的明显不足之处。

KELK 系统轧制力传感器把应变片装在同一钢板上能够克服受力不平衡造成的测量误差。主体的形状与应变片的分布使得压头即使在严重超载与偏载的情况下仍可保持优良的性能。

KELK 每套轧制力测量系统由 2 个长方形传感器、2 个接线盒、1 个接线柜及数字信号处理单元 DSP 组成。接线盒的主要作用是连接传感器到接线柜的电缆，然后通过接线柜将电缆接到数字信号处理单元 DSP。数字信号处理单元 DSP 还集成了供电单元、变压器单元、处理器单元、信号处理板、操作盘等。完成的主要功能是传感器激励和信号处理、双侧轧制力测量、模拟量和数字量输出、自动调零、自动校准、自测试、负载模拟等。

3.12　辊缝位置测量

冷轧机辊缝位置测量通常采用磁尺，磁尺是由磁录音原理研制出来的，由磁性标尺、读取磁头、检测电路等部分组成。

磁性标尺是磁尺进行位移量检测的基础，通常是在非导磁性材料的基础上电镀或涂敷上一层 10～20μm 均匀的磁膜，然后用与一般磁录音相似的方法用记录磁头在这层磁膜上精确地录上相等的节距（一般为 200μm）的矩形或正弦波磁化信号。为了使这一基准有较高的精度，常常采用激光干涉仪作为录制和检测磁化信号节距的更高一级的基准。

读取磁头是检测时用来读取磁性标尺上磁化信号，并将其转化为电信号的变换器。它与检测电路相连接，能在低速甚至静态下进行工作的磁调制式磁头。

磁调制式磁头相当于在速度响应型磁头铁心回路中，增添了一个绕有激励线圈的可饱和铁心（实际上是一端截面积很小的软磁材料铁心），它起了一个“磁路开关”的作用。从“功放”电路给激磁线圈中通上一个交变电流后，如果电流的幅值达到某一额定值时，它在激磁线圈中产生的磁场可以使铁心饱和，而使磁路断开，这时磁性标尺上漏磁通就不能在磁头可饱和铁心中通过。反之，当交变电流的幅值小于额定值时，可饱和铁心未被饱和，磁路接通，则漏刺痛可以在磁头铁心中通过。随着激磁交变电流的变化，可饱和铁心这一“磁通开关”不断地通断，进入磁头的漏磁通就时有时无。这样，在磁头铁心上绕的输出线圈中感应出电动势，使之有电信号输出。如上所述，这种磁调制式磁头输出的电压信号只与进入磁头铁心漏磁通的多少有关，而与磁头与磁性标尺之间的相对速度关系不大，所以能在低速甚至静态时工作。

由于激磁交变电流，无论它在正半周或负半周，只要电流幅值超过某一额定值，它产生的正向或反向磁场可使磁头的可饱和铁心饱和，这样在它变化的一个周期中，可使可饱和铁心“饱和”两次，即“磁通开关”能开、关两次。这样在磁头输出线圈中输出的电压信号的频率就是激磁电流频率的两倍，因此也把称这种磁头称为二次谐波式磁头。

如果磁性标尺上的磁场分布为正弦规律：

$$H=H_0\sin\frac{2\pi x}{\lambda}$$

式中，H_0 为磁场强度的幅值；λ 为磁化信号的节距；x 为磁性标尺上某一点的坐标位置。则磁头输出的电压信号可用下式表示：

$$e=E_0\sin\omega_0 t\cos\frac{2\pi x}{\lambda}$$

式中，E_0 为输出电压的幅值，它由磁化信号磁场的强弱，磁头的性能及磁头和磁性标尺的配置决定；ω_0 为激励交变电流信号的二倍频率。

为了实现磁尺移动方向的判别和相位检测，通常将两个磁头沿磁性标尺长度方向，相隔$\frac{\lambda}{4}$配置在一起使用。这时两个磁头的输出电压分别为

$$e_1=E_0\sin\omega_0 t\cos\frac{2\pi x}{\lambda}$$

$$e_2=E_0\sin\omega_0 t\sin\frac{2\pi x}{\lambda}$$

如果将第二个磁头的激磁交变电流相对于第一个磁头的激磁交变电流向后移相 45°，则两个磁头的输出电压分别为

$$e_1=E_0\sin\omega_0 t\cos\frac{2\pi x}{\lambda}$$

$$e_2=E_0\cos\omega_0 t\sin\frac{2\pi x}{\lambda}$$

如果将以上两个磁头的输出电压相加，则可以得到总的输出电压为

$$e=E_0\sin\left(\omega_0 t+\frac{2\pi x}{\lambda}\right)$$

总的输出电压是一个幅值不变、相位被磁头在磁性标尺上的位置 x 调制了的等幅调相波。用相位检波电路，检测出这个输出电压的相位变化，也就确定了磁头和磁性标尺间的位置变化。

为了增加磁头的输出和平均磁化信号的节距误差。两路磁头往往不是用单个磁头，而是用 30 个磁头，每个磁头之间相距一个磁化信号的节距，而后将它们的输出线圈串接起来，称为两个磁头组。这样，每个磁头组的输出幅值为单个磁头的 30 倍，可以达到几百毫伏，从而有较强的抗干扰能力，省去了加在磁头附近的前置放大器。

磁尺构成和相位检测原理见图 3-38。2MHz 的振荡器发出的脉冲信号经过 400 分频后成为 5kHz 的方波信号，经过 5kHz 的低通滤波器分为两路：一路直接进行功率放大；另一路经过 45°移相后，再进行功率放大。经过功率放大的频率为 5kHz 的正弦激磁电流信号，输入到两个磁头的激磁线圈中，这时两个磁头的输出线圈中即有电信号输出。将两个磁头输出的电压信号送到求和电路中合成，并通过中心频率为 10kHz 的带通滤波器后，输出总的电压信号。将这个总的电压信号经过限幅、放大和施密特线路整形后变成为一个方波电压，由于它的相位变化反映了磁头与磁性标尺之间相对位置的变化，所以称它为位置方波。将位置方波送到检相内插电路，在其中进行相位比较和内插细分化，即可送出反映移动方向、位移量大小的“加”或“减”计数脉冲到可逆计数器。经过可逆计数器、译码器，即可将磁头在磁性标尺上的位移量显示出来。由于磁尺是一种增量式的位置检测原件，所以它的坐标原点是可以任意选取的。

检相内插电路的输入是 10kHz 的位置方波和 2MHz 频率的时钟脉冲，输出是脉冲当量为 1μm 的加或减计数脉冲。为了通过相位比较电路得出位置方波的相位变化，需要有一个和位置方波频率相同的标准相位方波作为相位比较的基准，它的频率是 10kHz。这个标准位置方波是由“与非门 N”的输出供给的。当磁头与磁性标尺无相对位置变化时，“与非门 A 和 B”以 10kHz 的频率分别在半个周期内交替输出频率为 2MHz 的时钟脉冲，这两路时钟脉冲经过“或门 G”合成为连续的 2MHz 的时钟脉冲，然后通过“触发器 C”（÷2 分频）、“÷5 计数器”、“÷10 计数器”变为频率为 20kHz 的脉冲推动“触发器 I”（÷2 分频）工作，上述两个“触发器”和两个“计数器”组成“÷200”分频电路，输出 10kHz 频率的方波。用它控制“与非门 N”输出频率仍未 10kHz 脉冲宽度变窄的标准相位方波。

标准相位方波与位置方波的相位比较是在“或门 F”进行的。如果两者无相位差，“或门 F”的输出控制“触发器 H”的翻转同“触发器 I”的翻转完全一致。这时“与非门 D 或 C”就完全没有加或减计数脉冲输出，仅“与非门 A 和 B”交替输出 2MHz 的时钟脉冲。如果位置方波因磁头在磁性标尺上的移动而超前或滞后，则“或门 F”输出的脉冲相位发生变化，使“触发器 H”的翻转较“触发器 I”的翻转提前或延迟，这样就在“与非门 D 或 C”中有加或减计数脉冲输出。

内插细分则是由于相位比较以 10kHz 的频率进行的，而反映在“与非门 D 或 C”的相位差又是以 2MHz 的计数脉冲输出。由于计数脉冲的周期比相位比较的周期小 200 倍，所以在一个周期中可以插入 200 个技术脉冲。因而，位置方波与标准相位方波每相差 1.8°的相位，即可有一个计数脉冲输出。这样就实现了 1/200 的内插细分。当磁化信号节距为 0.2mm 时，计数脉冲的脉冲当量可以达到 1μm。

当不用采用显示，而要连续工作时，要求标准相位方波在与位置方波比相输出加或减计数脉冲后，能够在位置方波不再连续发生相位变化时，自动把它的相位调整得与不再变动的位置方波一致，完成自动跟踪的相位调整过程，以后才能连续不断地工作。如果位置方波滞后于标准相位方波，“与非门 C”输出“减”计数脉冲，同时由“与非门 A”输出的 2MHz 的时钟脉冲被扣除掉同样数目，这样使经过“÷200 分频器”得到的标准相位方波的相位滞后同样的相位，在一个周期内即可完成标准相位方波的自动调整跟踪过程。但是当位置方波超前于标准相位方波时，则在“与非门 D”输出“加”计数脉冲的同时，“与非门 B”输出的 2MHz 的时钟脉冲也被扣除同样数目，这样也要使标准相位方波的相位滞后，结果使其与位置方波的相位差更大，跟踪被破坏。所以必须使标准相位方波的相位提前，因而将“与非门 D”输出的技术脉冲（频率也为 2MHz）跳过“触发器 C”（÷2）通过“或门 M”加到“÷计数器”的输入端，由于计数时钟脉冲少经过了÷2 分频的“触发器 C”，所以一个脉冲起到了在“触发器 C”前输入脉冲的两倍的作用，所以称它为“加 2”计数脉冲。在整个“÷200 分频电路”中，输入了 n 个“加 2”计数时钟脉冲的同时，还扣除了 n 个“减 1”时钟脉冲。所以总的效果是在“÷200 分频电路”中增加了 n 个时钟脉冲，是标准相位方波的相位提前，完成在位置方波超前于标准相位方波时的标准相位方波的自动跟踪。但是这个跟踪过程往往不是一个周期（10kHz）所能完成的，有时需要好多个周期才能完成。

在进行动态检测时，标准相位方波不断与位置方波进行比相，又不断自动跟踪调整相位，所以使整个系统的检测速度受到一定限制，整个相位跟踪过程直至磁头相对于磁性标志不再发生移动。

SONY 公司是世界上第一家生产磁尺的公司，1968 年该公司首次将其产品在美国 IEEE 展览会上展出。目前该公司能生产防水防油抗振动 HA-705LK 系列磁头、防水防油抗振动 MSS-976R 系列磁尺、MK3 系列专用电缆、MD50 和 MD20 系列测量信号转换器。分辨率从 0.1μm 到 10μm，测量精度±3μm，输出脉冲宽度从 0.1μs 到 20μs，A/B 相线驱动输出，最快响应速度为 100m/min，电缆长度最长 200m，使用温度 0～55℃，供电电源 100～230VAC。主要应用于冶金工业，如钢、铝冷轧热轧厂等，采用特殊的防水防油抗振动设计，可以承受轧钢厂恶劣的现场环境，可靠性高，保护等级 IP67，加速时可以抗震 30～50G。通过检测器的报警信号输出及警报信号灯点亮的方式，能快速判断传感器随使用周期而引起的衰减状态。除了信号输出控制总线外，也可以用 A/B 相辅助输出作为显示器监控信号。

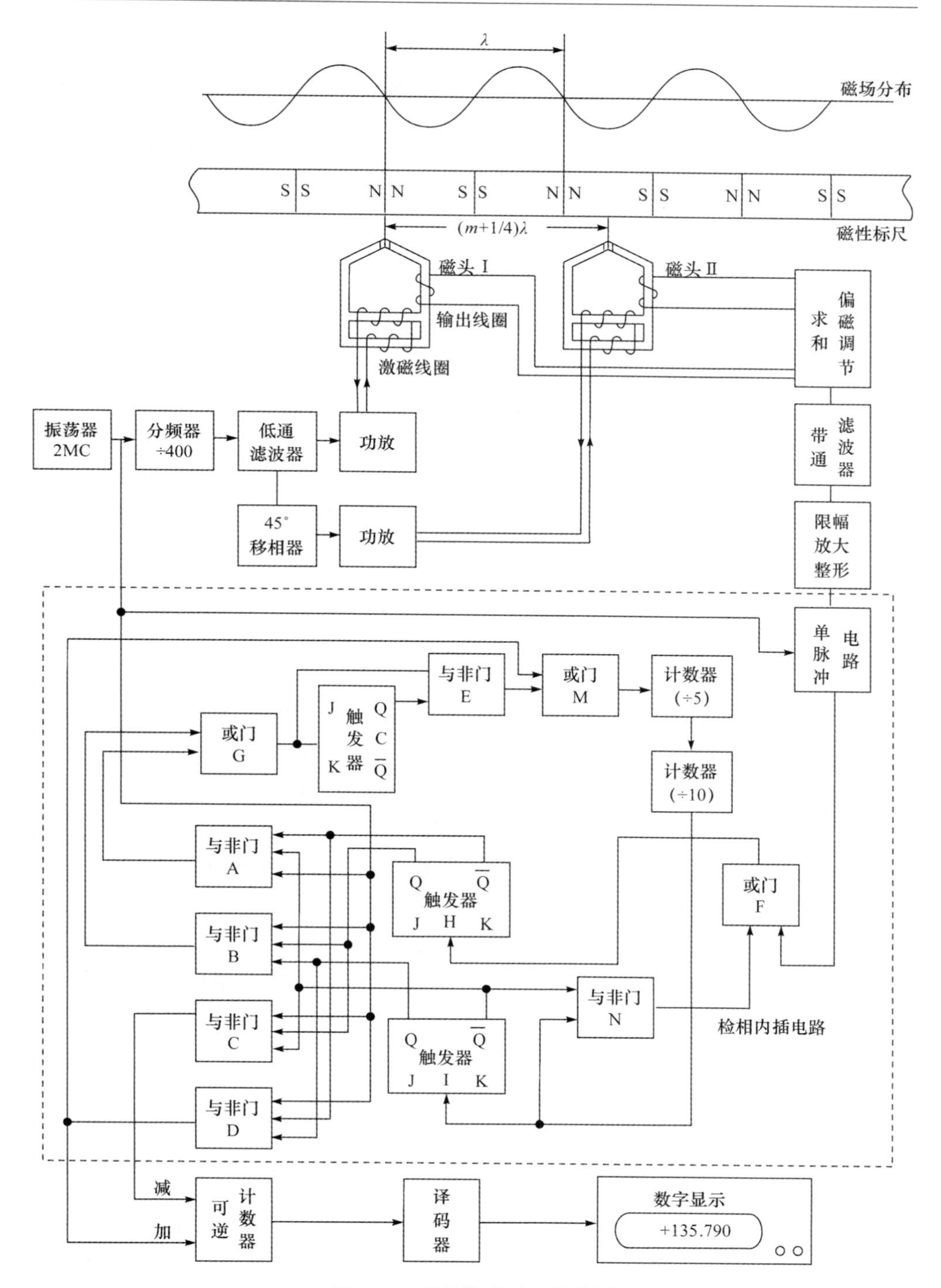

图 3-38　磁尺构成及相位检测

磁尺位置检测系统构成包括位置传感器、磁尺专用电缆、信号放大器、计数器和通信板等，见图 3-39。位置传感器由 MSS976R 型磁尺和 HA705LK 型磁头组成，检测信号经由大约 200m 专用电缆送到 MD 型放大器。MD 型信号转换放大器用于对磁尺的两个通道的信号进行调整，进行双波调幅、调相等模拟信号处理，同时可以输出低电平报警和速度报警信号。磁尺精度设定和信号调整可在磁尺放大器上进行。

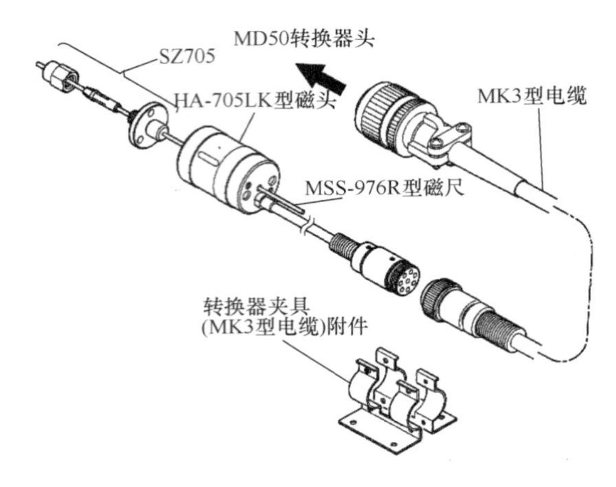

图 3-39　SONY 磁尺

MD20 型信号转换放大器的尺寸减小到 MD50 型号的 1/10，供电电源为 5VDC，内置信号同期型原点回路，具备报警功能，磁尺分辨率和输出脉冲宽度可通过 MD 型信号转换放大器背面按钮设置，信号输出包括 A/B 相信号、up/down 信号、原点信号、报警信号。分辨率可通过框架背板上的 RES 开关设定，输出脉冲宽度可通过框架背板上的 Tw 开关设定。如果磁尺速度超过极限或者链接电缆断开，触发报警信号，同时所有的输出均处于高阻抗输出。

为保证磁尺的检测精度，安装后的磁尺必须进行动态调整，使信号文波小于 2.5%。调整过程中磁尺应以 0.5～1m/s 的速度移动，具体调整过程可参考相关手册。

3.13　辊缝缸的结构设计

冷轧机辊缝控制系统属于弹性负载电液位置控制系统，其设计内容很多，这里着重介绍辊缝缸的初步设计和动态设计。

轧机由左右两个液压缸控制，设计要求如下(以某 1450 冷轧机为例)。

最大静态轧制力 F_{max}：22300kN。

最大速度 $V_{\max}$：4mm/s。

液压缸最大行程 H：245mm。

系统频宽 f_b：16～20Hz。

最大误差：10μm。

设计步骤如下。

1）确定系统压力

参考同类伺服系统规格 25～31.5MPa，取系统压力 $p_s=29.5$MPa。

2）确定液压缸作用面积

轧制不同规格、不同品种的带钢时，负载的工作点不同，应按最大轧制力时的特征点进行设计。最大轧制力时，速度较小，伺服阀工作在较大的负载压力区，但不是工作在最佳效率区，考虑到系统中的压力损失，取最大轧制力时的系统压力为 $0.95p_S$，则辊缝缸的作用面积为

$$A_t=\frac{F_{\max}}{2\times 0.95p_S}=0.3979\text{m}^2$$

3）确定活塞及活塞杆直径

位置传感器安装在机架牌坊的下方，其有效直径 $d_e=0.07$m，活塞直径为

$$D_C\geqslant\sqrt{\frac{4}{\pi}\left(A_t+\frac{\pi}{4}d_e^2\right)}=0.7154\text{m}$$

考虑到背压影响，活塞直径取为 $D_C=0.74$m，活塞杆直径 $d=0.68$m。则实际有效工作面积为

$$A_t=\frac{\pi}{4}(D_C^2-d_e^2)=0.42602\text{m}^2$$

实际负载压力为

$$p_L=\frac{F_{\max}}{2A_t}=26.17\text{MPa}=0.887p_S$$

4）选择伺服阀

伺服阀在工作点所需要流量为

$$q_{V0}\geqslant A_tV_{\max}=102.2\text{L/min}$$

根据频率响应和流量的要求可选用美国 MOOG 公司生产的 D791 系列伺服阀，其基本性能如下。

负载流量 $q_{VL}=100$L/min($\Delta p_N=7$MPa)。

频宽为 150Hz(−3dB)。

伺服阀流量增益 $K_q=\dfrac{Q_N}{I_N}=1.667\text{m}^3/(\text{s}\cdot\text{A})$。

流量压力系数 $K_{ce}=\dfrac{Q_N}{\Delta p_N}=2.381\times10^{-10}\text{m}^5/(\text{N}\cdot\text{s})$。

输入电流±10mA。

5）动态设计

辊缝缸无杆腔容积为 V_1，有杆腔容积为 V_2，h_K 为最低固有频率点处的行程。伺服阀安装在液压缸阀块上，阀块距离液压缸很近，因此计算时略去管道中的容积。辊缝缸的结构尺寸见图 3-40。

$$A_t=\frac{\pi}{4}(D_C^2-d_e^2)=0.42602\text{m}^2$$

$$A_R=\frac{\pi}{4}(D_C^2-d^2)=0.066882\text{m}^2$$

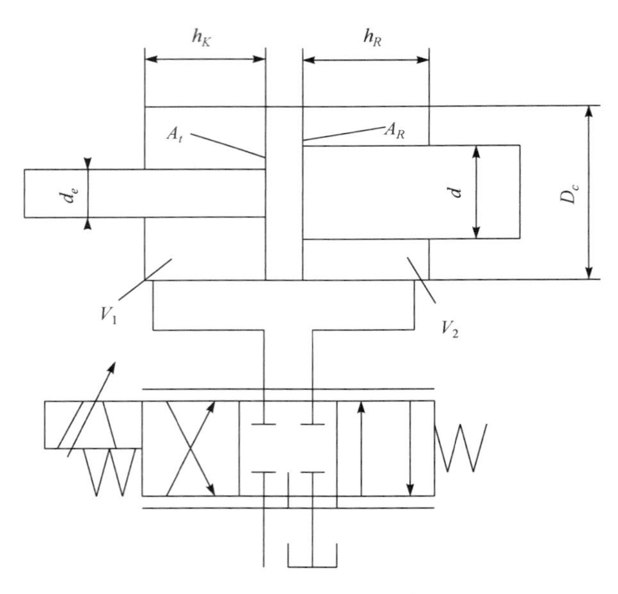

图 3-40　辊缝缸设计

液压油体积弹性模量 $E_h=1000\text{MPa}$；黏性阻尼系数 $B_P=1.6\times10^7\text{N}\cdot\text{s/m}$；支撑辊辊系质量 85158kg，中间辊辊系质量 14107kg，工作辊辊系质量 9752kg，辊缝缸当量质量 m=54509kg，则

$$h_K=\frac{\left(\dfrac{A_tH/10^3}{\sqrt{A_t^3}}\right)}{\dfrac{1}{\sqrt{A_t}}+\dfrac{1}{\sqrt{A_R}}}=0.0695\text{m}$$

$$V_1 = A_t h_K = 0.02962\text{m}^3$$

$$V_2 = A_R h_R = 0.011736$$

$$\omega_h = \sqrt{\frac{E_h}{m}\left(\frac{A_t^2}{V_1} + \frac{A_R^2}{V_2}\right)} = 345.6\text{rad/s}$$

$$\xi_h = \frac{K_{ce}}{A_t}\sqrt{\frac{E_h m}{V_1 + V_2}} + \frac{B_P}{4A_t}\sqrt{\frac{V_1 + V_2}{E_h m}} = 0.279$$

单侧伺服阀控制辊缝缸系统的传递见图 3-41，K 为控制器增益，K_a 为隔离放大器增益$\left(K_a = \frac{10\text{mA}}{10\text{V}}\right)$，$\omega_k$ 为惯性环节转折频率，ω_h 为辊缝缸固有频率，ξ_h 为辊缝缸阻尼系数，K_{fR} 为传感器增益$\left(位置控制方式 K_{fR} = 1，轧制力控制方式 K_{fR} = \frac{10\text{V}}{350\text{MPa}}\right)$，$\omega_v$ 为伺服阀固有频率，δ_V 为伺服阀阻尼系数。系统的开环传递函数为

$$G(s) = \frac{\dfrac{KK_aK_qA_tK_{fR}}{kK_{ce}}}{\left(\dfrac{s^2}{\omega_v^2} + \dfrac{2\xi_V}{\omega_v}s + 1\right)\left(\dfrac{A_t^2}{kK_{ce}}s + \omega_k\right)\left(\dfrac{s^2}{\omega_h^2} + \dfrac{2\xi_h}{\omega_h}s + 1\right)}$$

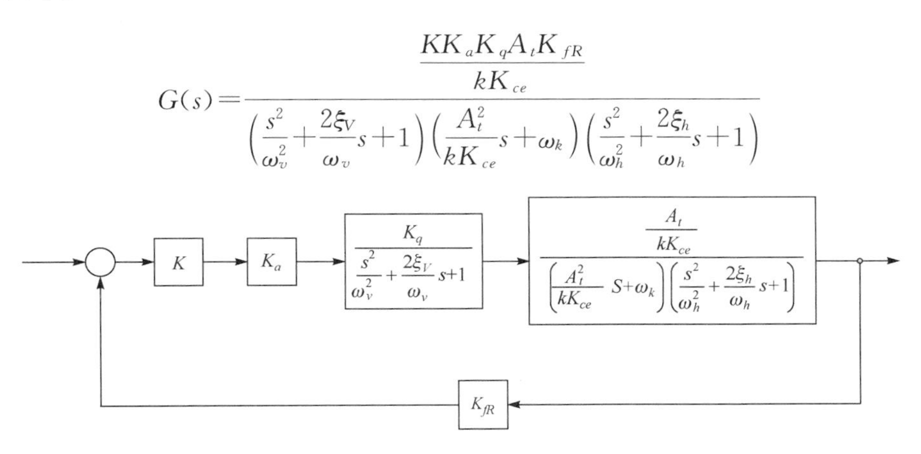

图 3-41 辊缝系统传递函数框图

负载弹性系数 $k = 650\times10^6\text{N/m}$，则

$$\omega_k = \frac{K_{ce}k}{A_t^2} = 0.656\text{rad/s}$$

系统开环增益为

$$K_v = \frac{KK_aK_qA_tK_{fR}}{kK_{ce}} = 0.0046\text{K}$$

当 $\omega_v \gg \omega_h$ 时，系统可简化成三阶环节，按 Routh 稳定性判据：

$$K_v \leqslant 2\xi_h\omega_h = 192.8$$

由此可得控制器可调节最大增益为 $K_{\max} = 42000$。

6）静态误差

在考虑弹性负载情况下，系统为 0 型系统，存在静态误差。系统误差一般由三部分组成，即速度误差、负载干扰误差和内扰误差，仅考虑后两项，系统静态误差为

$$e_L = \frac{K_{ce}}{K_v A_t^2} F_{L0}$$

$$e_i \leqslant \frac{q_{VL}}{A_t K_v} \times 0.05$$

式中，e_L 为负载干扰误差；e_i 为内扰误差；F_{L0} 为阶跃干扰力。系统静态误差为

$$\Delta E = \sqrt{(e_L)^2 + (e_i)^2} = 3.55\mu\text{m} < 10\mu\text{m}$$

精度符合要求。

第4章　冷轧机弯辊液压伺服控制系统

液压弯辊的方法最早应用于橡胶、塑料、造纸等工业部门，美国人鲍尔斯于1947年首次提出工作辊弯辊概念并申请了专利，弯辊力作用于上下工作辊轴承座之间，只能实现正弯辊，随后的几十年内各国又相继提出了其他形式的工作辊弯辊方案和支撑辊弯辊方案。

20世纪60年代以后弯辊逐渐应用到金属加工领域中来，并发展成为一个行之有效的板形控制方法。最初的弯辊系统由轧辊平衡装置演变而来，人们在生产实际中发现，改变平衡缸的压力对板形的调整有一定的调整作用。因此从结构上对平衡装置进行改进，增大其能力，就发展成为最初的液压弯辊装置，液压弯辊的成功应用标志着板带轧机已进入现代化时代。液压弯辊控制技术具有精度高、响应速度快、功率大、结构紧凑和使用方便等优点，其他改善板形的方法，如HC轧机、UC轧机、CVC轧机、DSR轧机、PC轧机等，都必须配合采用液压弯辊，液压弯辊是改善板形质量的一项基础性的措施。工作辊弯辊只能对带材边部起调节作用，不能影响到带材中部。

弯辊系统能够在轧制过程中连续地对带钢横向厚度进行控制，然而，在一些实际的使用中，弯辊提供的凸度控制范围要受到工作辊轴承所能承受的最大载荷的限制。

弯辊系统包括工作辊弯辊和中间辊弯辊，支撑辊平衡按照功能划分亦属于弯辊系统。弯辊系统功能包括：

(1) 平衡工作辊、中间辊和支撑辊的重量；

(2) 工作辊弯辊和中间辊弯辊作为板形控制系统的执行机构之一，用于控制带钢的板形；

(3) 换辊时使相邻的工作辊、中间辊和支撑辊间保持一定的间隙；

(4) 正常轧制时消除轴承、斜楔、辊缝缸的间隙。

弯辊包括平衡、正弯辊和负弯辊三种控制模式，见图4-1。平衡模式时正弯辊力用于平衡辊重。正弯模式时弯辊缸伸出，轴承座被互相推远，带钢中部厚度减薄，边部厚度增加。负弯辊模式时液压缸缩回，轴承座被互相拉近，带钢中部厚度增加，带钢边部减薄。

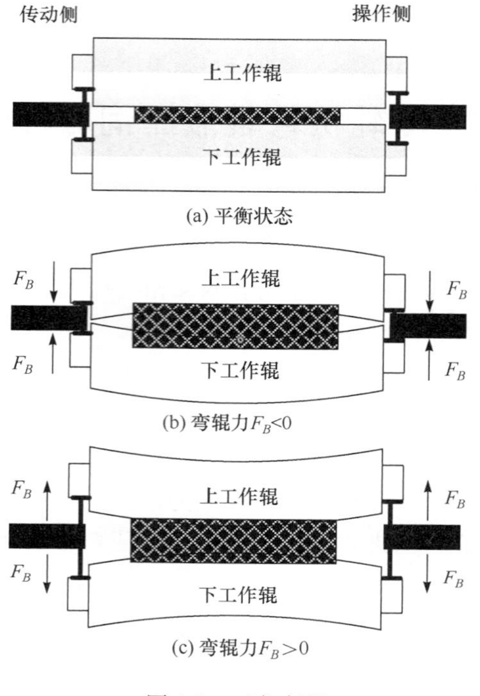

图 4-1　正负弯辊

4.1　工作辊弯辊液压系统

冷轧机典型工作辊弯辊液压系统组成见图 4-2。1 为工作辊弯辊液压缸，其结构形式和数量随轧制形式不同而不同，数量通常为 4、8、16。8 和 9 为伺服阀，分别用于控制操作侧和传动侧弯辊液压缸，7 和 6 为油压传感器，安装在工作辊弯辊阀台上，用于检测伺服阀出口油压，进行弯辊力闭环控制。工作辊弯辊力伺服阀控制回路典型结构形式为传动侧一个伺服阀，操作侧一个伺服阀。而对于 8 个弯辊液压缸或 16 个弯辊液压缸的结构形式，也有采用内侧一个伺服阀和外侧一个伺服阀的形式。5 和 18 为换向阀，用于正负弯辊动态切换。3 和 4 为溢流阀，限定正弯辊和负弯辊管路中的油压，防止产生过高的冲击油压导致弯辊缸密封损坏。

换辊时工作辊平衡和下降的控制由图中右侧的液压系统实现。10 为减压阀，通常设定压力为 100bar，控制工作辊平衡和下降的供油压力，防止伺服系统油压过高造成弯辊缸损坏。11 为换向阀，控制所有工作辊弯辊缸的平衡或下降。13 为双向节流阀，实现操作侧和传动侧弯辊液压缸同步平衡或下降。14、15、16 和 17

为插装阀,控制操作侧和传动侧弯辊液压缸平衡、下降液压油路的通断控制。12 为二位三通换向阀,控制插装阀的开启和关闭。2 为压力继电器,工作辊平衡到位后触发,用于 PLC 换辊顺序动作平衡到位检测,而下降到位信号检测用极限开关实现。

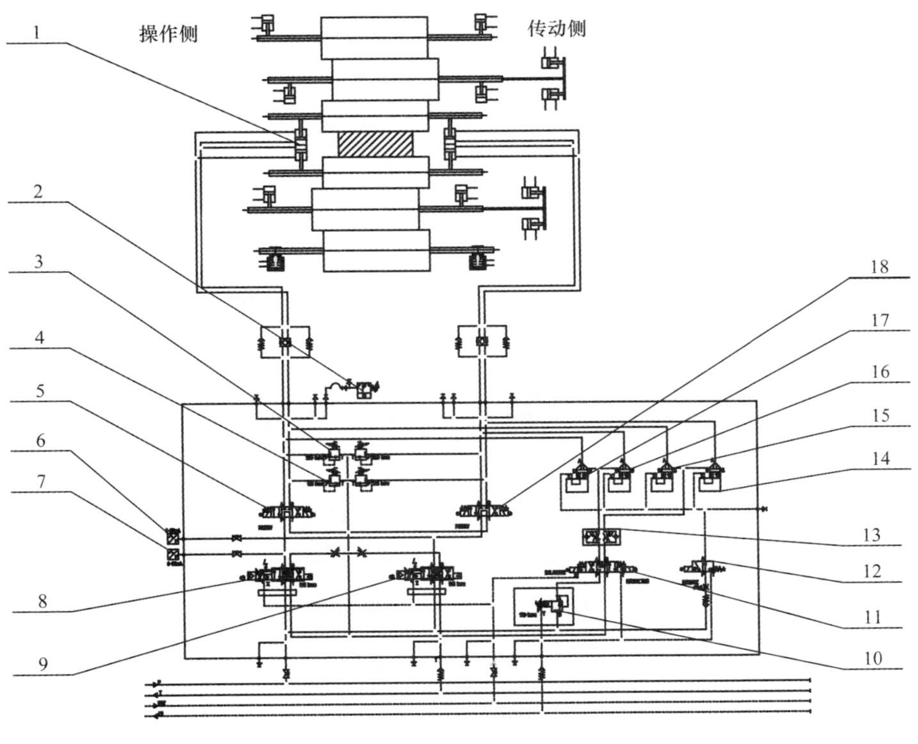

图 4-2　工作辊弯辊液压系统

4.2　工作辊弯辊系统动特性

4.2.1　轧机工作辊弯辊缸配置形式

通常轧机工作辊弯辊采用 16 个弯辊液压缸,布置如图 4-3 所示,上、下工作辊各有 8 个弯辊液压缸,每个工作辊的弯辊液压缸分为内外侧两组,各有 4 个。弯辊缸安装在固定于轧机机架上的弯辊缸块里,工作辊弯辊液压缸采用 T 形缸头或柱塞式缸头,T 形头插入工作辊轴承箱的 T 形槽内,以实现正负弯辊。

弯辊过程中 16 个弯辊缸的使用配置形式如图 4-4 所示,上下工作辊内侧 8 个弯辊缸用一个伺服阀控制,外侧 8 个弯辊缸用一个伺服阀控制,这种配置方式能实现无死区正负弯辊切换,但不能实现非对称弯辊控制。

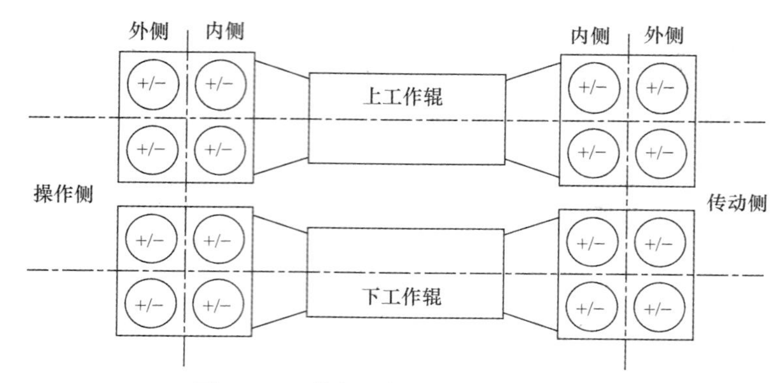

图 4-3　T 形头工作辊弯辊液压缸布置

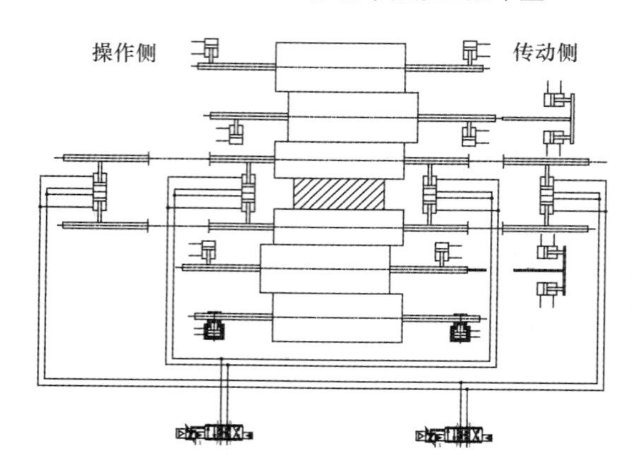

图 4-4　工作辊弯辊液压控制回路

工作辊弯辊的另一种配置形式如图 4-5 所示，用柱塞头弯辊缸实现正负弯辊，上下工作辊共使用 24 个弯辊缸，8 个用于负弯，16 个用于正弯。液压控制回路如图 4-6 所示，正弯辊的 16 个弯辊缸用一个伺服阀控制，负弯辊的 8 个弯辊缸用一个伺服阀控制，此种方式也可以实现无死区切换，但不能实现非对称弯辊。

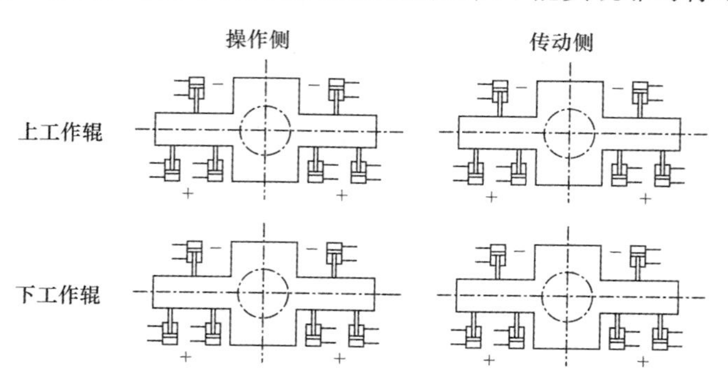

图 4-5　柱塞式缸头工作辊弯辊缸布置

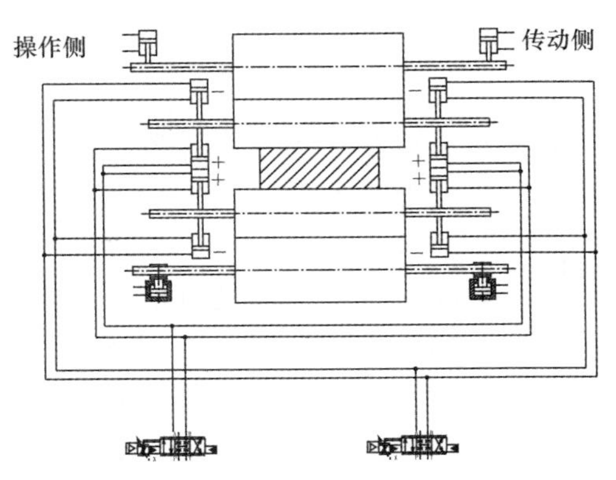

图 4-6　工作辊弯辊液压控制回路

4.2.2　工作辊弯辊控制系统组成

不同的工作辊弯辊缸配置形式采用不同数量的液压控制回路，每个液压控制回路的机电液元器件组成一个控制回路，如图 4-7 所示，为操作侧上下工作辊弯辊缸的半闭环控制回路。正负弯辊由安装在伺服阀后液压油路上的换向阀根据一级计算机发出的正负弯指令实现自动切换。伺服阀出口的油压通过压力传感器将油压信号转换为电流信号，电流信号经过隔离放大器转换为±10V 电压信号，该反馈电压信号通过 A/D 转换为数字量信号，再转换成油压，油压乘以相应的弯辊缸的个数及活塞面积或杆侧面积即为相应的实际弯辊力。不同操作模式的弯辊力设定值，与反馈的实际弯辊力值相比较，差值经过数字 PI 运算、限幅，经过 D/A 转换为±10V 电压，再经过隔离放大器转换为±10mA 的电流信号，该电流作为伺服阀的输入，伺服阀的输入电流与阀芯位置反馈电流信号的差值作为伺服阀内置放大器的输入，内置放大器输出电流信号驱动伺服阀的力矩马达，力矩马达的摆动导致两侧喷嘴间隙发生变化，主阀芯两侧油压失去平衡而移动，伺服阀出口油压达到设定值。控制回路中积分环节主要是补偿伺服阀的机械零偏和温度零漂，使正常工作时伺服阀的输入电流稳定在±0.5mA 内，以保证伺服阀的高频响应。

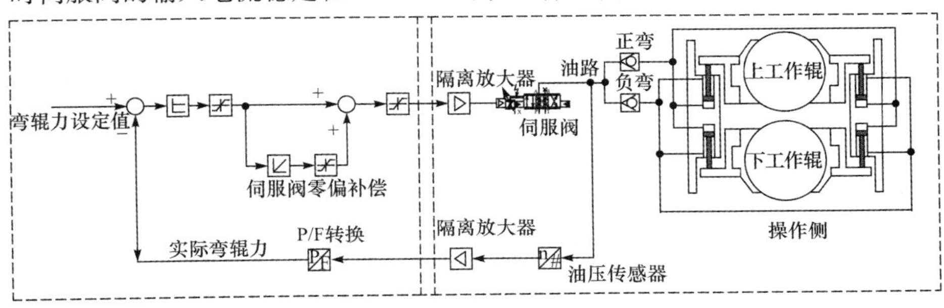

图 4-7　工作辊弯辊系统的组成

4.2.3　管道的动特性

以往在分析液压管道的动态特性时，要么忽略管道动态特性的影响，要么将管道作为一个容腔来处理。在轧机辊缝系统中，由于伺服阀与辊缝缸间的油路通道很短，通道中油液的数量很少，通道的刚性很大，因此管道对系统动态性能的影响可以忽略。但对于弯辊系统，伺服阀与弯辊缸之间的距离很大，少则几米多则十几米，管道过长致使系统不稳定和响应滞后。管道中油液容积多于弯辊缸中油液的容积，管道在高压油的作用下发生弹性变形，系统符合非恒定流条件，管道的动态性能对弯辊系统精确性和可靠性的影响是不容忽略的，弯辊系统精确控制必须考虑管道本身的动态特性。

定量描述管道非恒定流数学模型主要有三种：集中参数模型、分布参数模型和有限分段集中参数模型，工程领域应用较广的为有限分段集中参数模型。具有恒定管径和轴向层流流动的流体管道的动态特性基本方程可用离散分布参数模型描述为

$$\begin{bmatrix} P_1 \\ Q_1 \end{bmatrix} = \begin{bmatrix} \mathrm{ch}\Gamma & Z_c \mathrm{sh}\Gamma \\ \dfrac{1}{Z_c}\mathrm{sh}\Gamma & \mathrm{ch}\Gamma \end{bmatrix} \begin{bmatrix} P_2 \\ Q_2 \end{bmatrix}$$

式中，P_1、P_2 为管道入口和出口压力；Q_1、Q_2 为管道入口和出口流量；Γ 为传播算子

$$\Gamma = D_n s^* \sqrt{N(s^*)}$$

D_n 为无因次耗散系数

$$D_n = \nu L/(a r_0^2)$$

ν 为液体运动黏度；L 为管道长度；a 为压力波传播速度

$$a = \frac{\sqrt{K_h/\rho}}{\sqrt{1+(K_h/E)(d/\delta)C_1}}$$

K_h 为流体体积弹性模量；ρ 为流体密度；E 为管道材料的弹性模量；d 为管道内径；δ 为管道壁厚；C_1 为管道固定修正系数，取 $C_1=1$；Z_c 为特征阻抗

$$Z_c = Z_0 \sqrt{N(s^*)}$$

Z_0 为阻抗常数

$$Z_0 = \rho a/(\pi r_0^2)$$

r_0 为管道内半径；ch 为双曲余弦函数

$$\mathrm{ch}\Gamma = (e^{s^*} + e^{s^*})/2$$

sh 为双曲正弦函数

$$\mathrm{sh}\Gamma = (e^{s^*} - e^{s^*})/2$$

$$N(s^*)=\left\{1-\frac{2J_1(\mathrm{j}\sqrt{s^*})}{\mathrm{j}\sqrt{s^*}J_0(\mathrm{j}\sqrt{s^*})}\right\}$$

J_0、J_1 分别为零阶和一阶的第一类 Bessel 函数。

根据 Olendburger 将复变量双曲函数展开成无穷乘积算法：

$$\mathrm{ch}\Gamma=\prod_{i=1}^{\infty}\left[1+\frac{D_n^2 s^{*2}}{\pi^2\left(i-\frac{1}{2}\right)^2}\left(\frac{1+d_1 s^*+\cdots+d_m s^{*m}}{e_1 s^*+e_2 s^*+\cdots+e_m s^{*m}}\right)\right]$$

当无因次耗散数 D_n 较大时，上式展开正零极点形式后，实数极点和零点的不能对消。而对于弯辊液压管道，D_n 值比较小（D_n 最大值为 0.0017），实数极点与零点非常接近，可以相互抵消，只剩下一对共轭复数零点，即

$$\mathrm{ch}\Gamma=\prod_{i=1}^{\infty}\left(\frac{s^{*2}}{\omega_{ni}^2}+\frac{2\zeta_i}{\omega_{ni}}s^*+1\right)$$

ω_{ni}、ζ_i 为 D_n 和 i 的函数，当 $i=1$ 时，最小有效频宽可达 916rad，接近伺服阀的固有频率，其频宽已经足够，故上式可简化为

$$\mathrm{ch}\Gamma=\frac{s^{*2}}{\omega_{n1}^2}+\frac{2\zeta_{n1}}{\omega_{n1}}s^*+1$$

用类似的方法可求得

$$Z_c\mathrm{sh}\Gamma=\frac{Z_0 D_n}{e_1}\left(\frac{s^*}{u_1}+1\right)\left(\frac{s^{*2}}{\omega'^2_{n1}}+\frac{2\zeta'_{n1}}{\omega'_{n1}}s^*+1\right)$$

$$\frac{1}{Z_c}\mathrm{sh}\Gamma=\frac{D_n s^*}{Z_0}\left(\frac{s^{*2}}{\omega'^2_{n1}}+\frac{2\zeta'_{n1}}{\omega'_{n1}}s^*+1\right)$$

为便于分析，实际轧机的工作辊操作侧弯辊缸管路配置简化成图 4-8，操作侧液压缸和传动侧所有弯辊缸由一个伺服阀驱动，操作侧弯辊缸由 L_2 支管路提供高压油，传动侧弯辊缸有 L_3 支管路高压油，L_2 和 L_3 并接到主供油管 L_1 上。由于分支管路与液压缸间的管路很短，其对弯辊系统动态特性的影响可以忽略不计。

根据流体管道动特性基本方程，各段管道的动态特性方程为

$$\begin{bmatrix}P_1\\Q_1\end{bmatrix}=\begin{bmatrix}\mathrm{ch}\Gamma_1 & Z_{c1}\mathrm{sh}\Gamma_1\\ \frac{1}{Z_{c1}}\mathrm{sh}\Gamma_1 & \mathrm{ch}\Gamma_1\end{bmatrix}\begin{bmatrix}P_2\\Q_2\end{bmatrix}$$

$$\begin{bmatrix}P_2\\\lambda Q_2\end{bmatrix}=\begin{bmatrix}\mathrm{ch}\Gamma_2 & Z_{c2}\mathrm{sh}\Gamma_2\\ \frac{1}{Z_{c2}}\mathrm{sh}\Gamma_2 & \mathrm{ch}\Gamma_2\end{bmatrix}\begin{bmatrix}P_{L1}\\Q_{L1}\end{bmatrix}$$

$$\begin{bmatrix}P_2\\(1-\lambda)Q_2\end{bmatrix}=\begin{bmatrix}\mathrm{ch}\Gamma_3 & Z_{c3}\mathrm{sh}\Gamma_3\\ \frac{1}{Z_{c3}}\mathrm{sh}\Gamma_3 & \mathrm{ch}\Gamma_3\end{bmatrix}\begin{bmatrix}P_{L2}\\Q_{L2}\end{bmatrix}$$

式中，λ 为流量分配系数，与液压缸内泄系数及管道的长度有关。

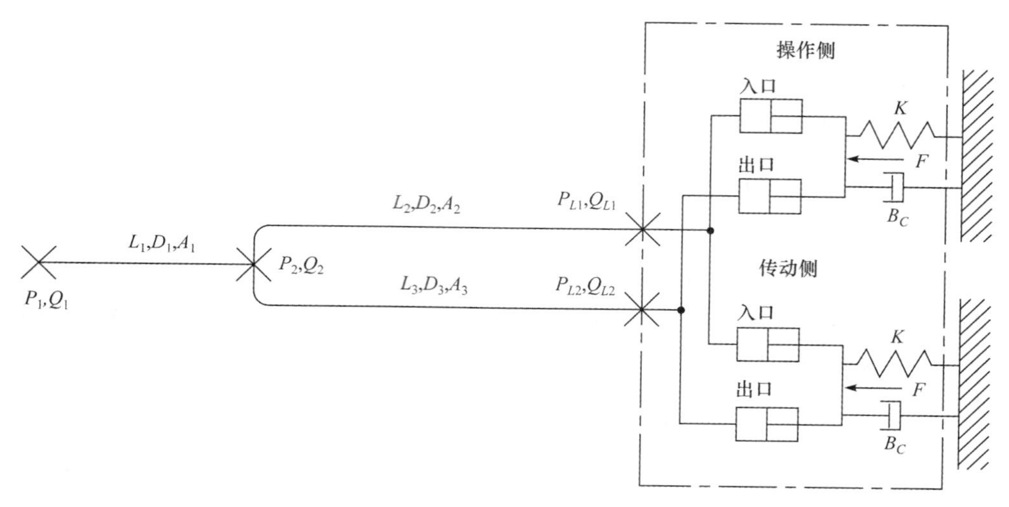

图 4-8　实际管道配置

4.2.4　弯辊缸和负载的动态平衡方程

考虑活塞受力包括惯性力、黏性阻力、弹簧力，弯辊缸和负载的力平衡方程为

$$p_L A = m\frac{\mathrm{d}^2 y}{\mathrm{d}t^2} + B_c\frac{\mathrm{d}y}{\mathrm{d}t} + K_y$$

式中，m 为活塞、工作辊轴承箱、工作辊的等效质量之和；B_c 为活塞的黏性阻尼系数；K 为为负载的等效刚度，可用分割单元影响函数法计算求得。

4.2.5　工作辊弯辊系统动特性分析

图 4-7 所示的实际弯辊系统采用半闭环控制方式，忽略了对管道动特性对实际弯辊力的影响，弯辊力的计算由检测到的伺服阀出口压力直接乘以弯辊缸的个数和面积，通过上述计算得到的弯辊力与实际弯辊力有一定的误差。

图 4-9 和图 4-10 单侧弯辊缸的仿真模拟结果表明，考虑管道影响后，系统的响应时间为不考虑管道动态特性系统的 2 倍，实际弯辊力滞后伺服阀出口压力 0.115s。考虑管道影响后，在频率为 76.3Hz 处出现一小幅度谐振，从理论上证实半闭环弯辊控制系统会经常出现小幅振荡。

实际的弯辊缸管道远比上述简化形式复杂，管路上有多处弯折，各段直径、壁厚不同，且弯辊缸连接的支管材质与其他各段不同。此外，一个伺服阀控制多个弯辊缸，伺服阀的非线性特性未动态补偿，各个弯辊缸的动态性能不相同。这些因素导致同一工作辊两侧的弯辊力不能实时相等，因此实际的工作辊弯曲是非对称的。

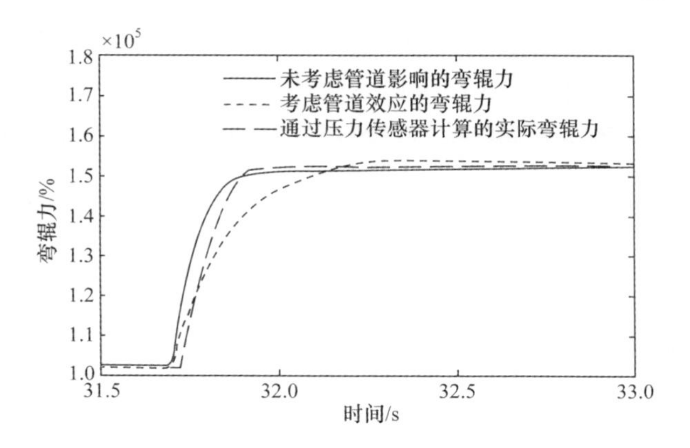

图 4-9　阶跃响应曲线

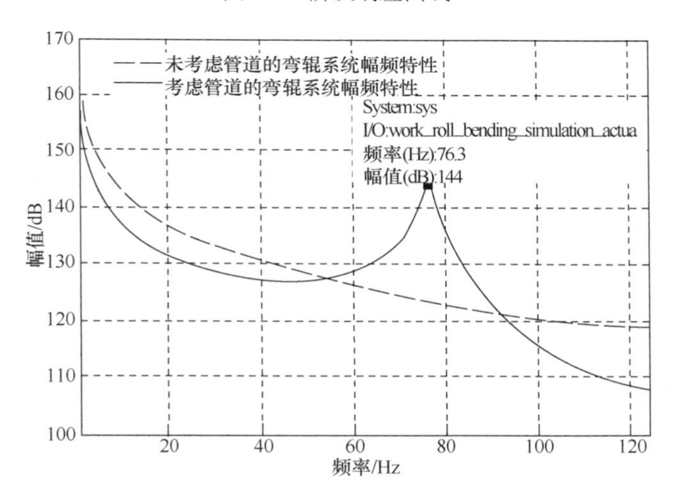

图 4-10　幅频特性曲线

4.2.6　工作辊弯辊系统的阶跃响应

工作辊弯辊控制系统为压力闭环控制系统，负载的等效刚度远远低于辊缝系统，弯辊伺服阀自身的响应速度低于辊缝系统伺服阀的响应速度，同时伺服阀与弯辊缸之间的管路很长，导致弯辊伺服控制系统的响应速度较慢。尽管工作辊弯辊控制系统的控制精度和响应时间没有辊缝系统要求的高，但在5%最大弯辊力的阶跃输入扰动下，工作辊弯辊系统的响应时间一般不要超过130ms，否则过慢的响应速度会影响到带钢的板形质量控制。

工作辊弯辊控制系统阶跃响应时间测试时，对控制系统设定值附加5%的方波，时间间隔为3s。保证工作辊弯辊控制系统的快速性，在系统不产生振荡和超调量允许的前提下，尽可能增大P参数，以短系统的响应时间。

图 4-11 为某 1450 冷连轧机第 1 机架工作辊弯辊系统的阶跃响应曲线，当内侧比例增益系数为 2.4，外侧比例增益系数为 3 时，系统的阶跃响应时间为 93ms。

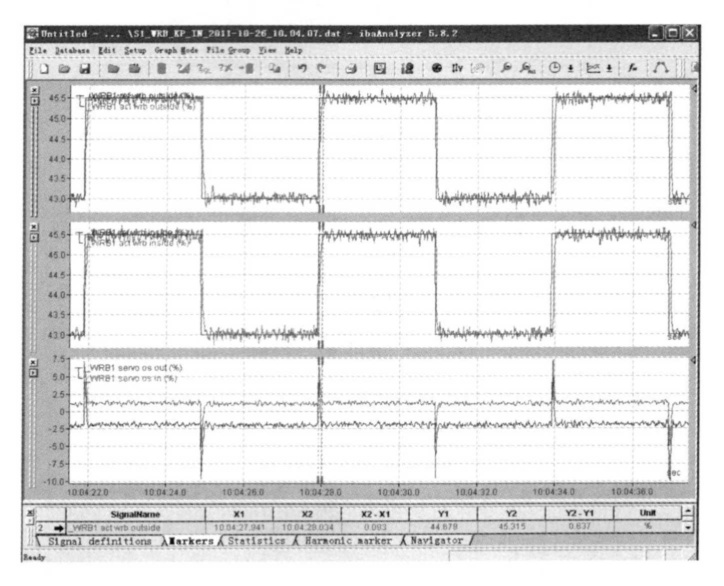

图 4-11　第 1 机架工作辊弯辊阶跃响应

图 4-12 为某 1450 冷连轧机第 2 机架工作辊弯辊系统的阶跃响应曲线，当内侧比例增益系数为 2.3，外侧比例增益系数为 2.6 时，系统的阶跃响应时间为 130ms。

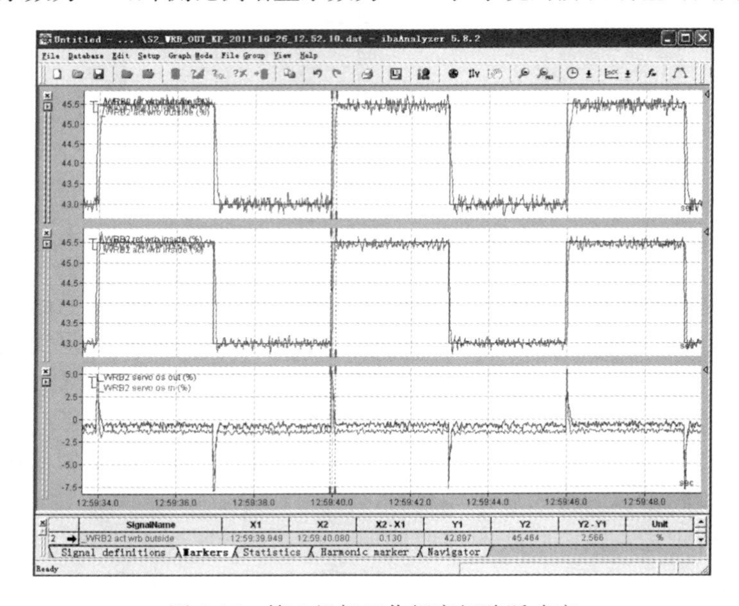

图 4-12　第 2 机架工作辊弯辊阶跃响应

图 4-13 为某 1450 冷连轧机第 3 机架工作辊弯辊系统的阶跃响应曲线，当内侧比例增益系数为 2.8，外侧比例增益系数为 2.7 时，系统的阶跃响应时间为 97ms。

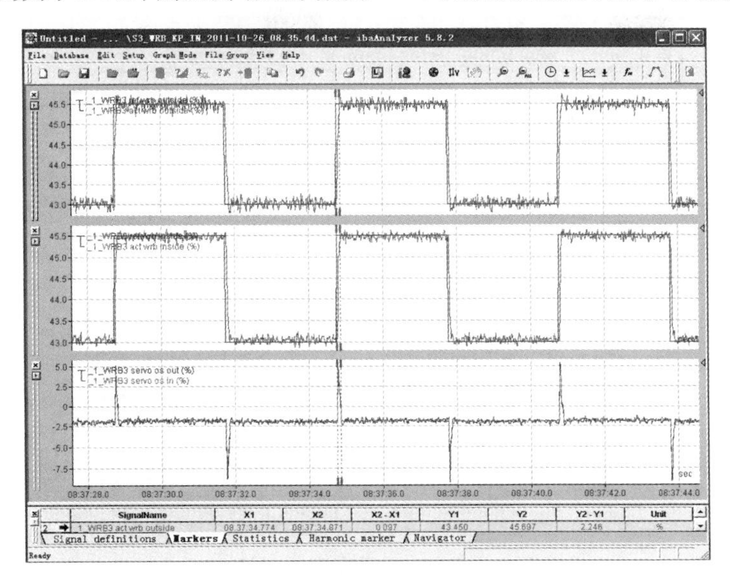

图 4-13　第 3 机架工作辊弯辊阶跃响应

图 4-14 为某 1450 冷连轧机第 4 机架工作辊弯辊系统的阶跃响应曲线，当内侧比例增益系数为 1.6，外侧比例增益系数为 2.9 时，系统的阶跃响应时间为 94ms。

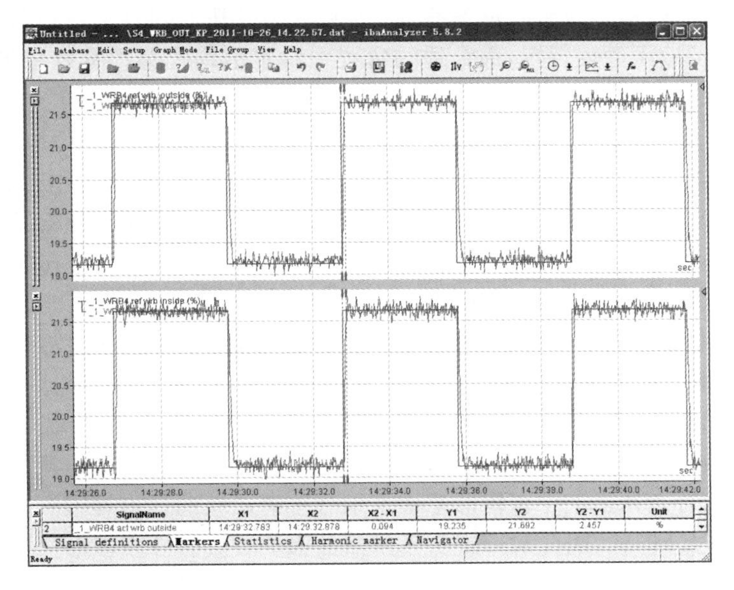

图 4-14　第 4 机架工作辊弯辊阶跃响应

图 4-15 为某 1450 冷连轧机第 5 机架工作辊弯辊系统的阶跃响应曲线，当内侧比例增益系数为 1.5，外侧比例增益系数为 1.5 时，系统的阶跃响应时间为 71ms。

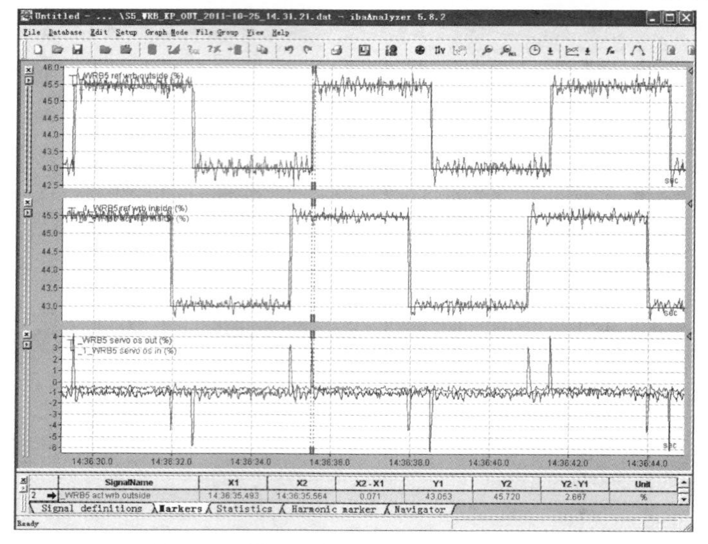

图 4-15　第 5 机架工作辊弯辊阶跃响应

4.2.7　工作辊弯辊力设定计算

轧机弯辊具有结构简单、响应速度快、板形控制效果明显以及便于与其他控制手段相结合等优点，是改善板形最有效、最灵活和最基本的方法，在现代化的冷轧机上都配备了液压弯辊装置，而合适的弯辊力设定值则是获得良好板形控制质量的关键所在。

目前，弯辊力设定模型主要有机理模型和简化模型两种。简化模型具有算法简单、易于实现、计算速度快、调试和维护方便等优点，在实际生产中得到了广泛的应用。简化模型通常基于操作人员的经验或者根据一定的理论分析结果，采用理论计算值或实测值进行数学回归后得到。影响弯辊力的主要因素包括带钢宽度、轧辊辊形、压下量、轧制力、带钢凸度等。

带钢宽度影响轧制压力的分布、辊间压力的分布，在其他参数不变的情况下，带钢宽度的增加会使辊缝有效凸度减小，此时应相应地减小弯辊力的值。在带钢宽度一定的情况下，轧制力与弯辊力之间呈现良好的线性关系。其斜率又受到带钢宽度的影响，带钢越宽，斜率越小，即弯辊力受轧制力波动的影响越小。

轧辊辊形，尤其是工作辊辊形是构筑承载辊缝形状的最直接因素，其辊形直接传递给承载辊缝形状，因此对弯辊力设定值的影响较大。轧辊辊形包括工作辊、支撑辊原始磨削辊形、热辊形以及磨损辊形。弯辊力与工作辊凸度和支撑辊凸度呈线性关系，轧辊凸度越大，弯辊力越小。

压下量大小对弯辊力的影响较小，弯辊力随着压下量的增加而略有降低，两者呈线性关系。轧制力与弯辊力之间呈良好的线性关系，而这种线性关系的斜率受到其他轧制参数尤其是带钢宽度的影响，带钢越宽，斜率越小，弯辊力受轧制力波动的影响越小。

$$F_W = k_0 + k_1 W + k_2 P + k_3 PW + k_4 P/W + k_5 D_W + k_6 D_I + + k_7 D_b + k_8 C_W + k_9 C_g + k_{10} \Delta h + k_{11} S_W$$

式中，F_W 为弯辊力设定值；W 为带钢宽度；P 为轧制力；D_W 为工作辊直径；D_I 为中间辊直径；D_b 为支撑辊直径；C_W 为工作辊凸度；C_g 为各机架出口目标凸度；Δh 为压下量；S_W 为工作辊横移量；$k_0 \sim k_{11}$ 为系数，由计算分析及现场实测结果确定。

4.3　工作辊非对称弯辊

4.3.1　工作辊非对称弯辊液压系统实现

带钢热轧过程中，受辊缝状态、坯料楔形、坯料宽度方向上温度不均、坯料板形不良、轧机入口导板不对中、轧辊两侧磨损不均、飞剪切头切尾不干净、轧机两侧机架刚度系数不同等影响，不可避免地导致带钢产生潜在或显性单边浪。实际生产统计数据也表明，浪形在所有板形缺陷中占的比重最大，而边浪缺陷在浪形缺陷中又是第一位的，如图 4-16 所示。

图 4-16　实际生产中带钢的单边浪

液压弯辊技术是 20 世纪 60 年代发展起来的一种控制带钢板形的有效方法。它是通过安装在机架弯辊缸块上的弯辊缸，对工作辊、中间辊或支撑辊端部动态施加弯辊力，改变辊缝的形状，进而改变轧辊的有效凸度，达到控制带钢板形的目的。液压弯辊是改善板形的一项基础性措施，由于其响应速度快、效率高等优点，目前在几乎所有的热轧机、冷轧机上均配有液压弯辊。

但由于受传统板形控制理论的局限，各机型配备的弯辊系统一般都采用对称弯辊。对称弯辊系统解决双边浪或二次板形缺陷效果明显，对单边非对称浪板形缺陷无能为力。

针对对称弯辊实际使用过程中对单边浪控制的局限性，在原对称弯辊液压系统的基础上进行改进，本书作者提出了一种全新理念的工作辊弯辊技术，能够实现对称弯辊和非对称弯辊的自由切换，非对称弯辊与倾斜控制同时使用，对带钢单边浪缺陷产生强力控制作用，进而能有效消除成品单边浪板形缺陷。

原设计 6 辊 UC 轧机工作辊弯辊的液压原理见图 4-17。工作辊弯辊液压系统分成两个控制回路：快速升降和平衡控制回路、弯辊力控制回路。快速升降和平衡回路采用液压插件、换向阀进行控制，该系统压力由减压阀 8 设定，通常该系统压力设定为 100bar。外侧弯辊力由伺服阀 9 根据二级设定值或由操作工手动设定，内侧弯辊力由伺服阀 10 根据二级设定值或由操作工手动设定。从该原理图可以看出，工作辊内、外侧弯辊力的可以不同，但作用在工作辊两端的总弯辊力是一致的，且正常工作时内外侧回路的设定值是完全相同的。这样设计该系统的优点在于当工作辊由正弯辊切换到负弯辊或由负弯辊切换到正弯辊的过程中可以实现无死区切换，避免系统冲击及对带材厚度精度和板形精度的影响，使用该工作辊弯辊液压系统根本无法实现非对称弯辊（非对称弯辊见图 4-18）。

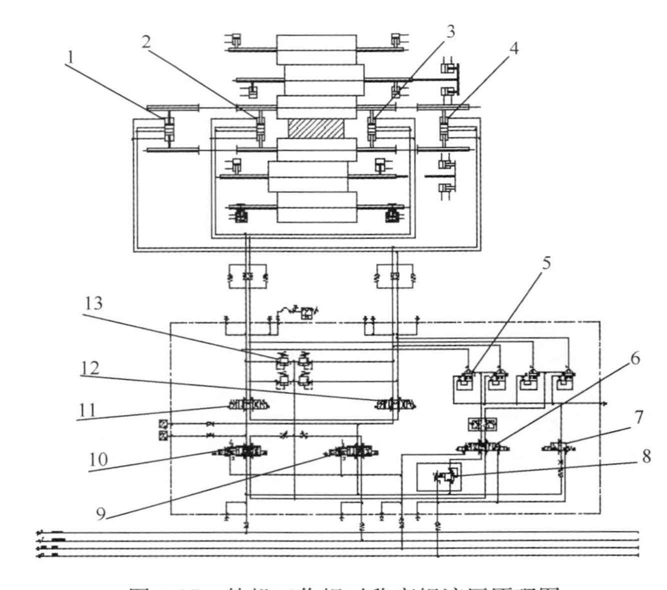

图 4-17 轧机工作辊对称弯辊液压原理图

1-操作外侧弯辊缸；2-操作内侧弯辊缸；3-传动内侧弯辊缸；4-传动外侧弯辊缸；5-控制工作辊快速升降及平衡的液压插件；6-控制工作辊快速升降换向阀；7-控制工作辊快速升降及平衡的液压插件通断；8-工作辊快速升降及平衡压力控制阀；9-控制外侧弯辊缸弯辊力的伺服阀；10-控制内侧弯辊缸弯辊力的伺服阀；11-内侧弯辊缸正负弯辊切换阀；12-外侧弯辊缸正负弯辊切换阀；13-弯辊缸压力控制安全阀

实现非对称弯辊必须对执行机构的液压系统进行改进，同时需要对控制系统程序进行修改。本书提出三种切实可行的工作辊非对称弯辊液压控制方案。

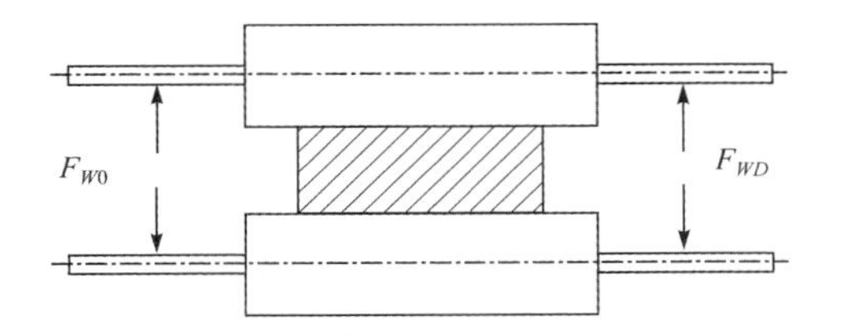

图 4-18　非对称弯辊示意图

$F_{W0}=F_{WD}$ 为对称弯辊；$F_{W0}\neq F_{WD}$ 为非对称弯辊

方案一：非对称工作辊弯辊的液压系统原理见图 4-19，此方案方法简单，对原工作辊弯辊液压系统的改动量少，只需对阀台出口开闭器后的管路适当地改变方向即可，不需要增加任何液压元件。该方案可以通过 PLC 控制程序设定值给定实现对称弯辊和非对称弯辊的切换，无法实现正负弯辊的无死区切换，因此只能用于正弯辊，适用于冷连轧机的中间各机架，不适用于末机架或平整机。

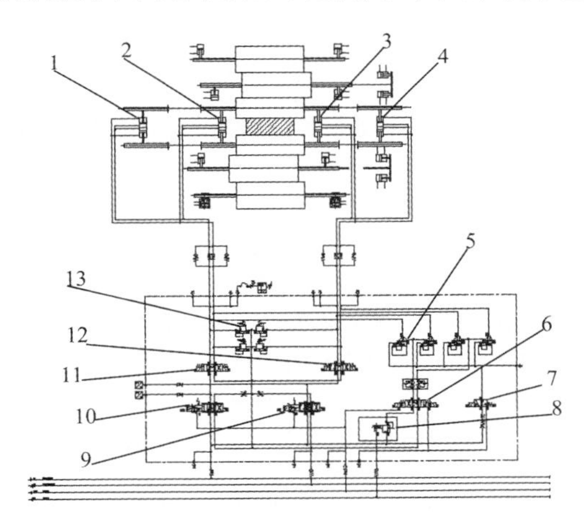

图 4-19　轧机工作辊非对称弯辊液压系统原理(方案一)

1-操作外侧弯辊缸；2-操作内侧弯辊缸；3-传动内侧弯辊缸；4-传动外侧弯辊缸；5-控制工作辊快速升降及平衡的液压插件；6-控制工作辊快速升降换向阀；7-控制工作辊快速升降及平衡的液压插件通断；8-工作辊快速升降及平衡压力控制阀；9-控制外侧弯辊缸弯辊力的伺服阀；10-控制内侧弯辊缸弯辊力的伺服阀；11-内侧弯辊缸正负弯辊切换阀；12-外侧弯辊缸正负弯辊切换阀；13-弯辊缸压力控制安全阀

方案二：非对称工作辊弯辊液压系统原理见图 4-20，此方案在原工作辊弯辊液压系统的基础上，增加 8 各球阀，实现工作辊两端内侧弯辊缸、工作辊两端外侧弯辊缸、工作辊传动侧弯辊缸、工作辊操作侧弯辊缸油路连接的切换。该方案能实现对称弯辊和非对称弯辊的切换，能实现无死区正负弯辊切换，适用于冷连轧机各机架和平整机。但该方案生产过程中控制比较麻烦，需要人工手动控制各缸之间油路的切换。适于控制批量产生的单边浪缺陷，也可通过程序实现对称弯辊和非对称弯辊切换。

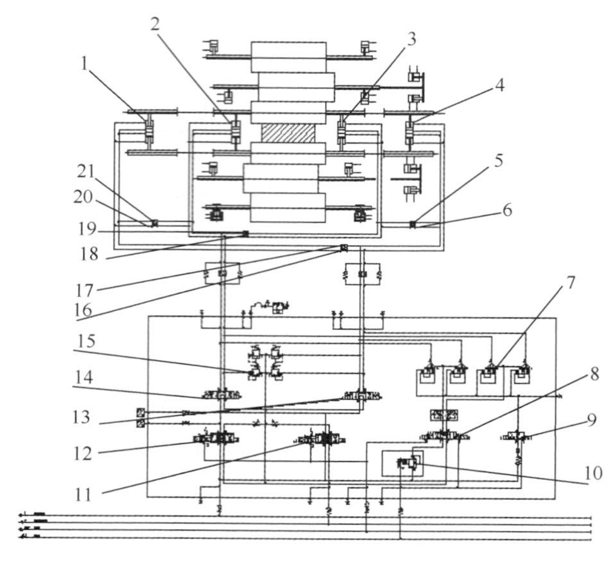

图 4-20　轧机工作辊非对称弯辊液压系统原理(方案二)

1-操作外侧工作辊弯辊缸;2-操作内侧工作辊弯辊缸;3-传动内侧工作辊弯辊缸;4-传动外侧工作辊弯辊缸;5-传动侧内外弯辊缸无杆腔开闭器;6-传动侧内外弯辊缸有杆腔开闭器;7-控制工作辊快速升降及平衡的液压插件;8-控制工作辊快速升降换向阀;9-控制工作辊快速升降及平衡的液压插件通断;10-工作辊快速升降及平衡压力控制阀;11-控制工作辊外侧或工作辊传动内外侧弯辊力的伺服阀;12-控制工作辊内侧弯辊力或工作辊操作内外侧弯辊力伺服阀;13-控制外侧弯辊力或传动侧弯辊力正负切换的换向阀;14-控制内侧弯辊力或操作侧弯辊力正负切换的换向阀;15-弯辊缸压力控制安全阀;16-外侧弯辊缸杆侧开闭器;17-外侧弯辊缸无杆侧开闭器;18-内侧弯辊缸杆侧开闭器;19-内侧弯辊缸无杆侧开闭器;20-操作侧内外弯辊缸无杆腔开闭器;21-操作侧内外弯辊缸有杆腔开闭器

方案三:非对称工作辊弯辊液压系统原理见图 4-21,此方案对原工作辊弯辊液压系统的改动较大,需增设 4 对双向液压锁和 2 个换向阀,4 对双向液压锁实现工作辊两端内侧弯辊缸、工作两端外侧弯辊缸、工作辊传动侧弯辊缸、工作辊操作侧弯辊油路的切换,2 个方向阀可快速自动实现对称弯辊和非对称弯辊的切换,无须像方案二那样手动切换。该方案适用于冷连轧机各机架和平整机。由于需要增加较多的液压元件,适于在新建机组中使用。

总之,对原有的对称弯辊液压系统进行改造,方案一及方案二较适合,方案三适用于新建机组。方案一适用于只有正弯的工作辊,方案二和方案三适用于正负弯的工作辊。方案一一旦改动将不能实现无死区正负弯切换,方案二和方案三仍保有死区切换功能。方案一和方案二对原液压系统的改动量少,方案三对原弯辊液压系统的改动量较大。连轧机 2、3、4 架使用方案一最为适合,末机架必须采用方案二,最好采用方案三。

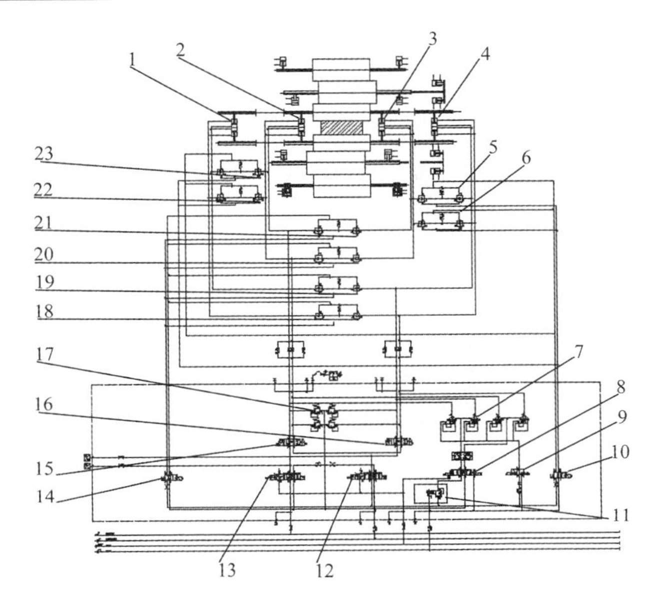

图 4-21　轧机工作辊非对称弯辊液压系统原理(方案三)

1-操作外侧工作辊弯辊缸;2-操作内侧工作辊弯辊缸;3-传动内侧工作辊弯辊缸;4-传动外侧工作辊弯辊缸;5-传动侧内外弯辊缸无杆腔导通器;6-传动侧内外弯辊缸有杆腔导通器;7-控制工作辊快速升降及平衡的液压插件;8-控制工作辊快速升降换向阀;9-控制工作辊快速升降及平衡的液压插件通断;10-内外侧弯辊缸导通器控制阀;11-工作辊快速升降及平衡压力控制阀;12-控制工作辊外侧或工作辊传动内外侧弯辊力的伺服阀;13-控制工作辊内侧弯辊力或工作辊操作内外侧弯辊力伺服阀;14-内侧弯辊缸和外侧弯辊缸导通器控制阀;15-控制内侧弯辊力或操作侧弯辊力正负切换的换向阀;16-控制外侧弯辊力或传动侧弯辊力正负切换的换向阀;17-弯辊缸压力控制安全阀;18-外侧弯辊缸杆侧导通器;19-外侧弯辊缸无杆侧导通器;20-内侧弯辊缸杆侧导通器;21-内侧弯辊缸无杆侧导通器;22-操作侧内外弯辊缸无杆腔导通器;23-操作侧内外弯辊缸有杆腔导通器

实施后的非对称工作辊弯辊控制系统原理见图 4-22。操作侧的 8 个弯辊缸由一组伺服阀单独控制,来自二级设定的工作辊操作侧弯辊力、人工手动设定的操作侧弯辊力和板形系统反馈操作侧弯辊力变化量求和后作为操作侧工作辊弯辊伺服

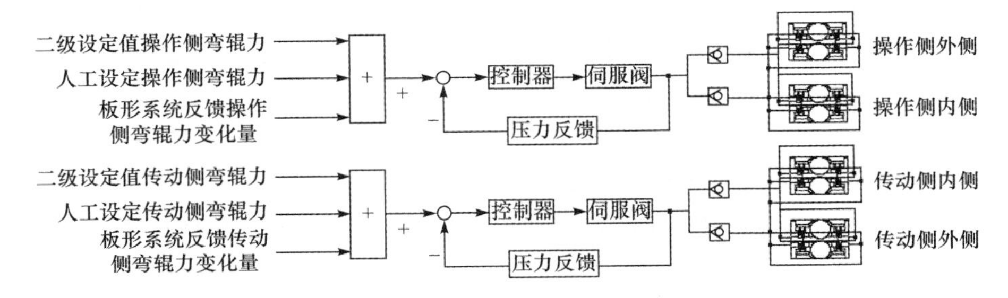

图 4-22　工作辊非对称弯辊控制系统原理

阀的给定值,输入到伺服阀控制器,在控制器前设定值与系统的反馈值相比较,经过伺服放大器转换为伺服阀的电流输入,通过伺服阀输出控制操作侧工作辊弯辊缸的压力,进而控制弯辊力。传动侧工作辊弯辊缸的弯辊控制原理与操作侧相同。

实现工作辊非对称弯辊后,操作侧和传动侧的弯辊力可以单独控制,进而实现非对称工作辊弯辊,再配合辊缝倾斜(图 4-23)和中间辊非对称弯辊(图 4-24),可以有效地解决带钢的单边浪板形缺陷。

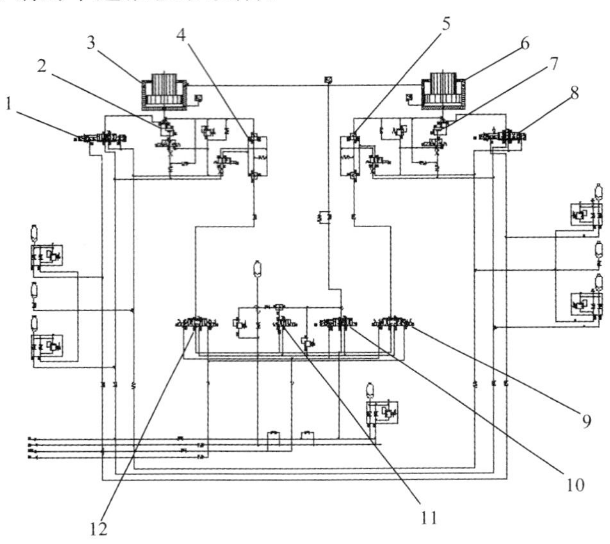

图 4-23　辊缝倾斜控制液压系统原理

1-操作侧伺服阀;2-操作侧伺服控制回路液压锁;3-操作侧辊缝缸;4-操作侧比例回路液压锁;5-传动侧比例回路液压锁;6-传动侧辊缝缸;7-传动侧伺服控制回路液压锁;8-传动侧伺服阀;9-传动侧比例阀;10-辊缝缸背压伺服阀;11-蓄能器液压锁;12-操作侧比例阀

4.3.2　工作辊非对称弯辊控制非对称板形缺陷

随着科学技术的进步和市场竞争的激化,用户对带钢板形的要求不断提高,尤其是对家电板、汽车板、镀锡板以及电工钢等冷轧薄板的板形提出了更高的要求。高精度的板形控制是轧制工艺、设备和控制等领域研究者共同追求的目标,也是带材轧制的关键技术。

不同机型配置的轧机,其板形调控手段不同。机型配置方案一旦确定,板形调控手段基本固定。现代冷轧机必备的基本调控手段包括辊缝倾斜、弯辊以及精细分段冷却。弯辊有工作辊弯辊、中间辊弯辊和支撑辊弯辊,且一般都采用对称弯辊。可选的调控手段包括轧辊轴向窜动、可控变形支撑辊、轧辊成对交叉和特殊初始辊形。

在所有的板形调控手段中,工作辊弯辊是板形控制中最为活跃和有效的因素,是板带轧制生产中最主要的保证成品板形质量的手段之一。其余调控板形的手

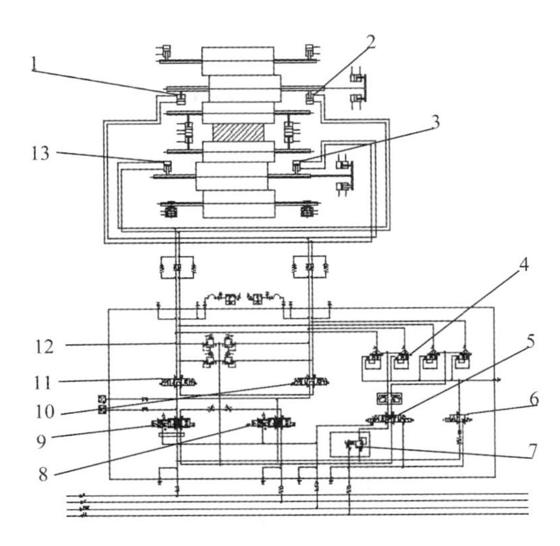

图 4-24　中间辊弯辊非对称弯辊液压系统原理

1-上中间辊操作侧弯辊缸；2-上中间辊传动侧弯辊缸；3-下中间辊传动侧弯辊缸；4-控制中间辊快速升降及平衡的液压插件；5-控制中间辊快速升降换向阀；6-控制中间辊快速升降及平衡的液压插件通断；7-中间辊快速升降及平衡压力控制阀；8-下中间辊传动侧和上中间辊操作侧弯辊力伺服阀；9-下中间辊操作侧和上中间辊传动侧弯辊力控制伺服阀；10-下中间辊传动侧和上中间辊操作侧弯辊力正负切换阀；11-下中间辊操作侧和上中间辊传动侧弯辊力正负切换阀；12-弯辊缸压力控制安全阀；13-下中间辊操作侧弯辊缸

段，都必须配合工作辊弯辊。工作辊对称弯辊，只能用来调控对称的二次和四次板形缺陷，不能实现非对称板形缺陷的调控，而非对称板形缺陷的控制也是轧制领域的一个难题。

冷轧过程中，经常由于轧制条件和原料的原因使成品带钢出现非对称板形缺陷，这种非对称板形缺陷一旦产生，轻则降低产品的成材率、生产成本和产品的竞争能力，重则导致设备的损坏。例如，某冷轧厂某生产线 2009 年板形缺陷统计见表 4-1 和图 4-25，单边浪板形缺陷 8561t，占全年板形缺陷总量的 37.46%，单项板形缺陷中单边浪所占比重最大。板形缺陷的总数占全年产量的 3.26%。

表 4-1　某冷轧厂某单机架平整机 2009 年板形缺陷统计

时间	单边浪/t	双边浪/t	中浪/t	单侧二肋浪/t	复合浪/t
2009 年 1 月	155.753	197.191	257.376	0.000	0.000
2009 年 2 月	248.571	255.024	66.765	20.225	0.000
2009 年 3 月	474.988	369.017	572.161	44.820	0.000
2009 年 4 月	681.395	359.425	722.402	120.926	25.362
2009 年 5 月	1053.038	533.476	1673.779	1847.100	0.000
2009 年 6 月	952.678	344.213	1162.539	16.410	0.000

续表

时间	单边浪/t	双边浪/t	中浪/t	单侧二肋浪/t	复合浪/t
2009 年 7 月	699.307	232.787	613.352	21.890	0.000
2009 年 8 月	865.882	384.508	296.666	0.000	0.000
2009 年 9 月	926.011	746.175	490.745	67.078	0.000
2009 年 10 月	1450.054	371.785	784.771	234.628	0.000
2009 年 11 月	707.842	137.983	562.459	230.554	0.000
2009 年 12 月	345.741	273.064	178.055	78.305	0.000
合计	8561.260	4204.648	7381.070	2681.936	25.362

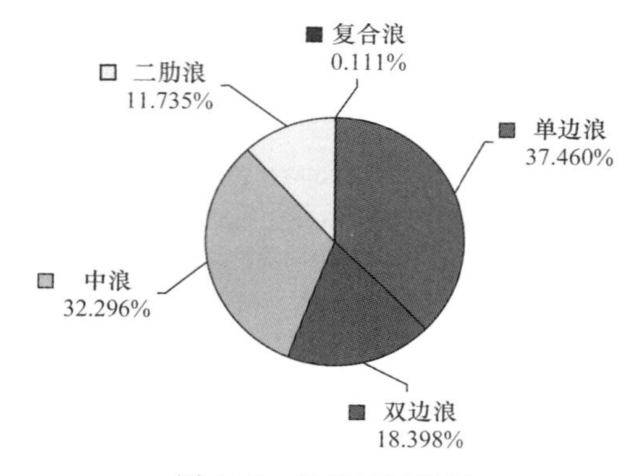

图 4-25　缺陷统计饼图

双边浪和中浪板形缺陷等对称板形缺陷可通过有效的控制弯辊力得以消除。当非对称板形缺陷产生时，目前常用的调节方法就是进行轧辊倾斜和分段冷却调整。轧辊倾斜虽然在一定程度上能够控制非对称板形，但也同时不可避免地带来板形的瞬间波动，调节不当不但非对称板形缺陷无法消除，还会导致其他板形缺陷的产生甚至断带。因此研制新型的非对称板形缺陷调控手段对于提高板形质量具有重要的实际应用意义。

4.3.3　工作辊非对称弯辊基本原理

实际轧制过程中，入口原料的横向厚度几何尺寸的分布不均、材料的局部组织性能差异以及轧机双侧辊缝系统特性不同，必然导致轧机两侧的轧制力不同，从而轧制变形区的单位宽度轧制力分布沿轧辊中心平面不对称分布，因此成品带材的厚度和出口带钢的张应力分布也不是左右对称的。由于在理论分析计算中无法考虑上述未知因素的影响，所以辊系弹性变形和轧件塑性变形都是以对称变形为基础进行理论分析和计算。

工作辊弯辊的目的就是补偿轧制力引起的轧辊对称凸度变化，是靠辊端液压缸产生推力，作用在轧辊辊径上，使轧辊产生附加弯曲，瞬时地改变轧辊的有效挠度，从而改变轧机承载辊缝的形状和轧后带材的横向张力分布，实现板形控制，如图 4-26(a)所示，图中 F_I 为中间辊弯辊力，F_W 为工作辊弯辊力。

从理论上讲，轧机的板形调控手段越多，板形控制效果越好。一种机型拥有调控执行机构数目越多，该机型的板形调控能力越强，无疑动态板形辊轧机(dynamic shape roller，DSR)具有最优越的板形调控能力，但其高额的设备成本和复杂的维修令人望而却步。对于高凸度(high crown，HC)、万能凸度(universal crown，UC)、连续可变凸度(continuously variable crown，CVC)和普通四辊等主流的轧机机型，要想提高板形质量，降低非对称板形缺陷数量，切实有效的途径是增加板形调控机构的数量，对工作辊双侧弯辊力进行差动调节，如图 4-26(b)所示，F_{WD} 为传动侧工作辊弯辊力，F_{W0} 为操作侧工作辊弯辊力。

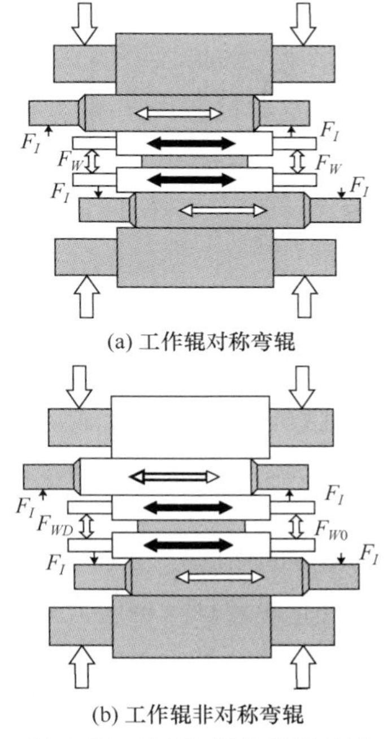

图 4-26　UC 轧机的弯辊系统

冷轧机常用机型的弯辊调控机构包括工作辊弯辊和中间辊弯辊，工作辊弯辊调控执行机构为一个，如图 4-27 所示。若将工作辊弯辊调控机构进行拆分，工作辊传动侧(drive side，DS)采用一套控制系统，而操作侧(operation side，OS)采用另一套控制系统，这样工作辊弯辊板形调控机构由一个增加到两个(图 4-28)，工作辊传动侧和操作侧的弯辊分开进行单独控制既可以实现对称控制，也可以实现非对称控制。

如图 4-26(b)所示，当 $F_{W0}=F_{WD}$ 时，即通常所说的工作辊弯辊，工作辊产生的附加弹性弯曲变形沿轧制中心线对称，对单侧板形缺陷进行弯辊调节时，对侧的弯辊力亦要进行同步调节，进而有可能导致对侧板形缺陷的发生；而当 $F_{W0}\neq F_{WD}$，即工作辊两端施加不同的弯辊力时，工作辊产生的附加弯曲沿轧制中心线两侧将是非对称的，辊间压力分布、单位宽度轧制力分布等均发生非对称变化，最终导致承载辊缝由原来的沿轧制中心线的对称分布转变为非对称分布，带钢的出口厚度、出口张力均发生相应的变化，若此时非对称辊缝变形刚好抵消板形缺陷中非对称板形缺陷，则可以起到控制非对称板形缺陷的作用。

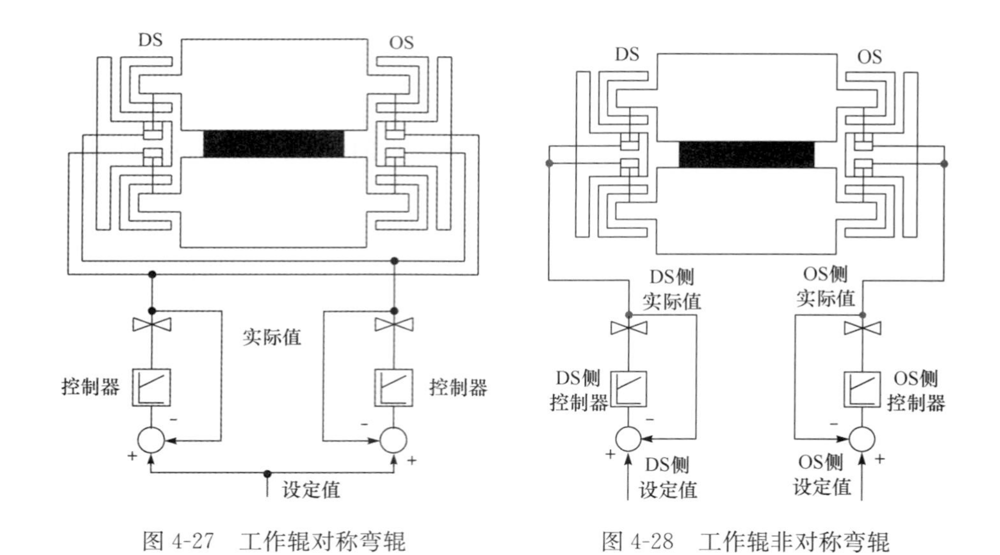

图 4-27　工作辊对称弯辊　　图 4-28　工作辊非对称弯辊

4.3.4　冷轧机工作辊非对称弯辊板形控制理论分析

冷轧带钢的板形控制理论包括轧件塑性变形理论、辊系弹性变形理论和带钢屈曲变形理论。轧件塑性变形为辊缝变形模型提供轧制压力的横向分布，为屈曲变形模型提供张应力的横向分布；辊系弹性变形模型为轧件塑性变形模型提供轧后带材厚度的横向分布；屈曲变形模型根据张力的分布，判断轧后带材的板形状态。

计算辊系弹性变形的方法有整体解析法、分割单元影响函数法和有限元法。整体解析法的计算结果偏离实际较大；有限元法的计算精度虽然较高，但求解计算需要较长的时间，而且由于带钢网格畸变的原因，对薄带钢冷轧过程很难得出收敛的计算结果。本书的辊系变形计算采用广泛应用于实际工程计算的、精度能够满足要求的分割单元影响函数法。

分析轧件三维塑性变形的数值方法有变分法、三维差分法、有限元法、边界元法和条元法。本书计算轧件塑性变形采用较适合于带钢冷轧过程的变分法。

近几年，带钢屈曲变形虽然取得了一些理论研究成果，但实际中还没有得到有效应用。因此在张力迭代计算中按照经典的带钢屈曲变形临界条件，对每步的计算结果进行上限幅处理。

冷轧机工作辊非对称弯辊板形控制理论分析计算过程见图 4-29。通过分割单元影响函数法建立的辊系变形模型和变分法建立的轧件三维变形模型无法直接进行求解，故采用迭代法进行计算。整个程序由辊间压力修正内环、轧制力修正内环、出口厚度修正内环和张力修正外环四个循环体构成，ε_1、ε_2、ε_3 和 ε_4 为相应的迭代结束条件，$\varepsilon_1=1\text{N}$，$\varepsilon_2=100\text{N}$，$\varepsilon_3=10^{-7}\text{m}$，$\varepsilon_4=3\text{N}$。图 4-29 中，$P$ 为各分割单元

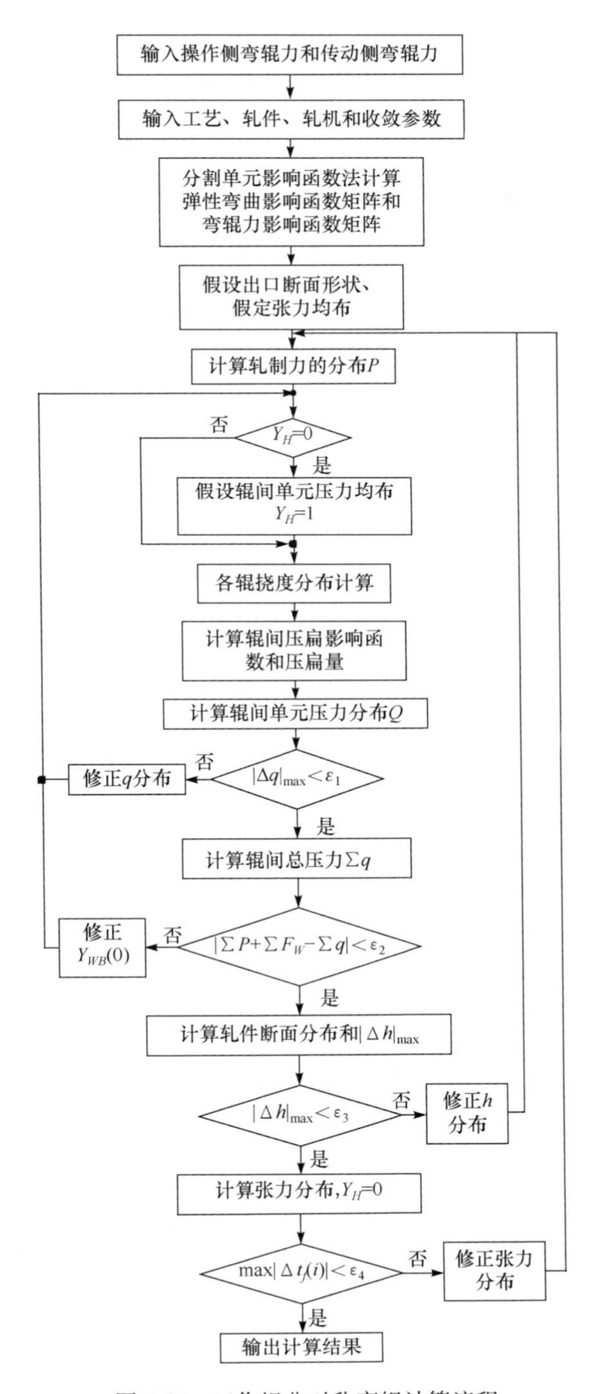

图 4-29　工作辊非对称弯辊计算流程

轧制力向量,Q 为各分割单元辊间压力分布向量,p 为各分割单元的轧制力,q 为各分割单元的辊间压力,F_W 为弯辊力(包括 F_{W0} 和 F_{WD}),h 为轧机出口带钢厚度,t 为带钢张应力,i 为各分割单元的编号,Y_H 为迭代初始判断变量,$Y_{WB}(0)$为辊面中心处的压扁量。

由于研究问题的特殊性,非对称辊系变形计算与传统对称辊系变形计算完全不同,不再以 1/4 辊系为研究对象,而必须以整体上辊系或下辊系为研究对象。离散单元的划分只能采用沿辊身全长自左至右的整体排列法。支撑辊、中间辊和工作辊的弹性弯曲影响函数计算必须采用简支梁的形式,且需要依据卡氏定理推导。工作辊和中间辊的弯辊力影响函数的计算、压扁影响函数、静力平衡条件和变形协调关系与对称弯辊计算相关文献的方法相同。

Bland-Ford-Hill 公式是冷轧带钢最常用的轧制力公式,单元轧制力的计算采用基于此公式推导的显示轧制力计算模型,避免了迭代计算。该模型综合考虑了轧件的塑性变形和弹性变形。

单元前后张应力的计算采用根据金属体积不变定律得出的模型,该模型既考虑了原料的板形,又考虑了金属的横向流动。带钢产生非对称板形缺陷时,轧件厚度横线分布不再以轧制线为中线左右对称,因此入口、出口带钢厚度的横向厚度分布可采用三次样条函数拟合。

4.3.5　计算结果分析及实际应用效果

以某 1250 小轧机为例,工作辊直径为 398.706mm,中间辊直径为 445.198mm,支撑辊直径为 1203.787mm,工作辊辊身长度为 1250mm,支撑辊辊缝缸中心距为 2500mm,带钢宽度 1002mm,中间辊窜辊量 80mm,轧制道次入口厚度 0.765mm,出口厚度 0.498mm,屈服强度为 610MPa,分割单元宽度为 25mm。轧辊弹性模量为 220GPa,泊松比为 0.3,带钢出口总张力 11.8kN。

为提高工作辊的弯辊效率和消除辊间的有害接触区,中间辊根据不同的带钢宽度进行轴向窜辊,轴向窜动必然导致辊间压力分布不均。辊间接触压力分布不均则加重轧辊磨损,严重时还会导致轧辊表面剥落掉皮。为研究工作辊非对称弯辊对辊间压力分布的改善效果,工作辊弯辊力在设定值的基础上,操作侧减 5%,传动侧增加 5%,工作辊和中间辊的辊间压力分布的计算结果如图 4-30 所示,中间辊端部与工作辊接触区域的最大单位宽度压力由 7.78kN/mm 减小到 6.58kN/mm。

中间辊和支撑辊间的辊间压力分布如图 4-31 所示。与工作辊对称弯辊相比,工作辊非对称弯辊后,轧辊两端的辊间单位宽度压力降低,中间区域的单位宽度辊间压力提高,辊间压力分布不均得到有效缓解,边部效果显著,最大降幅值达 1.213kN/mm。

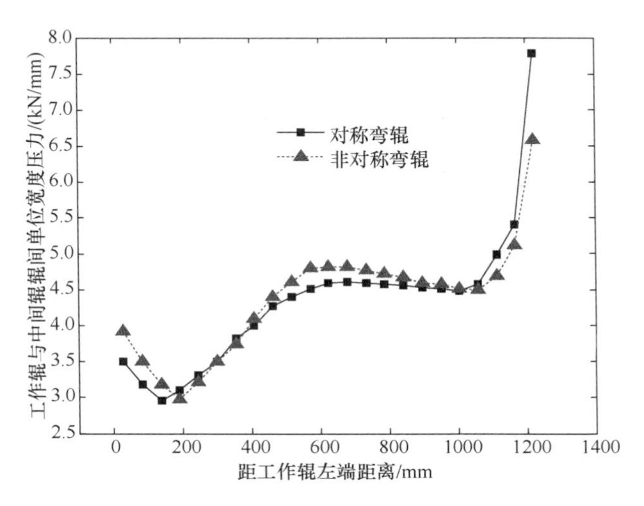

图 4-30　工作辊非对称弯辊和对称弯辊对工作辊与中间辊的辊间压力影响

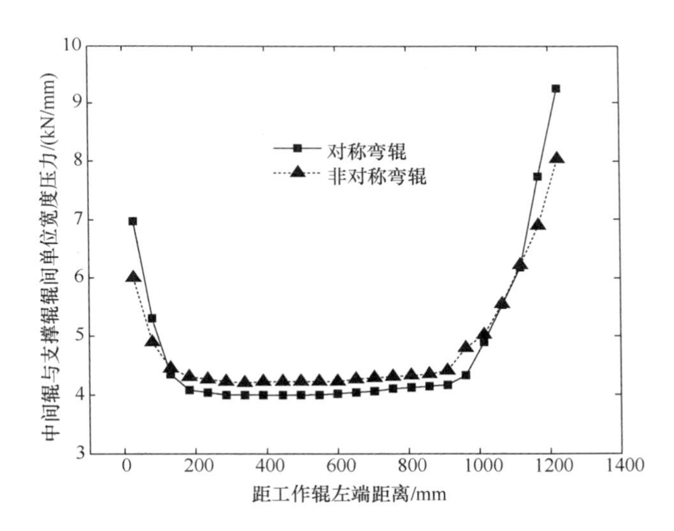

图 4-31　工作辊非对称弯辊和对称弯辊对中间辊与支撑辊的辊间压力影响

为了直观分析工作辊非对称弯辊对带钢出口厚度和张力的影响，计算过程中给入口带钢附加 0.05mm 的楔形，带钢边部厚的一端增加 5%的弯辊力，带钢边部薄的一端减少 5%的弯辊力。出口带钢横向厚度分布如图 4-32 所示。在对称弯辊情况下，出口轧件两侧有明显的厚度差异；而采用非对称弯辊后，两侧厚差基本消失，带钢的厚度沿轧制中心线呈对称分布。

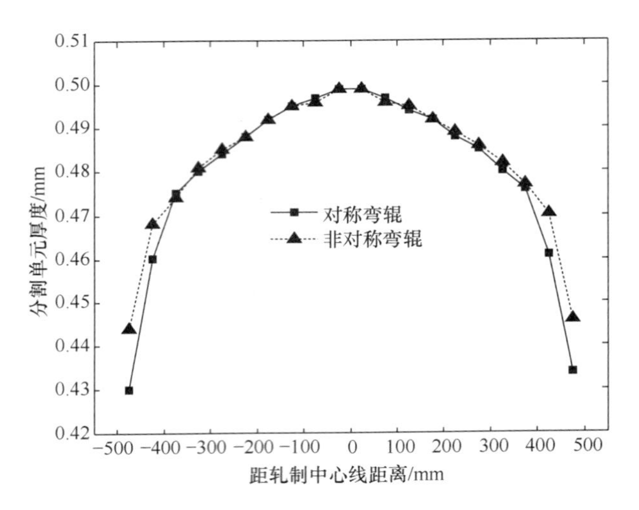

图 4-32　工作辊非对称弯辊和对称弯辊的轧件厚度分布

在两种弯辊条件下，轧机出口带钢的单元张应力分布如图 4-33 所示。对称弯辊时，由于原料楔形的原因，轧制中心线两侧的带钢张力分布明显不对称，存在不对称浪形；而采用非对称弯辊后，张应力分布几乎呈对称分布，非对称板形缺陷消失。

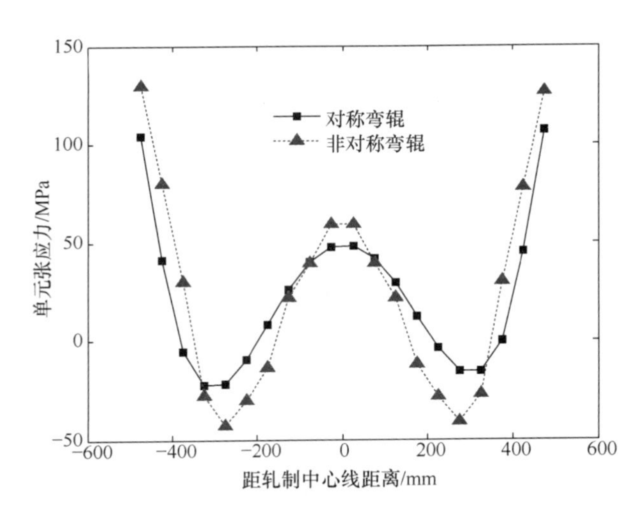

图 4-33　工作辊非对称弯辊和对称弯辊的单元张应力分布

衡量轧机的板形控制能力、轧机板形自动控制系统控制精度或者用于建立和完善板形自动控制的数学模型，通常采用板形评价方法。冷轧带钢板形评价方法包括平均值法、均方差法、最大值法、最大值与最小值之差法、浪高和最大波高值法

等六种方法。本书用 Bessel 标准差衡量工作辊非对称弯辊的板形调控效果。Bessel 标准差的计算公式为

$$\lambda = \sqrt{\frac{\sum_{i=1}^{n}[\Delta\sigma(i)]^2}{n-1}}$$

式中，λ 为板形标准差；$\Delta\sigma(i)$为第 i 测量段上的实测板形应力值与各段平均应力值的差值；n 为带钢对应板形辊的测量段数。

带钢存在非对称一次项板形缺陷时，UC 轧机的唯一调控手段是倾斜。由于轧机主液压辊缝位置倾闭环嵌入在轧制力闭环中，位置闭环控制只是根据设定倾斜和实际倾斜的差值，通过 PI 控制器的运算后，对伺服阀附加输入电流用于调整轧辊的倾斜，这样位置闭环和轧制力闭环存在耦合干扰。倾斜位置闭环控制系统与单独的位置闭环控制系统完全不同，若倾斜的调整量很小，系统很难与单独位置闭环一样具有稳定的静态误差，而是经常存在瞬态波动，其对高精度板形控制是非常不利的。

倾斜设定值小于限幅值 10%时，使用轧辊倾斜调整非对称板形缺陷，调控效果的 Bessel 标准差如图 4-34 所示，标准差最大值为 9I 左右(把翘曲的带钢裁成若干条并铺平，则带钢的各条有不同延伸，用$\Delta L/L$ 表示板形，通常以 I 单位标识，$1\text{I}=\Delta L/L\times 105$)，波动范围为 1～9I，波动幅值较大。使用工作辊非对称弯辊替代倾斜进行控制时，调控效果的 Bessel 标准差如图 4-35 所示，最大值为 5I，波动范围为 2～5I。通过对比可以看出，采用工作辊非对称弯辊可获得非常平稳的板形标准差分布和更小的平均板形标准差。

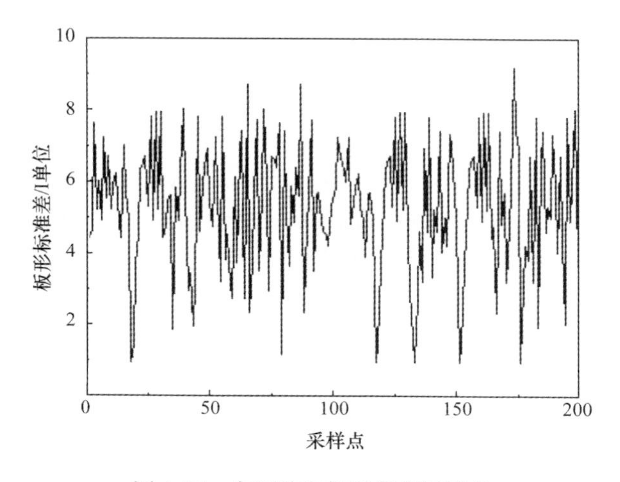

图 4-34　实际轧辊倾斜调控标准差

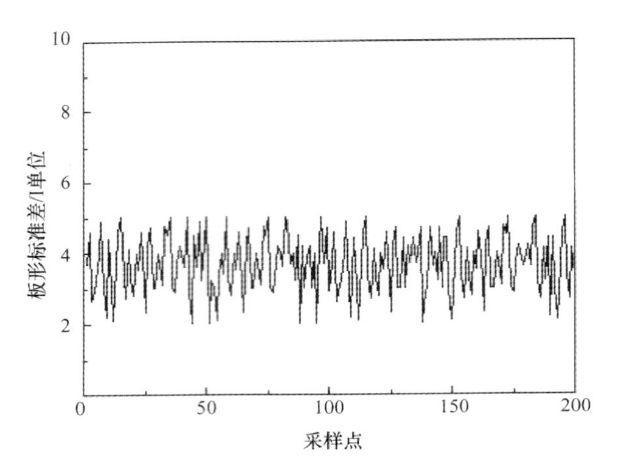

图 4-35　实际工作辊非对称弯辊调控标准差

4.4　工作辊弯辊无扰切换

具备无扰切换功能的工作辊弯辊液压控制系统原理见图 4-36,传动侧和操作侧内侧弯辊液压缸用一个伺服阀控制,传动侧和操作侧外侧的弯辊液压缸用另外一个伺服阀控制。内侧和外侧弯辊液压缸的正弯辊、负弯辊切换用换向阀实现。末机架轧机用工作辊弯辊进行板形控制时,需要实时调节工作辊弯辊力,而且有时需要正负弯辊的频繁切换。正负弯辊的切换用电磁换向阀来完成,不但响应时间长,而且会造成液压系统的冲击振荡,严重影响带钢的板形控制质量。

因此在工作辊弯辊进行正弯辊和负弯辊切换时,必须保证平滑过渡和无扰切换。设工作辊弯辊力的总设定值为 F_{W_Set},内侧弯辊力设定值为 $F_{W\_Set\_In}$,外侧弯辊力设定值为 $F_{W\_Set\_Out}$:

$$F_{W\_Set}=F_{W\_Set\_In}+F_{W\_Set\_Out}$$

内侧弯辊液压缸始终处于负弯辊状态,即 $F_{W\_Set\_In}<0$。在工作辊需要输出正弯辊时,即 $F_{W\_Set}>0$ 时,内侧负弯辊保持恒定 $F_{W\_Set\_In}=-5\%$,外侧弯辊力随总弯辊力变化。当 $-60\%\leqslant F_{W\_Set}\leqslant 0$ 时,外侧正弯辊保持恒定 $F_{W\_Set\_Out}=5\%$。当 $F_{W_Set}<-60\%$时,内侧弯辊力保持恒定 $F_{W\_Set\_In}=-60\%$,外侧弯辊力随总弯辊力的变化而变化。内、外侧弯辊设定值分配曲线见图 4-37。这样就能够保证始终有弯辊液压缸与工作辊轴承座紧密接触,消除了正负弯辊的切换时间,避免了弯辊液压系统的冲击振荡,实现正负弯辊之间的无扰平滑切换。

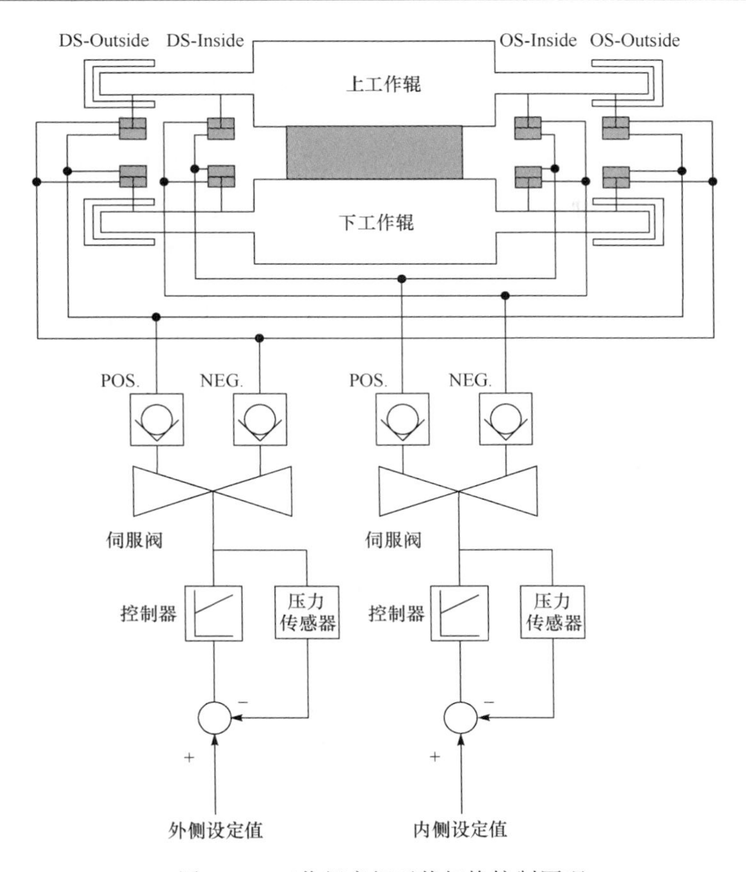

图 4-36　工作辊弯辊无扰切换控制原理

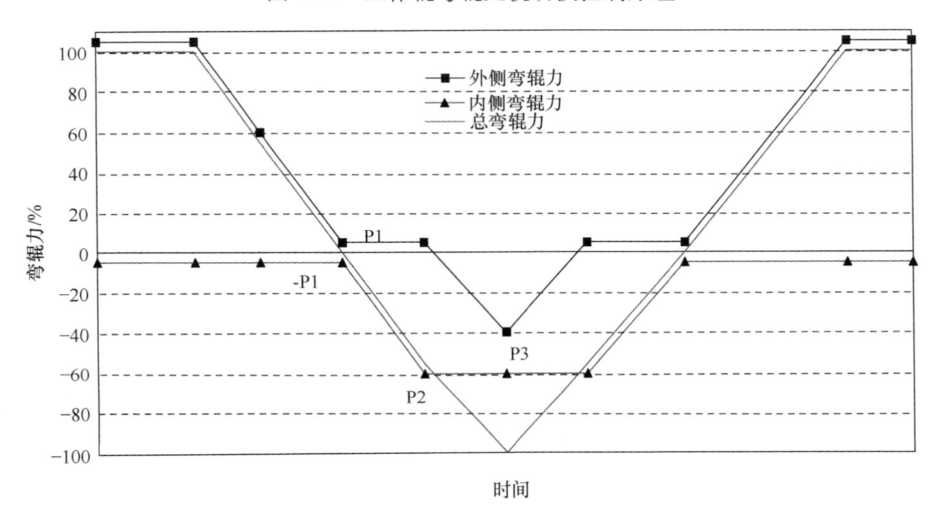

图 4-37　工作辊无扰切换设定值

4.5　中间辊弯辊液压系统

冷轧机典型工作辊弯辊液压系统组成见图 4-38。1 为中间辊辊弯辊液压缸，通常为柱塞结构形式，数量通常为 8、16。8 和 9 为伺服阀，8 用于控制下中间辊操作侧和上中间辊传动侧弯辊液压缸，9 用于控制下中间辊传动侧和上中间辊操作侧弯辊液压缸。7 和 6 为油压传感器，安装在中间辊弯辊阀台上，用于检测伺服阀出口油压，进行弯辊力闭环控制。中间辊弯辊力伺服阀控制回路典型结构形式为：下中间辊操作侧弯辊液压缸和上中间辊传动侧弯辊液压缸用一个液压伺服阀控制，下中间辊传动侧弯辊液压缸和上中间辊操作侧弯辊液压缸用一个液压伺服阀控制，这样能保证带钢板形质量的严格对称性。5 和 18 为换向阀，用于正负弯辊动态切换。3 和 4 为溢流阀，限定正弯辊和负弯辊管路中的油压，防止产生过高的冲击油压导致弯辊缸密封损坏。

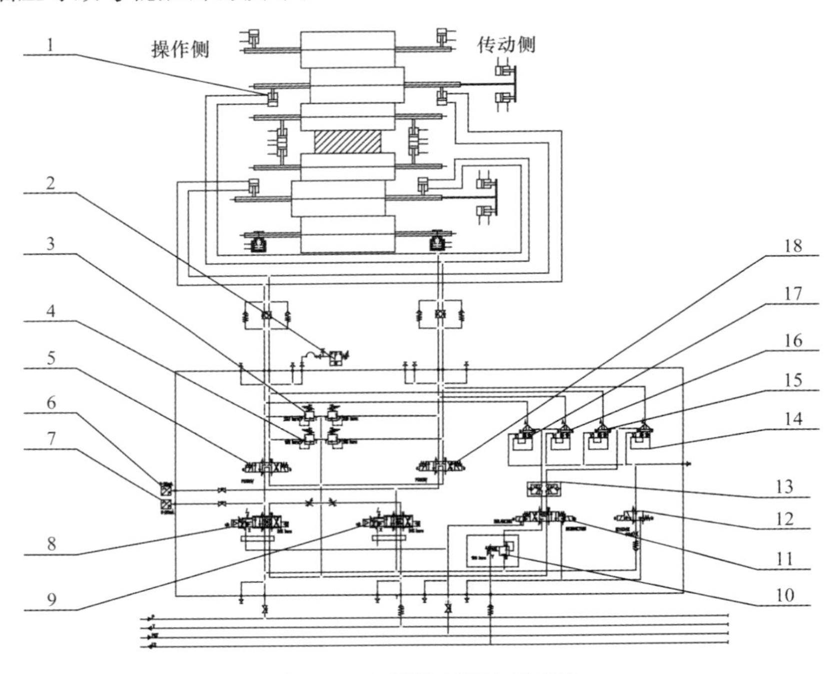

图 4-38　中间辊弯辊液压系统

换辊时工作辊平衡和下降的控制由图中右侧的液压系统实现。10 为减压阀，通常设定压力为 100bar，控制工作辊平衡和下降的供油压力，防止伺服系统油压过高造成弯辊缸损坏。11 为换向阀，控制所有工作辊弯辊缸的平衡或下降。13 为双向节流阀，实现操作侧和传动侧弯辊液压缸同步平衡或下降。14、15、16 和 17

为插装阀、控制操作侧和传动侧弯辊液压缸平衡、下降液压油路的通断控制。12 为二位三通换向阀,控制插装阀的开启和关闭。2 为压力继电器,工作辊平衡到位后触发,用于 PLC 换辊顺序动作平衡到位检测。

4.6　中间辊弯辊系统动特性

1972 年,日本日立公司和新日铁钢铁公司联合研制出新式 6 辊 High Crown 轧机,简称 HC 轧机,使板形理论和板形控制技术进入了一个新的时期。HC 轧机是为了克服阶梯支撑辊轧机支撑辊与工作辊接触长度不能随板宽的变化而改变,以及提高工作辊弯辊调控功效而开发的。

HC 轧机是在普通四辊轧机的基础上,在支撑辊和中间辊之间安装一对可轴向窜动的中间辊,如图 4-39 所示。中间辊的窜动量可根据轧制板带的宽度动态调整,其作用相当于可变辊长的双阶梯轴支撑辊。通过中间辊的窜动,改善了工作辊和支撑辊间的接触状态,消除了普通四辊轧机的有害接触区,提高辊系的横向刚度,提高了弯辊的调控功效。此外由四辊增加到六辊,允许较小直径的工作辊,在保证板形质量良好的条件下,实现大辊缝轧制。根据轧辊窜动配置情况 HC 轧机又派生出多种形式,如 6 辊 HCM(图 4-39)、6 辊 HCMW 和 4 辊 HCW。HCM 具有较大的调节范围,适用于连轧机组的入口机架,以防止由于来料不均造成的轧辊磨损而影响带材凸度;HCW 的调节范围较小,但具有较高的调节精度,更适用于连轧机的出口机架;HCMW 同时具有上述两种优点。HC 轧机也可以与其他调控手段相结合形成板形调控能力更强的轧机,如 HC-CVC 轧机。

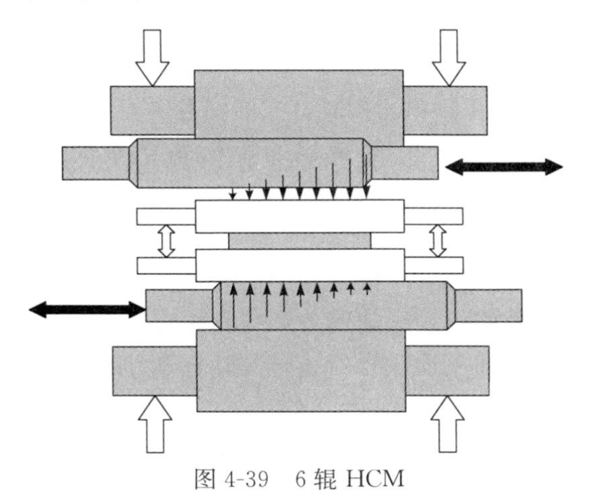

图 4-39　6 辊 HCM

HC 轧机缺点:由于工作辊或中间辊的轴向移动,辊间接触长度减小,辊间接触压力呈三角形分布,存在峰值,增加了辊面损伤的风险。与 CVC 轧机和 PC 轧机相比，轧辊消耗增大。为减少轧辊磨损和提高轧辊寿命可采用如下措施：合理配置轧辊硬度，工作辊、中间辊和支撑辊逐次降低，防止工作辊辊面损伤；合理配置辊身长度；采用带有锥形端部的中间辊。

为了轧制更薄、更宽和精度更高的冷轧带钢，必须继续减小辊径和增加高次板形缺陷的控制手段。在此背景下，日本日立公司于 1981 年研制开发出了 UC 轧机(universal crown control mill)。它是在 HC 轧机的基础上，采用小辊径的工作辊，同时增加了中间辊弯辊。与 HC 轧机相比，又增加了两个新的特点。即除 HC 轧机所具有的中间辊横移、工作辊辊弯辊外，又增加了中间辊弯辊和力图实现工作辊直径的小径化。细长工作辊的弯曲和较粗的中间辊的弯曲巧妙地结合为板形控制的精调手段，可以对二次方曲线特征的中浪、边浪以及四次方曲线特征的二肋浪、复合浪进行控制。

当中间辊横移到适当的位置，UC 轧机的横向刚度趋近于无穷，加之板形调控能力更强、工作辊直径更小，因此 UC 轧机可以生产更宽、更薄、更硬及板形精度要求更高的冷轧带钢。UC 轧机的主要机型包括 UCM、UCMW。

4.6.1　中间辊弯辊原理

对于 HC、UC、CVC 等工作辊、中间辊可轴向的轧机而言，以 6 辊 UC 轧机为例，UC 轧机具有一对一端带有锥度、可轴向移动的中间辊，上辊系和下辊系都不再以轧机中心线左右对称，即使原料断面形状以板宽中线为中心左右完全对称、工作辊两端的弯辊力完全相同、中间辊两端的弯辊力绝对相等，如图 4-40 所示，由于中间辊以 O 点为对称中心向两个相反方向移动，整个辊系受力、变形以及轧后断面形状均不再以轧机中心线为中心左右对称，而是以 O 点为中心实现点对称分布。

设与轧机中心线距离为 X 的轧后带钢的截面高度分别为 h_L 和 h_R，$h_L=a_1+a_2$，$h_R=b_1+b_2$，由于断面以 O 点为中心具有点对称关系，所以 $a_1=b_2$，$a_2=b_1$，进而 $h_L=h_R$。从断面形状的角度分析，在理想条件下，轧后带钢断面形状、张应力仍然以轧机中心线为对称轴呈左右对称分布，轧制压力的分布也具有相同的特点。而辊间压力分布、辊系变形呈非对称分布。

从 UC 轧机点对称性可知，支撑辊和中间辊的辊间压力分布为从一端到另一端逐渐增大，工作辊和中间辊的辊间压力分布亦如此，相接触的轧辊间压力分布严重不均匀，导致轧辊的磨损不均，最终影响带钢的板形质量。

中间辊轴向窜动后导致辊间压力分布改变，同一中间辊两端弯辊效率不同，因此中间辊弯辊液压控制原理不同于工作辊，而采用点对称控制原理。中间辊弯辊原理如图 4-41 所示，上中间操作侧和下中间辊传动侧的弯辊用一个伺服阀控制，上中间辊传动侧和下中间辊操作侧的弯辊用一个伺服阀控制。中间辊弯辊通常采用正弯辊，弯辊缸的形式为柱塞式。

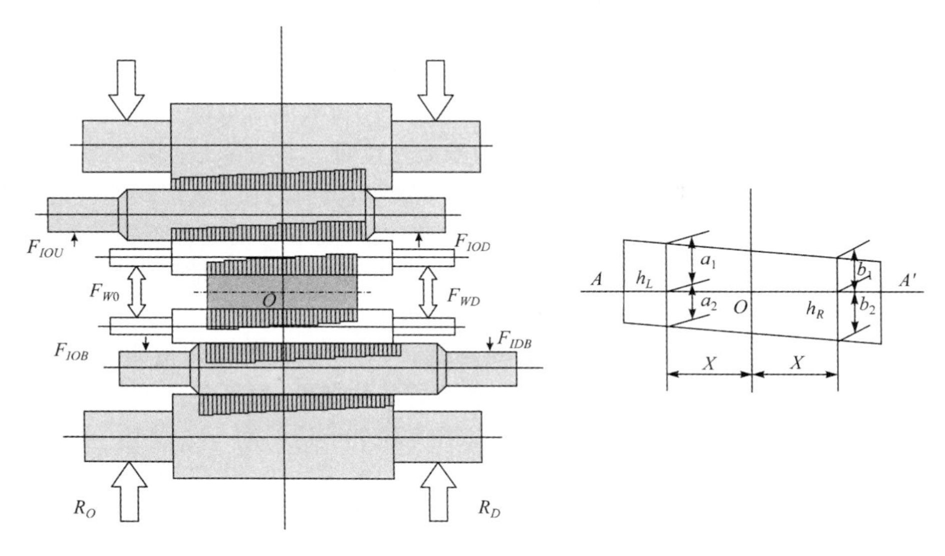

图 4-40　UC 轧机受力辊系受力及带钢轧后断面形状

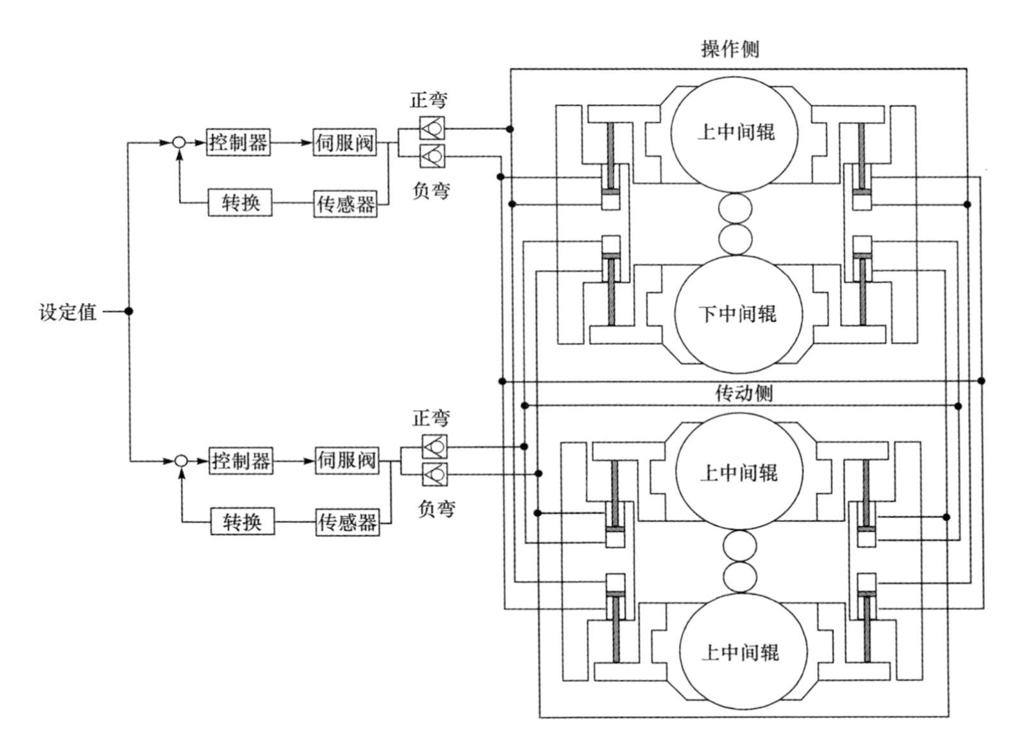

图 4-41　中间辊弯辊原理图

4.6.2 中间辊弯辊系统阶跃响应

中间辊弯辊控制系统也为压力闭环控制系统，负载的等效刚度远远低于辊缝系统而与工作辊弯辊系统相同，伺服阀的响应速度低于辊缝系统伺服阀的响应速度，同时伺服阀与弯辊缸之间的管路很长，导致弯辊伺服控制系统的响应速度较慢。尽管中间辊弯辊控制系统的控制精度和响应时间没有辊缝系统要求的高，但在 5%最大弯辊力的阶跃输入扰动下，中间辊弯辊系统的响应时间一般不要超过 130ms，否则过慢的响应速度会影响到带钢的板形质量控制。

中间辊弯辊控制系统阶跃响应时间测试时，对控制系统设定值附加 5%的方波，时间间隔为 2s。保证中间辊弯辊控制系统的快速性，在系统不产生振荡和超调量允许的前提下，尽可能增大 P 参数，以短系统的响应时间。

图 4-42 为某 1450 冷连轧机第 1 机架中间辊弯辊系统的阶跃响应曲线，当传动侧上的比例增益系数为 4.3，操作侧上的比例增益系数为 4.8 时，系统的阶跃响应时间为 140ms。

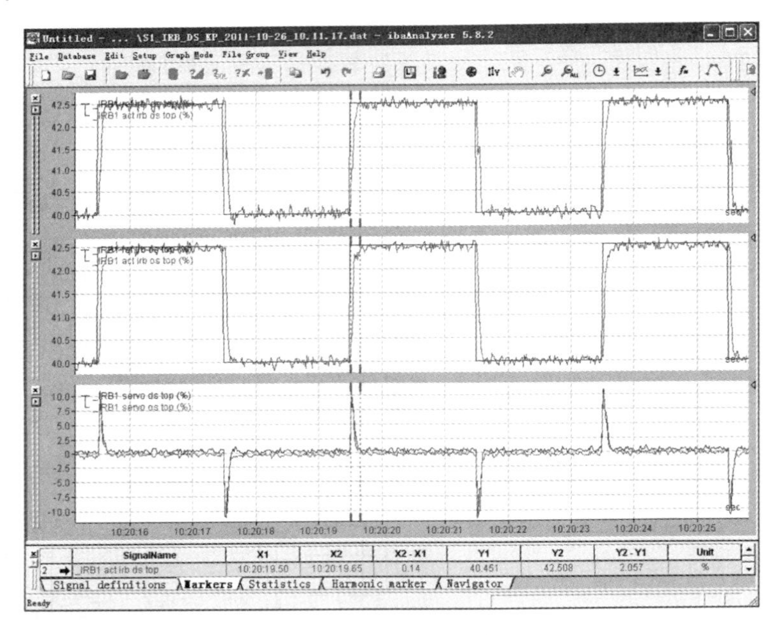

图 4-42 第 1 机架中间辊弯辊阶跃响应

图 4-43 为某 1450 冷连轧机第 2 机架中间辊弯辊系统的阶跃响应曲线，当传动侧上的比例增益系数为 3.5，操作侧上的比例增益系数为 4.6 时，系统的阶跃响应时间为 115ms。

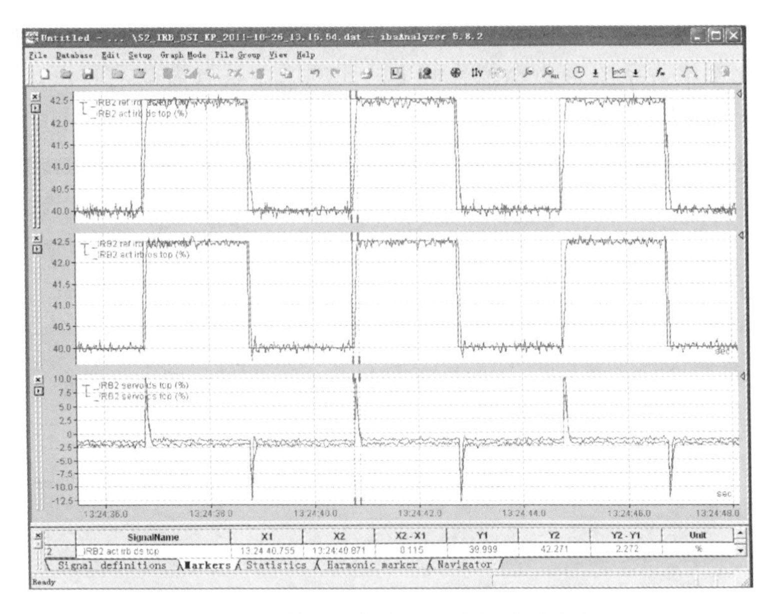

图 4-43　第 2 机架中间辊弯辊阶跃响应

图 4-44 为某 1450 冷连轧机第 3 机架中间辊弯辊系统的阶跃响应曲线，当传动侧上的比例增益系数为 1.5，操作侧上的比例增益系数为 1.8 时，系统的阶跃响应时间为 100ms。

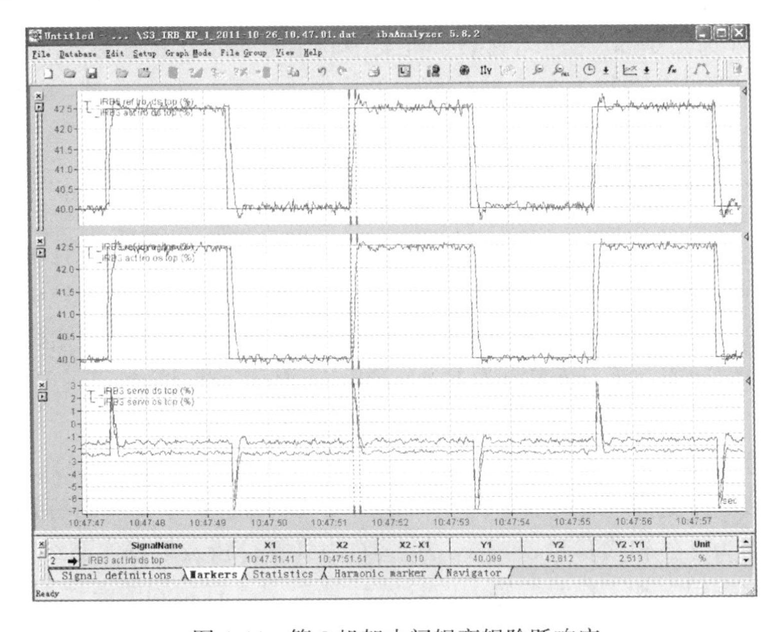

图 4-44　第 3 机架中间辊弯辊阶跃响应

图 4-45 为某 1450 冷连轧机第 4 机架中间辊弯辊系统的阶跃响应曲线，当传动侧上的比例增益系数为 2.8，操作侧上的比例增益系数为 2.7 时，系统的阶跃响应时间为 100ms。

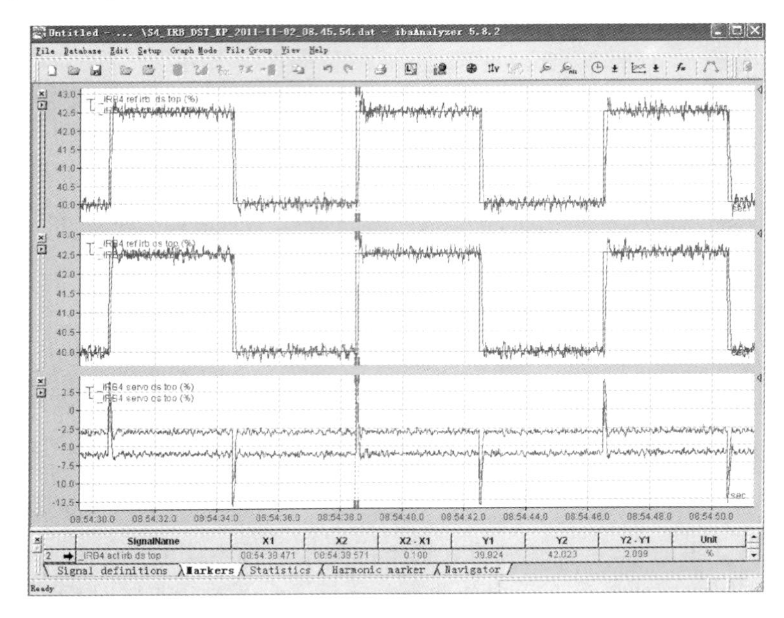

图 4-45　第 4 机架中间辊弯辊阶跃响应

图 4-46 为某 1450 冷连轧机第 5 机架中间辊弯辊系统的阶跃响应曲线，当传动侧上的比例增益系数为 3.5，操作侧上的比例增益系数为 3.5 时，系统的阶跃响应时间为 130ms。

4.6.3　中间辊弯辊力设定计算

中间辊弯辊力的改变直接影响中间辊和工作辊中间的辊间压力分布，进而影响变形区轧制力的横向分布，最终影响到带钢的板形质量。对于六辊冷轧机，需要设定弯辊力除工作辊弯辊力外，还包括中间辊弯辊力。中间辊弯辊力的设定计算模型为

$$F_I = k_0 + k_1 W + k_2 P + k_3 PW + k_4 P/W + k_5 D_W + k_6 D_I + + k_7 D_b + k_8 C_W + k_9 C_g + k_{10} \Delta h + k_{11} S_W$$

式中，F_I 为弯辊力设定值；W 为带钢宽度；P 为轧制力；D_W 为工作辊直径；D_I 为中间辊直径；D_b 为支撑辊直径；C_W 为工作辊凸度；C_g 为各机架出口目标凸度；Δh 为压下量；S_W 为工作辊横移量；$k_0 \sim k_{11}$ 为系数，由计算分析及现场实测结果确定。

中间辊弯辊力和工作辊弯辊力的设定计算模型具有相同的表达形式，其区别在于模型系数不同。

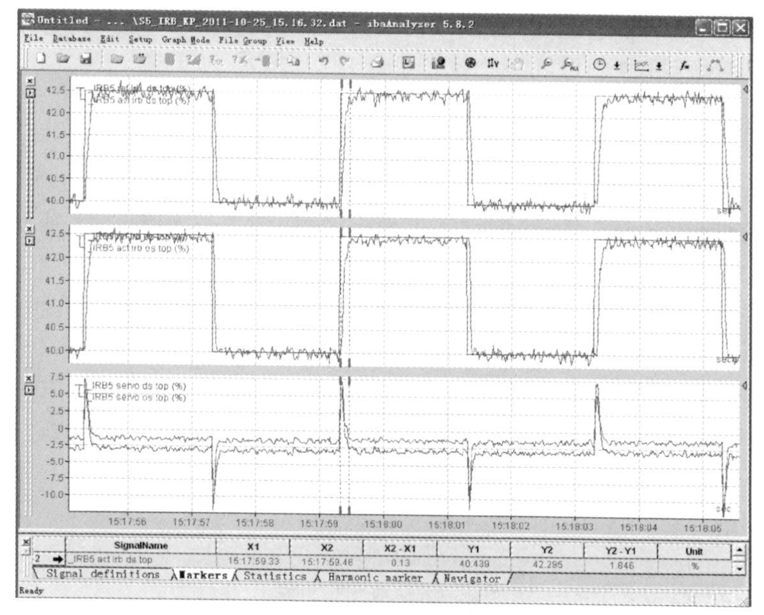

图 4-46 第 5 机架中间辊弯辊阶跃响应

4.7 中间辊非对称弯辊

20 世纪 60 年代前带钢的板形是通过磨削轧辊原始凸度来控制的，20 世纪 60 年代液压弯辊装置被应用到板带轧机上，从而开始了自动板形控制的艰难历程。20 世纪 70～80 年代，是冷轧机发展史上具有划时代意义的时期，相继开发了具有多种板形调控手段、调控能力强的新机型，其目的是达到动态减小或补偿轧辊的弹性变形。到目前为止，冷轧机上相继使用过或正在使用的板形调控手段主要包括液压弯辊、轧辊分段冷却、双阶梯支撑辊、HC、VC、CVC、PC 和 DSR。

传统四辊轧机由于本身结构的特点，板带与工作辊的接触宽度总是小于轧辊辊身长度，在位于带宽以外的辊间接触区，其接触压力形成有害弯矩，导致工作辊附加弯曲变形，且随轧制力的增大而增大，降低了弯辊效率。为改善辊间压力分布不均，又开发出了阶梯支撑辊技术，但阶梯形支撑辊接触部分的宽度无法随板带宽度的变换而变化，在轧制不同规格的板带材时，不能取得最佳效果。为克服阶梯支撑辊轧机支撑辊与工作辊接触长度不能随板宽的变化而改变，1972 年日本日立公司和新日铁钢铁公司联合研制出新式 6 辊 HC 轧机，使板形理论和板形控制技术进入了一个新的时期。在 HC 轧机的基础上，1981 年通过增加中间辊弯辊，开发出了 UC 轧机。中间辊横移又有效地提高了弯辊的效率，但中间辊的横移同时也改变了辊间接触状态，使轧辊局部磨损加剧。

几十年来，均匀辊间压力分布不均，如何降低轧辊磨损和减少轧辊掉皮事故的发生，一直是困扰轧制领域的一个技术难题。

4.7.1 中间辊非对称弯辊基本原理和系统实现

HC 和 UC 轧机的工作辊或中间辊的轴向移动，辊间接触长度减小，辊间接触压力呈三角形分布，存在峰值，增加了辊面损伤，如图 4-47 和图 4-48 所示。

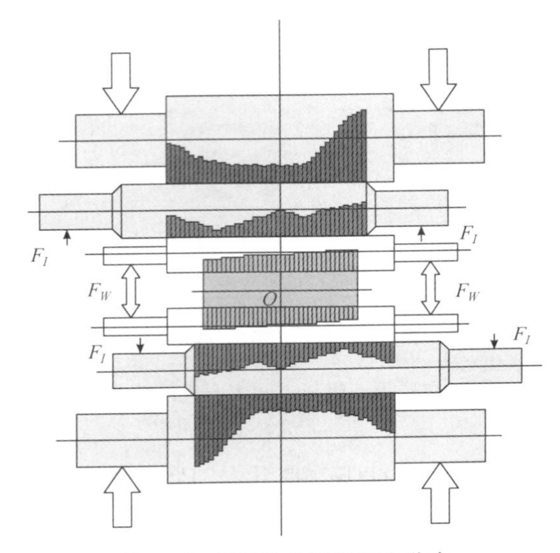

图 4-47　UC 轧机辊间压力分布

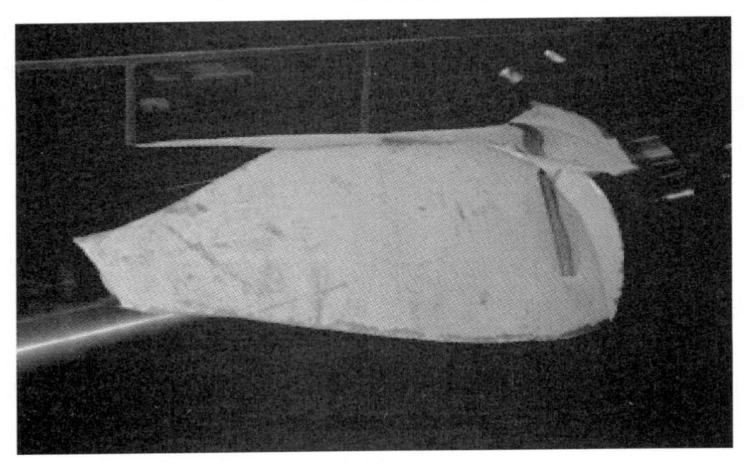

图 4-48　轧辊掉皮

通常 UC 轧机中间辊弯辊采用对称控制，如图 4-49 所示。上中间辊的传动侧和下中间辊的操作侧用一个液压伺服控制回路，下中间辊的传动侧和上中间辊的操作侧采用一个液压伺服控制回路。两个控制回路呈交叉对角布置，符合 UC 轧机变形区点对称的特点，两个控制回路输出的弯辊力即使有差异，带钢也不会产生非对称板形缺陷。但两个控制回路采用同一设定值，即上下两个中间辊 4 个轴端的弯辊力是完全相同的，是完全意义上的对称弯辊。

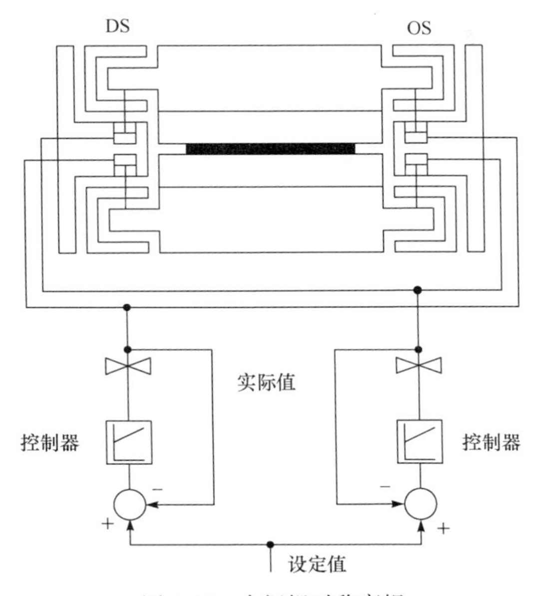

图 4-49　中间辊对称弯辊

根据 UC 轧机轧制区域点对称的受力特点和辊间压力分布的特性，若将中间辊对称弯辊系统的两个控制器独立控制（图 4-50），分别给定不同的设定值，则下中间辊传动侧和上中间辊操作侧的弯辊力相同，上中间辊传动侧和下中间辊操作侧的弯辊力相同，而同一中间辊两端的弯辊力不同，形成中间辊非对称弯辊，能够在一定程度上缓解辊间压力分布不均。通过调节两个控制回路各自的设定值，即可单独控制中间辊两侧的弹性弯曲变形，进而改善辊间的压力分布状态，缓解辊间的压力分布不均。若两个控制回路的设定值相同则仍然为对称弯辊系统。

4.7.2　中间辊非对称弯辊板形控制理论分析

冷轧带钢的板形控制理论包括辊系弹性变形理论、轧件塑性变形理论和带钢屈曲变形理论。轧件塑性变形为辊缝变形模型提供轧制压力的横向分布，为屈曲变形模型提供前张力的横向分布；辊系变形模型为轧件塑性变形模型提供轧后带材厚度的横向分布；屈曲变形模型根据张力的分布，判断轧后带材的板形状态。

计算辊系弹性变形的方法有整体解析法、分割单元影响函数法和有限元法。整体解析法的计算结果偏离实际较大；有限元法的计算精度虽然较高，但求解计算

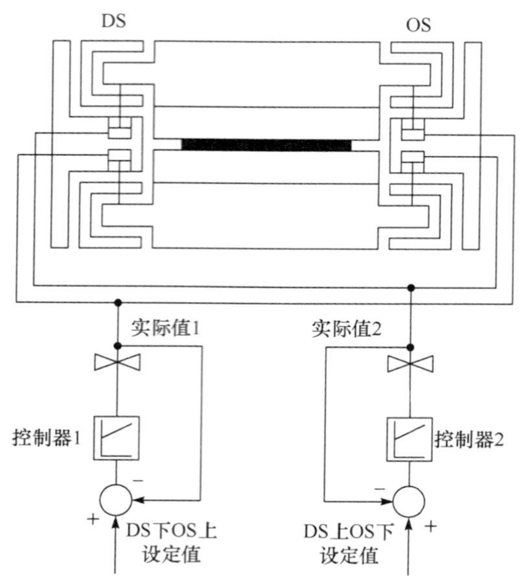

图 4-50 中间辊非对称弯辊

需要较长的时间，而且对薄带钢冷轧过程，由于带钢网格畸变的原因，很难得出收敛的计算结果。本书的辊系变形计算采用广泛应用于实际工程计算的、精度能够满足要求的分割单元影响函数法。

分析轧件三维塑性变形的理论方法有变分法、三维差分法、有限元法、边界元法和条元法。本书计算轧件塑性变形采用较适合于带钢冷轧过程的变分法。

近几年，带钢屈曲变形虽然取得了一些理论研究成果，但实际中还没有得到有效应用。因此在张力迭代计算中按照经典的带钢屈曲变形临界条件，对每步的计算结果进行限幅处理。

冷轧机中间辊非对称弯辊板形控制理论分析计算过程见图 4-51。通过分割单元影响函数法建立的辊系变形模型和变分法建立的轧件三维变形模型无法直接进行求解，故采用迭代方法进行计算。整个程序由辊间压力修正内环、轧制力修正内环、出口厚度修正内环和张力修正外环四个循环体构成，ε_1、ε_2、ε_3、ε_4 为相应的迭代结束条件，$\varepsilon_1=1\text{N}$，$\varepsilon_2=100\text{N}$，$\varepsilon_3=10^{-7}\text{m}$，$\varepsilon_4=3\text{N}$。

以整体上辊系或下辊系为研究对象，离散单元的划分只能采用沿辊身全长自左至右的整体排列法。支撑辊、中间辊和工作辊的弹性弯曲影响函数计算必须采用简支梁的形式，且需要依据卡氏定理推导。工作辊和中间辊的弯辊力影响函数的计算、压扁影响函数、静力平衡条件、变形协调关系计算表达式与工作辊非对称弯辊的相同。

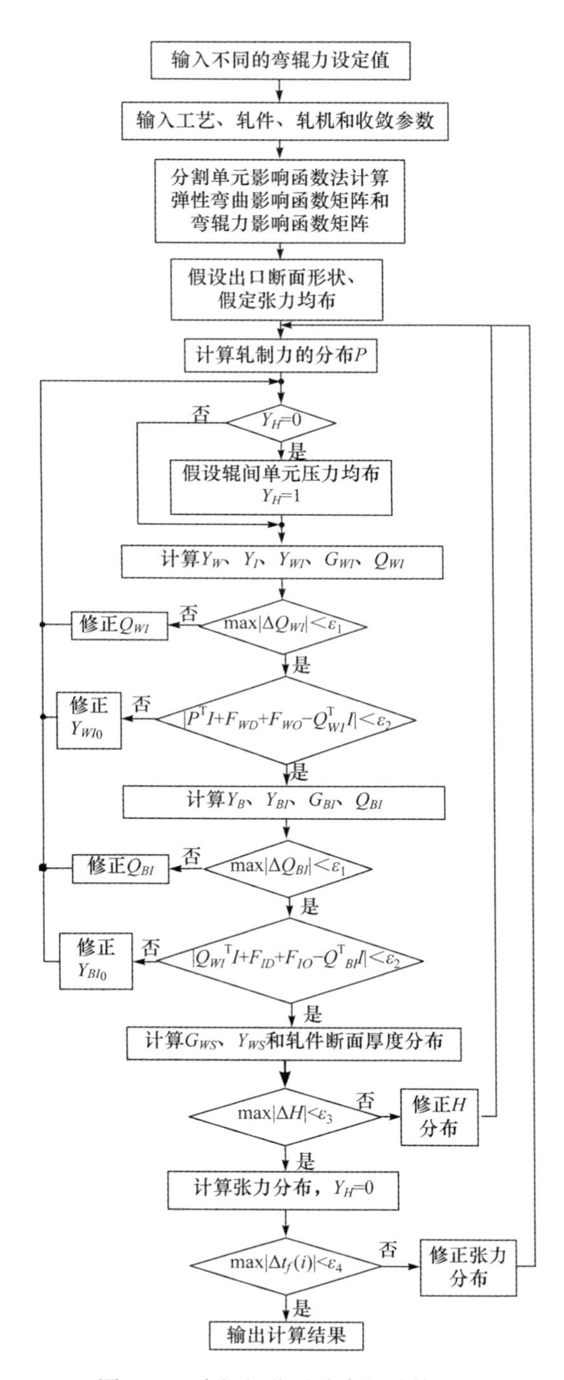

图 4-51　中间辊非对称弯辊计算流程

Bland-Ford-Hill 公式是冷轧带钢最常用的轧制力公式，单元轧制力的计算采用基于此公式推导的显示轧制力计算模型，避免了迭代计算。该模型综合考虑了轧件的塑性变形和弹性变形。

单元前后张应力的计算采用较根据金属体积不变定律得出的、适于带钢冷轧过程的变分法，该模型既考虑了原料的板形，又考虑了金属的横向流动。带钢产生非对称板形缺陷时，轧件厚度横线分布不再以轧制线线为中线左右对称，因此入口、出口带钢厚度的横向厚度分布可采用三次样条函数拟合。

4.7.3 计算结果分析及实际应用效果

以某 1250 小轧机为例，工作辊直径 398.706mm，中间辊直径 445.198mm，支撑辊直径 1203.787mm，工作辊辊身长度为 1250mm，支撑辊辊缝缸中心距为 2500mm，带钢宽度 1002mm，中间辊窜辊量 80mm，轧制道次入口厚度 0.765mm，出口厚度 0.498mm，屈服强度为 610MPa，分割单元宽度为 25mm。轧辊弹性模量为 220000MPa，泊松比为 0.3，带钢出口总张力 11.8kN。

为研究中间辊非对称弯辊对辊间压力分布的改善效果，中间辊辊弯辊力在设定值 250kN 的基础上，操作侧减 25kN，传动侧增加 25kN，工作辊和中间辊的辊间压力分布的计算结果如图 4-52 所示。中间辊端部与工作辊接触区域的最大单位宽度压力由对称弯辊的 7.78kN/mm 减小到非对称弯辊的 6.06kN/mm，辊间单位宽度压力的最大差值由 4.8kN/mm 降低到 3.16kN/mm。

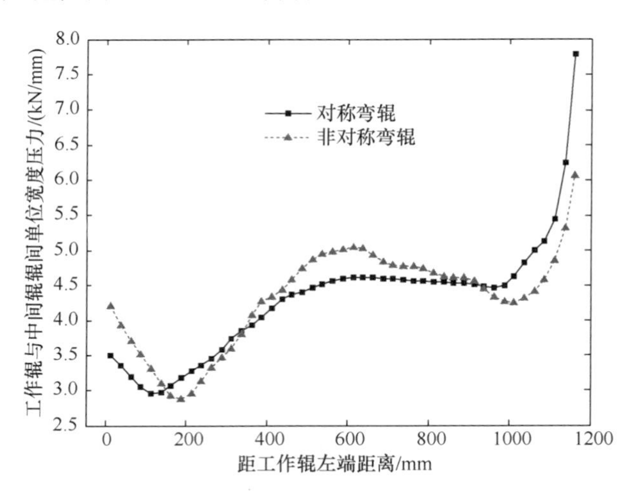

图 4-52 工作辊和中间辊辊间压力分布对比

中间辊和支撑辊间的辊间压力分布如图 4-53 所示，与对称中间辊弯辊相比，中间辊非对称弯辊后，轧辊两端的辊间单位宽度压力显著降低，中间区域的单位宽度辊间压力提高，辊间压力分布不均得到有效缓解，边部效果显著，最大降幅值达1.713kN/mm。

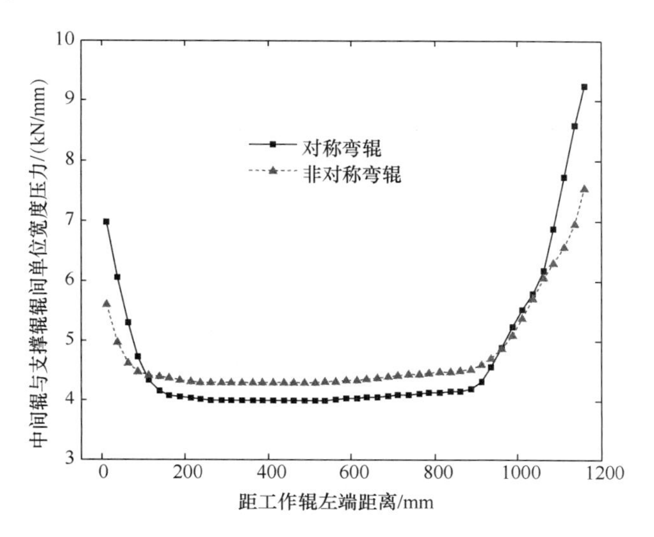

图 4-53　中间辊和支撑辊辊间压力分布对比

为了较直观分析中间辊非对称弯辊对带钢出口张力的影响，计算过程中给入口带钢附加 0.05mm 的楔形，带钢边部厚的一端增加 5%的弯辊力，带钢边部薄的一段减少 5%的弯辊力。出口带钢横向残余应力分布如图 4-54 所示。

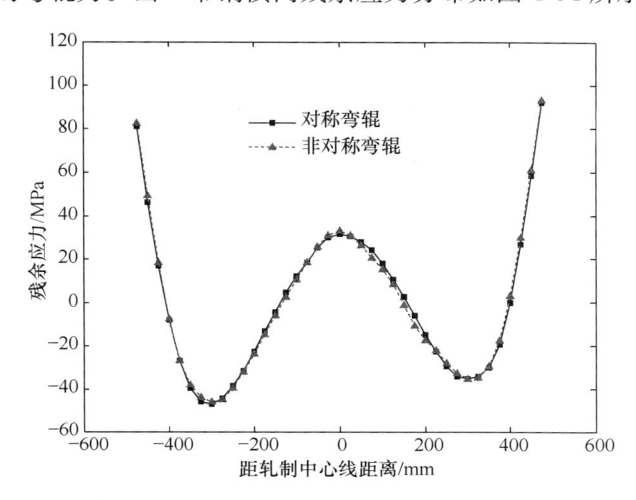

图 4-54　中间辊非对称弯辊和对称弯辊的带钢残余应力

对称弯辊情况下，由于原料楔形的原因，轧制中心线两侧的带钢张力分布明显不对称，存在不对称浪形。使用非对称弯辊试图改善出口带钢的板形，但从结果可以看出,残余应力分布与对称弯辊的残余应力分布差异很小。

中间辊的磨损曲线见图 4-55,对称弯辊的轧制吨数为 2083t,非对称弯辊的轧制吨数为 2434t。采用非对称弯辊后中间辊的磨损效果明显改善。

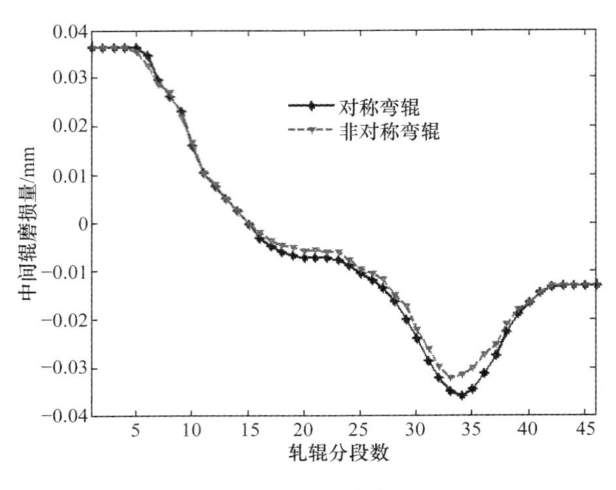

图 4-55 中间辊磨损对比

4.8 弯辊控制系统

4.8.1 弯辊控制系统组成

工作辊弯辊控制系统的接收板形控制单元 FLC、线协调控制单元 LCO、机架管理单元 STM、设定值处理单元 SDH 和人工干预单元 MAI 发送的设定值,并进行逻辑加操作,将逻辑加、限幅处理后的设定值发送给弯辊控制器(PI 控制器),弯辊控制器把弯辊设定值和弯辊实际值比较,进行比例和积分运算转换成电流信号控制伺服阀的动作,进而控制弯辊缸响应油腔中的油液压力,使实际工作辊弯辊力达到设定值。

通过油压传感器测得弯辊缸各油腔的油压,通过计算转换成为弯辊缸实际弯辊力。计算后的实际弯辊力作用:一是用于伺服阀的闭环控制;二是发送给辊缝控制系统 SDS、板形控制系统 FLC、实际值处理单元 ADH 和人机界面 HMI。系统中逻辑开关的控制顺序见表 4-2。控制系统原理见图 4-56。

表 4-2 工作辊弯辊控制系统逻辑开关动作顺序

	S1	S2	S3	S4	S5	S6	S7	S8
WRB Positive	Opend	Closed	Closed	Opened	Opened	Opened	Opened	Closed
WRB Negative	Closed	Opened	Opened	Closed	Closed	Opened	Opened	Opened

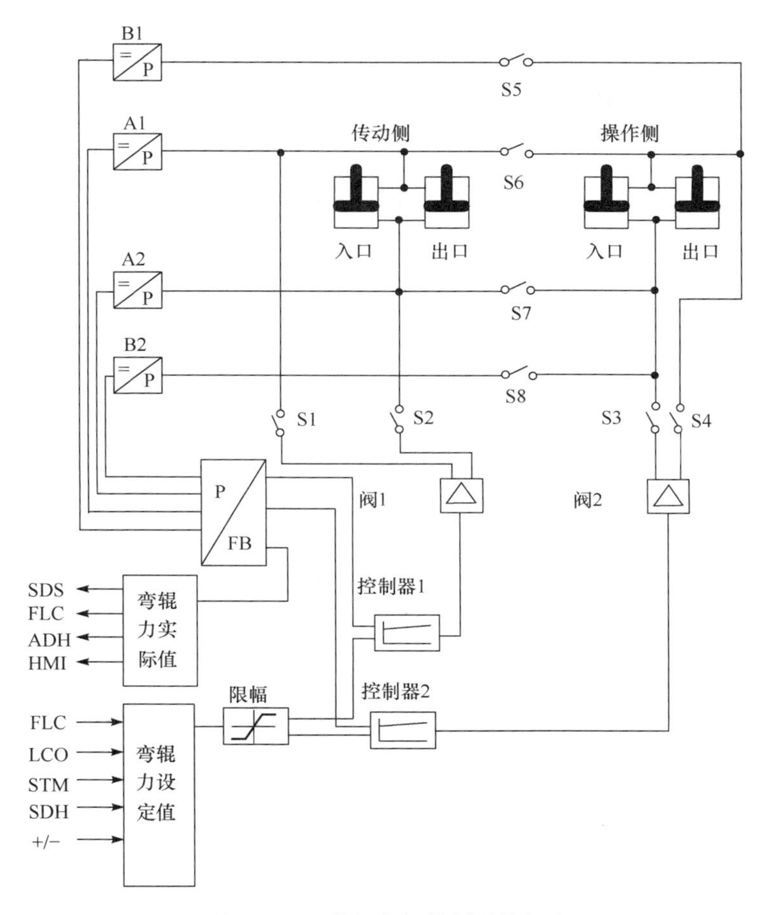

图 4-56　工作辊弯辊控制系统组成

4.8.2　控制模式与设定值处理

工作辊弯辊控制系统具有各种控制模式，其控制模式由当前机架的条件确定。工作辊弯辊控制模式包括：

(1) 标定弯辊力；

(2) 穿带弯辊力；

(3) 轧制模式弯辊力；

(4) 停车后恢复模式；

(5) 热辊模式弯辊力；

(6) 换辊或维护平衡模式(工作辊轨道上升)；

(7) 换辊或维护负弯模式(工作辊轨道下降)；

(8) 楔形控制模式；

(9) 板形控制模式;

(10) 轧制力前馈控制;

(11) 停车模式;

(12) 断带模式。

固定控制模式的切换由机架当前的运行条件进行动态切换,弯辊力设定值存储在弯辊控制系统程序的参数包内,处于停车或断带模式时,弯辊系统的设定值取当前实际弯辊力。

轧制时的弯辊设定值由道次计划、人工干预、板形附加、边降附加等组成,见图 4-57。为避免系统的超调或振荡,所有的设定值都必须经过斜坡函数发生器进行设定值处理。道次计划、人工干预、板形附加、边降附加和其他控制模式的斜坡梯度均由内部参数进行自适应控制,即不同弯辊控制模式下斜坡函数发生器的斜坡梯度不同。

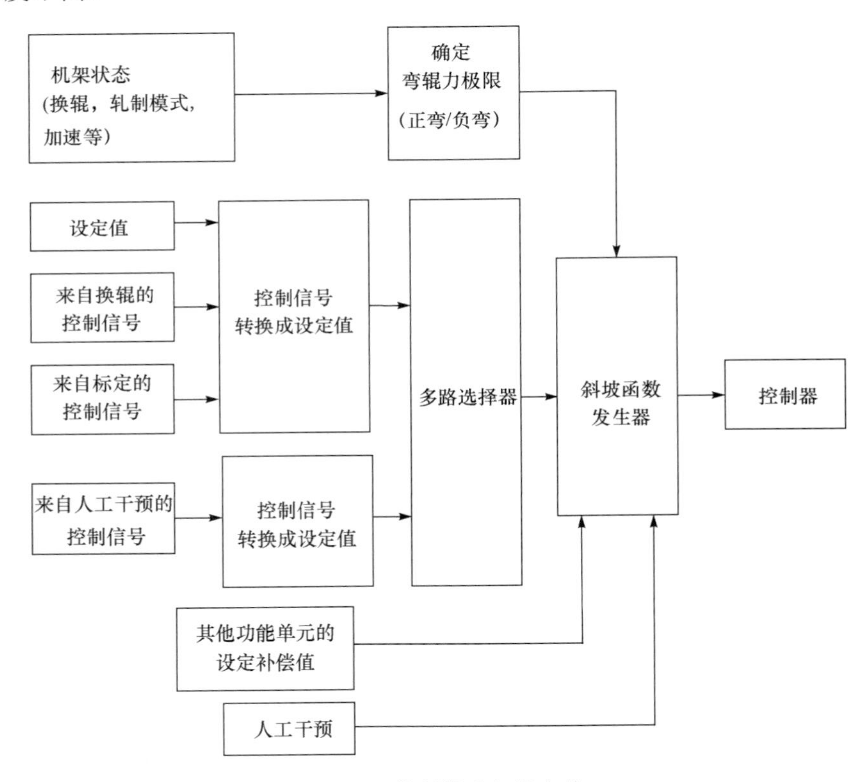

图 4-57 控制模式与设定值

弯辊系统的设定值处理是通过斜坡函数发生器实现的,目的是把阶跃的信号变成逐步上升的斜坡信号,使输入量变化的平缓。斜坡函数发生器控制输出从当前值经过一个平滑上升或下降的过程再达到目标值，而不是从当前值直接跳到目标值。所谓斜坡，即把给定值按照一定的斜率去处理(所设的上升、下降时间)，避免装置对给定值的阶跃变化引起超调或振荡，实现平滑过渡。不同控制模式斜坡函数发生器的上升时间、下降时间不同。

4.8.3　动态限幅

轧制过程是由旋转辊与金属轧件之间形成的摩擦力，将轧件带进辊缝中，使其受到压缩而产生塑性变形的过程。

传统轧制理论通常采用平面应变假设，研究二维稳定轧制过程，系统地描述轧制时的受力和变形特点，解决诸如轧制力、力矩、功率、宽展、前滑等轧制过程参数的近似计算问题。20 世纪 30 年代前，标志性计算方法是 Karman 方程和 Orowan 方程，其后以这两个方程为基础，以切片分析法为手段，并附加假设条件得出一些解析冷轧过程的轧制力计算公式，如 Stone 公式、Bland-Ford 公式等。这些计算方法在轧制过程的分析中及生产实践中起到了非常重要的作用，由这些公式可以比较简单地求解出生产控制中所需的轧制力、力矩等参数，并且具有一定的工程精度。

国内外的实际现场使用经验表明，带钢辊缝率大于或等于 3%时，用 Bland-Ford 公式的 Hill 简化式能得到能够满足精度要求的轧制力计算。因此，目前冷连轧过程控制轧制力计算广泛使用 Bland-Ford-Hill 模型，其可以通过迭代方法求解或通过显示计算公式直接求解，该公式既考虑轧件的塑性变形又考虑轧件的弹性变形，如图 4-58 所示，除了塑性变形区，在轧制变形区的入口、出口还存在着弹性压缩区和弹性回复区。

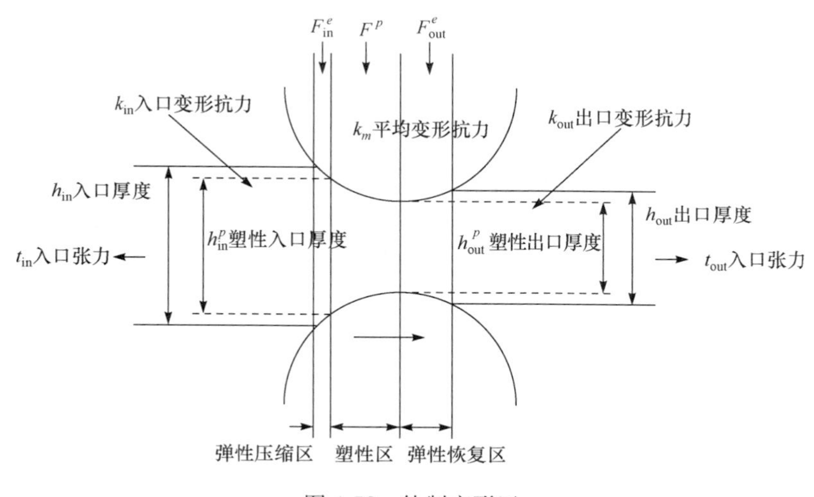

图 4-58　轧制变形区

变形区总轧制力为

$$F=F^p+F^e$$

$$=\left[1.08-1.02\varepsilon+1.79\varepsilon\mu\sqrt{1-\varepsilon}\sqrt{\frac{R'}{h_{\text{out}}}}\right](k_m-\zeta)W\sqrt{R'(h_{\text{in}}-h_{\text{out}})}$$

$$+\frac{2}{3}\sqrt{\frac{1-\upsilon^2}{E}k_m\frac{h_{\text{out}}}{h_{\text{in}}-h_{\text{out}}}}(k_m-\zeta)W\sqrt{R'(h_{\text{in}}-h_{\text{out}})}$$

式中，F^p 为塑性区轧制力；F^e 为弹性区轧制力；ε 为压下率，$\varepsilon=\frac{h_{\text{in}}-h_{\text{out}}}{h_{\text{in}}}$；$h_{\text{in}}$为轧件入口厚度；$h_{\text{out}}$为轧件出口厚度；$\mu$ 为摩擦系数；R'为轧辊压扁半径，可由 Hitchcock 轧辊压扁模型计算；k_m 为平均变形抗力；ζ 为张力对变形抗力的影响系数；υ 为带钢的泊松比；E 为带钢的弹性模量；W 为带钢宽度。

由轧制力的计算公式可知，摩擦系数直接影响轧制力的大小，进而导致辊缝形状发生改变。而导致摩擦系数发生变化的主要影响因素是轧辊轧制速度、轧辊轧制带钢长度、轧辊表面粗糙度、轧制乳化液的润滑特性等。摩擦系数可用系数模型计算：

$$\mu=(\mu_0+\mathrm{d}\mu_V\mathrm{e}^{-\frac{V}{V_0}})[1+c_{\text{Rough}}(\text{Rough}-\text{Rough}_0)]\left(1+\frac{c_{\text{W}}}{1+\frac{L}{L_0}}\right)$$

式中，μ 为摩擦系数；μ_0 为与冷却介质相关的基本摩擦系数常量；V 为工作辊速度；V_0 为工作辊参考速度常量；$\mathrm{d}\mu_V$ 为低速轧制摩擦系数变化常量；Rough 为新工作辊表面粗糙度；Rough_0 为工作辊表面粗糙度参考常量；c_{Rough}为工作辊粗糙度系数；L 为工作辊轧制带钢长度；L_0 为工作辊轧制带钢长度参考常量；c_{W} 为工作辊磨损系数。

由摩擦系数的计算公式可知，机组加减速时工作辊速度 V 发生变化，必然导致摩擦系数 μ 的变化，速度 V 增加摩擦系数 μ 降低，轧制力 F 减小，此时应适当减小工作辊正弯辊力，因此最小负弯辊动态限幅值减小。反之，工作辊速度 V 减小时应增加最小负弯辊限幅。

工作辊弯辊力的最小限幅值由轧制力、辊重、加减速模式等确定。为保证轧制时工作辊、中间辊和支撑辊间完全接触，工作辊弯辊力的最小限幅值应随轧制条件的变化而变化，见图 4-59。当轧制力小于等于最小轧制力时，工作辊弯辊力的最小限幅值为 10%。当轧制力等于 2000kN 时，工作辊弯辊力的最小限幅值为 0%。工作辊弯辊最大负弯辊力值为－70%。其他个轧制力点的工作辊弯辊力最小限幅可通过插值法确定。

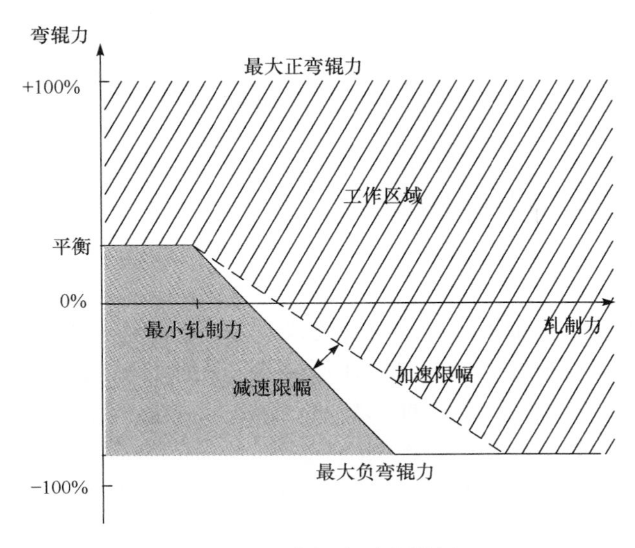

图 4-59　弯辊力动态限幅

4.8.4　轧制力补偿控制

轧制力及其分布是对板形影响最大的因素之一。在轧制过程中，轧制力的波动必将对板形造成影响，而由于原料厚度的波动而导致的轧制力的变化是必然的。为了快速消除轧制力波动对板形的干扰，根据轧制力的波动调整工作辊的弯辊力称为轧制力前馈控制，用于修正轧制力变化而造成的弯辊力设定值的变化，以保证带钢的板形质量。如图 4-60 所示。前馈控制模型为

$$\Delta FB=\frac{\Delta RF}{RF_{\max}}\cdot \text{factor}_{RF}\cdot \frac{1}{FB_{\max}}$$

式中，ΔFB 为工作辊弯辊力补偿量；ΔRF 为轧制力变化量

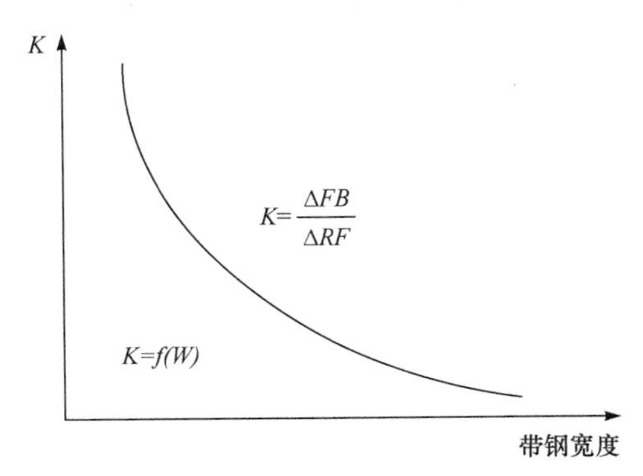

图 4-60　轧制力补偿曲线

$$\Delta RF = RF_{act} - RF_{set}$$

RF_{act}为实际轧制力；RF_{set}为设定轧制力；RF_{max}为轧制力最大值；$factor_{RF}$为轧制力补偿因子

$$factor_{RF} = f(W)$$

FB_{max}为最大弯辊力；W为带钢宽度。

4.8.5　工作辊横移补偿控制

边部减薄是发生在带钢边部的特殊物理现象，是带钢轧制过程轧辊弹性变形与带钢金属发生三维塑性变形的共同作用结果。在边部减薄控制方法中，目前世界上使用最广泛的是锥形工作辊横移轧机。该轧机采用两个单锥度的工作辊，通过带钢在锥形段有效工作长度来控制金属边部的横向流动，补偿工作辊压扁引起的边部金属变形，减少边部减薄的发生。这种控制方法比较容易实现，设备加工制造成本低，控制效果明显，且四辊或六辊轧机都可以使用。

锥形工作辊横移轧机上下工作辊的轴向横移，可减小工作辊由于磨损和热变形对板形带来的影响，并且可以控制各种宽度带钢的边部减薄。工作辊横移既可以提高弯的辊力的控制效果，又可以提高辊系的横向刚度，从而提高板形的控制效果。

工作辊横移势必造成辊间压力分布、单位轧制力分布的改变，进而导致辊缝形状的改变。因此在进行工作辊窜辊时，必须根据横移量的大小对工作辊弯辊进行补偿，见图 4-61。补偿方法为

$$\Delta FB = \frac{\Delta S}{S_{max}} \cdot factor_S \cdot \frac{1}{FB_{max}}$$

式中，ΔFB为工作辊弯辊力补偿量；ΔS为工作辊横移变化量

$$\Delta S = S_{act} - S_{set}$$

S_{act}为工作辊横移实际位置；S_{set}为工作辊横移设定位置；S_{max}为工作辊最大横移量；$factor_S$为工作辊横移补偿因子

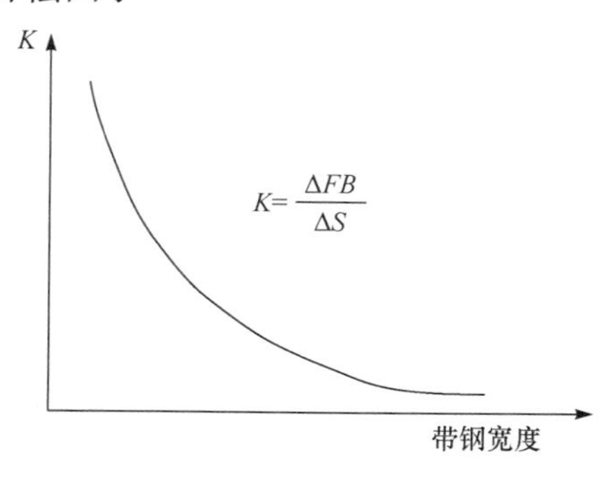

图 4-61　工作辊窜辊补偿曲线

$$\text{factor}_{RF}=f(W)$$

$FB_{\max}$为最大弯辊力；W 为带钢宽度。

4.9　支撑辊平衡液压系统

支撑辊平衡用于平衡上支撑辊的重量、消除上辊系垂直方向间隙，避免上支撑辊辊重和间隙对带钢厚度精度的影响。支撑辊平衡液压系统见图 4-62。1 为支撑辊平衡液压缸，传动侧和操作侧各 2 个，缸尾固定在机架上横梁，缸头与上支撑辊平衡梁相连，支撑辊轴承座耳轴搭接在平衡梁的挂钩上。2 为单向节流阀，总计 8 个，用作回油节流，每个液压缸两个，使上支撑辊的四个液压缸上升、下降同步。3 为压力继电器，设定压力为 80bar，4 个平衡缸下降到位后压力继电器触发，用于换辊顺序动作控制。4 为单向减压阀，平衡缸下降时起减压阀作用，平衡缸上升时起单向阀作用，设定调节压力为 20bar。5 为换向阀，用于平衡缸的上升、下降动作控制。6 为减压阀，用于换向阀 5 的进油减压，设定压力为 180bar。蓄能器 7 保证进油压力恒定。溢流阀 8 用于限定平衡缸两腔油液压力，用作安全阀，设定压力为 210bar。液控单向阀 10 用于锁定平衡缸有杆腔油路。二位三通换向阀 9 控制液控单向阀 10 的打开，平衡缸下降时通电，平衡缸上升时断电。11 为压力继电器，平衡缸上升到位后触发，用于换辊顺序动作控制。

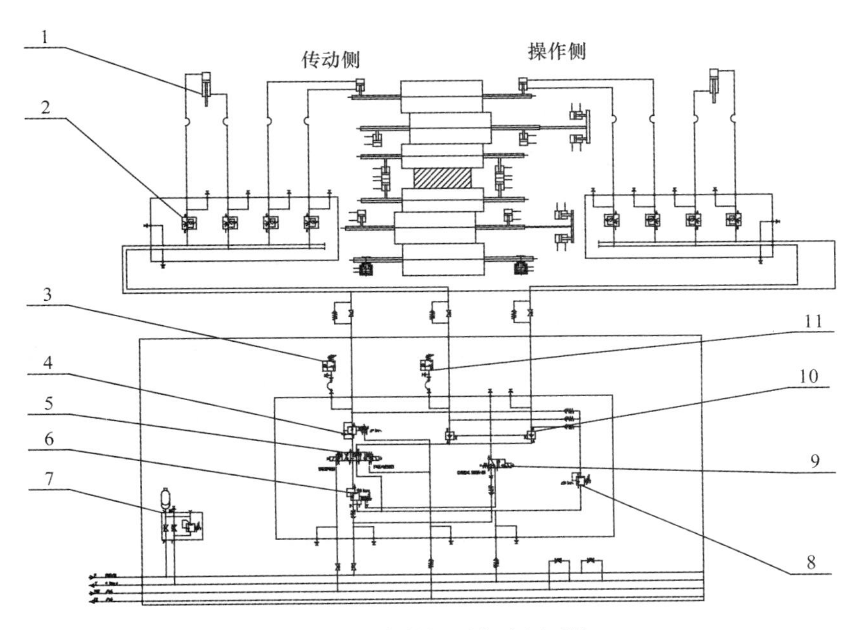

图 4-62　支撑辊平衡液压系统

第5章 冷轧机窜辊液压伺服控制系统

5.1 工作辊窜辊液压系统

工作辊窜辊系统与辊缝系统、弯辊系统采用同一供油装置。窜辊系统采用两个伺服阀,分别用于控制上、下工作辊的轴向窜动,见图5-1。每个伺服阀控制两个窜辊液压缸,每个液压缸都安装一个位置传感器,用于工作辊轴向移动的闭环控制。

伺服阀出口的液压油路安装有液压锁,当系统掉电、急停或出现其他异常情况

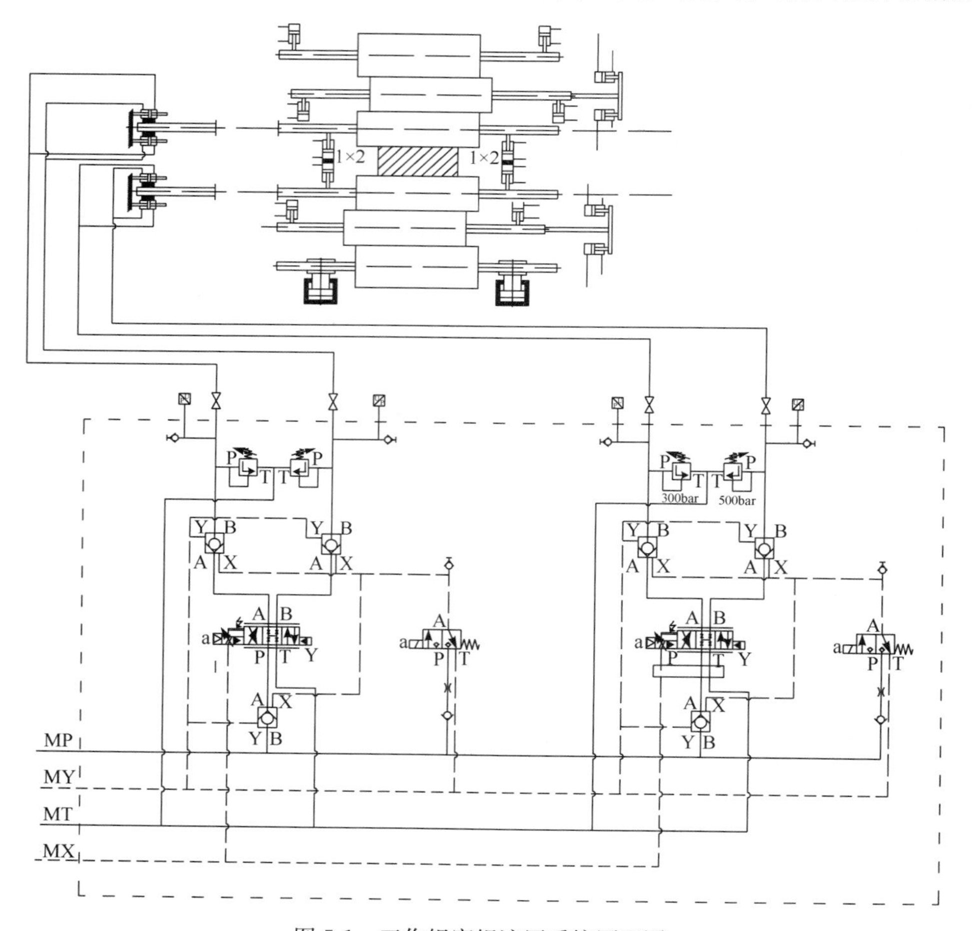

图5-1 工作辊窜辊液压系统原理图

时，液压锁关闭，以防止窜辊液压缸误动作而导致相关机械设备的损坏。只要伺服阀供电动作，则液压锁即处于打开状态。

锥形工作辊横移技术是通过工作辊插入量的设定和弯辊力的补偿，控制带钢的边部减薄值，同时消除边部减薄的变化对板形的影响，获得最佳的板形和边部减薄值。

通常冷连轧机1～3#机架配备锥形工作辊横移技术，工作辊窜辊装置安装在轧机操作侧(新设计的轧机也可安装在传动侧)。主要组成部分包括：4个工作辊横移液压缸，工作辊换辊轨道，横移装置支架、端盖，横移锁紧液压缸，锁紧缸块，位置传感器，压力传感器等，见图5-2。

入口侧支架和出口侧支架分别固定在操作侧机架入口侧和操作侧的机架牌坊上，每个支架上有用于上、下工作辊缸块横移的T形轨道，轨道面镶有自润滑滑板，横移缸体在T形滑道内移动。横移液压缸的活塞杆一端固定在机架牌坊上，另一端与支撑端盖相连。

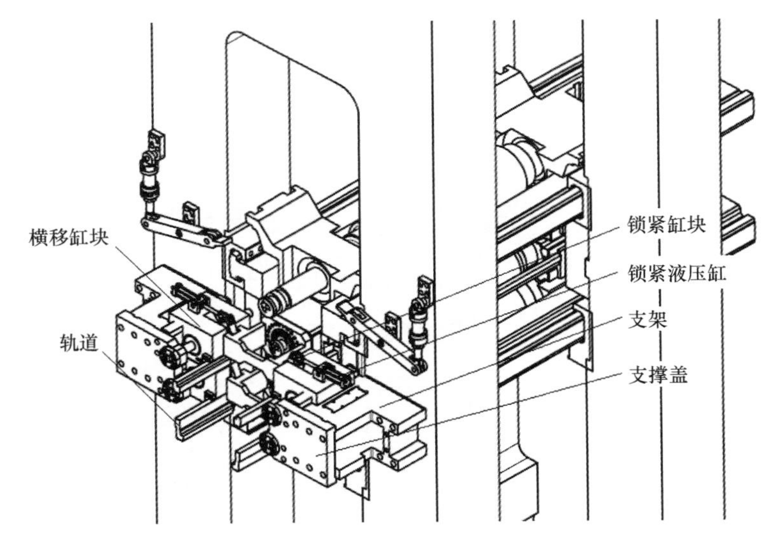

图5-2　窜辊机械设备组成

横移液压缸由缸体、等速活塞杆、缸盖、螺母组成。横移时活塞杆固定不动，通过油压作用使缸体移动。在活塞杆端部加工油孔分别与横移缸两个油腔相通。横移液压缸块上开槽，装有锁紧液压缸，锁紧液压缸头部安装锁紧块。锁紧时锁紧液压缸伸出，锁紧块插入工作辊轴承箱上的凹形槽内，实现横移液压缸和工作辊的机械同步连接锁紧。换辊时，横移液压缸移动到换辊位，锁紧液压缸缩回，工作辊与横移缸块脱离，两者均处于自由状态。

每个横移缸块上都安装一个量程比窜辊行程大的位置传感器，检测精度通常为±0.05mm,用于工作辊窜辊插入量的闭环控制、换辊、标定等。

5.2　工作辊窜辊轴向力

轧机由于设计、制造、操作需要等方面的原因,支撑辊轴线与中间辊轴线之间、中间辊轴线与工作辊轴线之间、工作辊轴线与机架牌坊窗口中心线之间不可能绝对平行,必然会存在一定的交叉角。轧辊轴线的交叉是产生轧辊静态轴向力的主要原因之一。

对于6辊UCMW冷轧机,在工作辊动态窜动过程中,主要承受的轴向载荷是中间辊和带钢对工作辊的轴向滑动摩擦力。当锥形段的插入量达到设定值后,工作辊将保持固定轴向位置不变,这时工作辊主要承受的轴向载荷是轧辊轴线的交叉而产生的静态轴向力。

6辊UCMW轧机如图5-3所示,工作辊和中间辊可轴向自由移动。工作辊轴向横移时其阻力 F_{WA} 由两部分构成:一是中间辊对工作辊的横移阻力 F_{WI};二是带钢对工作辊的横移阻力 F_{WS}。

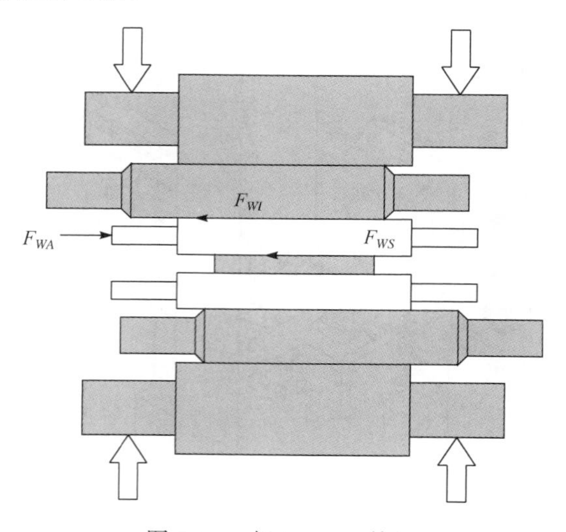

图5-3　6辊UCMW轧机

5.2.1　中间辊对工作辊的轴向阻力

如图5-4所示,相互接触的中间辊和工作辊,在轧制力的作用下轧辊产生弹性压扁,形成一接触区域,且中间辊和工作辊以相同线速度转动。

由于轴线的不平行,导致工作辊轴线和中间辊轴线存在交叉角 θ,使得中间辊和工作辊接触区域的表面线速度方向不一致。咬入侧的工作辊和中间辊接触点对

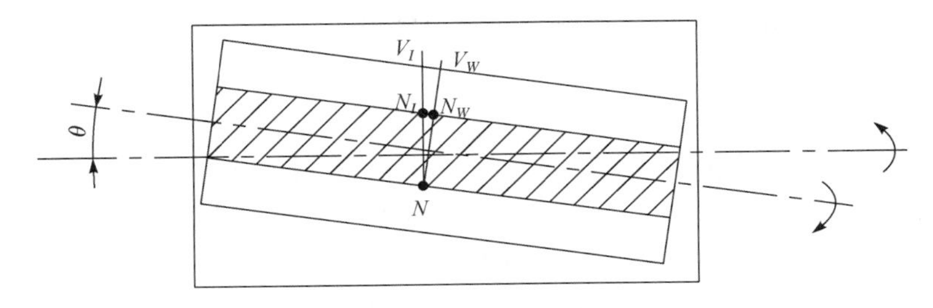

图 5-4　交叉接触的中间辊和工作辊

N，随着轧辊的转动，点对之间产生相对位移并逐渐增大。脱离接触区域时，中间辊的接触点 N 移动到点 N_I，工作辊的接触点 N 移动到点 N_W，点 N_I 与点 N_W 间沿工作辊轴线方向的距离为 Δ。接触点对沿工作辊轴向的相对位移 Δ 并非全部由表面间的滑动产生，而是部分地由表面预位移产生。

在施加外力使静止的物体开始滑动的过程中，当切向力小于静摩擦力的极限值时，物体产生一极小的预位移而达到新的静止位置。预位移的大小随切向力增大而增大，物体开始作稳定滑动时的最大预位移称为极限位移，对应极限位移的切向力就是静摩擦力。

中间辊和工作辊间的接触可视为两圆柱体滚动接触，同时做轴向移动。工作辊轴向移动时必须克服中间辊对其施加的轴向移动阻力。这一轴向阻力并非一般的滑动摩擦力，而是随轴向移动速度、法向接触载荷、圆柱体表面粗糙度和摩擦系数的变化而变化，可用摩擦学中预位移原理和滑动摩擦原理分析求解。

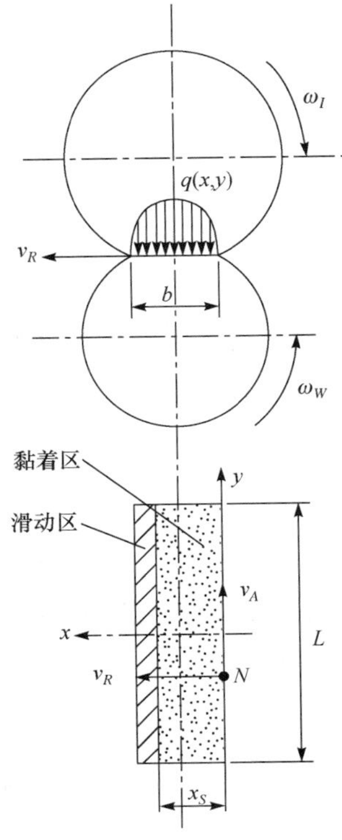

图 5-5　移动阻力分析模型

如图 5-5 所示，设工作辊和中间辊的线速度为 V_R，中间辊的角速度为 ω_I，工作辊的角速度为 ω_W。接触区域的宽度为 b，长度为 L，接触点对 N 沿工作辊轴向的分速度为 V_A，单位接触压力为 $q(x,y)$。

根据预位移原理，接触区可分为黏着接触区和滑动接触区。黏着接触区域内的接触点对 N 在产生相对滑动之前，要产生一定的预位移 ε。只有当预位移达到极限预位移[ε]时，接触点对才能产生相对滑动。在滑动接触区内，接触点对轴向相对位移大于极限预位移，接触点间产生轴向相对滑动，服从滑动摩擦规律。在黏着接触区内摩擦规律服从预位移原理，各接触点对的轴向相对位移小于或等于极限

预位移，接触点无相对滑动，各接触点对预位移可表述为

$$\varepsilon=[\varepsilon]\left[1-\left(1-\frac{\tau}{fq(x,y)}\right)^{\frac{2}{2\xi+1}}\right]$$

式中，ε 为预位移；τ 为单位轴向摩擦力；f 为工作辊与中间辊间的滑动摩擦系数，$f=0.05\sim0.1$；$q(x,y)$为坐标为(x,y)处接触点对的单位接触压力；ξ 为接触表面粗糙度影响系数，$\xi=1.9\sim2.0$；$[\varepsilon]$为极限预位移，对于钢-钢摩擦副，极限预位移与单位接触压力成正比，$[\varepsilon]=0.1+1.276\times10^{-7}q(x,y)$。

假设接触点对 N 的沿工作辊轴向相对速度为 v_A，产生的相对位移为 Δ_A，由速度和时间的关系可知

$$\Delta_A=\frac{v_A}{v_R}x=\psi x$$

式中，x 为接触点 N 沿 x 坐标轴方向移动的距离；ψ 为轴向移动速度与轧辊线速度比值；v_R 为工作辊线速度。

由于工作辊和中间辊的夹角很小，所以

$$\psi=\tan\theta\approx\theta$$

$$\Delta_A=\theta x$$

接触点对产生相对运动后，在黏着区内预位移 ε 等于相应的轴向相对位移 Δ_A，由预位移计算公式可得

$$\tau=fq(x,y)\left\{1-\left[1-\frac{\theta x}{[\varepsilon]}\right]^{\frac{2\xi+1}{2}}\right\}$$

在滑动区内

$$\tau=fq(x,y)$$

上述两式联合求解可确定黏着区的宽度 x_S 为

$$x_S=\frac{[\varepsilon]}{\theta}$$

中间辊对工作辊的横移阻力 F_{WI} 可通过对单位轴向摩擦力积分求得

$$F_{WI}=\int_0^L\int_0^{x_s}fq(x,y)\left\{1-\left[1-\frac{\theta x}{[\varepsilon]}\right]^{\frac{2\xi+1}{2}}\right\}\mathrm{d}x\mathrm{d}y+\int_0^L\int_{x_s}^b fq(x,y)\mathrm{d}x\mathrm{d}y$$

假设辊间接触压力沿轴向均匀分布，则 $q(x,y)=q(x)$，单位接触压力 $q(x)$可按 Herz 椭圆分布假设确定：

$$q(x)=\frac{4P}{\pi bL}\sqrt{1-\left(\frac{x-\frac{b}{2}}{\frac{b}{2}}\right)^2}$$

式中，P 为辊间总接触压力。

接触区域宽度 b 按照 Herz 公式求出

$$b=2\sqrt{\frac{2P}{\pi L}\left(\frac{1-\mu_I^2}{E_I}+\frac{1-\mu_W^2}{E_W}\right)\frac{D_I D_W}{D_I+D_W}}$$

式中，μ_I 为中间辊的泊松比；μ_W 为工作辊的泊松比；E_I 为中间辊的弹性模量；E_W 为工作辊的弹性模量；D_I 为中间辊直径；D_W 为工作辊直径。

当工作辊的轴向窜动速度大于 0 时，工作辊和中间辊之间处于全滑动摩擦状态，此时中间辊对工作辊的轴向阻力为

$$F_{WI}=\int_0^L\int_0^b fq(x,y)\,\mathrm{d}x\mathrm{d}y$$

5.2.2　带钢对工作辊的轴向阻力

当工作辊的轴向移动速度为 0 时，工作辊所受的轴向力主要是由带钢对工作辊摩擦力的轴向分力引起的。由于带钢和工作辊之间的摩擦力比较复杂，为简化计算，假设：①变形区内为全滑动摩擦，服从库仑摩擦定律；②轧制压力沿工作辊轴线方向均匀分布；③不考虑金属横向流动对工作辊轴向力的影响。

轧制过程中带钢与工作辊间的受力如图 5-6 所示，工作辊轴线与带钢速度方向的夹角为 Φ，带钢宽度为 W。工作辊为主动辊，当带钢的压下量为 0 时，带钢的运动方向为 V_S，带钢对工作辊的总摩擦力为 F_S，带钢对工作辊的周向摩擦力为 F_C，带钢对工作辊的轴向摩擦力为 F_A，则

$$F_A=F_C\mathrm{ctg}(\Phi)$$

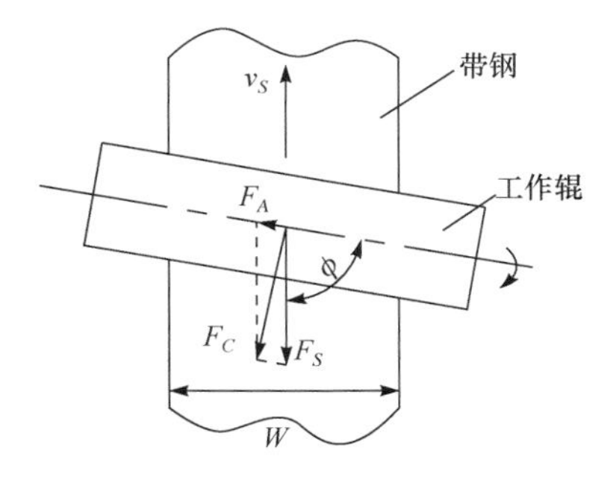

图 5-6　带钢与工作辊间受力分析

压下量不为 0 时，工作辊与带钢接触表面为 Σ，接触面上任取一面积为 σ 的微单元，见图 5-7，工作辊为主动辊，在 σ 面上带钢对轧辊的轧制方向单位摩擦力为 $\tau_S(x,y)$，周向单位摩擦力为 $\tau_C(x,y)$，轴向单位摩擦力为 $\tau_A(x,y)$，如图 5-7 所示。

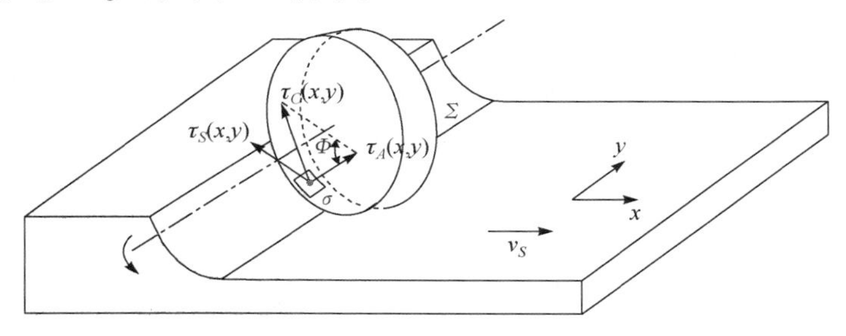

图 5-7　接触面微单元摩擦力分析

轴向摩擦力和周向摩擦力的关系，可得

$$\tau_A(x,y)=\tau_C(x,y)\mathrm{ctg}(\Phi)$$

假设 σ 微单元上的单位轧制压力为 $p(x,y)$，则

$$\tau_C(x,y)=\mu p(x,y)$$

式中，μ 为工作辊与带钢之间的摩擦系数

$$\mu=(\mu_0+\mu_V\mathrm{e}^{-\frac{V}{V_0}})\cdot(1+C_{\mathrm{Rough}}(\mathrm{Rough}-\mathrm{Rough}_0))\cdot\left(1+\frac{c_W}{1+\dfrac{L}{L_0}}\right)$$

式中，μ_0 为与冷却介质相关的基本摩擦系数常量，乳化液润滑时 $\mu_0=0.03$；μ_V 为与润滑相关的速度系数，$\mu_V=0.02$；V 为工作辊速度；V_0 为工作辊参考速度常量，$V_0=3.0\mathrm{m/s}$；C_{Rough} 为工作辊粗糙度系数，$C_{\mathrm{Rough}}=10^5$；Rough 为新工作辊表面粗糙度，Rough=0.9μm，0.6μm，0.5μm，0.4μm；Rough_0 为工作辊表面粗糙度参考常量，$\mathrm{Rough}_0=0.6\mu\mathrm{m}$，轧制 3000t 后变为 0.2μm；$c_W$ 为与轧制长度有关的磨损系数，$c_W=0.1$；L_0 为工作辊轧制带钢长度参考常量，$L_0=1000\mathrm{m}$；L 为工作辊轧制带钢长度。

单位轧制压力 $p(x,y)$ 计算采用 Orowan 均匀压缩理论的变形区应力平衡方程(图 5-8)，并作如下假设：

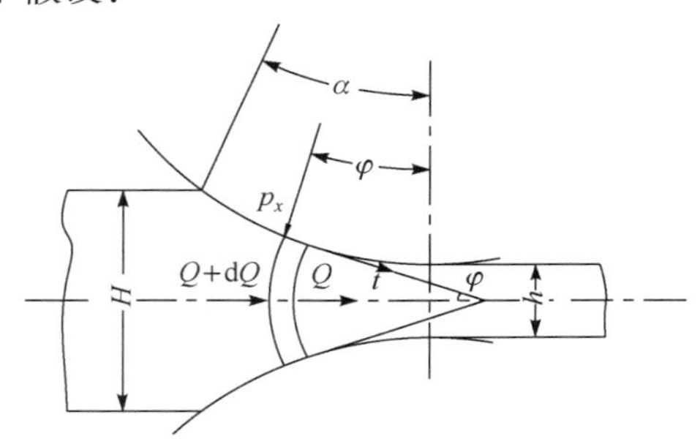

图 5-8 Orowan 理论作用在为微分体上的力

(1) 轧辊辊形变形后，接触弧可用抛物线来代替，即 $h_x=h+R\varphi^2$；

(2) 轧制过程中的宽度变化很小，忽略宽展 ΔB，按平面变形处理；

(3) 遵从 Mises 塑性条件，即 $\sigma_1-\sigma_3=1.15\sigma_s=K$，$K$ 为平面变形条件下材料的变形抗力；

(4) 服从平面断面假说，即垂直于轧制方向的界面变形后仍为一平面，且为主平面，在主平面上只作用主应力；

(5) 沿整个圆弧都有黏着现象，即 $t=\dfrac{K}{2}$；

(6) 利用 Orowan 水平力 Q 分布规律的结论，即 $Q=h_x\left(p_x-\dfrac{\pi}{4}K\right)$。

可得后滑区单位压力公式为

$$\frac{p(x,y)}{K}=\frac{\pi}{4}\ln\frac{h_x}{H}+\frac{\pi}{4}+\sqrt{\frac{R}{h}}\arctan\left(\sqrt{\frac{R}{h}}\alpha\right)-\sqrt{\frac{R}{h}}\arctan\left(\sqrt{\frac{R}{h}}\varphi\right)$$

前滑区单位压力公式为

$$\frac{p(x,y)}{K}=\frac{\pi}{4}\ln\frac{h_x}{H}+\frac{\pi}{4}+\sqrt{\frac{R}{h}}\arctan\left(\sqrt{\frac{R}{h}}\varphi\right)$$

式中，K 为平面变形条件下的变形抗力，$K=1.15\sigma_s$；σ_s 为带钢屈服强度；h_x 为横坐标为 x 处带钢的厚度，当 $x=0$ 时，$\varphi=0$；H 为变形区入口带钢厚度；h 为变形区出口带钢厚度；R 为工作辊半径；φ 为横坐标为 x 处，即带钢厚度为 h_x 时接触弧所对应的圆心角，$h_x=h+R\varphi^2$；α 为咬入角，$\alpha=\sqrt{\frac{H-h}{R}}$。

带钢对工作辊的轴向阻力为

$$F_{WS}=F_A=\iint_{\Sigma}\tau_A(x,y)\mathrm{d}\sigma=\mu\mathrm{ctg}(\Phi)\iint_{\Sigma}p(x,y)\mathrm{d}\sigma$$

后滑区单位压力公式和前滑区单位压力公式代入上式得

$$\begin{aligned}F_{WS}=&\mu\mathrm{ctg}(\Phi)KR\int_0^{\varphi_0}\int_0^B\left[\frac{\pi}{4}\ln\left(\frac{h+R\varphi^2}{H}\right)+\frac{\pi}{4}+\sqrt{\frac{R}{h}}\arctan\left(\sqrt{\frac{R}{h}}\varphi\right)\right]\mathrm{d}\varphi\mathrm{d}y\\&+\mu\mathrm{ctg}(\Phi)KR\int_{\varphi_0}^{\alpha}\int_0^B\left[\frac{\pi}{4}\ln\left(\frac{h+R\varphi^2}{H}\right)+\frac{\pi}{4}+\sqrt{\frac{R}{h}}\arctan\left(\sqrt{\frac{R}{h}}\alpha\right)\right.\\&\left.-\sqrt{\frac{R}{h}}\arctan\left(\sqrt{\frac{R}{h}}\varphi\right)\right]\mathrm{d}\varphi\mathrm{d}y\end{aligned}$$

式中，φ_0 为变形区中性角

$$\varphi_0=\sqrt{\frac{h}{R}}\tan\left[\frac{1}{2}\arctan\left(\sqrt{\frac{R}{h}}\alpha\right)\right]$$

当工作辊的轴向窜动速度大于 0 时，工作辊和带钢之间处于全滑动摩擦状态，此时带钢对工作辊的轴向阻力为

$$\begin{aligned}F_{WS}=&\mu KR\int_0^{\varphi_0}\int_0^B\left[\frac{\pi}{4}\ln\left(\frac{h+R\varphi^2}{H}\right)+\frac{\pi}{4}+\sqrt{\frac{R}{h}}\arctan\left(\sqrt{\frac{R}{h}}\varphi\right)\right]\mathrm{d}\varphi\mathrm{d}y\\&+\mu KR\int_{\varphi_0}^{\alpha}\int_0^B\left[\frac{\pi}{4}\ln\left(\frac{h+R\varphi^2}{H}\right)+\frac{\pi}{4}+\sqrt{\frac{R}{h}}\arctan\left(\sqrt{\frac{R}{h}}\alpha\right)\right.\\&\left.-\sqrt{\frac{R}{h}}\arctan\left(\sqrt{\frac{R}{h}}\varphi\right)\right]\mathrm{d}\varphi\mathrm{d}y\end{aligned}$$

如图 5-9 所示，工作辊窜动到极限位置后，上工作辊的力为 0.803MN，下工作辊的力为 0.792MN，表明上、下工作辊窜辊液压缸的最大窜动力为 0.8MN。

如图 5-10 所示，当机架速度和轧制力均为 0 时，上工作辊的静态窜动力为 0.065MN，下工作辊的静态窜动力为 0.062MN。

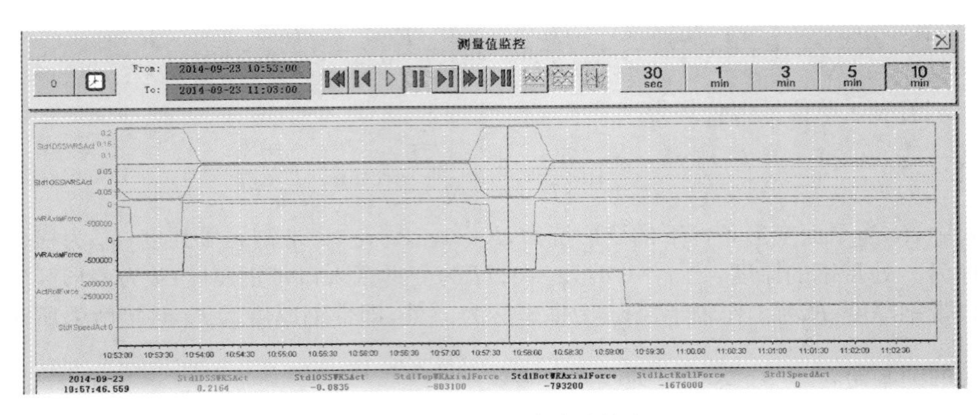

图 5-9　工作辊最大窜动能力

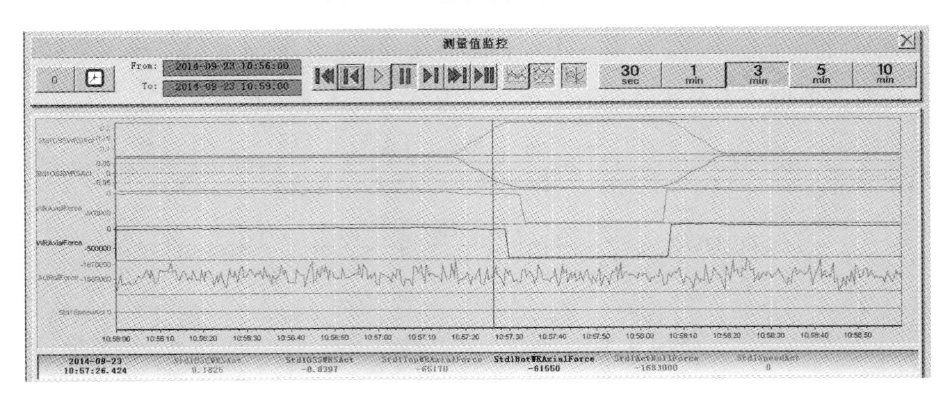

图 5-10　工作辊静态窜动力

如图 5-11 所示，当轧制速度为 2.289m/s，轧制力为 7.395MN 时，上工作辊的静态轴向力为 0.02MN，下工作辊的静态轴向力为 0.017MN。

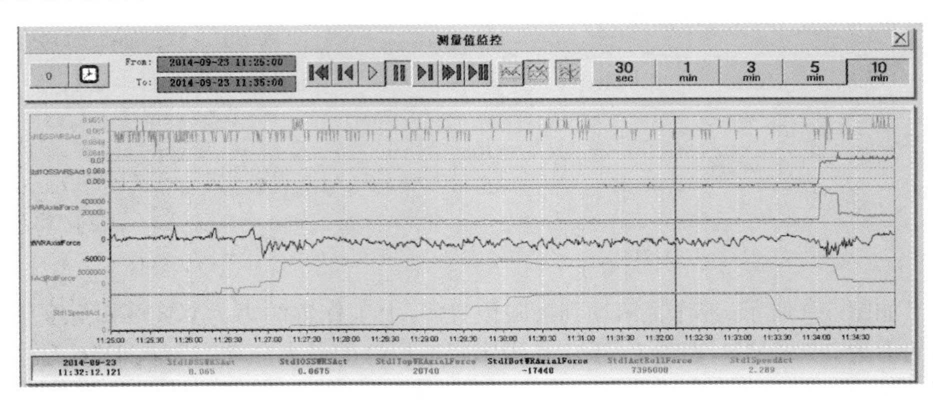

图 5-11　工作辊静态轴向力

如图 5-12 所示,当速度从 0.891m/s 变化到 0.5667m/s 过程中,上工作辊的轴向力从 0.01547MN 增加到 0.3189MN。下工作辊轴向力从 0.006583MN 增加到 0.32033MN。

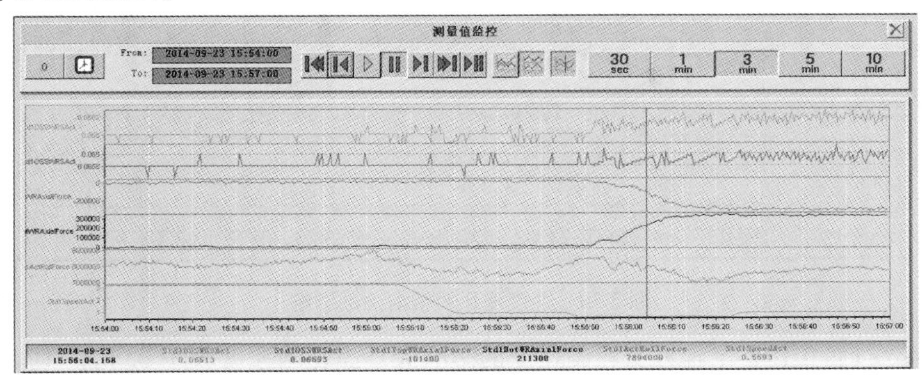

图 5-12　轧制速度对轴向力的影响

如图 5-13 所示,当速度从 2.39m/s 变化到 0.8986m/s 过程中,上下工作辊静态轴向力变化幅值很小。

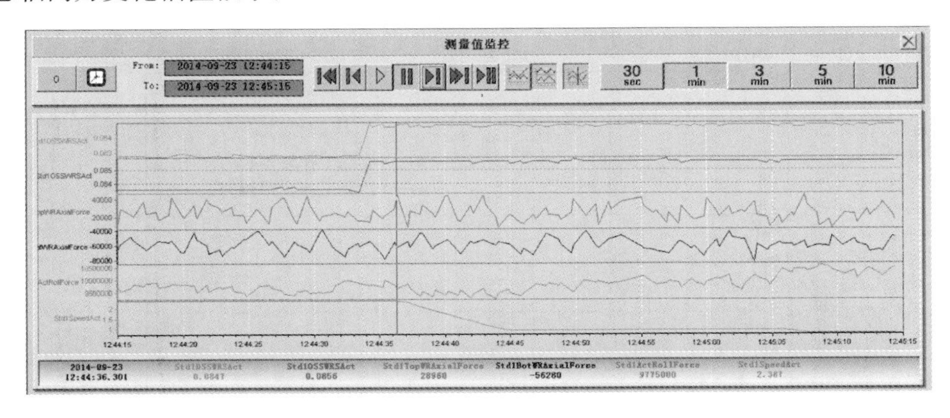

图 5-13　速度变化对轴向力的影响

如图 5-14 所示,当速度从 2.66m/s 变化到 3.39m/s 过程中,上下工作辊静态轴向力变化幅值很小。

从图 5-8～图 5-14 可以看出,正常轧制过程中轧制力稳定在 8～10MN,轧制力的波动对轴向力和轴向窜动力的影响甚微,影响工作辊轴向力和轴向窜动力的主要因素是轧制速度。速度大于 0.9m/s 时,速度变化对轴向影响较小;速度小于 0.9m/s 时,轴向力变化幅度较大。

工作辊窜辊力实际测量值和理论计算结果见图 5-15,理论计算结果与实际测量值基本吻合。随着轧制速度的增大,工作辊窜辊力逐渐降小。当轧制速度小于

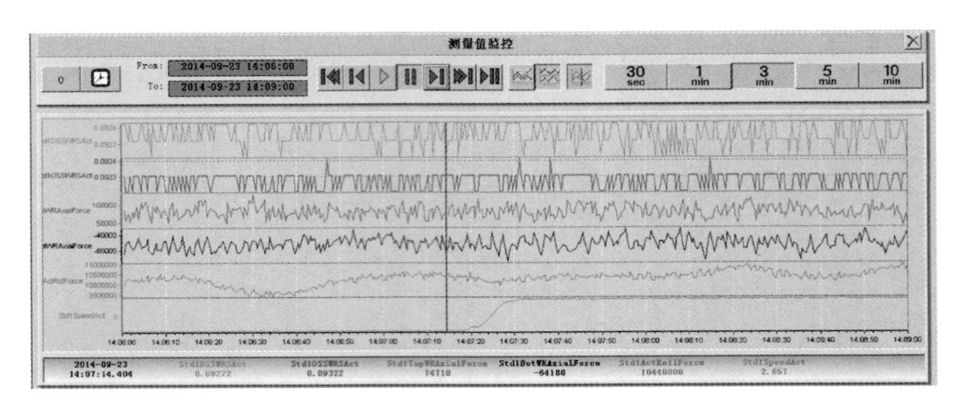

图 5-14　速度变化对轴向力的影响

0.5m/s 时，工作辊窜辊力受轧制速度的影响大。当轧制速度大于 0.5m/s 时，工作辊窜辊力基本稳定在 10000N 以内。当轧制速度大于 1m/s 时，工作辊窜辊力基本小于 50000N。

为减低工作辊轴向窜辊而导致的工作辊磨损，当轧制速度低于 0.4m/s 时，禁止工作辊轴向横移。

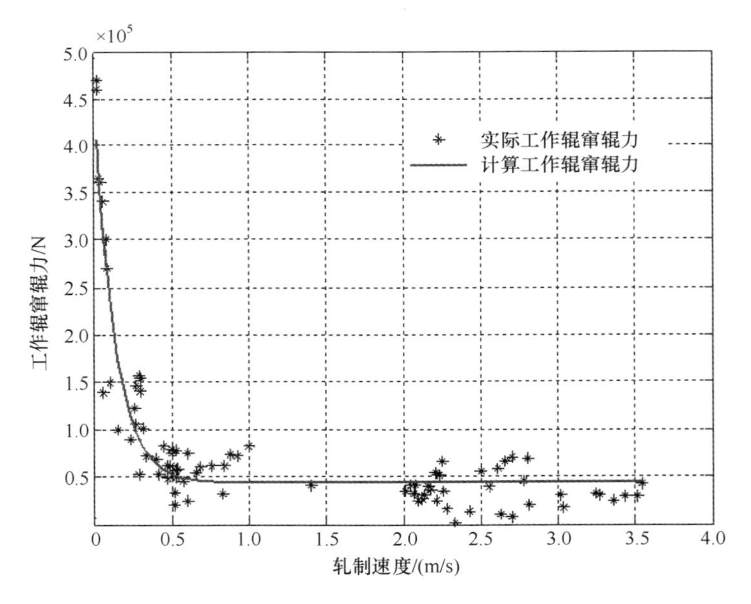

图 5-15　实际工作辊窜辊力和计算工作辊窜辊力

5.3　工作辊动态变规格窜动

轧机入口设备组成见图 5-16，主要设备包括入口凸度仪、5＃S 辊、纠偏辊、6＃S 辊、转向辊、3 辊稳定辊、寻孔仪、测厚仪、测速仪、EMG 框架式带钢跑偏检测仪等。入口凸度仪为 42 点测厚仪，检测来料横断面上各点的厚度，用于边部减薄的预设定控制。5＃S 辊用于控制酸洗出口段带钢张力。6＃S 辊用于控制轧件入口段带钢张力。EMG 框架式带钢跑偏检测仪检测带钢的实际偏移量，通过入口纠偏辊纠正带钢跑偏。

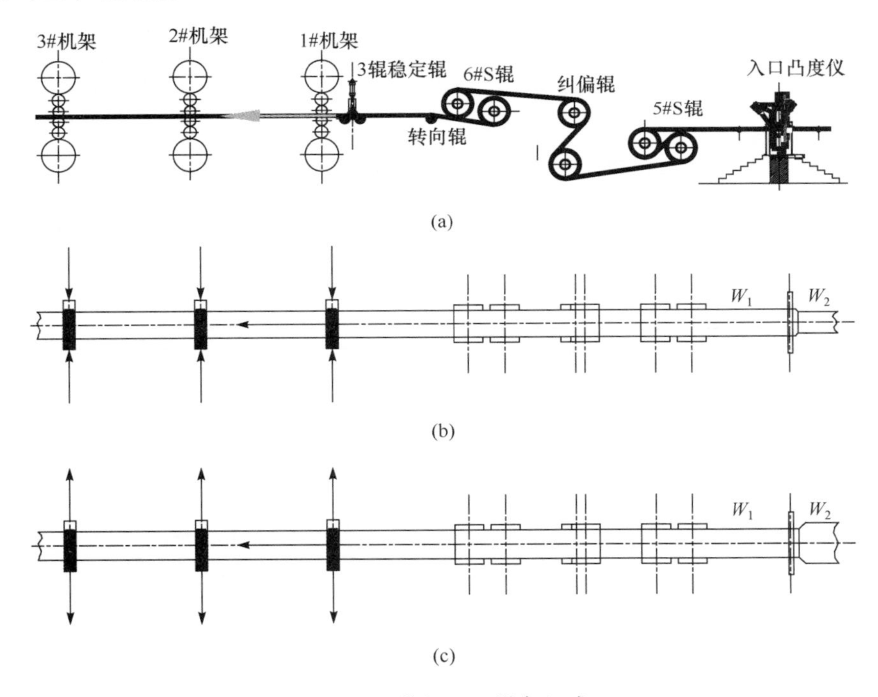

图 5-16　轧机入口设备组成

冷轧生产为无头连续轧制模式，为满足客户不同产品规格的需求，经常变换产品规格，机架当前卷带钢的宽度 W_1 和下一卷带钢的宽度 W_2 变换频繁。对于普通的 HC 轧机、UCM 轧机来说，变规格宽度变化不会对轧制过程产生任何影响。

对于工作辊具有单端锥形辊形的轧机来说，轧制时需要根据进入机架带钢的宽度动态调整工作辊窜辊液压缸的位置，以便调整锥形段的插入量。液压缸位置的计算公式为

$$\text{Position}_{\text{cyliner}}(i)=-0.15+\frac{\text{Width}_{\text{set}}-1}{2}+[0.1-EL_{\text{set}}(i)]$$

式中，$\mathrm{Position}_{\mathrm{cyliner}}(i)$为第 i 机架工作辊液压缸的设定位置；$\mathrm{Width}_{\mathrm{set}}$为带钢宽度；$EL_{\mathrm{set}}(i)$为二级预设定模型计算出的第 i 机架工作辊锥形段插入量。

工作辊动态变规格窜动的控制方法见图 5-17，焊缝距离 1＃机架辊缝 1m 左右 MTR 楔形信号触发，带钢进入楔形轧制模式。楔形信号触发的同时，工作辊开始从当前卷设定值窜动到下一卷带钢的设定值。

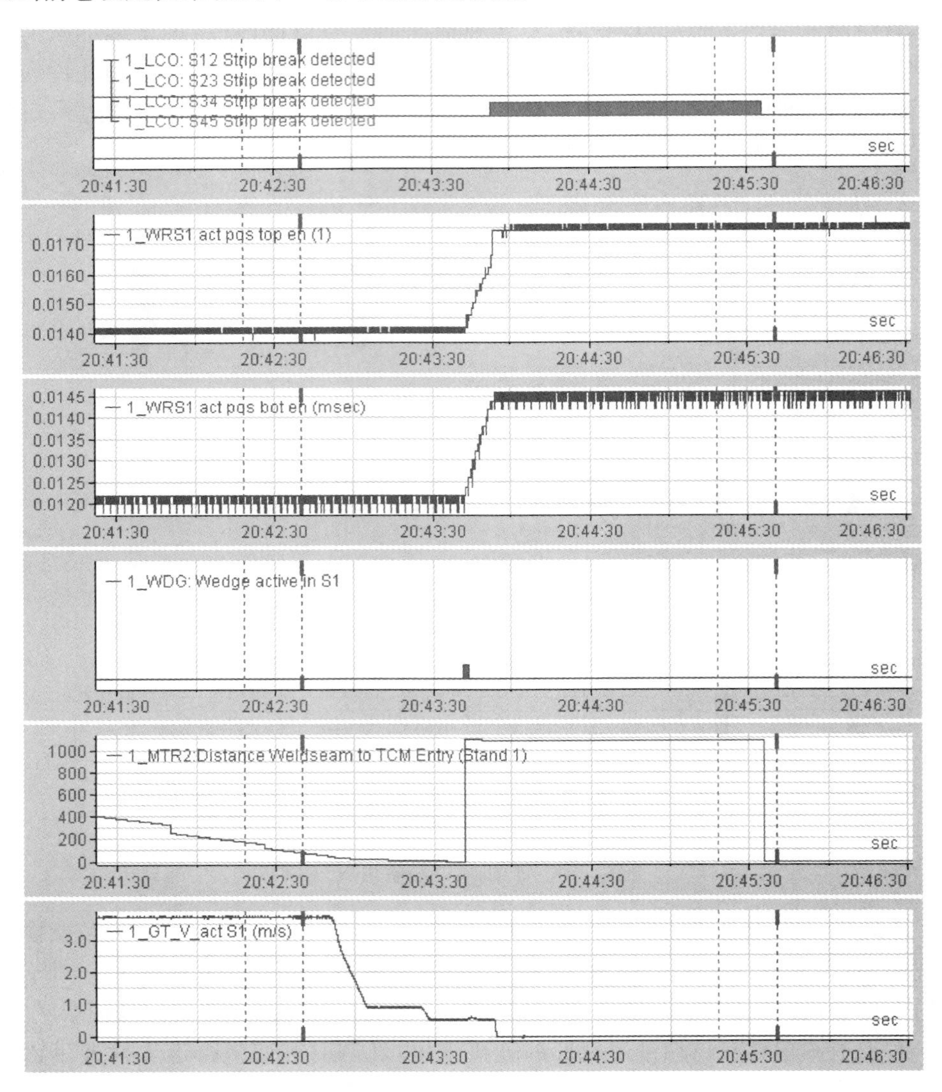

图 5-17　动态变规格窜辊断带

如图 5-16(b)所示当前卷的带钢宽度 W_1 大于下一卷的带钢宽度 W_2 时，工作辊按常规窜动方法调整，在二级设定插入量 EL_{set}不变的前提下，上下工作辊锥形段向带钢中心方向移动，插入量由小逐渐增大，边部厚度逐渐增大。

反之，当前卷的带钢宽度 W_1 小于下一卷的带钢宽度 W_2 时，如图 5-16(c)所示，工作辊按常规窜动方法调整，在二级设定插入量 EL_{set} 不变的前提下，上下工作辊锥形段背离带钢中心方向移动，插入量由大逐渐减小。若当前卷带钢的锥形段插入量较大，且 W_1 小于 W_2 较多，焊缝进入 1＃机架辊缝时，会造成带头插入量过大，边部厚度增加，边部张力过大而断带，见图 5-17。

为避免动态变规格时轧制断带，在焊缝进入辊缝时，需将工作辊提前窜到下一卷带钢的预设位。动态变规格时，通常 1＃机架的轧制速度小于 1m/s，2＃机架的轧制速度大于 0.9m/s，3＃机架的轧制速度大于 1.3m/s。各机架工作辊轴向窜动摩擦系数 μ 可按图 5-18 计算，计算公式为

$$\mu(i)=0.0020642+0.0013095\cdot e^{-2.1585[v_s(i)-1.4265]}$$

式中，$\mu(i)$ 为第 i 机架的工作辊窜动摩擦系数；$v_s(i)$ 为第 i 机架的轧制速度。

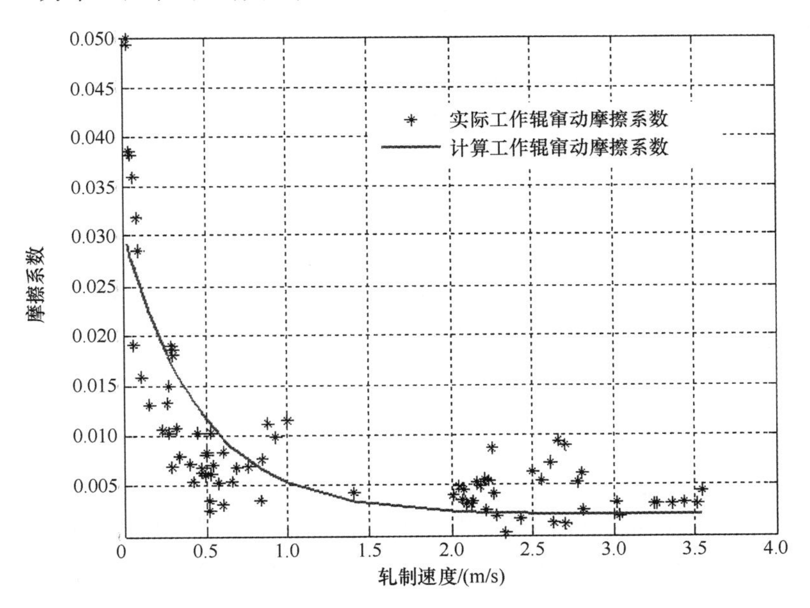

图 5-18　实际摩擦系数和理论计算摩擦系数

工作辊轴向窜动时，其轴向力可按全滑动摩擦计算：

$$F(i)=\{0.0020642+0.0013095e^{-2.1585[v_s(i)-1.4265]}\}P(i)$$

式中，$F(i)$ 为第 i 个机架的工作辊轴向窜动力；$v_s(i)$ 为第 i 个机架的轧制速度；$P(i)$ 为第 i 个机架的轧制力。

工作辊窜动速度计算式为

$$V_{WS}(i)=\frac{Q_N\sqrt{\frac{P_S-\frac{F(i)}{S}}{\Delta P_N}}}{20S}$$

式中，$V_{WS}(i)$为第 i 机架工作辊窜辊速度；Q_N 为伺服阀额定流量；P_S 为油源压力；S 为工作辊窜辊液压缸受力面积；ΔP_N 为伺服阀额定压降。

工作辊轴向力和窜辊速度间的关系见图 5-19，正常轧制时工作辊最大轴向窜动速度为 2mm/s。

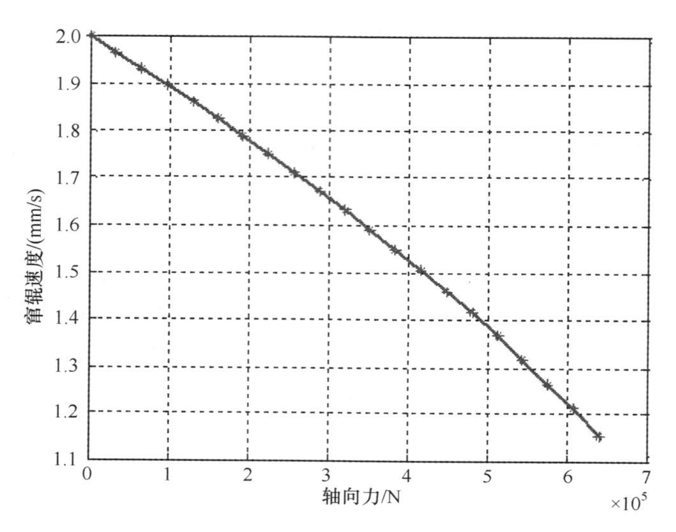

图 5-19　工作辊窜动速度与轴向力的关系

动态变规格窜辊时，工作辊的窜辊行程为

$$S_{WS}(i)=W_2-W_1+EL_{set2}(i)-EL_{set1}(i)$$

式中，$S_{WS}(i)$为动态变规格时，第 i 机架工作辊的窜动行程；W_2 为下一卷带钢宽度；W_1 为当前钢卷带钢宽度；$EL_{set2}(i)$为下一卷带钢第 i 机架插入量；$EL_{set1}(i)$为当前带钢第 i 机架插入量。

动态变规格时，工作辊的窜辊时间为

$$t_{WS}(i)=\frac{S_{WS}(i)}{V_{WS}(i)}$$

第 1 机架触发工作辊窜辊时，焊缝距离第 1 机架的带钢长度为

$$L_{Weld}(1)=t_{WS}(1)\cdot V_0$$

式中，$L_{Weld}(1)$为第 1 机架触发工作辊窜辊时，焊缝距离第 1 机架的带钢长度；$t_{WS}(1)$为动态变规格时，第 1 机架工作辊的窜辊时间；V_0 为第 1 机架入口带钢的速度。

第 2 机架触发工作辊窜辊时，焊缝距离第 1 机架的带钢长度为

$$L_{Weld}(2)=[t_{WS}(2)\cdot V_1-L_{12}]\frac{H_1}{H_0}$$

式中，$L_{Weld}(2)$为第 2 机架触发工作辊窜辊时，焊缝距离第 1 机架的带钢长度；$t_{WS}(2)$为动态变规格时，第 2 机架工作辊的窜辊时间；V_1 为第 1 机架出口带钢的速度；L_{12}为第 1 机架辊缝和第 2 机架辊缝距离；H_1 为第 1 机架出口带钢厚度；H_0 为第 1 机架入口带钢厚度。

第 3 机架触发工作辊窜辊时，焊缝距离第 1 机架的带钢长度为

$$L_{Weld}(3)=[t_{WS}(3)\cdot V_2-L_{13}]\frac{H_2}{H_0}$$

式中，$L_{Weld}(3)$为第 3 机架触发工作辊窜辊时，焊缝距离第 1 机架的带钢长度；$t_{WS}(3)$为动态变规格时，第 3 机架工作辊的窜辊时间；V_2 为第 2 机架出口带钢的速度；L_{13}为第 1 机架辊缝和第 3 机架辊缝距离；H_2 为第 2 机架出口带钢厚度；H_0 为第 1 机架入口带钢厚度。

5.4　工作辊窜动速度动态设定

液压伺服控制系统具有高度的非线性。液压系统的非线性因素通常包括阀的流量压力特性、阀的饱和性、阀和缸的泄漏、缸的摩擦、介质的可压缩性、介质的黏温特性、介质管道形状和尺寸、油源压力波动、负载压力变化等。其中对系统动态特性影响最大的为流量压力非线性特性，即伺服控制系统的动态性能随负载压力的变化而变化，在没有自适应增益非线性补偿的情况下，位置控制系统系统的动态性能都很难保证稳定。

工作辊窜辊液压伺服控制系统见图 5-20，窜辊液压缸为双活塞杆液压缸，伺服阀的 A、B 控油口分别与窜辊缸的两油腔相连。

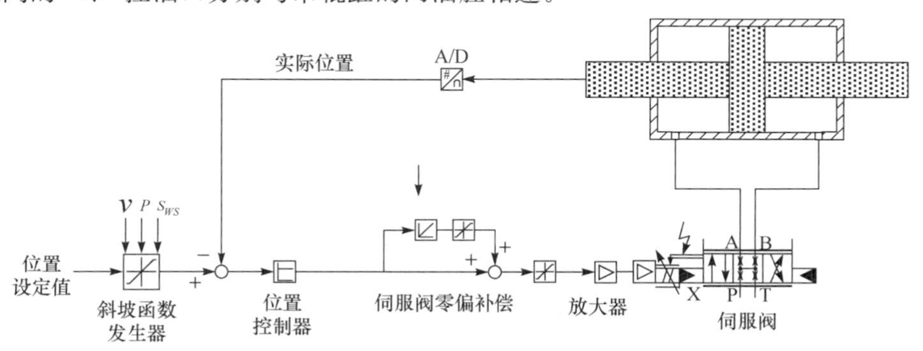

图 5-20　工作辊窜辊缸液压伺服控制系统

工作辊窜辊位置设定值，在斜坡函数发生器内根据轧制速度、轧制力和工作辊窜辊行程控制输出，斜坡函数发生器输出的设定值与反馈的实际位置值相比较，差值经过数字 PI 运算、限幅，经过 D/A 转换为±10V 电压，再经过隔离放大器转换为±10mA 的电流信号，该电流作为伺服阀的输入，伺服阀的输入电流与阀芯位置反馈电流信号的差值作为伺服阀内置放大器的输入，内置放大器输出电流信号驱动伺服阀的力矩马达，力矩马达的摆动导致两侧喷嘴间隙发生变化，主阀芯两侧油压失去平衡而移动，伺服阀出口油压发生变化引起液压缸动作。控制回路中积分环节主要补偿伺服阀的机械零偏和温度零漂，使正常工作时伺服阀的输入电流稳定在±0.5mA 内，以保证伺服阀的高频响应。

工作辊窜辊系统通常采用电液伺服阀，其本身固有频率高于 50Hz，伺服阀的动态特性传递函数可以用一个二阶振荡环节形式的传递函数表示：

$$W_v(s)=\frac{Q(s)}{I(s)}=\frac{K_v}{\frac{s^2}{\omega_v^{\ 2}}+\frac{2\xi_v s}{\omega_v}+1}$$

式中，$Q(s)$为伺服阀输出油液流量；$I(s)$为伺服阀输入电流；s 为拉普拉斯算子；ω_v为伺服阀的固有频率；ξ_v为伺服阀阻尼比；K_v为伺服阀的流量增益，K_v 的大小与油源压力、负载压力有关。

伺服阀控制窜辊缸的原理见图 5-21，伺服阀为零开口四通滑阀，伺服阀输入正电流，阀芯正向移动，伺服阀流出的流量为

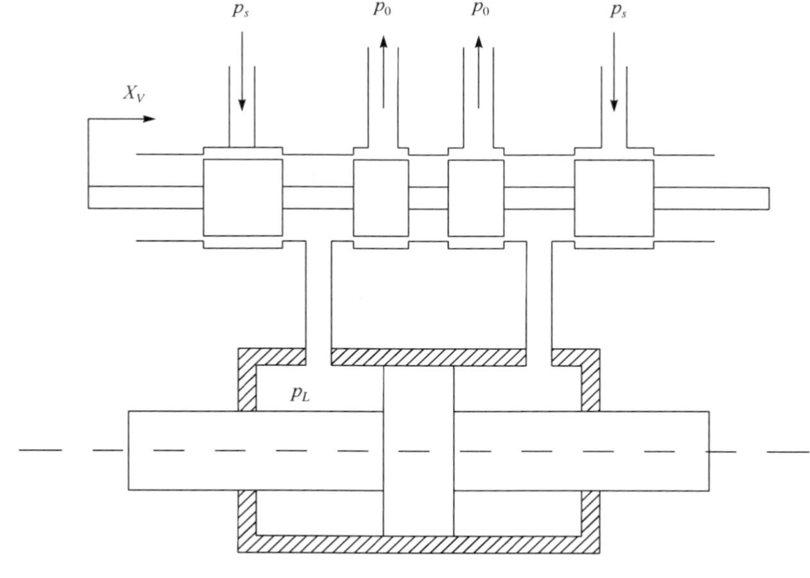

图 5-21　伺服阀控制窜辊液压缸

$$Q_L=f(x_v,p_L)=C_d\omega x_v\sqrt{\frac{2}{\rho}(p_s-p_L)}$$

式中，x_v为伺服阀主阀芯位移；p_s 为油源压力；p_L 为伺服阀出口压力；C_d为伺服阀流量系数；ω 为与主阀芯直径有关的常数；ρ 为油液密度。

上式可以写成

$$Q=f(x_v,p_L)=C_d\omega x_v\sqrt{\frac{2}{\rho}\Delta p}$$

伺服阀的流量是主阀芯位移和伺服阀出入口油压差的非线性函数，而阀芯位移 x_v与伺服阀输入电流成正比，$x_v=C'I$，C' 为与阀类型相关的常数，上式可改写成

$$Q=C_d\omega C'I\sqrt{\frac{2}{\rho}\Delta p}$$

在±10%输入电流 I_N、压差为 7MPa 的 Δp_N的条件下，伺服阀的额定流量为 Q_N，则

$$Q=\frac{Q_N}{I_N\sqrt{\Delta p_N}}I\sqrt{\Delta p}$$

可知伺服阀的静态流量为

$$Q=IK_v$$

$$K_v=\frac{Q_N}{I_N\sqrt{\Delta p_N}}\sqrt{\Delta p}$$

K_v 值随标定流量 Q_N呈正比变化，此外 Kv 值还受负载大小、油源压力波动和液压缸活塞面大小等因素的影响，具有很强的非线性。

实际使用经验及理论分析充分证明，常规 PID 控制是控制系统中应用最广泛的一种控制规律，90%以上的控制对象都能得到满意的控制效果。液压伺服控制系统通常采用 PID 控制器，但 P 参数的整定范围远远小于伺服阀流量增益变化范围，因此未经补偿的系统不可能存在一个合适的 P 值，使得系统在伺服阀流量增益变化范围内仍然保持系统的精度且使系统稳定。

在轧机辊缝系统中，由于伺服阀与辊缝缸间的油路通道很短，通道中油液的数量很少，通道的刚性很大，因此管道对系统动态性能的影响可以忽略。但对于工作辊窜辊系统，伺服阀与窜辊缸之间的距离很大，少则几米多则十几米，管道过长致使系统不稳定和响应滞后。并且油压传感器安装在液压伺服阀台出口，距离液压缸很远，无法采用与轧机辊缝系统相同的非线性补偿方法。

对于工作辊窜辊液压系统的非线性特性，可以根据轧制速度、轧制力和工作辊窜辊行程，动态调整调整斜坡函数发生器的斜坡时间，控制设定值在计算机扫描周

期内的变化速率，补偿轧制力、轧制速度、液压缸负载等因素变化而导致的液压系统非线性特性，以使液压缸在窜动过程中速度平稳，保证动态变规格轧制的平稳、减小工作辊的磨损，同时还能提高边部减薄的控制精度、板形控制精度和厚度控制精度。

冷连轧机机架控制采用西门子 TDC 硬件和 PCS7 软件，因此工作辊窜辊控制使用基于 TDC-PCS7 的数字控制算法，斜坡函数发生器的控制算法为

$$Y_n = Y_{n-1} + \Delta Y_n$$

式中，Y_n 为当前扫描周期斜坡函数发生器的输出；Y_{n-1} 为前一扫描周期斜坡函数发生器的输出；ΔY_n 为当前扫描周期的增量

$$\Delta Y_n = \frac{TA}{T}$$

TA 为斜坡函数发生器功能块的扫描周期；T 为工作辊窜辊时间

$$T = 1000 \cdot S_{ws} \cdot \text{factor}$$

S_{ws} 为工作辊的窜辊行程；factor 为工作辊窜动速度动态补偿因子

$$\text{factor} = \frac{20S}{Q_N\sqrt{\dfrac{P_S}{\Delta P_N} - \dfrac{\{0.0020642 + 0.0013095\text{e}^{-2.1585[v_s - 1.4265]}\}P}{S\Delta P_N}}}$$

S 为工作辊窜辊液压缸受力面积；Q_N 为伺服阀额定流量；P_S 为油源压力；ΔP_N 为伺服阀额定压降。v_s 为轧制速度；P 为轧制力。

工作辊窜动速度动态补偿因子 factor 随轧制速度和轧制力的变化见图 5-22。

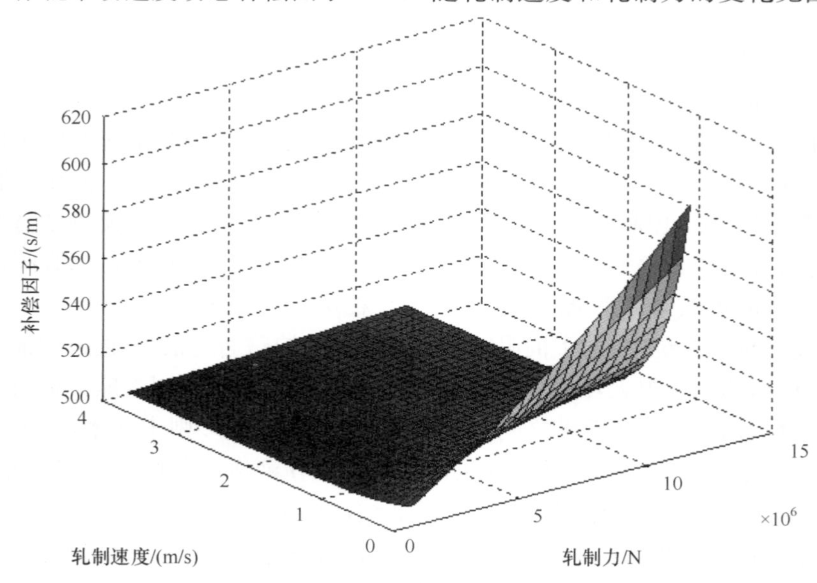

图 5-22 工作辊窜动动态设定补偿因子

轧制力大速度小时，补偿因子越大，工作辊窜动速度小。轧制力小速度大时，补偿因子小，工作辊窜动速度大。轧制力恒定时，补偿因子随着轧制速度的降低而增加，即工作辊窜动速度随着轧制速度的降低而减小。轧制速度恒定时，补偿因子随着轧制力的增加而增加，即工作辊窜辊速度随着轧制力的增加而降低。轧制速度小于 1m/s 时，补偿因子随轧制力的变化幅度较大。

5.5 工作辊窜辊对板形的影响

板形是冷轧带钢生产的一个重要质量指标之一，现代冷轧机所轧制带钢的板形经度已能够满足用户要求。近年来，带钢的边部减薄控制水平也有了突破性进展，配备锥形工作辊横移技术的 6 辊 UCMW 冷轧机具有很强的边部减薄控制能力，边部减薄控制通过调节各个机架的工作辊轴向位置和锥形段插入量实现，带轴端锥度辊形曲线的工作辊的轴向位置变化必然引起承载辊缝形状的变化，由于辊缝形状与带钢板形之间有着密不可分的关系，承载辊缝的变化必然影响带钢整体板形的控制效果。因此在边部减薄控制的同时，要对各机架的弯辊力进行有效的补偿，以减小或消除工作辊窜动和工作辊端部辊形曲线对带钢板形的影响。

承载辊缝的形状曲线受轧制力、弯辊力、窜辊量、轧辊凸度、热凸度即轧辊磨损、来料边部减薄和凸度等因素的影响，轧机带钢截面可描述为

$$\Omega=\frac{P}{K_P}+\frac{F_W}{K_{FW}}+\frac{F_I}{K_{FI}}+K_{SI}S_I+K_{SW}S_W+E_\omega(\omega_H+\omega_W+\omega_O)+E_C\omega_C+\Omega_0$$

式中，P 为轧制力(kN)；K_P 为轧制力对辊系弯曲变形的影响系数；F_W 为工作辊弯辊力(kN)；F_I 为中间辊弯辊力(kN)；K_{FW} 为工作辊弯辊力对辊系弯曲变形的影响系数；K_{FI} 为中间辊弯辊力对辊系弯曲变形的影响系数；S_I 为中间辊窜辊量；K_{SI} 为中间辊窜辊对辊系弯曲变形的影响系数；S_W 为工作辊窜辊量；K_{SW} 为工作辊窜辊对辊系弯曲变形的影响系数；E_ω 为轧辊辊形系数；E_C 为可调辊形系数；ω_H 为轧辊热辊形(μm 或 mm)；ω_H 为轧辊磨损辊形(μm 或 mm)；ω_O 为轧辊原始辊形(μm 或 mm)；ω_C 为可调辊形(μm 或 mm)；Ω_0 为带钢来料截面形状(凸度或边部减薄)。

工作辊弯辊是补偿工作辊弯曲变形的重要手段，在弯辊力作用下引起的工作辊挠度变化必然会影响到辊系之间的压力分布，以及工作辊和带钢之间的压力分布，进而影响工作辊的弹性变形、二次凸度、四次凸度和边部减薄。见图 5-23～图 5-25。

随着工作辊弯辊力的增大，二次凸度、四次凸度不断减小，且二次凸度与工作辊弯辊力的变化基本呈线性关系。随着工作辊弯辊力增大，边部减薄值逐渐减小，弯辊力达到一定程度会出现边升，边部减薄与工作辊弯辊力的变化基本呈线性关系。由此可以看出，工作辊弯辊对板形的二次凸度有很强的调控能力，对边部减薄

的调控效果明显，但对四次板形凸度的调控能力较弱。随着插入量的变化，工作辊的对边部减薄和二次板形凸度的调控效率不同，边部减薄的调控范围小，二次凸度的调控范围较大。因此，在利用工作辊锥形段插入量进行边部减薄调节的同时，必须相应地改变工作辊弯辊力，以补偿由插入量的变化而导致的带钢二次板形凸度的变化。

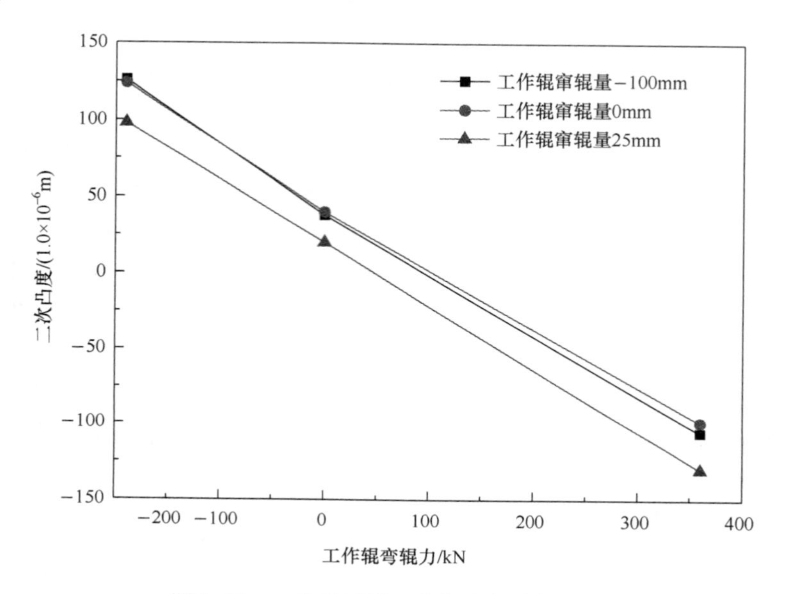

图 5-23　二次凸度随工作辊弯辊力的变化

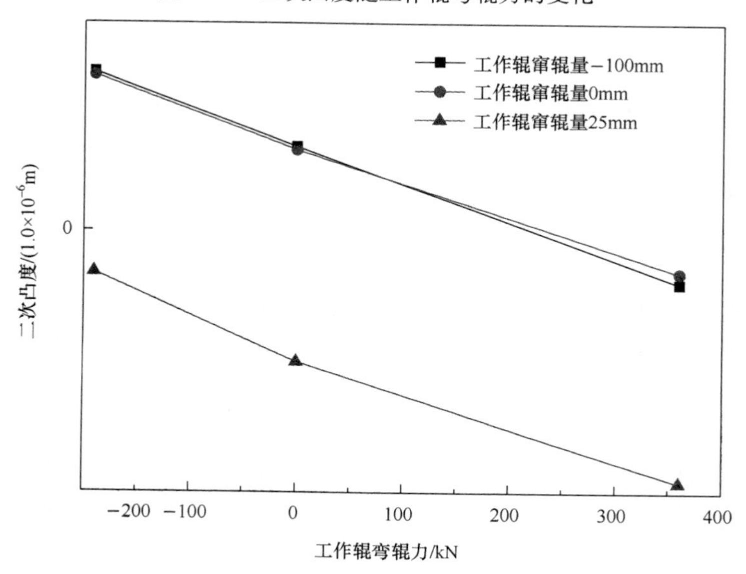

图 5-24　四次凸度随工作辊弯辊力的变化

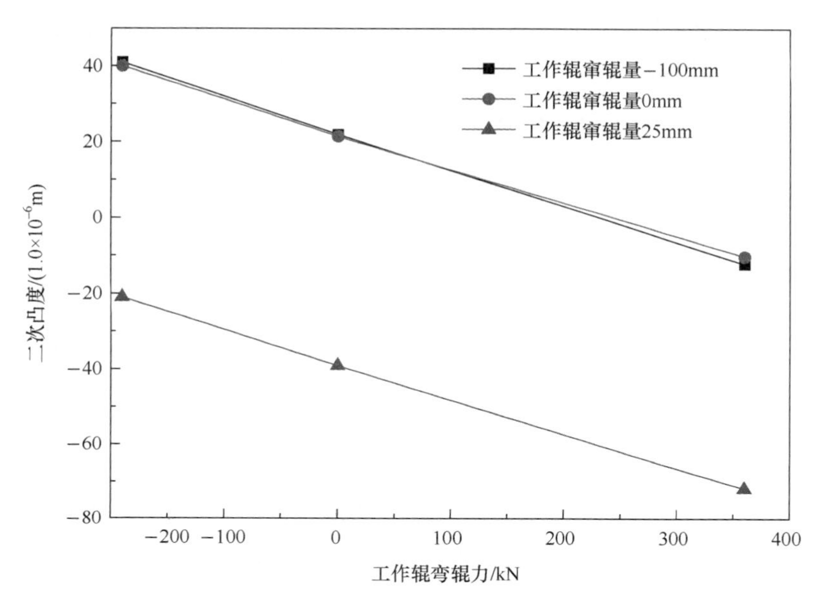

图 5-25　边部减薄随工作辊弯辊力的变化

5.6　工作辊辊形曲

在轧机机型确定的情况下，轧辊辊形是控制带钢板形控制最直接、最有效的手段。对于 6 辊 UCMW 轧机，以锥形辊为基础的锥形工作辊横移技术具有较好的边部减薄控制效果，但在实际运用中，若辊形设计不合理，在轧辊横移过程中会出现轧辊辊间接触压力分布不均匀，在平辊段和边部减薄控制段结合处出现局部应力集中，形成接触压力尖峰等问题，极易导致轧辊出现不同程度的掉肩和掉皮现象，造成辊面剥落，严重时会造成带钢的剪边，如图 5-26 中位置 1 所示。既增加轧辊辊耗，又影响带钢质量，同时影响生产作业率。

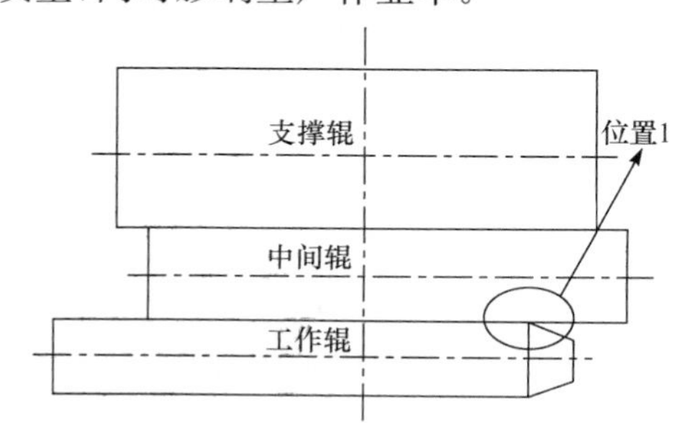

图 5-26　辊间接触压力峰值出现的位置

锥形工作辊横移轧机工作辊端部辊形直接影响着边部减薄调控功效，因此对端部辊形进行优化，设计出最有利于边部减薄控制的辊形曲线非常关键。

5.6.1 单锥度工作辊辊形曲线设计原则

根据在生产实际中存在的问题，确定辊形设计原则如下：

(1) 曲线表达式应简单、直观易懂，能表达多种形式的辊形曲线，有利于辊形的优化设计，并方便磨床加工；

(2) 提高板形调节手段的调节能力，优化轧机的板形控制性能；

(3) 均匀辊间接触压力，减小接触压力尖峰，从而降低辊耗，避免辊面剥落。

5.6.2 单锥度工作辊结构及功能

单锥度工作辊辊身分为平辊段(其辊形一般为平辊)和边部减薄控制段(具有锥度的辊形曲线)。单锥度工作辊进行边部减薄控制时，针对不同宽度带钢，通过工作辊轴向窜动使得工作辊边部减薄控制段进入带钢边部内，达到边部局部增厚，减小边部减薄的目的。

单锥度辊之所以得名是因为单锥度辊具有一个明显的锥度，这已成为单锥度辊的标志。实际使用的单锥度辊辊形结构如图 5-27 所示。

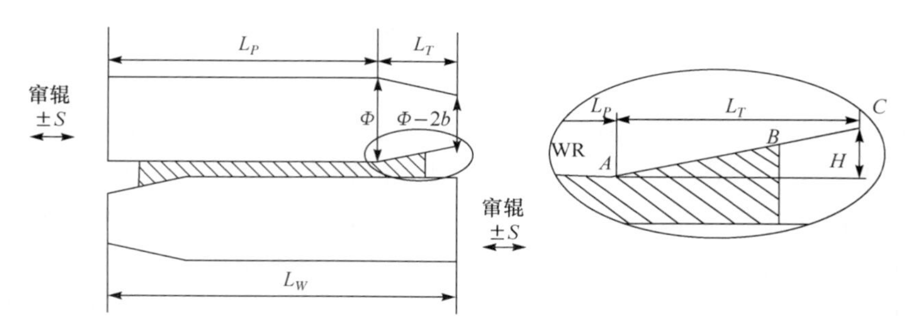

图 5-27 单锥度工作辊辊形结构

单锥度工作辊辊身全长 L_w，分为两个部分：平辊段 L_p、边部减薄控制段 L_T。在轧制前需要按要求进行磨削。

5.6.3 平辊段

单锥度辊全辊身长：

$$L_W = L_P + L_C + L_T$$

式中，L_W 为工作辊辊身全长；L_P 为工作辊平辊段长度；L_C 为平辊段附加长度；L_T 为边部减薄控制段长度。

平辊段辊形结构参数包括两项内容：长度和辊形。平辊段长度与轧制带钢宽度范围密切相关。平辊段的辊形可以采用常规凸度辊形，但一般采用平辊。设单锥度辊平辊段辊身长 L_P，在辊形使用中，平辊段长度结合窜辊量来控制可轧带钢的宽度范围。平辊轧制模式时的平辊段重合宽度为

$$L_S=L_W-2L_T$$

在进行边部减薄控制时带钢宽度为

$$B=L_S+2S$$

式中，S 为边部减薄控制窜辊位置计算模型计算出的窜辊量。

在边部减薄控制过程中带钢宽度和窜辊量并不是完全一一对应的关系，需要根据产品边部减薄的变化进行动态调控。在设计单锥度辊平辊段辊身长度 L_S 时需要以轧制带钢宽度范围 $[B_1, B_2]$ 和窜辊行程为条件。

5.6.4　边部减薄控制段

边部减薄控制段是单锥度辊辊形的核心，是实现带钢边部减薄控制的核心。边部减薄控制段的辊形直接决定着单锥度辊边部减薄控制的能力和效果。

边部减薄控制段辊形参数包括三部分：区域长度 L_T、辊形曲线形式和辊形锥度 T。三者之中辊形锥度 T 是最重要的辊形参数，它直接决定了辊形的边部减薄控制能力。辊形曲线形式可以选择直线，也可以选择曲线。常用的曲线包括圆弧、抛物线、椭圆线、正弦曲线。区域长度 L_T 设计时也要考虑多种制约条件。

1. 锥形段区域长度

L_T 在设计平辊段长度 L_P 的同时设计完成，之后在锥形段上设计出辊形曲线即可进行边部减薄控制。

2. 辊形锥度 T

辊形锥度 T 定义为

$$T=\frac{\Delta D}{2L_T}$$

式中，ΔD 为锥形段辊形两端轧辊直径差(mm)；L_T 为边部减薄控制段长度(mm)。

由上述分析可知，锥形段长度首先可以固定下来，通常取值范围为 60～200mm，锥形段长度与轧机的窜辊行程、带钢宽度有关。锥形段插入带钢后，直接造成带钢边部厚度增加，若带钢局部厚度大于带钢中部厚度时，称为带钢边部边升。若锥度和曲线设计不合理，容易导致带钢局部增厚，这种超厚多出现在距带钢边部 50～70mm 范围内，引起了带钢断面的局部高点。

带钢边部局部增厚或边升带来了很多问题：

（1）破坏了凸度遗传规律，使得带钢边部凸度发生急剧变化，引起小边浪；

（2）若在整卷带钢同一位置持续存在，卷曲之后该位置会出现明显"起筋"，造成钢卷判废；

（3）它的存在使得带钢横向厚度分布不均匀程度增加，造成带钢退火后卷取时带钢表面出现"屈服线"；

（4）它的存在还严重影响带钢后续工艺中冲压、叠片等过程，降低了带钢产品质量，造成导磁性能不均，影响电气设备的电磁转换效能。

设计确定辊形锥度 T 时要考虑很多因素，归纳起来有如下几点原则。

（1）锥度 T 越大边部减薄控制能力越强，用较小的窜辊量就能得到较大的边部厚度补偿量；另一方面锥度 T 越大，边部减薄控制对窜辊量、窜辊误差或插入量就会越敏感，带钢边部减薄波动大。

（2）锥度 T 越大对带钢跑偏敏感性就会越大，一旦发生跑偏可能会造成某侧带钢锥形段插入量过大，带钢一侧出现边升而另一侧边部减薄超差，同时造成板形质量下降。

（3）锥度 T 太大则辊形磨削精度差，且容易出现上下辊磨削辊形不对称，这是因为磨辊用的砂轮宽度多为 100mm，难以加工出很大的锥度。

（4）锥度 T 小则需要较大的窜辊量才能达到边部减薄控制目标，锥形段调控边部减薄效率低。

（5）锥度 T 小则边部减薄控制能力越差，难以抑制热轧来料边部减薄的波动，造成冷轧成品边部减薄波动很大。虽然通过动态窜辊可以消除边部减薄波动，但是锥度 T 越小所需动态窜辊量越大，以设备有限的窜辊速度无法满足不动态窜辊要求。

（6）热轧来料边部减薄形式不同，所需辊形锥度也不同，设计辊形锥度时也要考虑来料情况。

综上所述，单锥度辊边部减薄控制段辊形锥度过大过小都不合适，因此存在一个合理取值范围，本项目单锥度辊边部减薄控制段辊形锥度根据现场实际情况确定。

3. 辊形曲线形式

边部减薄控制段辊形曲线的基本要求是轧辊直径逐渐减小。满足这一要求的可以是直线也可以是任意形式的曲线。但是从接触压力分布考虑，如果采用直线必然会在平辊段和边部减薄控制段结合处出现局部应力集中，易造成辊面剥落，加速磨损，同时影响轧制过程，严重时造成带钢剪边。而且如果采用直线辊形，平辊段和边部减薄控制段辊形之间不能光滑过渡，不符合辊形使用要求。因此边部减薄控制段应采用曲线辊形。

进行辊形曲线的设计时，首先建立数学模型，坐标原点取在平辊段与边部减薄控制段结合点处，取辊身长度方向为 Z 向，轧辊直径方向为 Y 向，轧制方向为 X 向，建立坐标系。

在此坐标系下各曲线方程依次如下。

直线：

$$y_1=-\frac{z}{387.5}$$

圆弧：

$$y_2=\sqrt{30031^2-z^2}-30031$$

抛物线：

$$y_3=-\frac{0.4}{155^2}z^2$$

正弦：

$$y_4=0.4\sin\left[\frac{360}{4\times155}(z+155)\right]-0.4$$

取 z 步距为 1mm，横坐标范围[0，155mm]，应用 MATLAB 数学软件对各曲线进行数值计算并绘制图形如图 5-28 和图 5-29 所示。

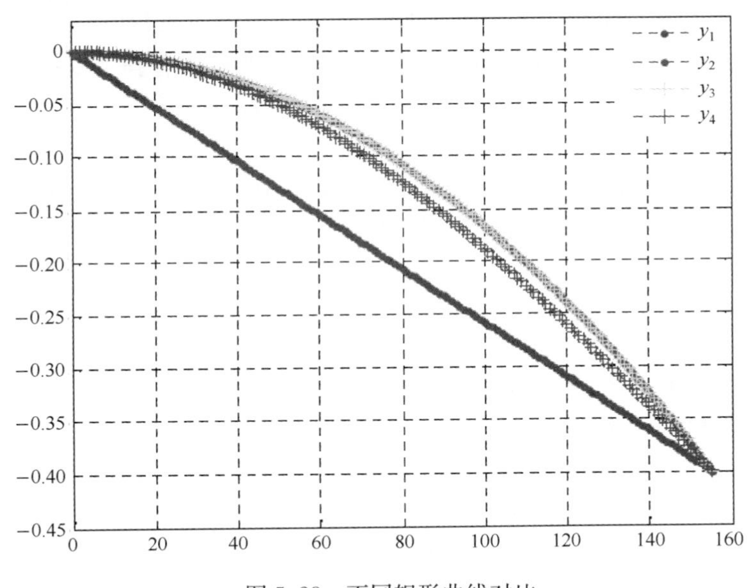

图 5-28　不同辊形曲线对比

由图 5-29 可知，在[0，155mm]这一区间内 y_2 圆弧曲线和 y_3 抛物线曲线几乎完全重合，通过 MATLAB 逐点计算可得偏差最大值也为 $6\times10^{-6}\mu m$，y_4 正弦曲

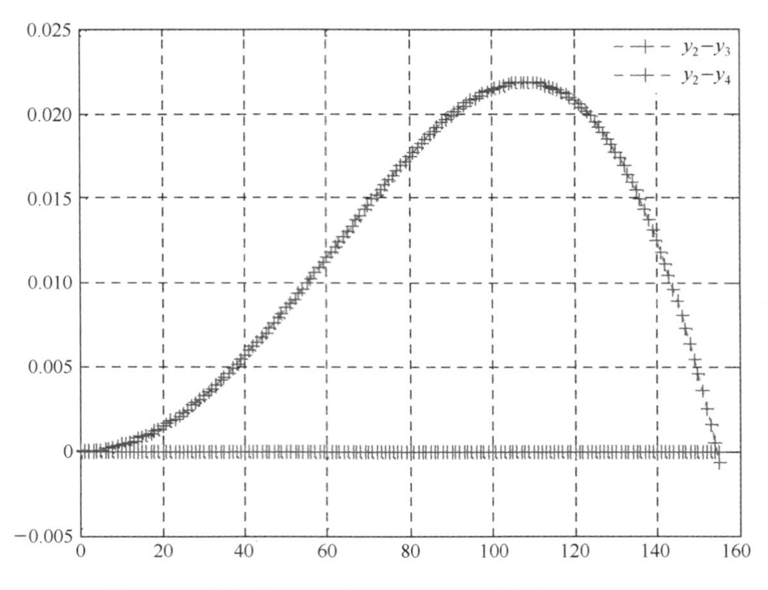

图 5-29　抛物线、正弦曲线与圆弧辊形曲线对比

线形式与 y_2 圆弧曲线相差较大，达到 22μm。所以在这种情况下圆弧和抛物线辊形在设计使用上没有区别，正弦曲线与圆弧曲线、抛物线曲线区别较大。

如果这段弧线采用椭圆线，椭圆中心在 y 轴上，则椭圆方程可以描述为

$$\frac{z^2}{a^2}+\frac{(y_4+b)^2}{b}=1$$

由于椭圆中心不能确定，只通过两个已知点(0,0)和(155，−0.4)不能确定椭圆方程。原则上有无穷多条椭圆线经过这两个点。将坐标(155，−0.4)代入上式变换可得

$$a^2=\frac{155^2\times b^2}{b^2-(b-0.4)^2}$$

由上式分别取 b=100、1000、5000，计算可得 a=1734.7、5480.6、12254，由此可得如下三个椭圆方程：

$$\frac{z^2}{553.5^2}+\frac{(y_5+10)^2}{10^2}=1$$

$$\frac{z^2}{5480}+\frac{(y_6+1000)^2}{1000^2}=1$$

$$\frac{z^2}{12254}+\frac{(y_7+5000)^2}{5000^2}=1$$

用 MATLAB 绘制 y_2、y_5、y_6、y_7 曲线，如图 5-30 和图 5-31 所示。

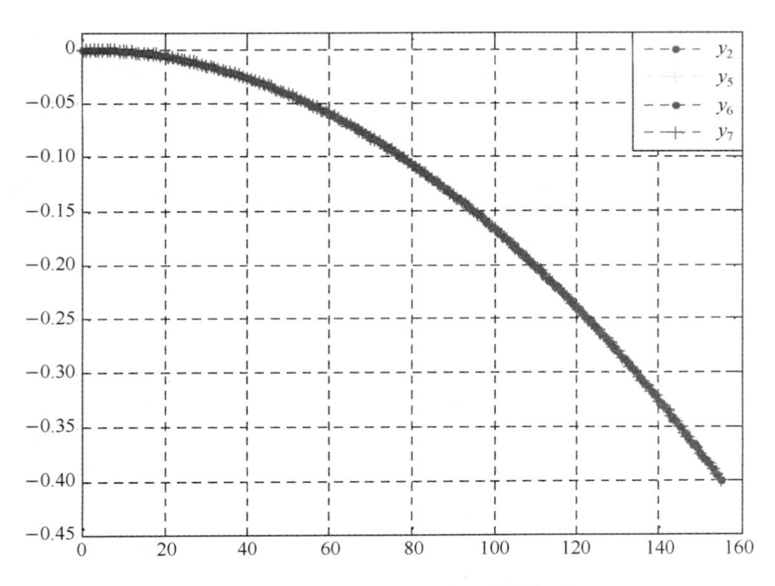

图 5-30　椭圆辊形与圆弧辊形曲线对比

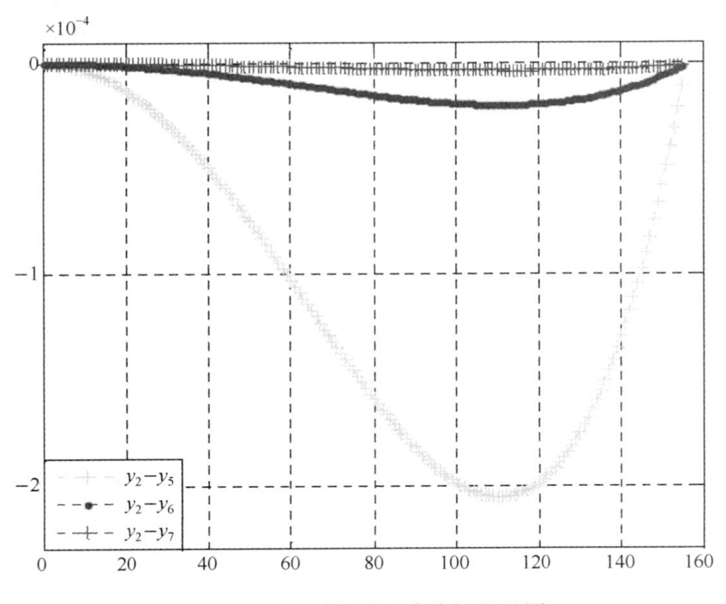

图 5-31　椭圆与圆弧曲线辊径差图

图 5-31 各条曲线分别表示不同曲线之间的辊径差。由图形可知，圆形与椭圆曲线差别很小，y_2-y_5 的最大值也有 0.2μm，其他椭圆与圆形曲线的差别更小。可见这段曲线无论采用圆形、抛物线形还是椭圆形结果都是一样。

当然辊形曲线也可以采用指数曲线、对数曲线、三角函数曲线，甚至高次多项式曲线，只是这几类曲线不但设计复杂，而且磨削加工较困难，辊形保持性也较差。除非有特殊的控制要求，正弦曲线不能满足要求，可以考虑采用其他形式的曲线。

从以上的常用辊形曲线分析可知，锥形辊辊形曲线无论采用圆弧形、抛物线形，还是椭圆形，边部减薄控制段辊径差别微乎其微，但是正弦曲线则有较大的区别。

5.6.5　单锥度工作辊辊形详细设计

1. 平辊段设计

轧辊辊身长度是依据产品大纲设计的，以极限带钢的宽度为轧辊辊身长度极限。锥度工作辊的设计需要考虑轧辊对极限宽度规格的控制能力。根据锥度工作辊设计原则，选取平辊段和锥形段两段接合处与带钢边缘相对应，即当轧辊到达负窜极限位置时，保证带钢具有 100mm 锥形段插入的调控能力，此时轧辊再无负方向窜辊能力，保证最窄带钢能够实现有效的边部减薄控制。为了解决这一问题，锥辊锥形段的设计需要保证最在带钢的边部减薄控制，若锥辊段有效边部减薄控制长度为 L_{use}，最小可轧宽度对应工作辊负向机械窜辊位置及最大的有效锥形段插入量，如图 5-32 所示。最大可轧段对应工作辊正向机械窜辊位置，同时要保证最大宽度带钢具备平辊轧制功能，见图 5-33。

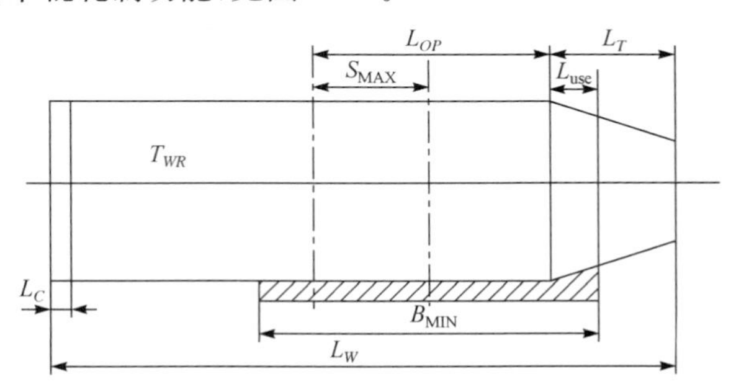

图 5-32　负窜极限位置对应最小带钢宽

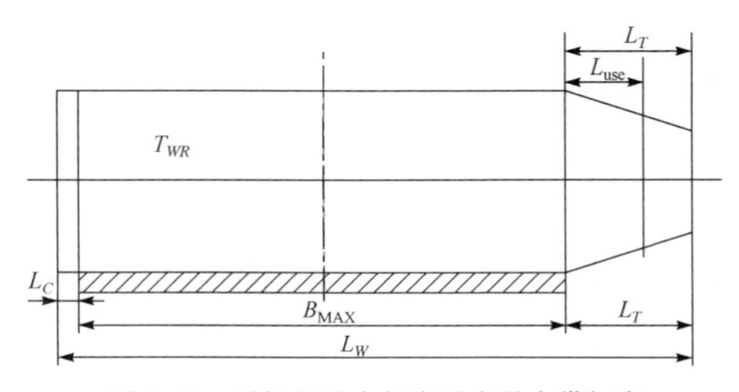

图 5-33　平辊段最大长度对应最大带钢宽

平辊段最小长度为

$$L_p \geqslant B_{MIN} - L_{use} + L_C$$

式中，B_{MIN}为最窄带钢宽度；L_{use}为锥形段最大有效插入量；L_C 为平辊段附加长度。

平辊段最大长度为

$$L_P \leqslant L_C + B_{max}$$

式中，B_{max}为最大带钢宽度。

2. 边部减薄控制段设计

1）长度 L_T 的设计

边部减薄控制段长度 L_{use}设计时考虑因素包括带钢最大允许插入量，带钢最大允许跑偏量 RD_{max}和安全距离 S_S，那么

$$L_T = L_{use} + R_{Dmax} + S_S$$

生产实践表明带钢超厚分边部减薄区内超厚和边部减薄区外超厚两种情况。当辊形锥度进入带钢量超过一定范围就易出现边部减薄区外超厚，且进入量越大超厚越明显。原因是冷轧带钢边部减薄区长度为 40～50mm，这一区域之外带钢厚差很小，当插入量大于 50mm 之后，距带钢边部 50～70mm 原来非边部减薄区的带钢因进入边部减薄控制段而得到增厚，超厚量随进入量增大而增大。这样非边部减薄区厚度增大会引起局部的边浪、起筋等板形问题。L_{use}的大小与各个机架的轧制带钢厚度有关，对于轧制厚度较大的机架使用锥辊其 L_{use}也较大。因此，其值随这连轧机各机架轧制厚度的减小而减小，一般可取 L_{use} = 50～100mm。

带钢跑偏也是对边部减薄控制有重要影响的因素之一。跑偏会给边部减薄控制带来两个不利的后果：一是使带钢穿出边部减薄控制段，造成剪边、断带停机，严重影响生产；二是带钢两侧边部减薄控制不对称，一侧进入量过大造成超厚，边部减薄被控制到很小，另一侧进入量不足，边部减薄依然较大。对于带钢跑偏要进行严格控制。在跑偏存在的条件下，设计边部减薄控制段长度之前需要对带钢跑偏量进行考察，统计最大跑偏量作为设计参数。

安全距离 S_S是为了防止带钢跑偏突然增大，轧制钢种更新出现最大带钢宽度增加等因素而增加的边部减薄控制段长度，作为一个应急缓冲。具体数值根据生产情况确定，可取 20～30mm。

综上所述，边部减薄控制段长度 L_T 通常取 155mm 即可完全满足边部减薄控制要求。

2）辊形锥度 T 的设计

根据一般的经验，可以确定单锥度辊辊形锥度的取值范围为[1/450，1/200]，在这一范围内的辊形锥度既可以满足边部减薄控制要求，又能满足辊形加工精度的要求。

确定取值范围之后，再来考虑其他影响条件。如果带钢跑偏严重，那么就要选择较小辊形锥度值，以防带钢两侧边部减薄差过大；而且带钢跑偏严重，带钢超厚

也就容易出现，因此要选择较小辊形锥度值。如果热轧来料边部减薄较小，边部减薄区厚度变化平缓，那么就要选择较小辊形锥度，反之选择较大辊形锥度。如果热轧来料边部减薄波动较大，需要较大动态补偿量，为了保证控制实时性，需选取较大辊形锥度值。

某冷轧硅钢厂的来料边部减薄通常在几个 μm 至几十个 μm，波动幅度较大。本项目根据硅钢厂实际情况，为保证对各种边部减薄的来料带钢都能保证成品带钢的边部减薄质量，实际应用中单锥度辊辊形锥度选取 1/400。

3）辊形曲线的设计

目前，单锥度工作辊端部辊形多采用圆弧形或抛物线形，而实际上这两种辊形曲线相差很小，可以认为其辊形是完全一样的。根据硅钢轧机实际情况，采用正弦函数端部辊形曲线，具体曲线形式为

$$y=L_T\cdot T\cdot\sin\left(\frac{360}{4\times155}x\right)$$

式中，L_T 为锥形段长度(mm)；T 为整个锥形段的锥度。

考虑到锥形工作辊横移轧机的特点及现场磨床的能力，为了方便轧辊磨削和管理，F1～F3 机架使用同一套辊型参数。具体辊形参数如表 5-1 所示。

表 5-1　辊形参数

平辊段长度	$L_W=1450\text{mm}$
锥形段长度	$L_T=155\text{mm}$
锥度	$T=1/400$
全辊曲线形式	$y=\begin{cases}L_T\cdot T\cdot\sin\left(\frac{360}{4\times155}x\right), & 0\leqslant x\leqslant155\\ L_T\cdot T, & 155<x\leqslant1605\end{cases}$

工作辊端部辊形曲线见图 5-34。

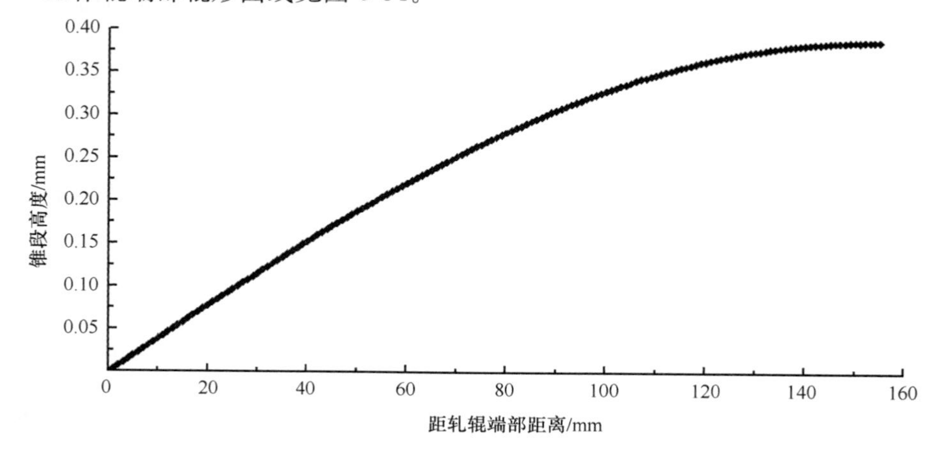

图 5-34　工作辊端部辊形曲线

工作辊全辊辊形曲线见图 5-35。

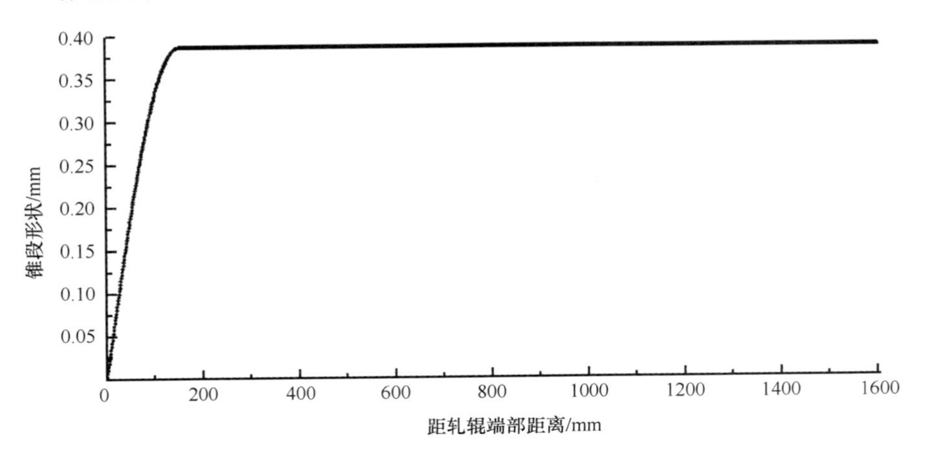

图 5-35　工作辊全辊辊形曲线

5.7　工作辊窜辊控制系统

工作辊窜辊(work roll shifting,WRS),包含操作工作辊轴向窜动所必需的全部功能。轧制过程中上、下工作辊相互向相反方向窜动,上工作辊辊向传动侧窜动为正,下工作辊向操作侧窜动为正。工作辊可以实现在线窜辊,随轧制负荷增加工作辊窜动速度降低,最大窜动速度取决于轧制速度和轧制力的大小。当工作辊窜动后,相应的工作辊的弯辊力必须进行补偿调整,调整量大小随工作辊窜辊量大小的变化而变化。

WRS 可以实现平辊轧制的功能,系统默认情况下为平辊轧制,若要实现边部减薄轧制功能,可通过 HMI 画面上的选择按钮实现。

图 5-36 为工作辊窜辊结构示意图,上下工作辊窜辊机械结构安装在轧机的操作侧。每个工作辊由两个液压缸驱动,分别安装在牌坊的入口和出口侧。每个工作辊的两个驱动液压缸用机械同步装置连接在一起,以保证两个液压缸的完全同步。每个工作辊的两个液压缸用同一个伺服阀驱动。每个液压缸安装一个位置传感器。

窜辊液压缸安装在横移缸块上,液压缸的杆端通过连接单元与辊轴相连。每个液压缸的杆侧和无杆侧分别装有压力传感器。工作辊窜辊不参与板形控制,只是用于控制带钢的边部减薄。

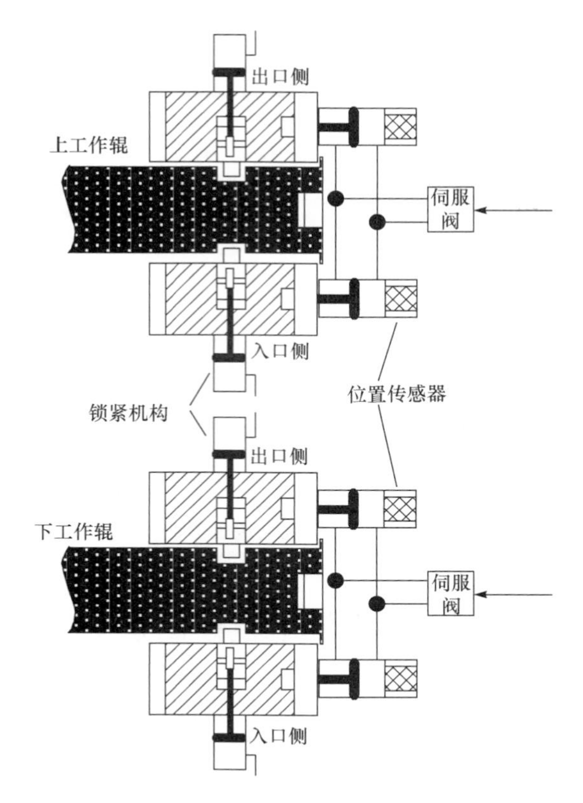

图 5-36　工作辊窜辊结构图

1. 操作模式

WRS是一个相对独立的用于工作辊窜动的逻辑功能单元，包括公共部分、硬件、与其他功能单元之间的通信接口、闭环控制、开环控制等。开环控制处理 Level 2、EDC(edge drop control)或 RCH(roll change)下发的窜辊命令，并将设定值下发给闭环控制部分。

RSS(roll shifting system)是每个机架基础自动化系统中的一个独立的部分，其与 RBS(roll bending system)功能包用一个 CPU 完成逻辑功能控制和计算，包括硬件输入信号、硬件输出信号、信号处理和通信等。

所有类型的控制系统都有相应的设定值，WRS 的设定值分为动态和静态两种。动态设定值由 Level 2 根据带钢的实际宽度和原料的实际凸度通过模型计算获得，然后下发给一级系统。静态设定值是指换辊位、零位和人工干预等一些固定的位置，这些静态设定值存储在 WRS 程序里。对应不同的设定值，WRS 控制系统的控制模式是不同的。控制模式的选择决定于当前被激活的和模式控制信号。

WRS 控制系统中包括轧制模式和维护模式两种。

1）轧制模式

WRS 的轧制模式分同步控制模式和异步控制模式两种，控制原理见图 5-37 和图 5-38。同步控制模式包括和位置控制器、差位置控制器，用于实现上下工作辊的精确位置控制和上下工作辊的同步控制，控制精度取决于位置传感器的测量精度。同步控制模式适用于两侧凸度相同的来料的边部减薄控制。和位置控制器调整上下工作辊位置平均值，差位置控制器用于保证上下工作辊的同步。

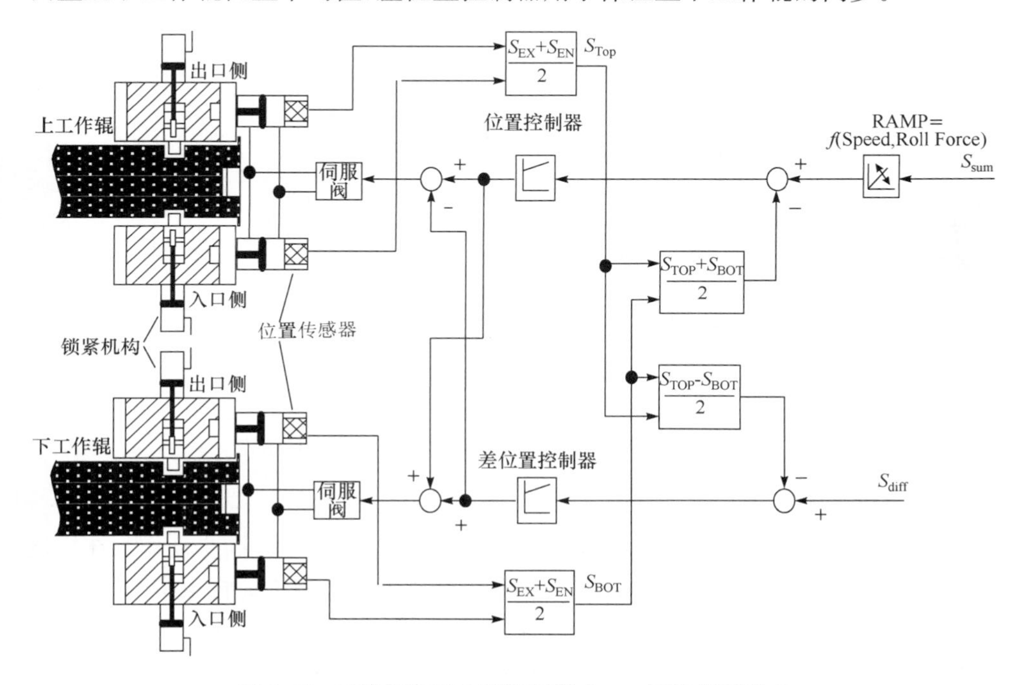

图 5-37　工作辊窜辊轧制控制模式——同步控制模式

异步控制模式包括上工作辊位置控制器和下工作辊位置控制器，且上下工作辊各自独立控制，互不干扰。上下工作辊控制器分别有自己的设定值，上工作辊用于控制传动侧带钢的边部减薄，下工作辊用于控制操作侧带钢的边部减薄，对两侧凸度不同的来料能起到良好的控制效果。

2）维护模式

WRS 轧制维护模式控制原理与轧制异步控制模式相同，上、下工作辊各自独立地进行位置闭环控制，相互间的同步控制取消。在维护模式下，辊缝打开，辊间脱离接触，工作辊可沿轴向无任何阻力地自由窜动，窜辊速度由程序设定，最大值可达 25mm/s。程序接收来自操作台或画面的维护模式命令后，控制器自动切换到维护模式，此时按动遥盘上的 WRS 窜辊按钮即可实现上下工作辊的单独窜动。

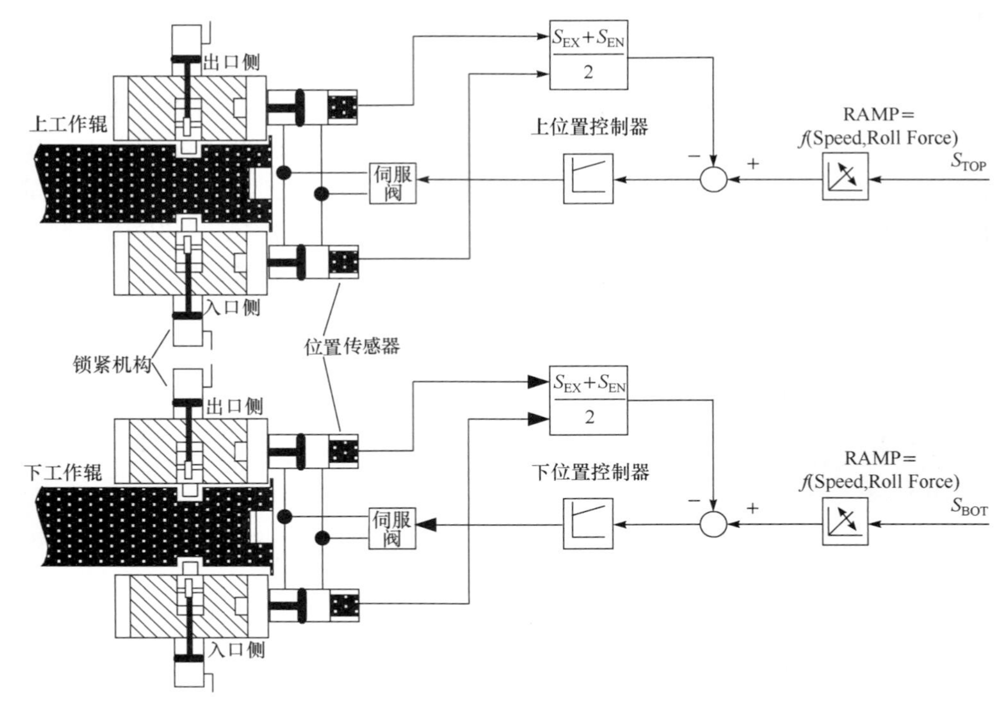

图 5-38　工作辊窜辊轧制控制模式——异步控制模式

3）换辊模式

WRS换辊模式控制原理与轧制同步控制模式相同，上下辊同步动作。在换辊模式下，辊缝打开，辊间脱离接触，工作辊可沿轴向无任务阻力地自由窜动，窜辊速度由程序设定，最大值可达25mm/s。程序接收来自机架PLC的换辊位命令后，控制器自动切换到同步控制模式，此时按动遥盘上的换辊位按钮即可实现自动将工作辊窜动到换辊位，达到换辊位后，发送“WR roll change position reached”信息。然后换辊程序可进行换辊操作。

2. 状态监控

为保证正常条件下的安全操作，WRS的过程变量，如液压缸位置、窜辊速度、伺服阀电流、零偏补偿电流和阀芯位置反馈的实际值在HMI画面上显示，当伺服阀电流到达最大值、零偏补偿电流达到最大电流值的20%时，WINCC系统会发出报警信息，并将控制器输出值限定在最大允许值内。

3. 安全保护

伺服阀零偏存在无法避免性，其中位机能具有不确定性。因此WRS系统在伺服阀的使用过程中，为保证系统的安全可靠，在伺服阀的出口安装液压锁。当伺服阀的控制器停止工作时，为防止窜辊液压缸动作，液压锁断电将液压缸的进出油路锁死。

4. 设定值处理

轧制时的工作辊位置设定值由二级下发，由EDC功能单元附加。工作辊位置设定值的组成见图5-39，包括二级下发的设定值、换辊位、标定位、人工干预、EDC、MAI等。为避免阶跃超调或振荡，所有设定值下发后都要经过斜坡函数发生器。斜坡梯度在程序中作了动态限幅处理。二级模型系统根据入口带钢的厚度、宽度、成分和入口凸度仪检测到的带钢的实际凸度计算出工作辊窜辊设定值，然后将该值下发给一级系统，下发的工作辊窜辊设定值用于正常的轧制过程中工作辊位置设定。RCH、MAI和CAL只是给WRS发出控制信号，设定值存储在WRS中。WRS也接收附加设定值，包括EDC和人工干预的补偿量。在设定值激活前，安全联锁条件由WRS程序自从检测完成。设定值的选择和限幅处理过程见图5-40。

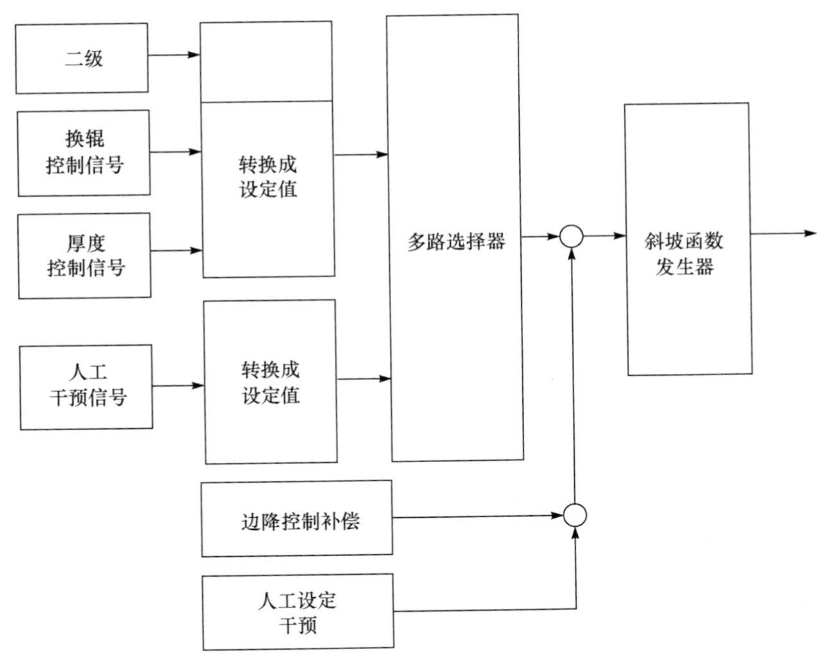

图5-39 WRS设定值组成

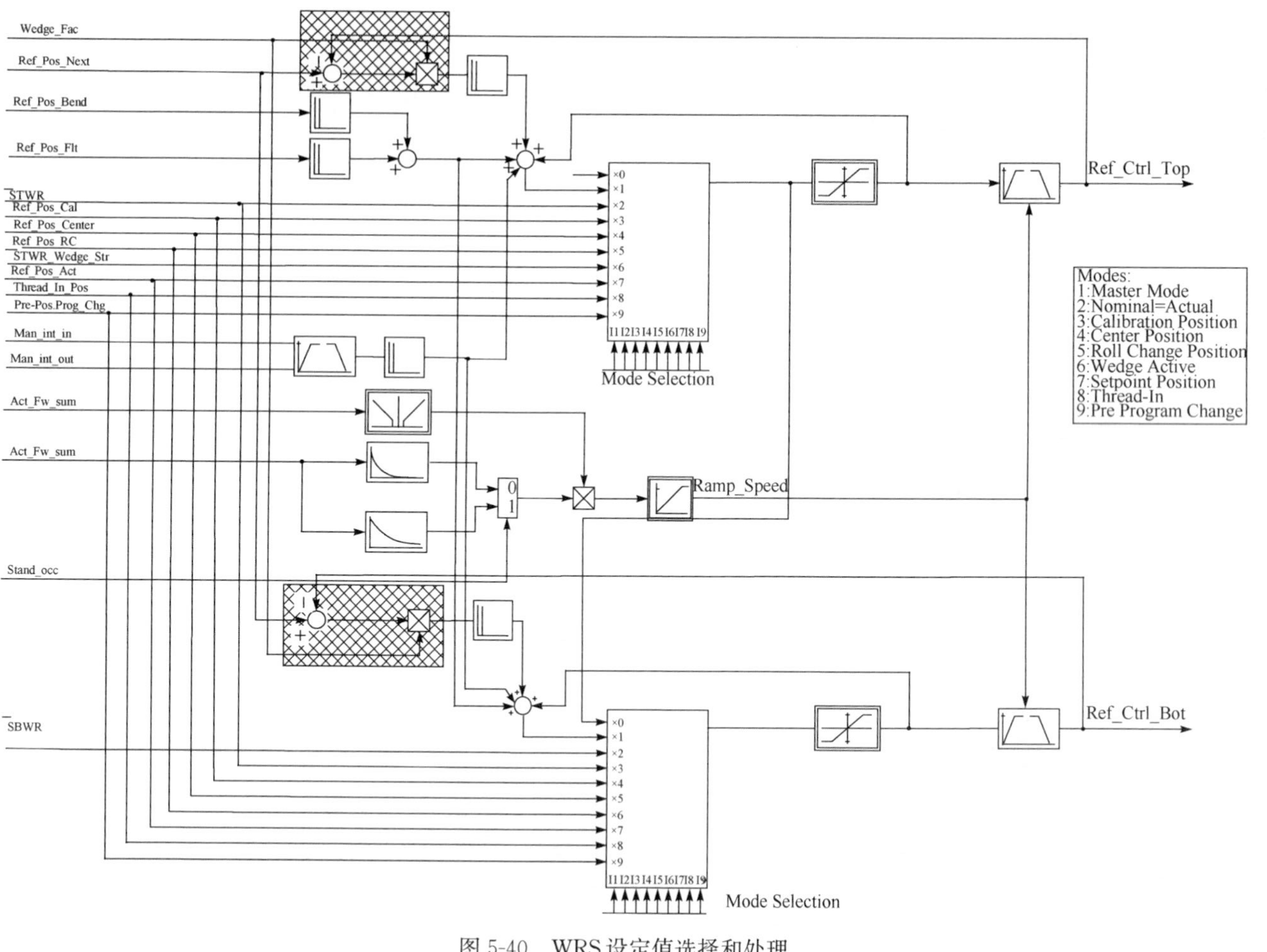

图 5-40　WRS 设定值选择和处理

5. 接口

WRS与其他功能单元间的逻辑关系见图5-41。WRS将输入输出模拟量、设定值、实际值、控制器参数、附加设定值和诊断信息等发送给HMI。MES把介质系统状态信号送给WRS,作为WRS动作的判断逻辑条件。SDH将二级系统的设定值发送给WRS。MTR将带钢的位置、长度等跟踪信息下发给WRS。WRS将采集到的实际值发送给ADH用于后计算。STM为WRS提供设定值和控制信号,WRS为STM提供实际值和状态信号。LCO为WRS提供控制信号,WRS为LCO提供状态信号。MAI向WRS发送控制信号,WRS向MAI发送状态信号。WRS将实际窜辊量发送给RBS用于弯辊补偿控制。WRS为SDS提供附加辊缝补偿。

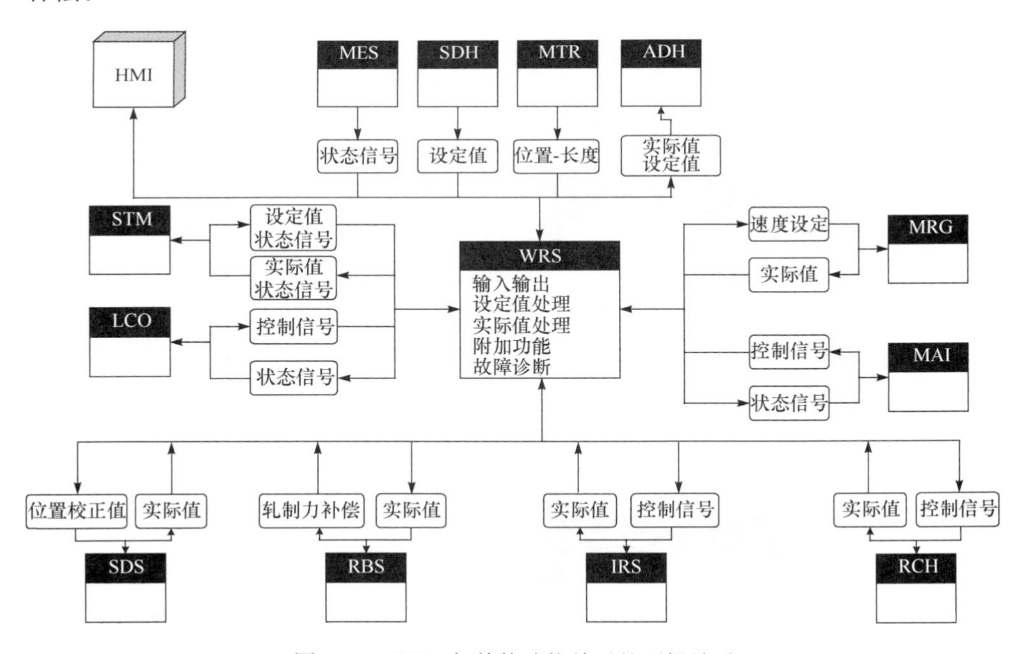

图5-41　WRS与其他功能单元的逻辑关系

5.8　中间辊窜辊液压伺服控制系统

冷轧机中间辊窜辊属于惯性负载位置控制,窜辊有两种结构形式:一种是较简单的单窜辊缸窜辊机构(图5-42);另一种是较为复杂的双窜辊缸窜辊机构(图5-43)。

采用单窜辊缸的中间辊窜辊机构,其结构较为简单,控制时采用一个液压伺服位置控制系统控制一个窜辊液压缸即可。而采用双窜辊缸的中间辊窜辊机构,其

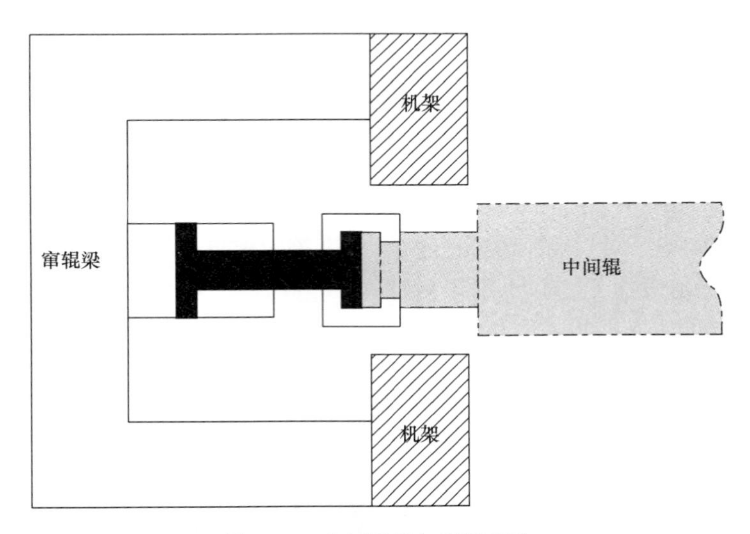

图 5-42　中间辊单缸窜辊机构

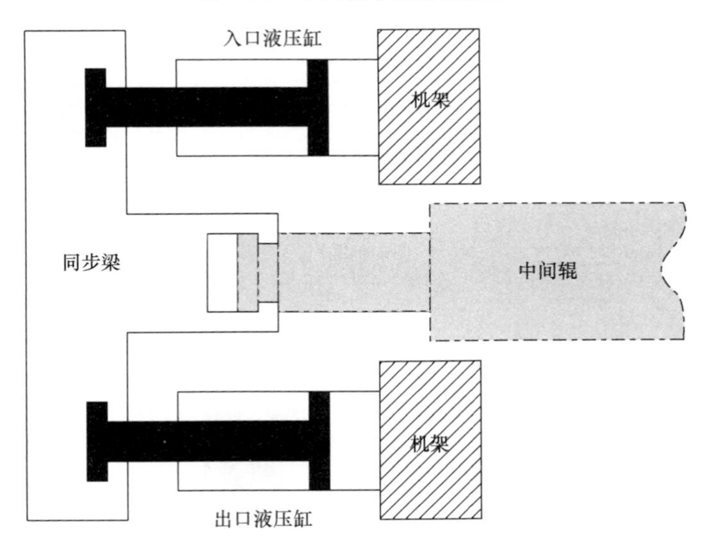

图 5-43　中间辊双缸窜辊机构

结构较为复杂,控制过程中只能用一个伺服阀控制一个液压缸。这样,轧机上、下中间辊各由 2 个液压缸控制,上、下中间辊要保持同步,同一个中间辊的 2 个液压缸要保持同步,且同一根中间辊的两个液压缸的同步性要求很高(通常为液压缸总行程的 1%),若同步超差超过 40mm,会导致液压缸和机械设备的损坏。由于各液压缸的特性不同、负载不同,各伺服阀特性不同,经常导致同一中间辊的两个窜辊缸超差停机,因此同一中间辊的同步控制已成为生产和安装调试过程中非常棘手的问题。

图 5-43 为双窜辊缸窜辊机构，窜辊液压缸固定在机架牌坊上，液压缸 T 形头端与窜辊同步机械梁固定连接，同步梁中间凸出部位有一夹钳用于实现同步梁与中间辊间的机械连接。从中间辊窜辊系统的机械原理可以看出，若入口液压缸和出口液压缸的同步误差超过一定值后，必然造成液压缸、同步梁乃至中间辊轴端连接处的损坏。

中间辊双缸窜辊结构形式的液压原理如图 5-44 所示。1 为窜辊液压缸，数量 4 个。2 为压力传感器，用于监测窜辊液压缸各油腔中的压力，但不参与闭环控制，数量 8 个。3 为安全阀，用于限定液压缸中的油液压力，防止油压过高造成密封元件的损坏。4 为伺服阀出口液压锁，数量 8 个，打开和关闭由二位三通换向阀 6 实现。5 为伺服阀，数量与液压缸数量相同。

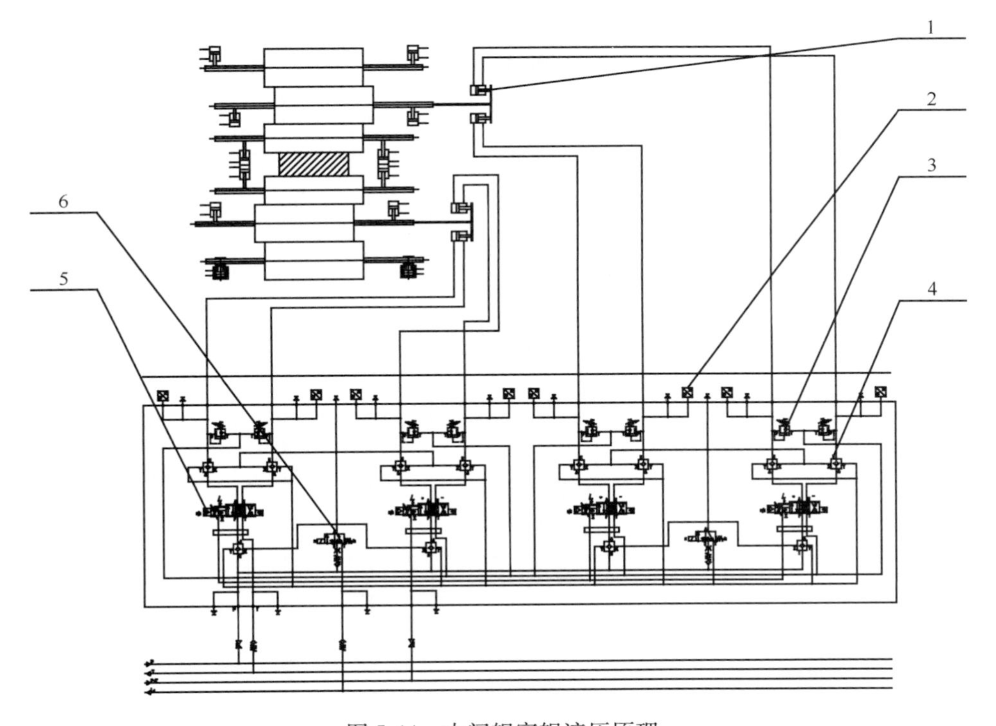

图 5-44　中间辊窜辊液压原理

每个窜辊液压缸由一个伺服阀单独控制，与辊缝和弯辊液压系统不同，窜辊液压系统中伺服阀采用二位二通控制方式。每个液压缸安装一个位置传感器，液压缸的每个工作腔都安装一个压力传感器。同一个中间辊的两个伺服阀的供油油路由一个液压锁控制，当同一个中间辊的两个液压缸位置同步超差时，液压锁断电，伺服阀的供油路被切断。

上下中间辊窜辊控制原理见图 5-45,中间辊窜辊控制系统由总位置控制器、上下辊同步位置控制器、上辊同步位置控制器和下辊同步位置控制器等四个控制器组成。总位置控制器用于控制辊系的设定位置,上下辊同步位置控制器用于上下辊的位置同步控制,上辊同步位置控制器用于上辊入、出口液压缸的位置同步控制,下辊同步位置控制器用于下辊入、出口液压缸的位置同步控制。

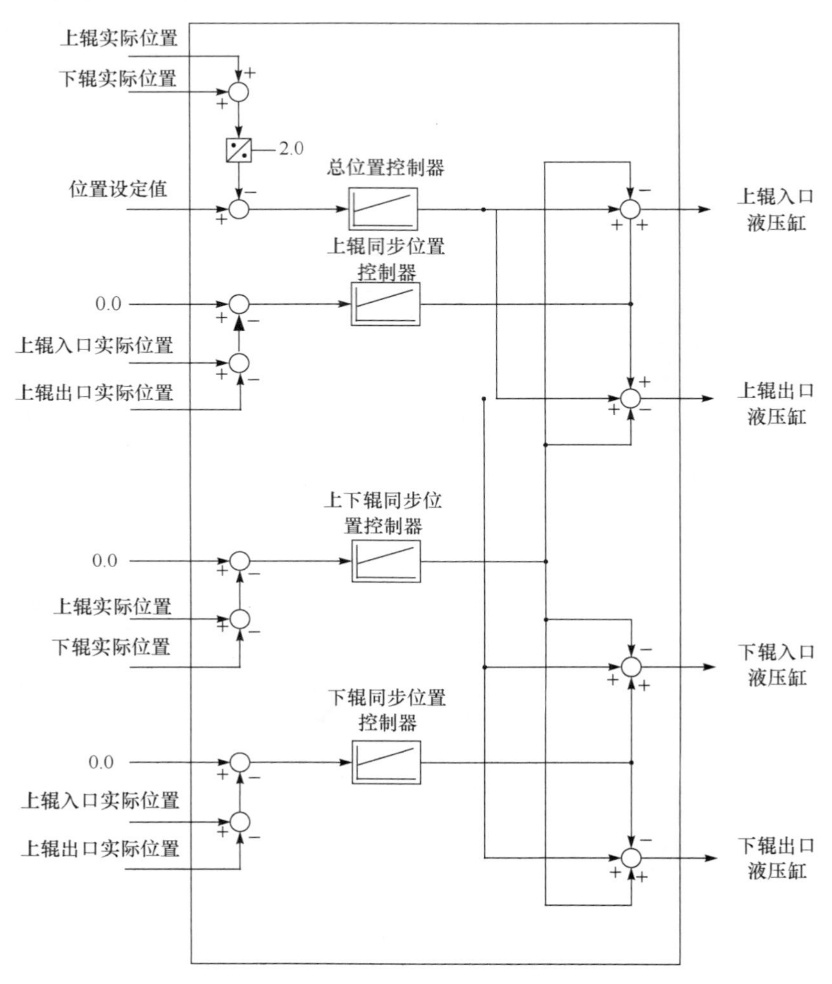

图 5-45　窜辊系统控制原理

从图 5-44 和图 5-45 可以看出,当伺服阀、液压缸、位置传感器或其他原因导致同一中间辊的入、出口液压缸位置差值超限,液压锁断电,供油路被切断后,液压缸被锁定在某个位置,此时窜辊系统不再继续工作,机组报故障停机。在系统安装调试初期或检修更换液压缸后,这类问题经常出现,严重影响了设备的安装调试进度和检修周期。

5.9　中间辊窜辊同步超差控制技术

实现中间辊窜辊同步超差控制，需设计制造图 5-46 所示的可移动式的超差同步控制液压装置。该装置由 2 个手段换向阀和 6 个测压接点组成，手动换向阀可选用 Rexroth 品牌的型号为 4WMM-6G-5X 的手段换向阀，或选用其他品牌的 6 通径三位四通中位机能为 G 型的手动换向阀。

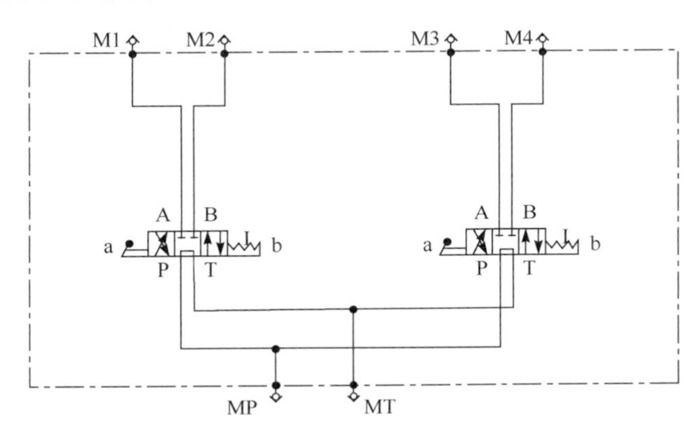

图 5-46　窜辊同步超差液压控制装置

窜辊同步超差液压控制装置，需配备 6 根 4m 长的两端均能与测压接点连接的压力表线。1 根用于引入高压油，1 根用于回油管连接，4 根用于与窜辊缸各腔测压接点连接，连接形式如图 5-47 所示。

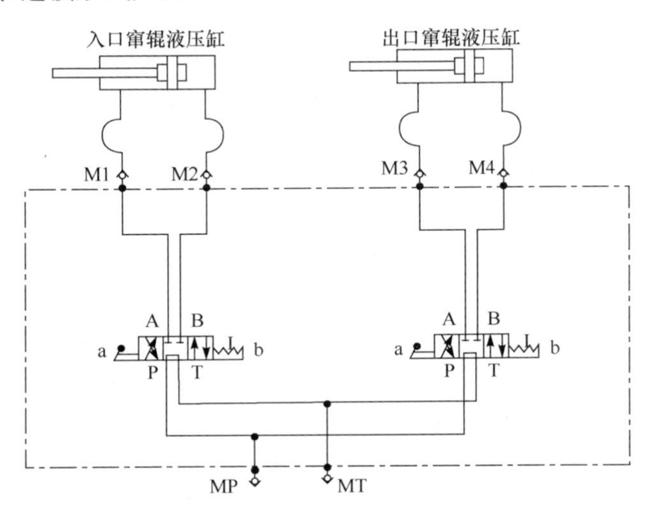

图 5-47　窜辊同步超差装置连接

使用时要关闭窜辊阀台的入口供油和回油球阀，窜辊系统液压锁处于封锁状态。搬动两个手动换向阀手柄，同时处于 a 端或同时处于 b 端，则两个窜辊液压缸可同步动作。该装置若用于同步超差调整时，可视两个窜辊缸的实际状况，单独调整两个手动换向阀，使两个液压缸达到同步。

使用超差同步液压控制装置的实测 PDA 曲线如图 5-48 和图 5-49 所示。图 5-48为使用同步超差控制装置的上中间辊窜辊实际 PDA 曲线，窜辊行程从 100mm 位置窜动到 200mm 位置，液压缸伸出，实测伸出速度为 0.34mm/s。即使有一个缸不动，两个缸要达到同步超差 10mm 上限，需要 29.4s。

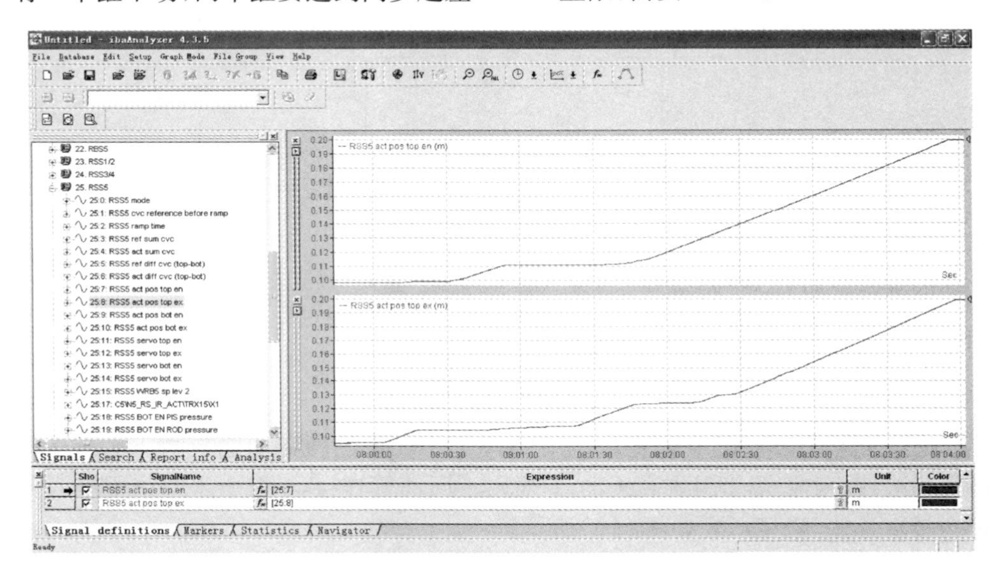

图 5-48　上中间辊窜辊(窜辊同步超差控制装置)

图 5-49 为使用同步超差控制装置的下中间辊窜辊实际 PDA 曲线，窜辊行程从 100mm 位置窜动到 200mm，液压缸缩回，实测缩回速度为 0.74mm/s。即使有一个缸不动，两个缸要达到同步超差 10mm 上限，需要 13.5s。

由此可以看出，使用超差同步液压控制装置，纵使超差达到上限，最少需要 13.5s 的时间，在此期间内完全有时间操作手动换向阀使得两个液压缸同步，避免对液压缸等机械设备的损坏。

伺服阀直接输入电流的方法控制冷轧机窜辊液压缸同步的 PDA 曲线如图 5-50 所示，窜辊行程从－200mm 位置窜动到＋200mm 位置，整个行程时间为 25s，实际窜辊速度为 16mm/s。若有一伺服阀出现故障，则在很短的 0.6s 时间内，两侧液压的同步差就会达到上限。更换伺服阀后，由于差值达到上限，程序无法自动运行，必须手动减小同步偏差，此时若使用窜辊同步液压控制装置则很容易实现减小同步偏差的目的。

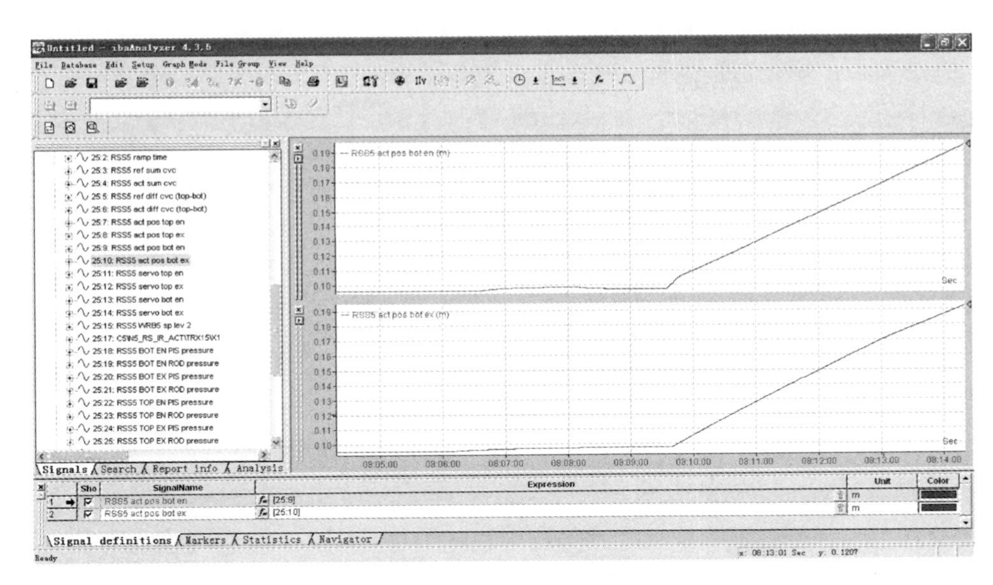

图 5-49　下中间辊窜辊(窜辊同步超差控制装置)

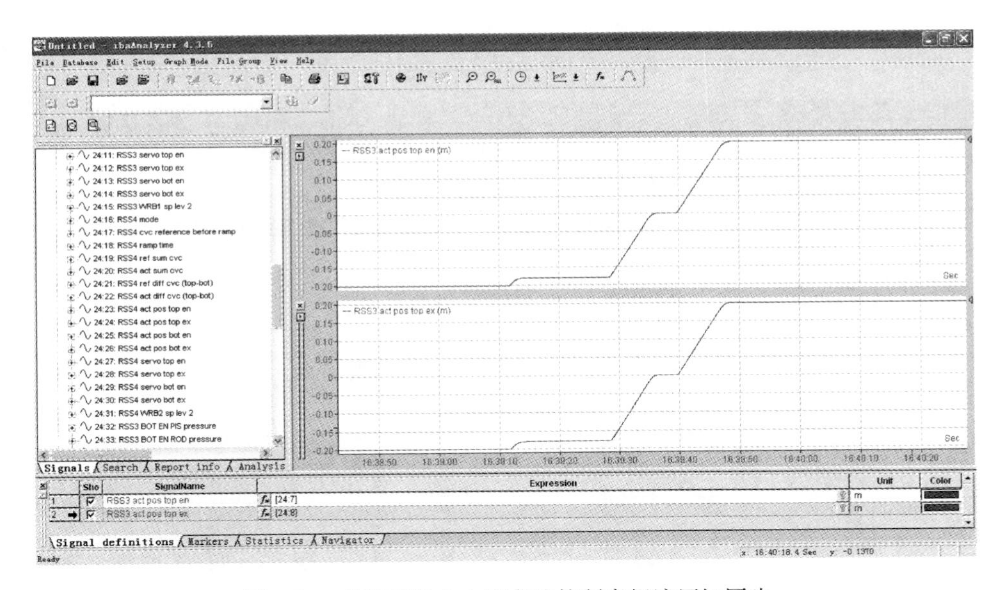

图 5-50　伺服阀输入电流方法控制窜辊液压缸同步

此外在轧机窜辊系统安装调试初期，由于要对拉线式位置传感器进行标定(图 5-51)，需要手动将液压缸从一端伸出或缩回到另一端，可采用窜辊同步控制装置完成安装调试。

冷轧机中间辊窜辊同步液压控制装置，在冷连轧机的安装调试过程中发挥了关键作用，实际使用效果良好，安装调试过程中未出现窜辊相关机械设备损坏，同步精度满足了实际需要，实际应用结果见图 5-52。

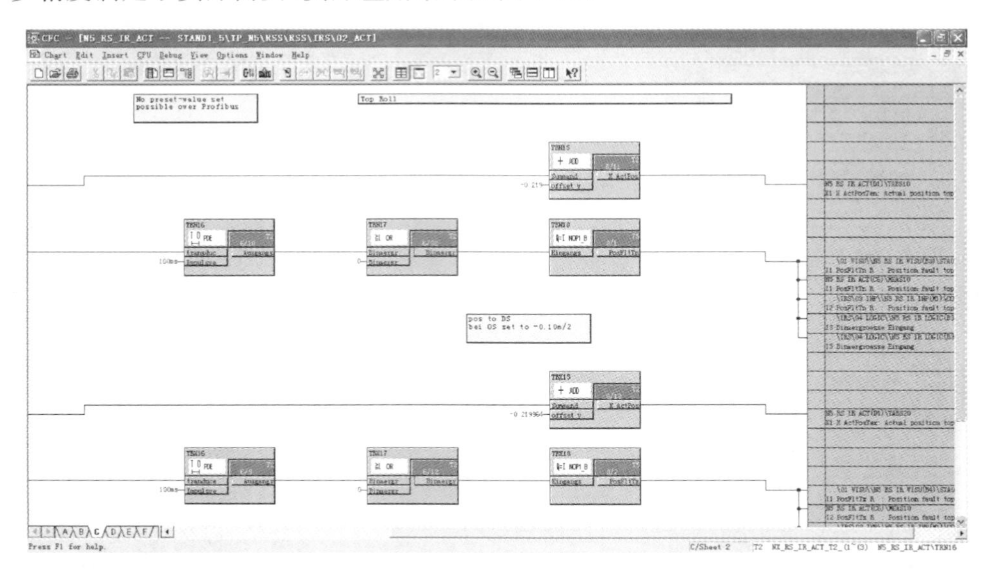

图 5-51　窜辊位置传感器标定

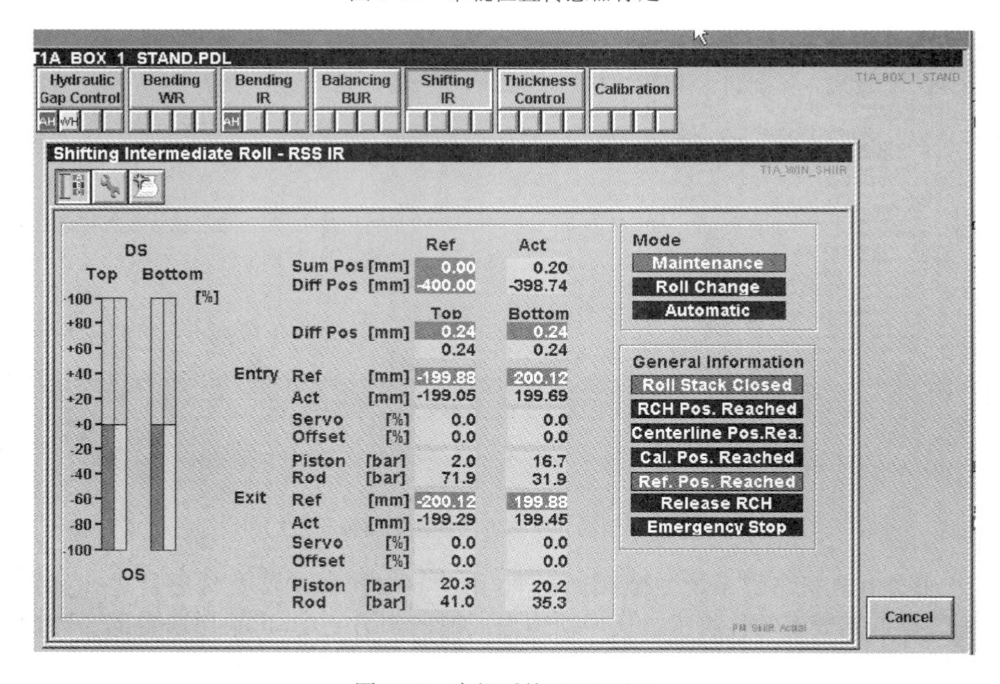

图 5-52　窜辊系统 HMI 画面

5.10　中间辊窜辊设定值计算

横向刚度系数是表征轧机在轧制过程中抵抗轧制力变化而保持板形不变的能力，通常用于衡量板带轧机的板形控制能力，横向刚度系数越大，则其板形控制的稳定性越好。横向刚度系数可表示为

$$K=\frac{\Delta P}{\Delta C}$$

式中，K 为横向刚度系数；ΔP 为轧制力变化；ΔC 为凸度变化。

中间辊插入量 δ 和横向刚度的关系见图 5-53。当中间辊横移量较小（δ 值较大），横向刚度系数 K 为正值，且其值较小；随着中间辊横移量的增加（δ 值变小）K 值逐渐增大，当 δ 接近某一值时，K 急剧增加并趋于无穷大，进一步增加中间辊的横移量，K 将变为负值，并从负的无穷大向趋于零的方向变化。在 δ_0 点轧机的横向刚度无穷大，即使轧制力发生变化，板形也不会随之改变。

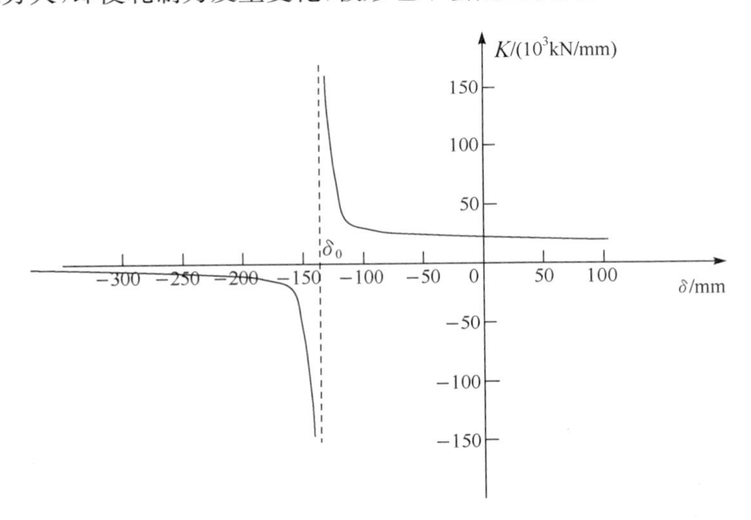

图 5-53　横向刚度系数曲线

中间辊横移能有效地控制二次板形缺陷，并且板形的变化与中间辊的横移位置呈线性关系。中间辊横移量增加（δ 值变小），边部减薄量下降，当中间辊窜辊达到一定位置后，轧后带钢的横向断面厚度分布可以获得近似矩形。

影响中间辊插入量最佳位置 δ_0 的主要因素包括带钢宽度、单位宽度轧制力、工作辊直径、工作辊凸度。基于这些影响因素建立中间辊横移插入量模型：

$$\delta=a_0+a_1W+a_2P+a_3D_W+a_4C_W$$

式中，$a_0 \sim a_4$ 为系数；W 为带钢宽度；P 为轧制力；D_W 为工作辊直径；C_W 为工作辊凸度。

中间辊横移量的预设定值由下式计算得到：

$$S=\frac{L-W}{2}-\delta$$

式中，S 为中间辊横移量预设定位置；L 为中间辊辊身长度。

第6章 冷轧机辅助液压系统

冷轧机液压系统中除伺服控制系统(不含泵站)以外的系统统称为辅助液压系统,包括伺服液压站、辅助液压站、入口对中液压站、机架辅助装置、换辊车液压阀台等。

6.1 伺服系统液压站和辅助系统液压站

伺服系统液压站原理见图6-1~图6-3。

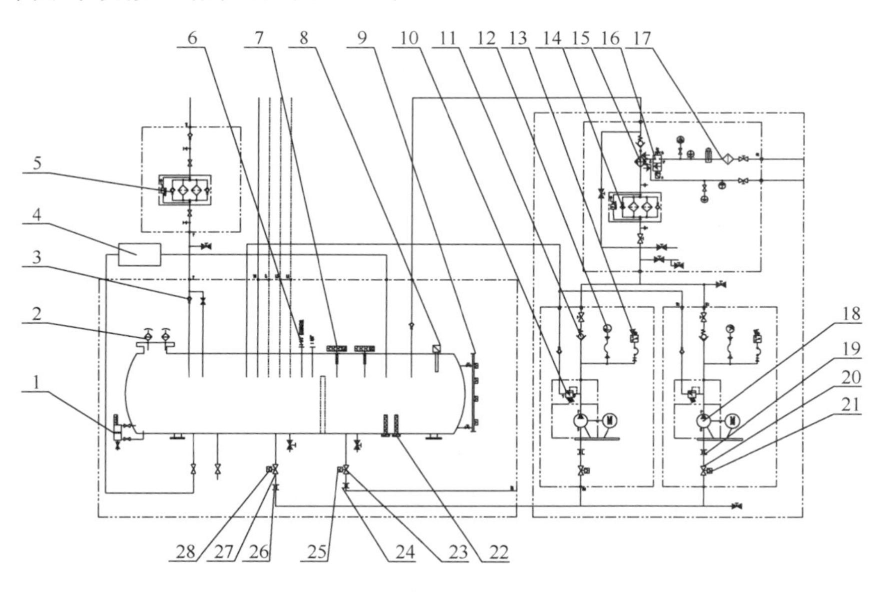

图6-1 液压站原理(一)

油箱在液压系统中的功能包括:储存液压系统中工作循环所需的工作介质;散发液压系统工作中产生的一部分热量;分离混入工作介质中的空气或水分;沉淀混入工作介质中的杂质。

回油口经油箱上盖板插入油箱液面之下,回油管管口切成45°斜口,斜口面向与回油管相距最近的箱壁,这样既有利于散热,又有利于杂质的沉淀。回油管口距离箱底的距离不小于回油管内径的3倍。泵的吸油口安装在油箱的侧壁,吸油口距离箱底的距离不小于吸油口直径的1.5倍。

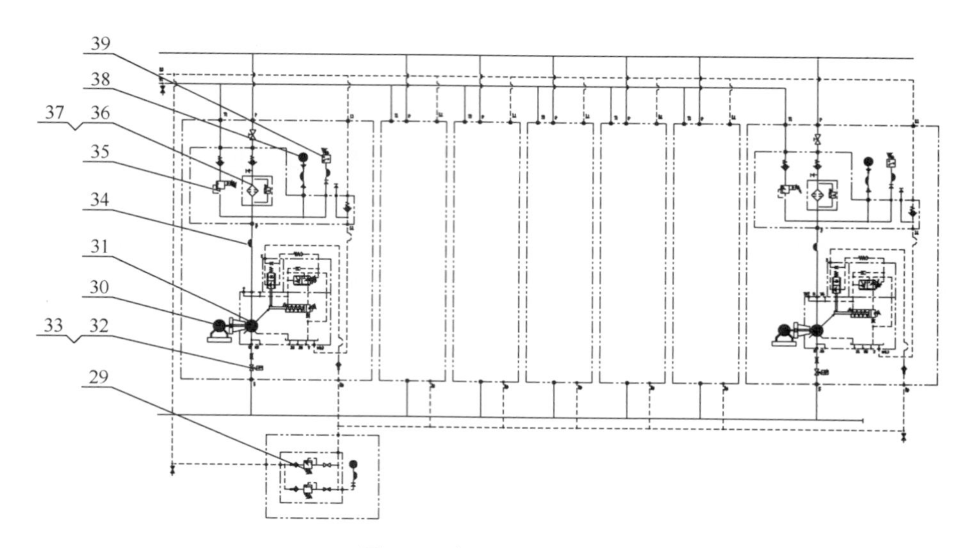

图 6-2　液压站原理(二)

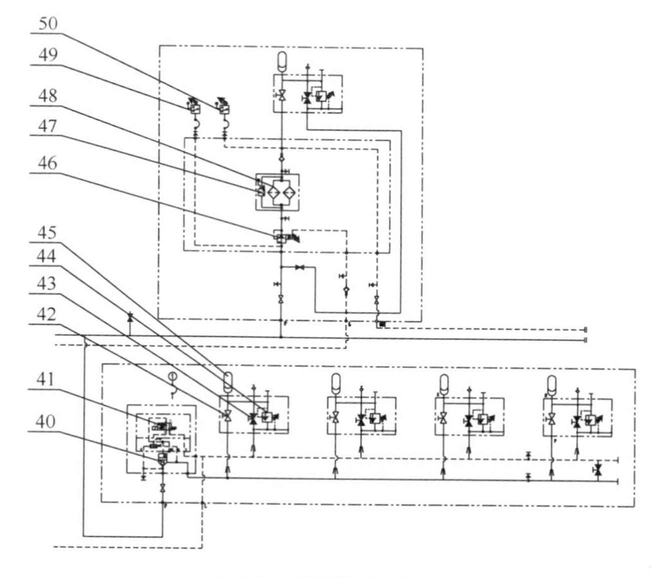

图 6-3　液压站原理(三)

为增大油液在油箱内的循环路程、便于分离回油带来的空气和污物、提高散热效果,设计时油箱时应使回油口与吸油口尽量远离,此外在两管口之间加设隔板,将回油区与吸油区隔开。隔板高度为油箱最低液面高度的 2/3。

在油箱一端的下方安装有油水指示器 1,利用油和水比重的不同来指示沉淀下来的水分的含量,当水位达到一定高度时,打开底部的放水阀排去沉淀在底部的水分。

油箱按照液面是否与大气相通，可分为开式油箱和闭式油箱。冷轧机液压站通产采用开式油箱，油箱内的液面与大气相通。为了减少油液的污染，在油箱上部设置空气滤清器 2，使大气与油箱的空气经过滤清器相通。若大气的湿度较大，在空气滤清器上还装有一定量的干燥剂。液面上升时由里往外排出空气，液面下降时由外向里吸入空气，既能维持油箱内的压力和大气压力平衡，又可滤除空气中的杂质，减少油液污染。进气和排气都设有单向阀，进气单向阀无预压力控制，排气单向阀有预压力控制，保持箱内的压力大于大气压，提高油泵的自吸能力，避免油箱内液体因振荡或扰动而导致液压泵出现空穴现象。

离心式洁油器 4 安装在液压站的旁路，洁油器吸油口安装在油箱底部，油液通过重力作用进入洁油器中。洁油器转筒在电机带动下高速旋转，其转速高达 6000r/min 以上，所产生的离心力为重力的 2000 倍以上，产生强大的离心力将比重不同的油和杂质分离开来，液压油流回油箱，而杂质却被留在转筒的内壁上。在净化过程中不影响油液的黏度，也不会破坏油的添加剂，可去除 1μm 的杂质。

油箱附近的总回油管路上安装有双通回油过滤器 5，在系统油液流回油箱之前，将侵入系统的和系统内部生成的污染物滤除，为液压泵提供清洁的油液。回油过滤器一般采用高精度过滤器(常用 10μm)，滤芯压差一般为 0.2～0.35MPa。滤芯在使用中逐渐被颗粒污染物堵塞，过滤器入口和出口之间的压差随着增大。过滤器入口和出口之间的压差与流经过滤器的油液流量近似呈线性关系，可通过测量入口和出口的油液压差判断过滤器的堵塞程度，因此在过滤器上安装有压差继电器。当压差接近滤芯允许的极限压差时，压差继电器发出指示信号，通知维护人员需即时更换滤芯。为避免更换滤芯影响机组的正常运行，回油过滤器通常设计成双筒形式，一旦出现压差报警，可人工将油路切换到备用滤芯侧。每个滤筒在油液流动方向都有一个单向阀，滤芯压差超过单向阀开启压力后，单向阀开启，油液经单向阀流回油箱。此外，为防止油液倒流，在回油过滤器出口管道上设有止回阀 3。

油箱的上部设有加油口 6，加油口有两个，一个用于从备用油箱自动加油，一个用于人工手动加油。油箱中油液温度检测由 7 温度继电器实现，温度继电器设有 6 个检测通道，各通道设定触发值分别为 20℃、35℃、40℃、45℃、50℃、60℃。液压系统设计过程中油液黏度参数均以 40℃时的黏度为基准，因此实际使用过程中油液的温度通常控制在 40～45℃。油液温度低于 20℃，表明油液温度过低，主液压泵禁止启动。油温低于 35℃，加热器开始投入工作。油温达到 40℃，加热器断开。油温高于 50℃，冷却器投入工作。油温低于 45℃冷却器关闭。油温达到 60℃，发出油温高报警信号。

油箱上方设有超声波液位计 8，由超声波探头发出高频脉冲声波遇到油液表面被反射折回，反射回波被探头接收转换成电信号。声波的传播时间与声波的发出到物体表面的距离成正比。声波传输距离 S 与声速 C 和声传输时间 T 的关系可用公式表示为 $S=CT/2$。

为实现对油箱液面的自动监控，在油箱的端部装有液位控制继电器 9。利用连通器原理在油箱端部安装一个竖直的透明玻璃连通管，玻璃管上下端与油箱导通。玻璃管内部有一个磁性浮子，玻璃管外部设有 4 个继电器，工作时浮子随液面升降，浮子上升或下降到继电器附近时，继电器触发，自动控制系统接收信号进行自动控制。最下端继电器触发，表明油箱液位过低，停止主泵运转。最上端继电器触发，表明油箱液位过高，应停止自动加油。邻近最下端的继电器触发，加油系统启动，向油箱中加油。邻近最上端继电器触发，发出高液位报警信号。

图 6-1 右侧为循环过滤和冷却系统。循环泵 18 一般选用输出流量大、自行能力强、对介质黏度适应性较强的螺杆泵，输出压力 1MPa，流量由油箱的体积和冷却器的冷却能力确定。循环泵通常为 2 台，一工一备。泵的出口管路连接有溢流阀 10、止回阀 11、压力表 12 和压力继电器 13。泵的吸口管道安装手动对夹式蝶阀 20 和接近开关 21。压力继电器 13 和接近开关 21，用于监控泵的运行状态和泵的自动控制。每个泵的进油管道上设有避振喉 19，避振喉又称为橡胶接头、避振喉、软接头、减振器、管道减振器等，是一种高弹性、高气密性、耐介质性和耐气候性的管道接头。利用了橡胶的弹性、高气密性、耐介质性、耐候性和耐辐射性等特点，采用高强度、冷热稳定性强的聚酯帘子布斜交与之复合后，经过高压、高温模具硫化而成。内部致密度高、能承受较高压力、弹性变形效果好，能起到减振、降噪的作用，避免泵的振动向管道的传递。循环泵出口管道设置双筒过滤器 14，其工作原理与回油过滤器相同，但过滤精度高于回油过滤器，过滤精度可选用 1μm 或 3μm，伺服控制系统选用 1μm 过滤精度，普通液压系统选用 3μm 过滤精度。冷却器 15 的进油口与循环泵的出口管道相连，油液经冷却器出口单向阀流回油箱。冷却器的进水由电磁水阀 16 控制，进水管道上装有压力表、流量计和过滤器 17。油温超过 50℃进电磁水阀打开，油温降低到 45℃，电磁水阀关闭。

液压系统的动力元件为液压泵，液压泵分为齿轮泵、叶片泵、螺杆泵和柱塞泵等。柱塞泵具有极限压力高、功率大、使用寿命长的优点，在中高压液压系统通常都采用轴向柱塞泵作为动力源。伺服液压站和辅助液压站系统主泵见图 6-2，31 为恒压变量泵，32 为驱动电机，泵的输出压力恒定，流量随负载流量大小动态调节。电机输出轴和泵输入轴通过弹性柱销联轴器相连，泵的壳体通过减振法兰固定在泵的壳体上(图 6-4)。

泵的设定输出压力通过溢流阀 29 调节，调节方式有两种：一是集中调节，即所有恒压变量泵用一个溢流阀调节；二是分散调节，每个泵单独配置一个溢流阀。泵输出压力调节原理见图 6-5，泵的变量机构是用具有特殊功能的液压阀组控制斜

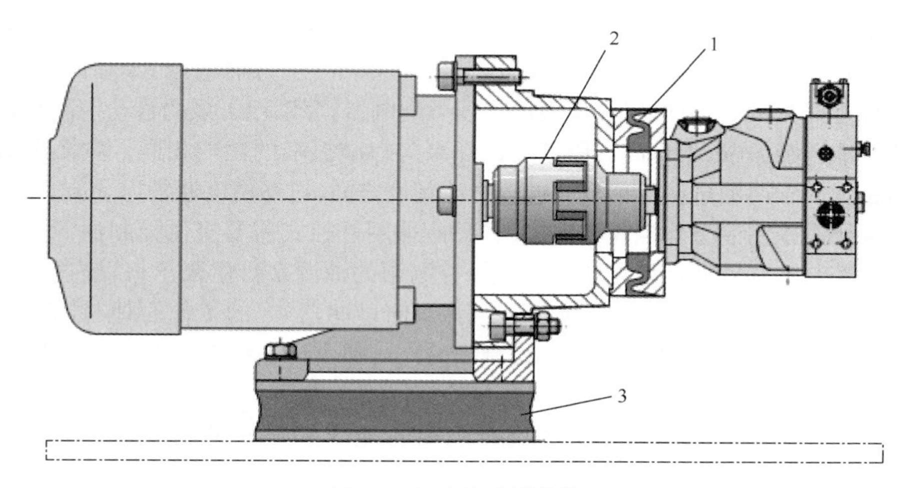

图 6-4　轴向柱塞泵结构

1-减振法兰；2-联轴器；3-减振架

盘的最大摆动量。液压变量机构所需的控制油来自泵本身，主泵出口的实时工作压力作用到一个小柱塞上，产生相应的反馈力叠加到变量机构上。通过控油口压力调节设定恒压变量泵的斜盘角度，进而控制泵的输出压力。

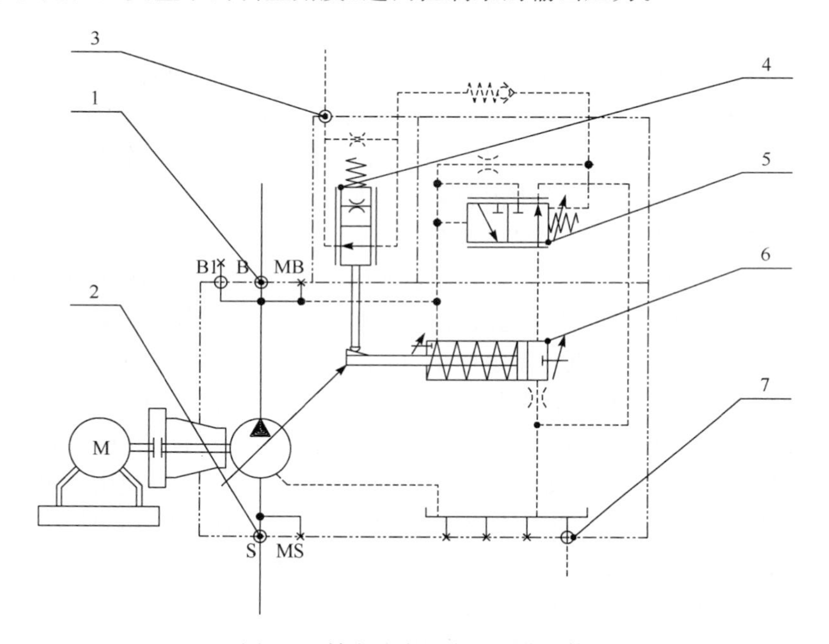

图 6-5　轴向柱塞泵变量调节机构

1-出油口；2-吸油口；3-泄油口；4-二位二通换向阀；5-二位三通换向阀；6-调节机构；7-控油口

泵的供油管道设有对夹式蝶阀 32、接近开关 33 和减振喉，泵的出口管道装有高压软管 34、溢流阀 35、过滤器 36、压差继电器 37、压力继电器 39 和压力表 38 等。接近开关、压力继电器和压力压差压力继电器，分别用于泵的自动控制和状态监测功能。减振喉、出口高压胶管与循环泵入口减振喉的功能相同。主泵出口过滤器精度介于回油过滤器精度和循环过滤精度之间，过滤精度通常为 5μm。

液压阀控制油有外控式和内控制两种，采用外控式需要提供控制油源。液压站先导控制站和蓄能器组见图 6-3，先导控制站的油源来自主泵出口，经过减压阀 46 和双筒过滤器 48 送给各个控制阀台。双筒过滤器 48 的工作原理与回油过滤器相同，也配有压差继电器。先导控制站的入口和出口分别装有压力继电器 49 和 50，用于先导控制站的状态监测。

手动球阀 42、手动球阀 43、溢流阀 44 和蓄能器 45 构成液压站主泵蓄能器，蓄能器组数大小取决于主泵的排量、台数和压力等。蓄能器组的控制由插装阀 40 和换向阀 41 实现。

伺服系统液压站和辅助系统液压站的工作原理基本相同，只是供油压力、主泵的排量、主泵的调压机构、油箱尺寸等略有不同。

6.2　带钢跑偏控制装置

冷轧带材生产线，无论轧机、酸洗线、清洗线、镀锌线，还是连续退火线、剪切机组等，在带材运行过程中都会产生跑偏。带钢跑偏轻则会使钢卷端面不整齐，重则引起轧制断带、生产设备的损坏，对生产影响非常大。为确保冷轧带材生产高速、稳定、完全地运行，在各生产线中需要安装各种跑偏控制装置。

带钢跑偏控制装置按控制形式可分为机械式、电动式、气-液伺服系统和电-液伺服系统。前两种形式已被淘汰不用，气-液伺服系统除在一些特殊的场合应用外也很少采用。气-液伺服控制系统由气动检测器、气液伺服阀、跑偏控制缸以及液压回路组成。它最大的优点是系统简单，抗干扰能力强。气-液伺服阀中的膜片不仅起气压-位移转换作用，还起力放大作用，因此系统中省去了放大器。但气动信号传输速度较慢，传输距离有限，且气动检测器开口度较小，所以它的应用受一定的限制。在一些特定的场合如高温、有腐蚀性物质等，由于无法使用光电等其他形式的检测器，故需要采用陶瓷等特种材料制成的气动检测器来进行检测。电-液伺服系统由于其响应快、精度高、可靠性好等优点，而被广泛采用。电-液伺服系统主要由检测器、液压推动缸、伺服缸、液压泵站、控制电路等组成。检测器形式非常多，按检测原理可分为光电式、电容式、电感式等。

根据跑偏控制的功能和应用部位的不同，可分为三种形式：开卷定位控制(图 6-6)、卷齐自动跟踪控制(图 6-7)、摆动辊纠偏控制(图 6-8)。在开卷自动定位控制中，检测器的位置固定不动，开卷机的卷筒部分为浮动的结构，在纠偏液压缸的推动下通过导轨可做垂直于带钢方向的来回运动。当检测器检测到带材偏离目标位置时，控制电路驱动伺服阀动作，使纠偏液压缸产生一个位移，来纠正带材的偏离值，从而把开卷带材的中心线控制在机组中心。卷取机自动卷齐伺服系统则是让卷筒自动跟踪带材的边缘，检测器安装在移动部件上同卷取机一同移动，形成直接反馈。当跟踪位移与带材的跑偏位移相等时，偏差信号为零，卷筒便处于平衡位置，从而实现边部的自动卷齐。摆动辊跑偏控制一般安装在较长的生产线上，如酸洗、镀层、涂镀、连退、精整等生产线中。由于带材运行路径长，中间部位就很容易出现跑偏，在一些关键的位置必须设置摆动辊纠偏装置，从而使带材中心不偏离机组中心线。

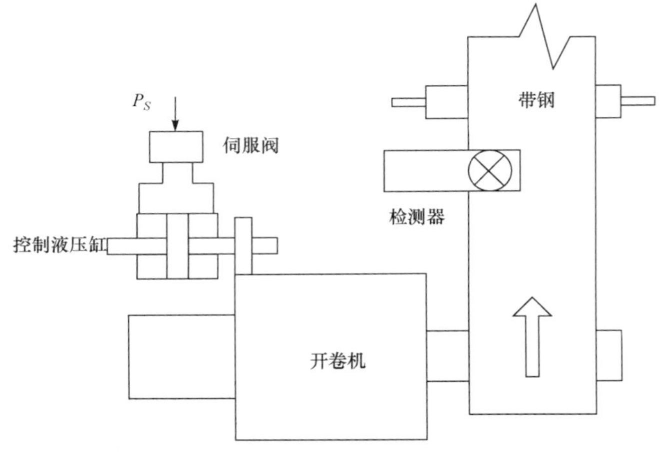

图 6-6　开卷定位控制

无论哪一种形式的跑偏控制装置，其液压回路部分基本相同。冷连轧机入口带钢跑偏控制装置的液压系统见图 6-9，跑偏控制装置距离轧机主液压站较远，采用独立的油箱 1，油箱上安装有空气滤清器 2，油箱旁设有电控箱 16，实现泵的启停远程控制。主泵 4 通过点击 5 驱动，压力调节有调压机构 6 实现，输出压力由泵头上的调节螺钉人工调节，两台主泵一工一备。每台主泵出口管道上设有液压胶管 7 和止回阀 8。主泵出口总管道上安装有过滤器和压差继电器 9。溢流阀 11 用于限定液压供油管路的压力，防止油压过高。伺服阀 11 控制纠偏液压缸 12，实现纠偏液压缸的位置闭环控制，伺服阀与纠偏液压缸间用胶管 13 连接。主泵出口总管道上安装有压力继电器 14 和压力表 15，实现纠偏液压系统状态监控。纠偏液压系统设有自己的循环泵 18 和过滤器 17。带钢纠偏装置的控制精度要求一般不是很高，所以在伺服阀的选型上优先选择性能普通而抗污染能力强的伺服阀，这样可以降低系统对油的清洁度要求，从而降低系统液压系统的成本，目前多采用旋转伺服阀。

在冷轧的应用中，带钢跑偏控制系统的检测元件可分为两种：光电式(图 6-10)和感应式(图 6-11)。与其相对应，带钢跑偏控制系统分为两类：中间位置控制系统 CPC(center position control)和边部位置控制系统 EPC(edge position control)。

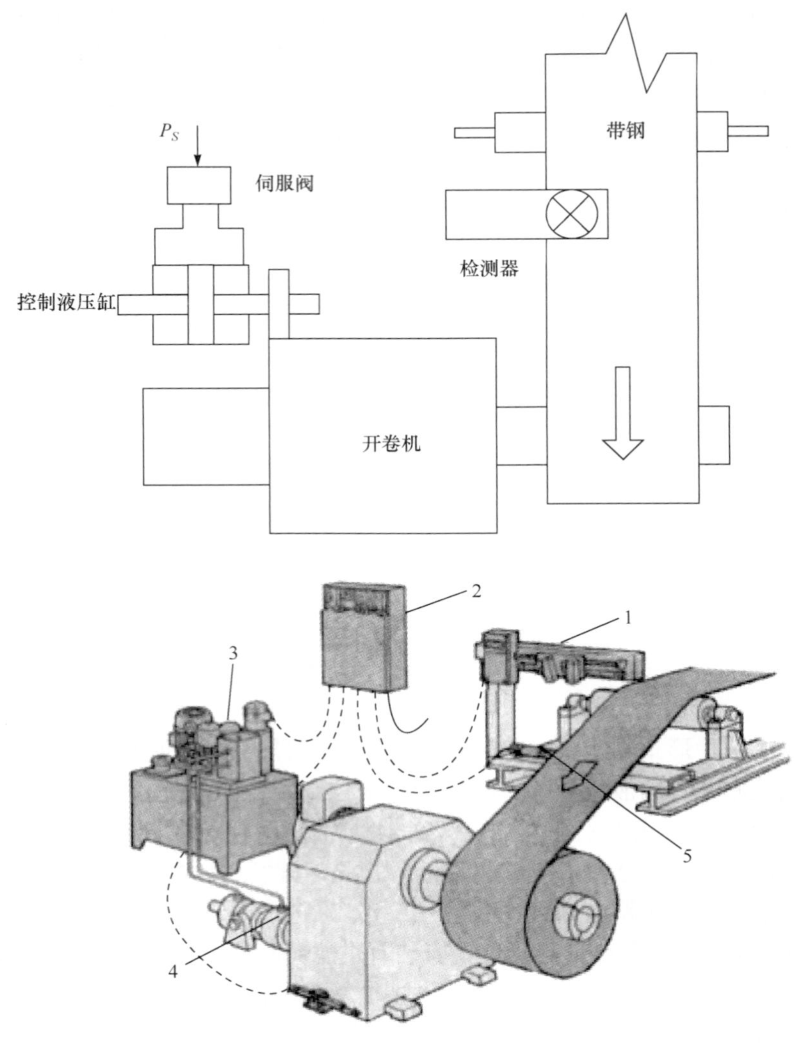

图 6-7　卷齐控制

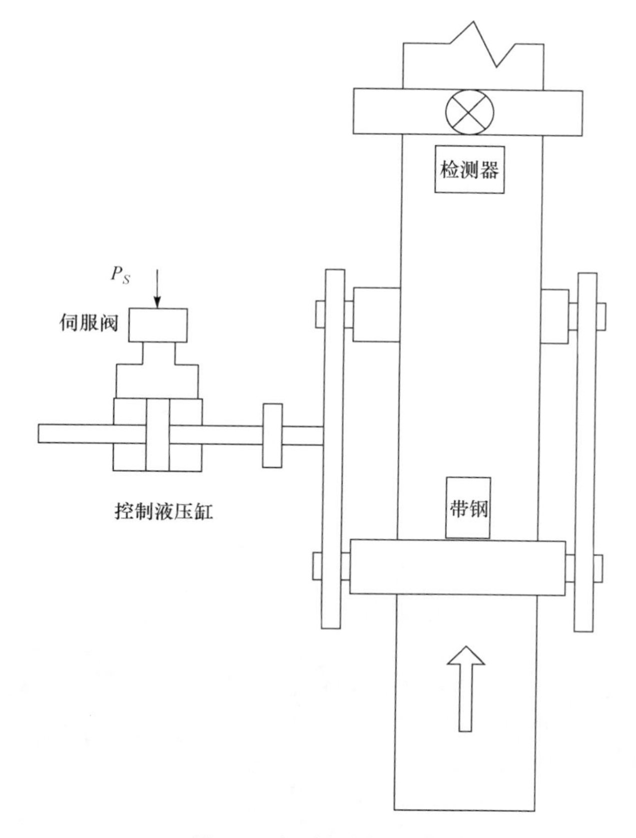

图 6-8　摆动辊纠偏控制

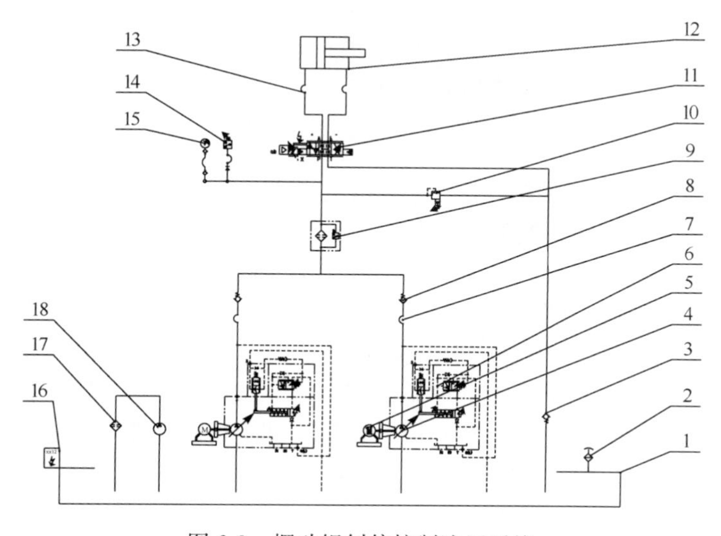

图 6-9　摆动辊纠偏控制液压系统

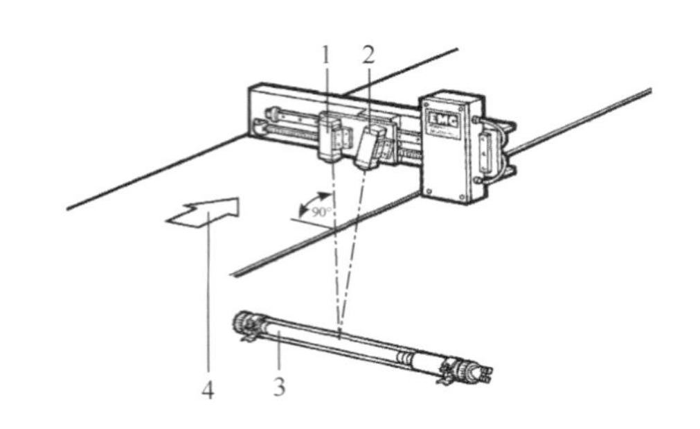

图 6-10　带钢跑偏光电检测

1-测量探头；2-参考探头；3-光源发生器；4-板带运行方向

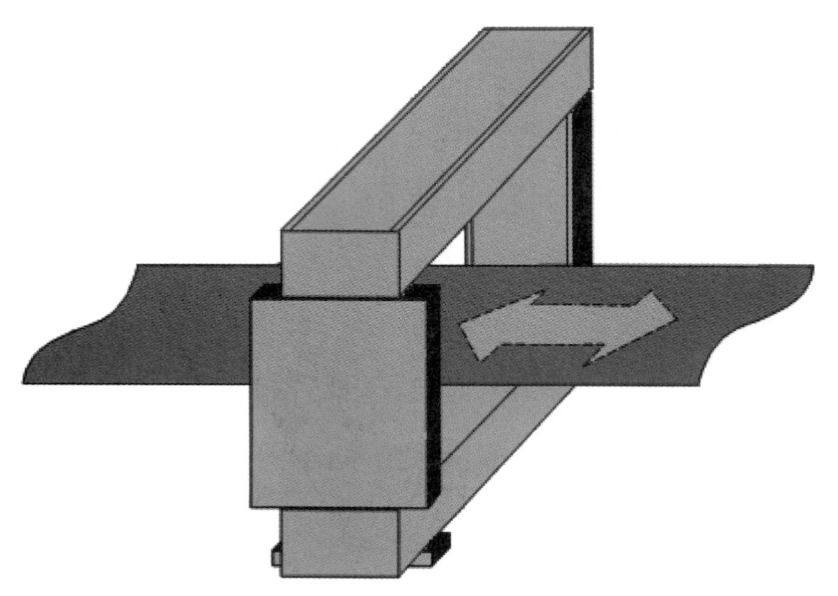

图 6-11　带钢跑偏电感检测

EPC 边部位置控制系统：在运行带钢的上部，至少安装了一台接收器调节装置。如果用于带钢中线控制和宽度检测，则安装两台完整的接收器调节装置。一台由检测接收器和参考接收器组成的 HF 交错光检测单元固定在滑动导轨上。系统内部，一个用于检测实际位置的旋转电位计连接在直流电机上。在运行带钢的下部，安装了一台带 1000Hz 电源供应的光带。光带和接收器调节装置电源的供应是由安装在一个单独座子上的电源供应包来完成的。HF 交错光检测设备的处理由接收器调节装置的电气系统完成。带钢边部由带马达驱动的接收器调节装置探测，接收器调节装置装配有不受外部光源影响的 HF 交错检测装置 LS3 和 LS4。如果带钢边部位置不对，则有可能是带钢宽度发生了变化或跑偏，该变化由光电梁探测。控制回路中的高等级别控制电路控制 DC 马达或执行器动作,以使带钢边部保持遮住光电检测量检测范围的一半。为了补偿变化,采用了参考检测方法——光变送器。例如,在每一套检测设备上装配一个检测接收器和一个参考接收器,它们同时聚焦在同一光点作为光变送器。检测接收器探测带钢边部的最新位置,参考接收器检测光点的亮度。除去外部光源的影响对检测设备的精度是很重要的。该装置通过 HF 光变送器和有选择性的 HF 交错光接收器来保证。为了避免外部光源的影响,采用了 LIH 型光源。光源是由 1000Hz 电源发出的。HF 交错光检测设备的检测信号通过专用滤波器检测,只能检测电高频率的光信号。光带的亮度通过内部控制回路保持在一个恒定的状态,所以检测设备不受外部光源、电压或温度变化的影响。

CPC 中间位置控制系统:固定式感应带钢中心检测架是免维护的并且在带钢的对中调整过程中不接触测量带钢的中心位置检测设备。感应带钢中心检测架也可以应用于非磁性金属材料如铜、铝、黄铜或镍铬合金的处理线。板带中心位置相对应于机组中心线的偏差的检测,是同带钢纠偏系统相连。感应带钢中心检测量装置的优点是非接触、无损耗、免维护、耐污染、自调节。测量系统按在生产线上被处理的最大和最小带钢宽度设计。所以检测传感器没有必要根据带钢的边部位置调节。带钢通过检测框架时同框架没有接触。由于对中传感器无移动部件,其完全是无损耗和免维护的。基于检测原理,检测系统对任何污染都是不敏感的(包括氧化铁皮),不受电衰减,电场、湿气、油雾和大的拉伸、浪边及带钢高度的变化等的影响。感应式带钢中心检测设备的基本组成为两个发送和两个接收线圈。根据外界条件,这些线圈被分成两组:主动发送线圈或从动接收线圈。通过一套单独的附加电路(在高温或危险的环境情况下)补偿测量设备和电路之间线/电缆的损失。为了检测金属带钢的中心位置,设备采用了两对传感器。这些传感器被安装在同机组中心相对称的位置。每对传感器分别用于检测带钢的一个边;其中一个传感器用作发射装置,相对应的另一个用做接收装置。每对线圈本身又是有方向的空心变压器。带钢在通过这些接收器和发送器时,在所连接的线圈之间会产生磁通量差异,该差异就被作为测量结果。发射线圈提供一个有规则的正弦电压波形。根据带钢在框架中的位置,在接收线圈中将感应产生一个相应的电压波形。两个接收通道值相减并放大,我们就可以得出带钢偏离机组中心线的一个连续位置信号。该信号被送至数字式控制器中进行计算处理,得出结果后向伺服阀发出命令,伺服阀控制液压缸进行动作,通过带动纠偏辊的运动将带钢逐步多次进行位置调节,直至调整到电感式传感器的中间位置,从而达到两组线圈反馈信号相同。

CPC 纠偏系统根据应用位置不同,机械结构也会存在一些差异,可分为 P(比例)型纠偏辊、I(积分)型纠偏辊、PI(比例积分)型纠偏辊,如图 6-12 所示。

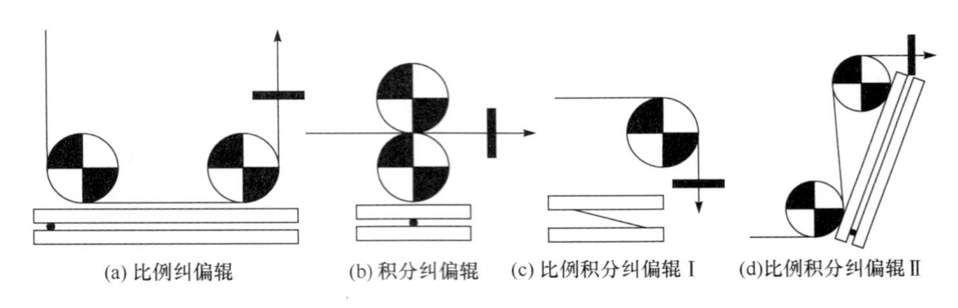

图 6-12 纠偏辊类型

P 型纠偏辊托架的旋转平面垂直于入口带钢和出口带钢平面，带钢以 180°的角度包缠住纠偏辊。拖架的旋转点位于入口带钢平面与旋转平面交线的中点。检测器检测到带钢跑偏时，托架绕旋转点旋转，将出口带钢摆回中心线，但入口带钢的偏差不能纠正。对于这种纠偏辊，纠偏过程中带钢边部的应力较低，要求入口及出口自由带钢的长度小。入口或出口带钢的最小自由长度约为最大带钢宽度的两倍，最大旋转角度为 6°。P 型纠偏辊的优点：动态性能好，没有迟滞时间。缺点：只能调整带钢相对机组中心线的距离，而不能够调整带钢相对纠偏辊自身的位置。

I 型纠偏辊辊子轴线在入口带钢平面上绕固定轴旋转。当带钢出现跑偏时，纠偏辊会自行转动一定角度，入口带钢平面与辊子的轴线形成了一定的夹角。通过辊子旋转所产生的螺旋效应使带钢和辊子的接触面以螺旋线轨迹运行，最终带钢回到中心线上。这种纠偏方法需要较长的入口带钢长度，一般来讲入口带钢长度大于最大带钢宽度的 10～15 倍。缺点：带钢跑偏后，纠偏辊旋转一定角度，带钢自行调整至对应位置需要一定时间，在带速 100m/min 以下，镰刀弯较小时适用该种纠偏方法。

PI 纠偏辊既有比例纠偏辊的作用，又有积分纠偏辊的作用。比例作用可直接对带钢纠正，积分作用通过螺旋效应对入口带钢产生反馈调整作用而纠正带钢跑偏。纠偏辊托架绕辊子前面的旋转中心摆动，一方面使出口带钢摆向辊子中心，另一方面使带钢与辊子产生纠偏角，螺旋效应使入口带钢回到中心。

6.3 入口辅助液压设备

6.3.1 张力辊压辊

由于轧机入口段带钢张力远大于酸洗出口段活套张力，因此冷连轧机入口通常设有两个 S 辊组(图 6-13)，每个 S 辊组由 2 个张力辊构成。5＃S 辊用于建立和控制酸洗出口段活套张力，6＃S 辊用于控制轧机入口段带钢张力。所有张力辊的辊面衬聚氨酯，以降低噪声和增大摩擦力，每个张力辊配一个压辊，6＃S 辊的上压辊为主动压辊，其余3个为被动压辊。在带钢低速运行或机组停车时，压辊压住带钢，建立带钢张力。

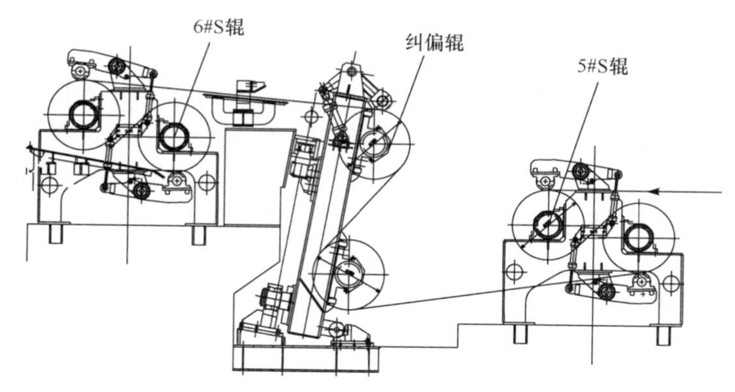

图6-13 轧机入口张力辊组

张力辊压辊液压系统见图6-14，每个压辊的压紧和打开由两个液压缸实现。为保证两个液压缸的同步，每个液压缸的油路上都安装一个双单向节流阀，实现回油节流，以提高回路的刚度，即提高负载变化时回路阻抗速度变换的能力。为保证异常情况（如液压站掉电）下压辊不产生误动作，液压缸每个油腔的油路上都设有液控单向阀。为了防止压紧力过大而损伤S辊的辊面和压辊的辊面，液压缸无杆腔油路上设有减压阀。同时无杆腔油路上安装压力继电器，检测压紧时的油压是否达到预设定的值，以保证压辊具有足够的压紧力。

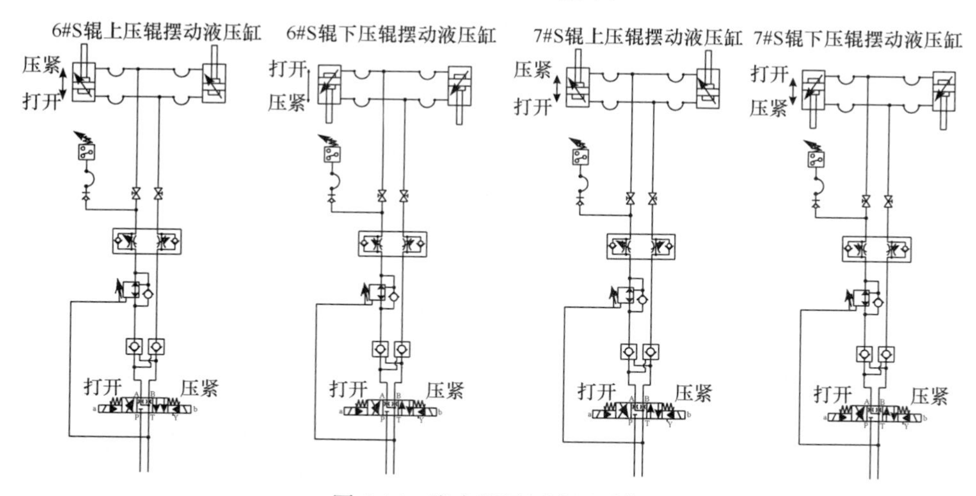

图6-14 张力辊压辊液压系统

带头经过S辊穿带操作时可人工单独操作各个压辊的抬起/压下动作，穿带时带头过6＃S辊后且带钢速度小于60m/min时，5＃S辊和6＃S辊的压辊全部压下。带钢速度大于 60m/min 时，5＃S 辊和 6＃S 辊的压辊全部抬起，且主动辊停止转动。

6.3.2　纠偏辊压辊

如图 6-13 所示，在 5＃S 辊和 6＃S 辊之间设置一套 PI 带钢跑偏控制装置，纠偏辊为从动辊，为便于轧机入口段带钢的穿带，上纠偏辊的上端设有一主动压辊。纠偏辊辊面和压辊辊面衬聚氨酯，以降低噪声和增大摩擦力。带头到达纠偏辊压辊后，压辊压紧。压辊投入之前，其速度必须与 5＃S 和 6＃S 辊同步。当 S1 机架入口段带钢张力建立后，压辊抬起。纠偏辊压辊的液压控制系统见图 6-15，与 5＃S 辊和 6＃S 辊的压辊液压系统相同。机组运行速度 $v>60\text{m/min}$ 时，压辊必须抬起，否则相关设备及轧机产生快停信号。

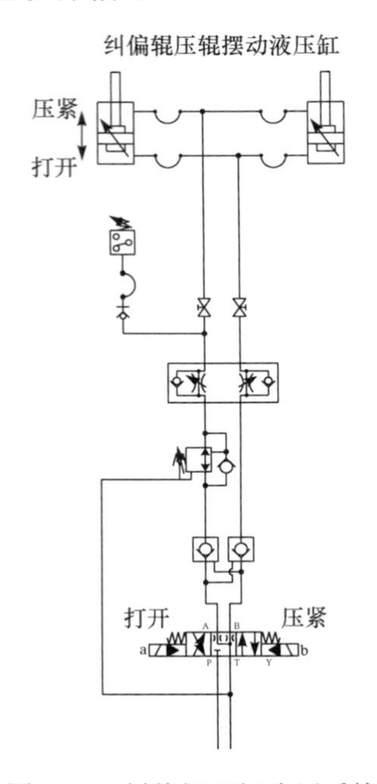

图 6-15　纠偏辊压辊液压系统

6.3.3　带钢夹紧装置

带钢夹紧装置安装在 6＃S 辊出口处，穿带时人工将夹紧装置处于全打开位置，正常轧制时通过人工或自动方式夹紧装置处于中间位置。压板全打开时的开口度为 185mm，压板处于中间位置时的开口度为 60mm。轧机入口发生断带时，夹紧装置自动关闭处于夹紧状态。分切剪剪断带钢前，夹紧装置必须关闭。夹紧装置完全打开位置和中间位置检测通过接近开关检测。压力继电器 5 检测到信号时，表明夹紧装置已夹紧带钢。

夹紧装置处于中间位置时，电液换向阀 1 两端电磁铁均断电。夹紧装置处于全打开位置时，电液换向阀 1 的电磁铁 a 通电并保持，b 断电。夹紧装置处于关闭夹紧位置时，电液换向阀 1 的电磁铁 b 通电并保持，a 断电，见图 6-16。

为保证同一压板的两个液压缸的同步动作，每个液压缸的支油管上都设有单向节流阀 6。为实现上下压板的同步，主油路上设有双单向节流阀 4。双液控单向阀 3 能在电液换向阀 1 两端电磁铁断电时，保持压板的位置不变。单向加压阀 2 在夹紧时降低油缸中油液的压力，避免夹紧力过大造成带钢表面损伤。

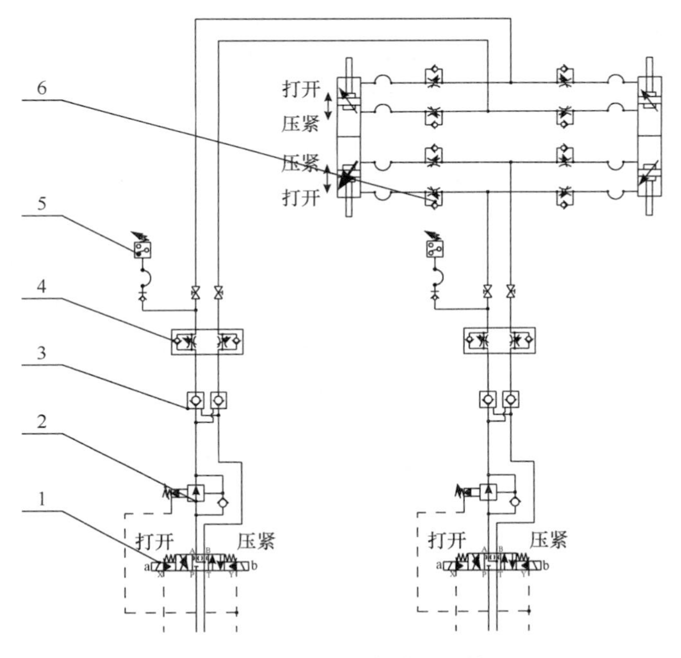

图 6-16　带钢夹紧液压系统

6.3.4　分切剪

分切剪安装在 S1 轧机的入口处，仅用于在轧机断带和维护检修时剪断带钢，分切剪剪切时轧机入口带钢张力必须为 0。分切剪仅限于人工操作，无自动方式。分切剪的打开和剪切由两个液压缸 4 驱动，液压缸通过齿轮齿条机械同步上下剪刃动作。最大剪切厚度为 7mm，上下剪刃开口度 300mm。剪切时操作人员按下“剪切”按钮，换向阀 1 的电磁铁 b 得电，上剪刃下降，下剪刃上升，上剪刃达到上升极限位置，接近开关发出剪切到位信号，电磁铁 b 断电，剪刃在双单向液压锁 2 的

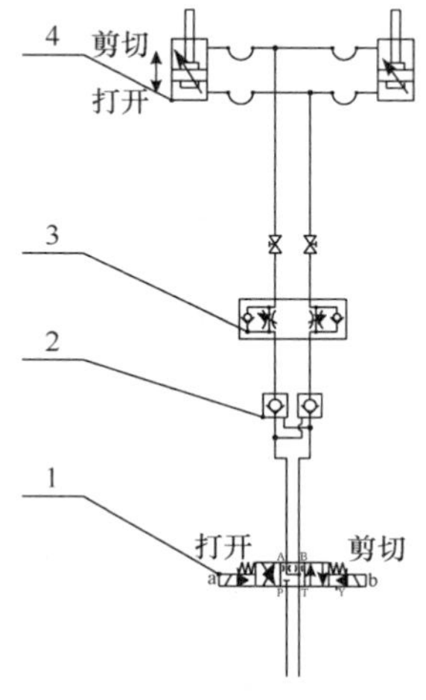

图 6-17　分切剪液压系统

作用下停止在剪切位置。操作人员按下“打开”按钮，换向阀 1 的电磁铁 a 得电，上剪刃上升，下剪刃下降，下剪刃到达下极限位置，接近开关发出下降到位信号，电磁铁 a 断电，上下剪刃停在起始位置，分切剪的液压系统如图 6-17 所示。

6.3.5　带钢对中装置

带钢对中装置安装在入口测厚仪和带钢夹紧装置之间，带有侧导立辊，用做辅助穿带。侧导调节移动由液压缸驱动，传动侧和操作侧两边的侧导辊通过齿轮齿条实现同步。轧机开始运行时，对中装置必须打开。带钢对中装置仅在穿带时操作，对中时侧导辊开口度根据带钢宽度自动设定。对中装置的控制位置分为完全打开位置、完全关闭位置和对中位置。处于对中方式时侧导辊开口度为

$$W_{open}=W_{strip}+10$$

式中，W_{open}为侧导辊开口度；W_{strip}为带钢宽度。带钢边缘与侧导辊之间每侧留有 5mm 间隙。侧导辊打开时，人工操作打开按钮，PLC 通过比例阀放大器给比例阀 1 的 a 电磁铁发送打开速度斜坡电流，侧导辊打开到极限位置后停止。侧导辊关闭时，人工操作关闭按钮，PLC 通过比例阀放大器给比例阀 1 的 b 电磁铁发送关闭速度斜坡电流，侧导辊打开到 W_{open}位置后停止。为防止比例阀断电后侧导辊自行动作，液压回路中安装后双单向液压锁 2，带钢对中装置液压系统见图 6-18。

6.3.6　机架入口带钢夹紧装置

机架入口带钢夹紧装置用于轧机更换轧辊(工作辊、中间辊或支撑辊)、分切剪剪切带钢、断带时，压紧装置关闭压紧带钢。入口带钢夹紧装置由上、下压板台构成，下压板台固定不动，上压板台由 2 个液压缸驱动，实现压紧和抬起动作。下压板台低于轧制 15mm，上下压板间的开口度 155mm。

机架入口带钢夹紧液压系统见图 6-19。压紧装置关闭时，电液换向阀 1 的电磁铁 b 得电，上压板台下降，下降到位后压力继电器 5 触发，表明压紧装置已压紧带钢，压紧过程中电磁铁 b 一直得电。压紧装置打开时，电液换向阀 1 的电

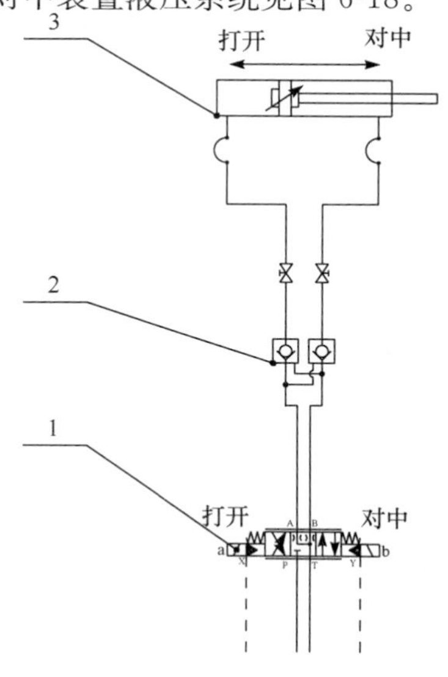

图 6-18　带钢对中装置液压系统

磁铁a得电,上压板台上升,上升到位后接近开关触发,表明压紧装置已上升到位,上升到位后电磁铁a一直得电。为防止上压板台断电后自动下降,油路中设有双液控单向阀。双单向节流阀4用于实现两侧液压缸同步控制。

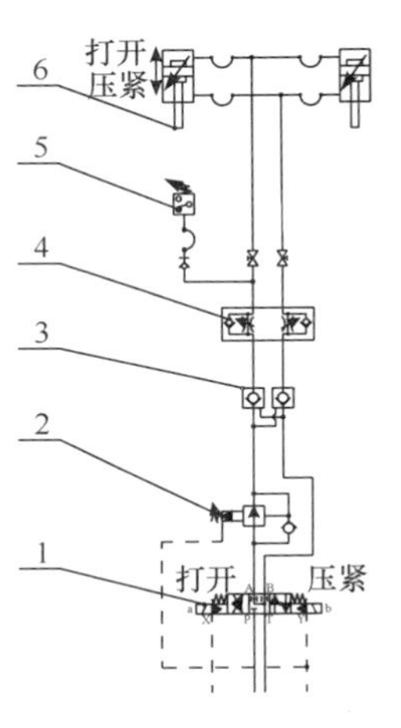

图6-19 机架入口带钢夹紧液压系统

6.3.7 三辊稳定辊

传统轧机入口机械设备见,1#机架辊缝到入口转向辊的带钢长达几米,设备入口带钢较长,存在张力波动大的问题,见图6-20。

新设计的轧机取消了S1机架入口带钢夹紧装置,增设三辊稳定辊,其液压系统原理与机架入口带钢夹紧装置相同,两侧液压缸用齿轮齿条实现机械同步。三辊稳定辊中心到1#机架辊缝距离很短,见图6-21。

三辊稳定辊的作用包括:①稳定轧机入口张力,防止轧机入口张力波动大;②减少带钢正常轧制过程中,由1#机架辊缝调节而导致的入口带钢跑偏;③防止1#、2#、3#机架在工作辊动态变规格窜动过程中跑偏断带;④提高1#机架AGC厚度控制精度。

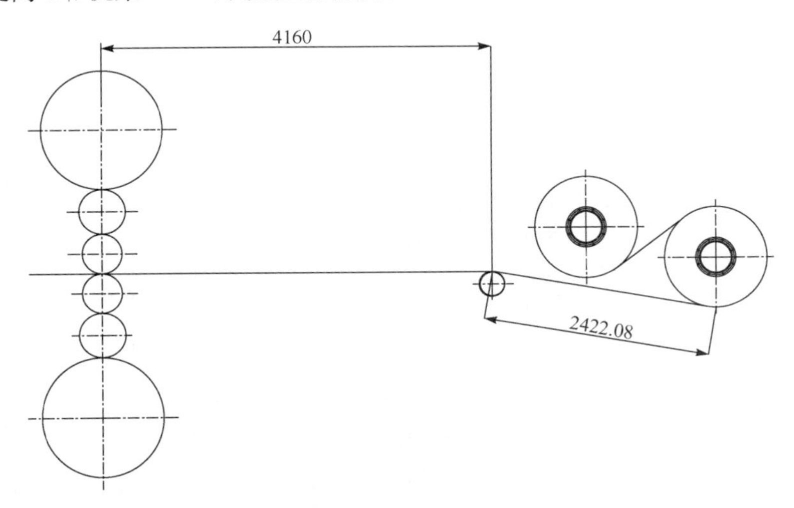

图6-20 传统冷连轧机入口设备

为验证三辊稳定辊的作用,在某1500冷连轧机上进行如下实验:在三辊稳定辊不投入的情况下,1#和2#机架在动态变规格时进行工作辊窜辊,导致轧机频繁发生断带,见图6-22。实验结果表明,对于工作辊轴向横移轧机必须在S1机架入口安装三辊稳定辊。

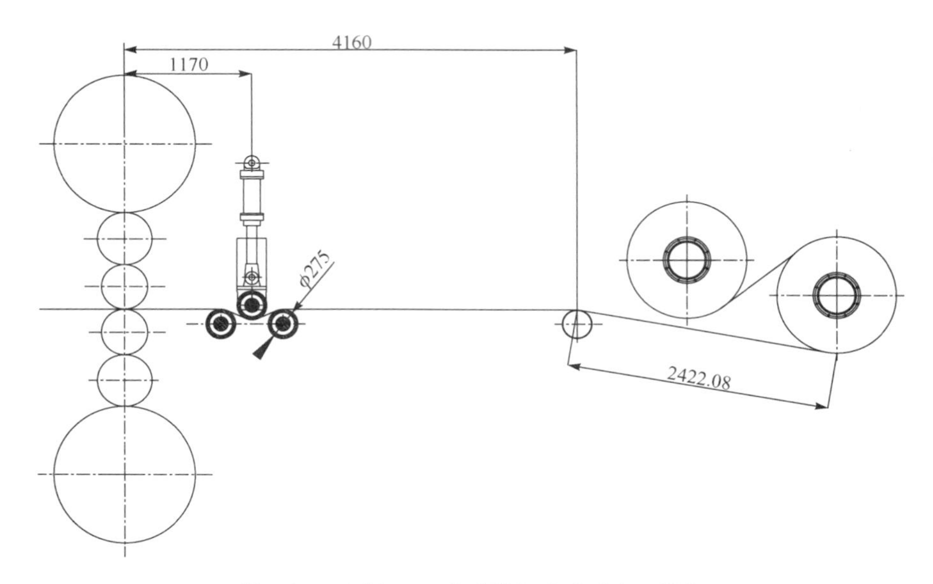

图 6-21 硅钢 1500 冷连轧机改造后入口设备

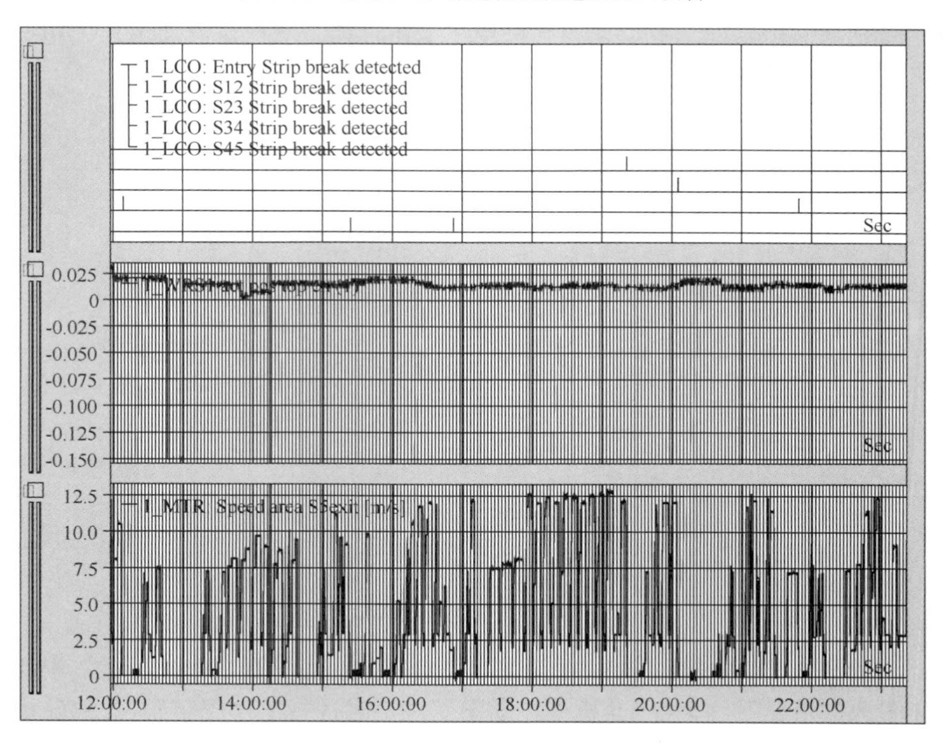

图 6-22 三辊稳定辊未投入-动态变规格窜辊断带

6.4　机架辅助液压设备

6.4.1　上工作辊和上中间辊轨道升降

更换上工作辊或上中间辊时，上工作辊在工作辊轨道上移入或移出，上中间辊在中间辊轨道上移入或移出。上工作辊和上中间辊轨道可在液压缸驱动下升降，见图 6-23。工作辊有两根轨道，分别位于轧机入口侧和出口侧，四个驱动液压缸分别安装在传动侧入口、传动侧出口、操作侧入口和操作侧出口。每个液压缸的无杆腔都设有一个双向节流阀 4，用于实现四个液压缸的同步控制。为防止电磁阀断电后工作辊自动下降，总油路上安装有液控单向阀。电磁换向阀 1 的电磁铁 a 得电，轨道下降。电磁换向阀 1 的电磁铁 b 得电，轨道上升。轨道的上升和下降到位通过每个液压缸的上升位极限和下降位极限检测，同时使用压力继电器 3 进行监测。上中间辊轨道升降控制原理与上工作辊轨道相同。

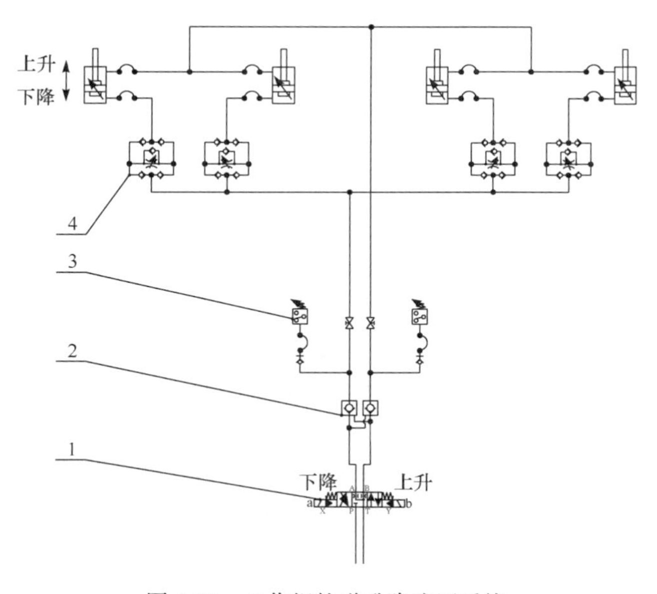

图 6-23　工作辊轨道升降液压系统

上工作辊和上中间辊轨道上升、下降联锁条件：

（1）机组选定换辊模式；

（2）轧机伺服液压站和辅助液压站工作正常；

（3）张力调节系统断开；

（4）油气润滑系统关闭；

（5）辊缝系统、弯辊系统、平衡系统切换到换辊模式；

(6) 上支撑辊锁紧装置关闭;
(7) 下支撑辊锁紧装置关闭;
(8) 中间辊锁紧装置关闭;
(9) 工作辊锁紧装置关闭;
(10) 阶梯垫调节到换辊位并锁定;
(11) 斜楔调整到换辊位并锁定;
(12) 上支撑辊平衡缸在上极限位置;
(13) 辊缝缸位于下极限位置;
(14) 中间辊平衡模式投入;
(15) 工作辊平衡模式摸头;
(16) 传动接轴在换辊位;
(17) 接轴支架打开;
(18) 防缠导板打开;
(19) 机架入口带钢压紧装置上压板台位于上极限位置;
(20) 卷帘门打开。

6.4.2 轧制线调整装置

轧机的斜楔调整装置安装在轧机机架上部,在轧机工作辊、中间辊及支撑辊换辊时,斜楔调整装置调整到换辊位置(即液压缸缩回),使上工作辊、中间辊及支撑辊移至上极限位置。换辊完成后,根据新辊的辊径,调节斜楔及阶梯垫,以便保证轧制线恒定,见图 6-24。

轧机斜楔调整装置由阶梯板及斜楔及各自的驱动液压缸 4 组成。传动侧及操作侧的阶梯板由位于传动侧的同一液压缸驱动移动,中间通过连杆连接在一起。实现斜楔调整装置的粗调由阶梯垫实现,整个行程分六段调整,五段用于调整轧制线,一段用于换辊。阶梯垫调整液压缸的移动量由安装在液压缸内部的位移传感器测量,并换算成能显示轧制线的垂直位置。由于采用绝对型传感器,所以其测出的位置值不需要校准。

传动侧及操作侧的斜楔由位于传动侧的同一液压缸驱动移动,实现斜楔调整装置的精调,整个行程无级调整。斜楔调整液压缸的移动量由安装在液压缸内部的位移传感器测量,并换算成能显示轧制线的垂直位置。由于采用绝对型传感器,所以其测出的位置值不需要校准。

阶梯垫和斜楔的液压传动原理完全相同,见图 6-25。液压缸的驱动由比例阀 1 实现,比例阀电磁铁得电前,二位四通换向阀 2 的电磁铁 a 得电,打开主液压油路上的液控单向阀 3。斜楔和阶梯垫调整到位后,比例阀 1 和换向阀 2 都失电,液压缸被锁定在重新调整后的位置。

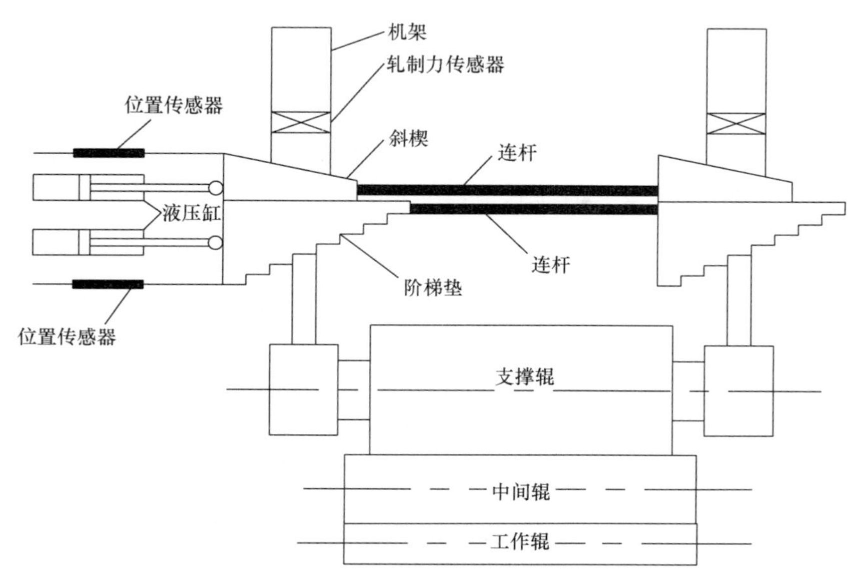

图 6-24　斜楔调整装置设备简图

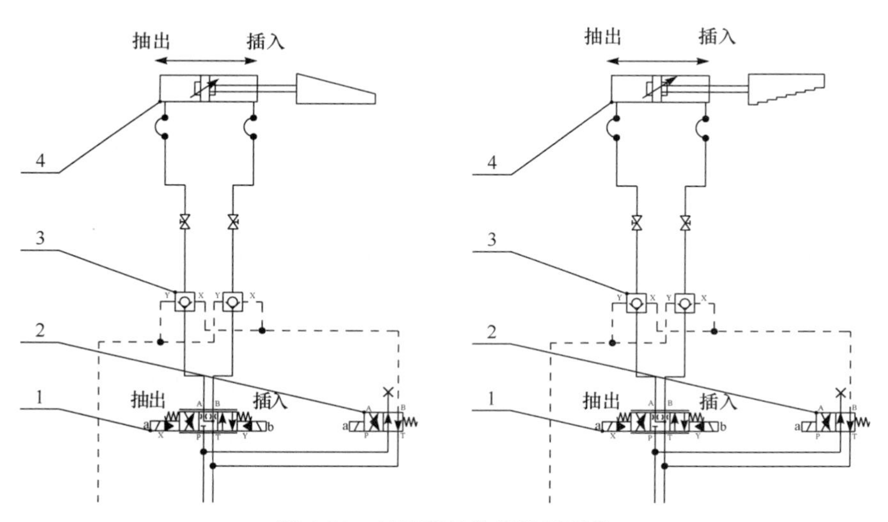

图 6-25　斜楔调整装置液压系统

斜楔调整装置的调整量为阶梯垫与斜楔垂直方向调整量的总和。在该显示中，总调整量值 $\Delta H=0$ 对应于支撑辊、中间辊及工作辊均为最大辊径的情况。

斜楔调整装置的调整模式取决于辊子的磨削量，该磨削量为上工作辊、上中间辊及上支撑辊磨削量的总和。当总磨削量小于 30mm 时，只利用斜楔进行调整。当总磨削量大于 30mm 时，先利用阶梯垫粗调，再利用斜楔精调。阶梯垫整个行程分为六段阶梯，五段用于调整轧制线，每段厚度 30mm，最后一段用于换辊，厚度 40mm。

斜楔调整装置的总调整量为

$$\Delta H=\frac{D_{B\_\max}}{2}+D_{I\_\max}+D_{W\_\max}-\left(\frac{D_B}{2}+D_I+D_W\right)$$

式中，$D_{B_\max}$为支撑辊辊径最大值；$D_{I_\max}$为中间辊辊径最大值；$D_{W_\max}$为工作辊辊径最大值；D_B 为换辊后上支撑辊辊径值；D_I 为换辊后上中间辊辊径值；D_W 为换辊后上工作辊辊径值。

计算出斜楔调整装置的总调整量后，可分别计算出阶梯垫调整量和斜楔垂直方向调整量，然后换算成阶梯垫位置传感器和斜楔位置传感器的位置值。

$$\Delta H=h_{\text{Step}}+h_{\text{Wedge}}$$

式中，h_{Step}为阶梯垫需调整高度；h_{Wedge}为斜楔调整高度。

阶梯垫需调整高度 h_{Step}由计算出的总调整量 ΔH 通过查表法求出(表 6-1)。例如，当计算出的总调整量 $\Delta H=85\text{mm}$ 时，阶梯垫应调整到位置 2，$h_{\text{Step}}=70\text{mm}$。

表 6-1　阶梯垫调整高度与液压缸行程的关系

垂直位移/mm	阶梯垫液压缸行程/mm	阶梯垫位置
0	－150	换辊位
40	0	位置 1
70	150	位置 2
100	300	位置 3
130	450	位置 4
160	600	位置 5
190	750	位置 6

求出的总调整量 ΔH 和阶梯垫需调整高度 h_{Step}后，计算斜楔垂直方向调整量

$$h_{\text{Wedge}}=\Delta H-h_{\text{Step}}$$

通过斜楔垂直方向调整量 h_{Wedge}计算出斜楔的横移距离，即斜楔液压缸行程：

$$S_{\text{Cynlinder}}=\frac{h_{\text{Wedge}}}{\tan\alpha}$$

式中，α 为斜楔倾斜角度，通常 $\alpha=2.862°$。

换辊时，阶梯板与斜楔均同时移至换辊位置，以保证换辊所需的空间；换上新辊后，根据新辊的辊径，阶梯板移至设定位置，再精调斜楔。

6.4.3　轧辊轴向锁紧装置

轧辊的轴向锁紧装置用于防止轧辊在轧制时发生轴向窜动。工作辊传动侧有传动轴连接，不能产生向传动侧方向的攒动，因此工作辊轴端轴向锁紧装置位于操作侧，且上、下工作辊功用一套锁紧装置。支撑辊轴向锁紧装置位于操作侧，且上支撑辊单独一套轴向锁紧装置，下支撑辊单独一套轴向锁紧装置。

轧辊轴向锁紧装置包括锁紧挡板和液压缸，由液压缸驱动挡板实现锁紧、打开功能。轧辊轴向锁紧液压系统如图 6-26 所示。电磁换向阀 1 控制液压缸的伸出和缩回。电磁换向阀 1 的电磁铁 b 通电，液压缸伸出，伸出到位后，锁紧极限到位信号触发，电磁铁 b 断电。电磁换向阀 1 的电磁铁 a 通电，液压缸缩回，缩回到位后，打开极限到位信号触发，电磁铁 a 断电。主油路上设有液控单向阀 2，起到断电保护的作用。

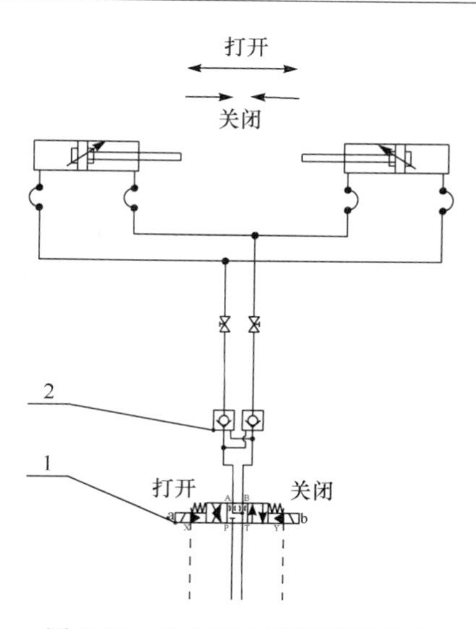

图 6-26　轧辊轴向锁紧液压系统

6.4.4　支撑辊侧推

上、下支撑辊侧推装置安装在轧机的传动侧和操作侧，用于消除支撑辊轴承座与机架间牌坊间的间隙。液压缸的伸出和缩回状态通过压力继电器监测。支撑辊侧推液压系统见图 6-27。

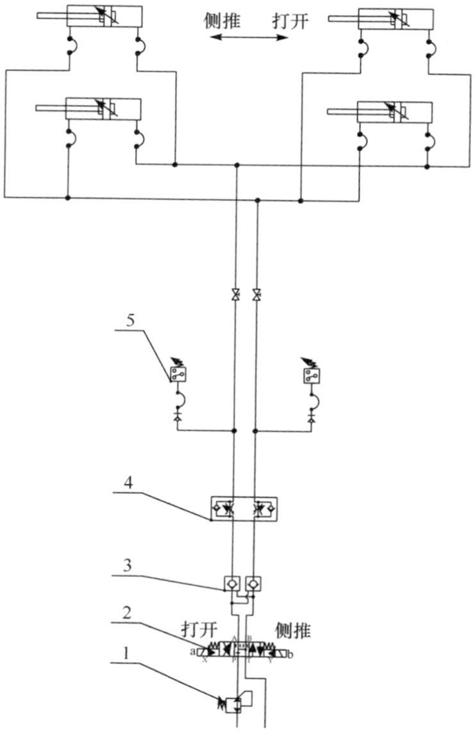

图 6-27　支撑辊侧推液压系统

6.5 架间液压设备

6.5.1 工作辊防缠

为防止高速轧制过程中薄带材断带后缠绕工作辊，在机架出口设有防缠导板，见图 6-28。防缠导板分为上工作辊防缠导板和下工作辊防缠导板。上工作辊防缠导板安装在轧机(末机架除外)出口侧轧制线的上方。下工作辊防缠导板安装在轧机(末机架除外)出口侧轧制线的下方。防缠导板用于穿带时引导带头和断带时防止带钢缠住工作辊。正常轧制时，防缠导板的前端与工作辊之间有微小的距离。轧机更换工作辊、中间辊和支撑辊之前，防缠导板必须移出，使辊系进出有足够的工作空间。液压缸伸出防缠导板靠近工作辊，液压缸缩回防缠导板离开工作辊。

轧机换辊时，在工作辊、中间辊切换成平衡模式，轧机辊缝打开之前，挡辊先上升到极限位置，防缠开始移出。新辊进入轧机，斜楔调整装置完成轧制线调整后，防缠导板伸出。防缠导板伸出的行程根据上工作辊的辊径来确定。精确定位有位移传感器完成，防缠导板伸出到位后，测张辊的挡辊下降到极限位置。

工作辊防缠液压系统见图 6-29。防缠导板的伸出和缩回由比例阀 2 控制，伸出和缩回速度可通过设定值速度斜坡调整。为避免油压过大导致防缠导板卡死和损坏，供油路上安设有减压阀 1，比例阀 2 后的伸出油路上设有安全阀 4。为防止防缠导板的两个液压缸的同步，在每个液压缸的进、出油管上安装有单向节流阀 5，节流方式为回油节流。双液控单向阀 3 起断电保护作用。

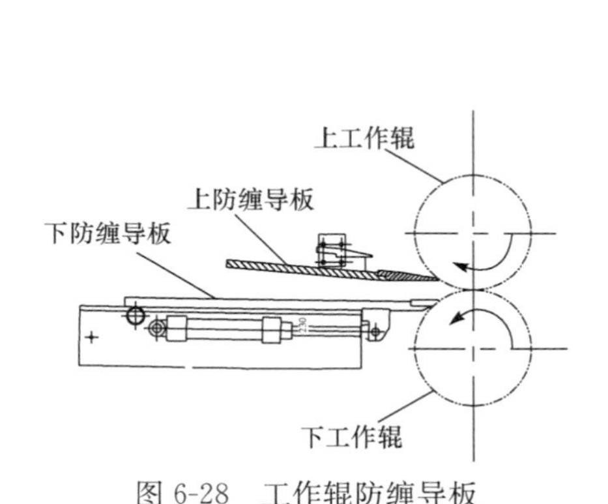

图 6-28 工作辊防缠导板

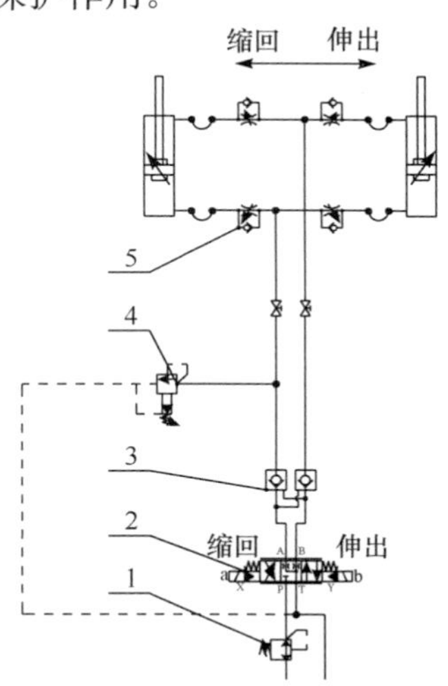

图 6-29 工作辊防缠液压系统

6.5.2 挡辊

挡辊安装在 S1～S4 机架轧机出口侧轧制线的上方(图 6-30)，挡辊下降使带钢与测张辊之间形成恒定的包角，提高张力测量的稳定性，减少带钢抖动对张力测量的影响。挡辊升降通过两个液压缸驱动。

穿带时，挡辊上升至极限位置。带钢建立张力前，挡辊必须处于工作位置（下降极限位置）。挡辊下降至工作位置前，上下工作辊防缠导板处于移进工作位置。挡辊上升至极限位置后，上工作辊防缠导板方可移出。

挡辊液压系统原理见图 6-31，每个液压缸的支油管上都设置一个单向节流阀 4，实现两个液压缸的同步动作。冷轧过程带钢张力大，为防止液压缸中油压过高造成液压缸密封损坏，无杆腔油路上设有安全阀 3。双液控单向阀 2 起断电保护作用。

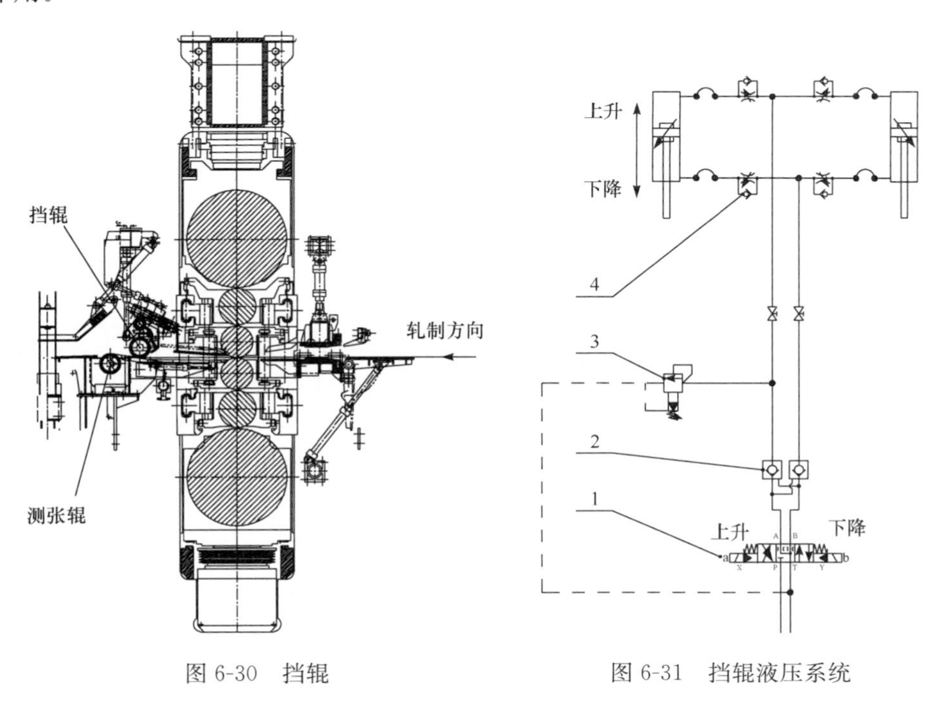

图 6-30　挡辊　　图 6-31　挡辊液压系统

6.5.3　带钢吹扫装置摆动导板升降

测厚仪用于测量带钢的实际厚度进行 AGC 厚度控制，机架之间通常安装测厚仪。生产过程中机架间带钢上表面经常存在大量的乳化液，严重影响了测厚仪的测量精度，导致成品带钢厚度不合格。为减少乳化液残留对测厚仪测量精度的影响，要把测厚仪测量点处带钢表面吹扫干净，因此通常设计有带钢吹扫摆动导板（图 6-32），导板上安装有压缩空气软管和风嘴。

当带钢吹扫装置处于下极限位置时，测厚仪才能移进或溢出。测厚仪移出带钢流动区后，带钢吹扫装置才能上升或下降，否则带钢吹扫装置会撞坏测厚仪。

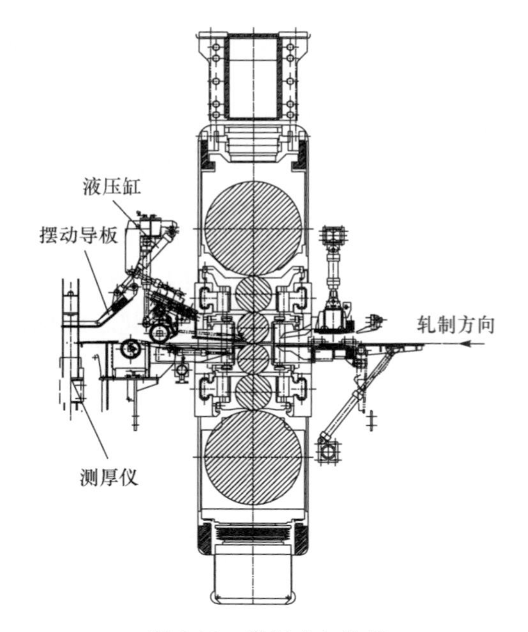

图 6-32　带钢吹扫装置

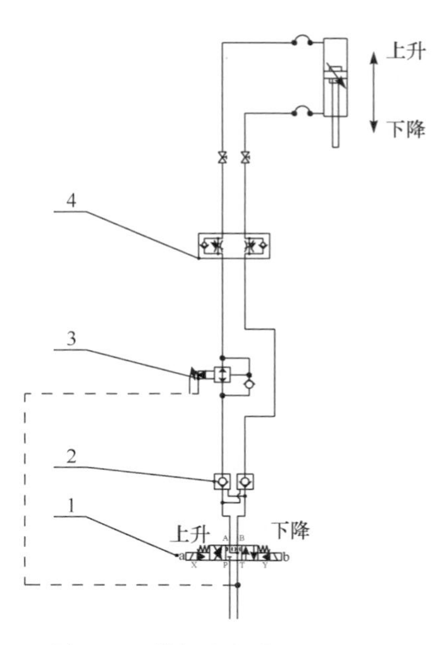

图 6-33　带钢吹扫装置液压系统

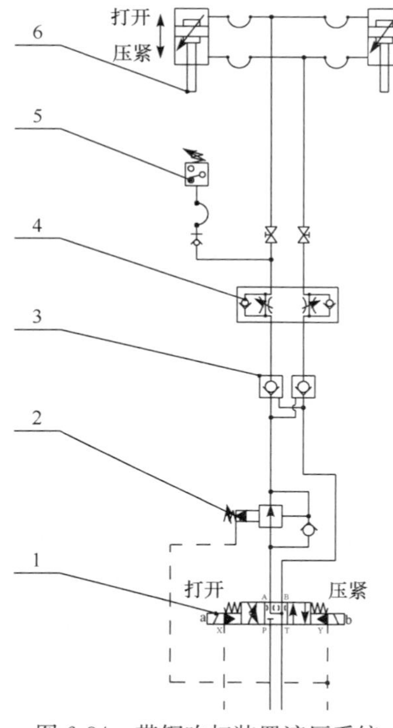

图 6-34　带钢吹扫装置液压系统

带钢吹扫装置摆动导板升降用一个液压缸驱动，液压缸的两枪油管上都设有单向节流阀 4，无杆腔油路安装有减压阀 3，双液控单向阀 2 起断电保护作用，见图 6-33。

6.5.4　带钢夹紧装置

机架入口带钢夹紧装置用于轧机更换轧辊（工作辊、中间辊或支撑辊）、分切剪剪切带钢、断带时，压紧装置关闭压紧带钢。入口带钢夹紧装置由上、下压板台构成，下压板台固定不动，上压板台由 2 个液压缸驱动，实现压紧和抬起动作。下压板台低于轧制 15mm，上下压板间的开口度 155mm。

带钢夹紧装置液压系统见图 6-34。压紧装置关闭时，电液换向阀 1 的电磁铁 b 得电，上压板台下降，下降到位后压力继电器 5 触发，表明压紧装置已压紧带钢，压紧过程中电磁铁 b 一直得电。压紧装置打开时，电液换向阀1的电磁铁a得电,上压板台上升,上升到位后接近开关触发,表明压紧装置已上升到位,上升到位后电磁铁a一直得电。为防止上压板台断电后自动下降,油路中设有双液控单向阀。双单向节流阀4用于实现两侧液压缸同步控制。

6.6 换辊装置

6.6.1 工作辊和中间辊换辊过程

工作辊和中间辊换辊装置位于轧机操作侧,用于更换轧机工作辊及中间辊。其基本动作为:将旧工作辊、中间辊从机架中抽出,新辊与旧辊同时横向移动,将新辊移至换辊位,然后推入机架。

工作辊及中间辊换辊装置由四部分组成,即底车、推拉车、横移车和导向装置,见图6-35。

推拉车、横移车、导向装置及新、旧辊安装或放置在底车上,底车可带动上述各部件移入或退出轧机换辊区域。推拉车用于将旧辊拉出机架,将新辊推入机架。

横移车用于更换新、旧辊位置,使新辊放置在轧机中心线上,便于推拉车将新辊推入机架。

换辊操作有两种模式:手动换辊模式和自动换辊模式。

手动换辊模式的操作内容包括:底车的前进/后退;推拉车的前进/后退;横移车的向左/向右移动;工作辊锁紧装置的打开/锁紧;中间辊锁紧装置的打开/锁紧。

自动模式换辊时,工作辊及中间辊换辊装置的动作由换辊程序自动完成,具体操作流程如下。

初始位置→推拉车前进→推拉车停止→平台盖板下降至下极限位,被工作辊及中间辊换辊车移开→卷帘门打开→轧机前后设备移至换辊位→轧机主传动电机制动、轧辊停在固定位置上→弯辊系统切换为换辊系统→辊缝缸有杆腔进油→下支撑辊轴承座下落15mm→上下工作辊弯辊缸有杆腔进油,使上、下工作辊压靠,在自重作用下下落→上下中间辊弯辊缸有杆腔进油,使上、下中间辊压靠,在自重作用下下落→上支撑辊平衡缸有杆腔进油,上支撑辊下落→阶梯板及斜楔移至换辊位并锁定→上支撑辊平衡缸无杆腔进油,使上支撑辊升至上极限位→辊缝缸有杆腔进油,缸杆下落至下极限位置→上、下中间辊弯辊缸无杆腔进油,使上中间辊位于上极限位置,下中间辊落在下中间辊换辊轨道上→上、下工作辊弯辊缸无杆腔进油,使上工作辊位于上极限位置,下工作辊落在下工作辊换辊轨道上→工作辊换辊轨道液压缸无杆腔进油,使其移至上极限位,上工作辊落在上工作辊换辊轨道上→中间辊换辊轨道液压缸无杆腔进油,使其移至上极限位,上中间辊落在上中间辊换辊轨道上→支撑辊软管升降缸将软管托起→接轴托架抱住接轴→人工拆卸工作辊、中间辊的润滑配管→底车前进→底车停止→底车锁紧装置锁紧→推拉车前进→推拉车停止→工作辊夹钳锁紧工作辊(中间辊夹钳锁紧中间辊)→工作辊锁紧装置打开(中间辊锁紧装置打开)→推拉车后退将旧工作辊(旧中间辊)拉出轧机→推拉车停止→工作辊锁紧夹钳打开(中间辊锁紧夹钳打开)→推拉车后退夹钳与旧辊脱开→横移车向左移动→横移车停止使新辊位于轧机中心线→推拉车前进→推拉车停止→工作辊夹钳锁紧新工作辊(中间辊夹钳锁紧新中间辊)→推拉车前进将新辊推入机架→推拉车停止→工作辊锁紧装置锁紧(中间辊锁紧装置锁紧)→工作辊夹钳打开(中间辊夹钳打开)→底车锁紧装置打开→底车后退至后退极限位置并停止→同时轧机及前后设备进入工作状态→同时推拉车后退至后极限位置并停止→横移车退回至右极限位置→横移车停止→换辊装置恢复初始位置,工作辊(中间辊)换辊完成。

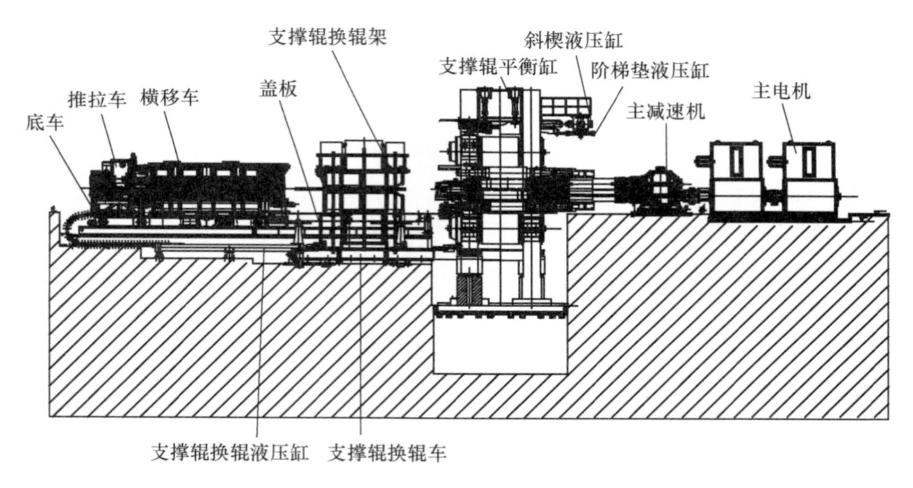

图 6-35 轧机换辊设备

6.6.2 支撑辊换辊过程

支撑辊换辊装置位于轧机操作侧,用于更换轧机支撑辊。其基本动作为:利用支撑辊换辊缸及换辊支架移出旧支撑辊,换上新支撑辊。

支撑辊换辊装置由支撑辊换辊缸、换辊支架及换辊车组成。换辊装置移动由换辊缸动作来实现,加减速动作由接近开关进行调节。

支撑辊换辊仅限于手动换辊模式,没有自动换辊模式。手动换辊的步骤如下:

(1) 传动连接轴在换辊位;接轴支架锁紧;防缠导板打开;机架前带钢压紧装置上压板台位于上极限位置;卷帘门打开;

(2) 阶梯垫在换辊位;

(3) 斜楔在换辊位;

(4) 上支撑辊平衡缸在上极限位置；

(5) 辊缝缸位于下极限位置；

(6) 盖板升降缸动作，盖板降至下极限位；

(7) 手工插销，活动盖板由工作辊换辊大车行走带动缩回到工作辊换辊大车的底部；

(8) 驱动下支撑轴端挡板的2个液压缸缩回，锁紧装置打开，拆除下支撑辊轴承座上的管路；

(9) 换辊缸缸杆缩回，将下支撑辊拉出；

(10) 天车将换辊支架吊放在下支撑辊轴承座上；

(11) 换辊缸缸杆伸出至前进极限位置；

(12) 上支撑辊平衡缸移至下极限位，将上支撑辊放在换辊支架上；

(13) 上支撑辊锁紧挡板打开；

(14) 换辊缸缩回，同时拉出上下旧支撑辊；

(15) 用天车将旧辊吊走，将新辊放在轨道上并挂好钩；

(16) 换辊缸缸杆伸出至前进极限位置，将新辊推入机架；

(17) 上支撑辊锁紧装置关闭；

(18) 上支撑辊平衡缸将上支撑辊推至上极限位；

(19) 换辊缸缩回至后退极限位，将换辊支架及下支撑辊移出；

(20) 用天车将换辊支架吊走；

(21) 换辊缸缸杆伸出至前进极限位，将下支撑辊放入机架内；

(22) 下支撑锁紧装置关闭；

(23) 工作辊及中间辊换辊底车将升降盖板移回原位，松开锁紧销，底车退出至后退极限位；

(24) 升降盖板升至上升极限位，支撑辊换辊结束。

6.6.3 中间辊窜辊锁紧

中间辊窜辊液压缸的无杆腔一端固定在机架牌坊上，有杆腔一端通过T形头与窜辊横梁连接。窜辊衡量上设有固定销轴，锁紧摆臂可绕销轴摆动，摆臂的传动侧连接中间辊锁紧液压缸。锁紧液压缸伸出，摆臂操作侧一端的勾头进入到中间辊的轴端环形槽内，实现窜辊衡量和中间辊的机械连接。锁紧液压缸缩回，实现中间辊与窜辊横梁脱开。

中间辊锁紧装置的液压系统见图6-36和图6-37，由电磁换向阀1、双液控单向阀2和双单向节流阀3组成，电磁铁a得电锁紧，电磁铁b得电打开。无论锁紧还是打开，电磁阀常得电，双液控单向阀起断电保护的作用。

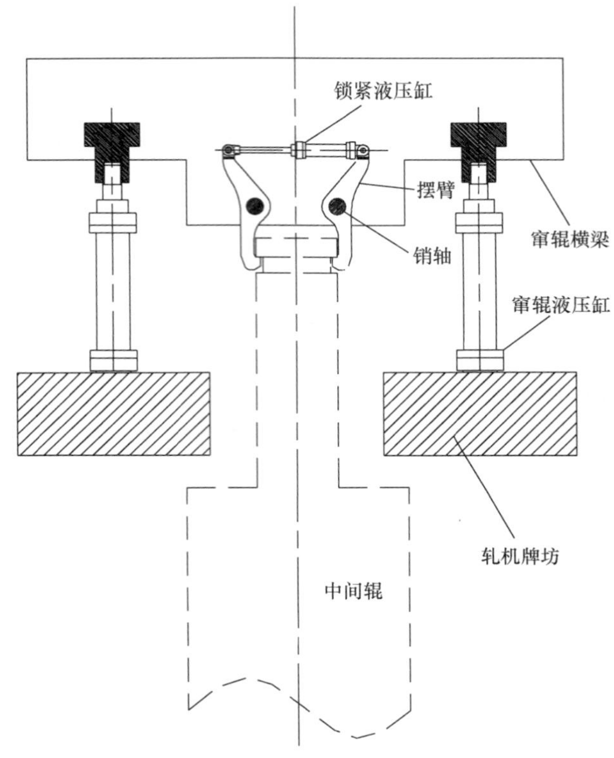

图 6-36　中间辊窜辊设备

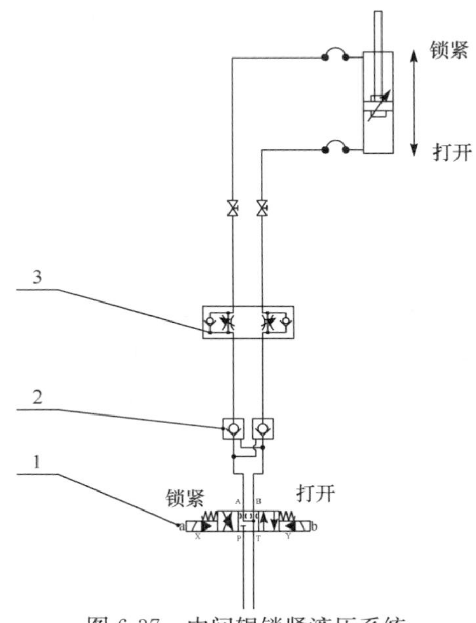

图 6-37　中间辊锁紧液压系统

6.6.4　工作辊接轴支撑

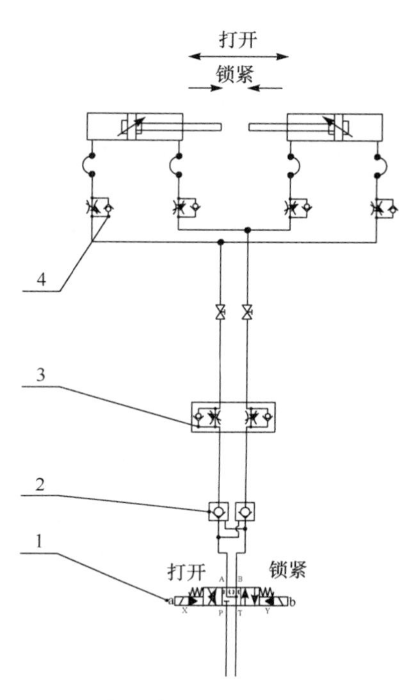

图 6-38　工作辊接轴支撑液压系统

工作辊接轴支撑装置位于轧机的传动侧。上、下工作辊弯辊切换到换辊模式，上工作辊切换到换辊模式后弯辊液压缸缩回；下工作辊切换到换辊模式后弯辊液压缸也缩回，同时下工作过辊轨道抬起。此时传动侧工作辊接轴与工作辊连接部分正好与工作辊接轴支撑的两个卡瓦对中，每个卡瓦由一个液压缸驱动。换辊抽出工作辊之前，换向阀 1 的电磁铁 b 得电，卡瓦夹住接轴与工作辊连接一端，防止工作辊抽出后接轴掉落。新工作辊推入轧机机架且到位后，工作辊轴端挡板锁紧，工作辊弯辊切换到换辊模式，下工作辊轨道抬起后，接轴支撑液压缸才能缩回，即电磁换向阀 1 的电磁铁 a 得电。为保证两个液压缸的完全同步，在每个液压缸的支油管和总油管上都设有单向节流阀，见图 6-38 中的 3 和 4。双液控单向阀 2 起断电保护作用。

6.6.5　支撑辊换辊装置

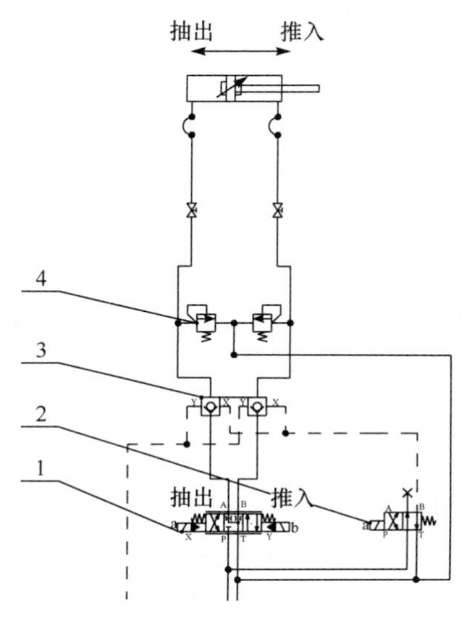

图 6-39　支撑辊换辊液压系统

支撑辊换辊装置位于轧机操作侧，由液压缸、换辊车、换辊支架和轨道等组成。液压缸位于工作辊换辊小车和盖板的下方，辊缝缸释放到底后，下支撑辊落在支撑辊换辊车上，换辊液压缸通过牵引换辊车将下工作辊带出机架，详见支撑辊换辊过程。

支撑辊锁紧液压系统见图 6-39。支撑辊换辊液压缸由比例阀 1 驱动，一是能够保证换辊过程的平稳，避免换辊支架和上支撑辊的摆动；二是在推辊和抽辊的过程中能够实现无级调速。比例阀出口油路上设有双液控单向阀 3，它的开启和关闭是由换向阀 2 实现的。此外在油路上还安装了安全阀 4，以免管路中油液压力过高造成机械设备和液压设备的损坏。

6.6.6　盖板升降装置

盖板用于遮盖支撑辊换辊装置地坑。盖板升降装置由盖板、转臂、连杆和液压缸组成，见图 6-40，盖板座落在转臂的滚轮上。更换中间辊和工作辊时，盖板无须动作。更换支撑辊时，盖板首先下降到下极限位置，盖板上的滚轮落在盖板轨道上，然后用工作辊换辊车将盖板拖到远离机架的地方。这样就暴露出支撑辊换辊装置。

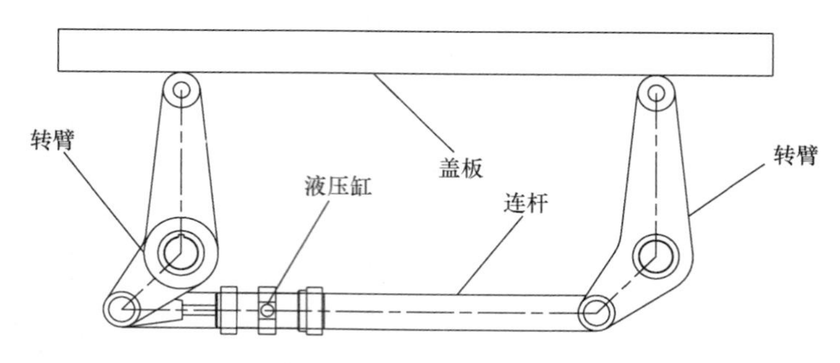

图 6-40　盖板升降装置

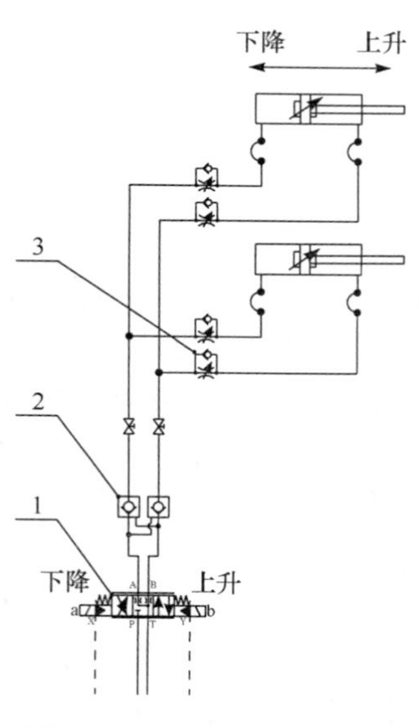

图 6-41　盖板升降液压系统

盖板升降驱动液压系统见图 6-41，两个液压缸分别位于轧机的入口侧和出口侧，每个液压缸的支油路都设有单向节流阀 3，以实现两侧及盖板四个角的同步动作。两个液压缸由比例阀 1 驱动，以便实现盖板的无级调速升降。

6.6.7　工作辊和中间辊换辊装置锁紧

工作辊和中间辊换辊车在后退极限位置，为防止换辊车误动作或在外力作用下移动，必须进行机械锁紧固定。在前进极限位置，推拉车推动或拉动工作辊及中间辊的作用力最终传递到换辊车的车轮，导致车轮与轨道之间打滑，或将换辊车推离机架，工作辊和中间辊不能完全进入机架，工作辊轴端挡板无法锁紧，中间辊接轴夹紧无法夹紧到位。因此，当工作辊和中间辊换辊车前进到极限位置后，也需要进行机械锁紧固定。

工作辊和中间辊换辊车锁紧装置原理见图 6-42，4 为固定在换辊车上的锥形套环，5 为后退极限位置或前进极限位置固定在地面上的固定锥形环。在后退极限位置或前进极限位置，锁紧液压缸伸出，4 和 5 被液压缸头部的圆锥体串接在一起,进而使换辊车与地面之间不再产生相对移动。

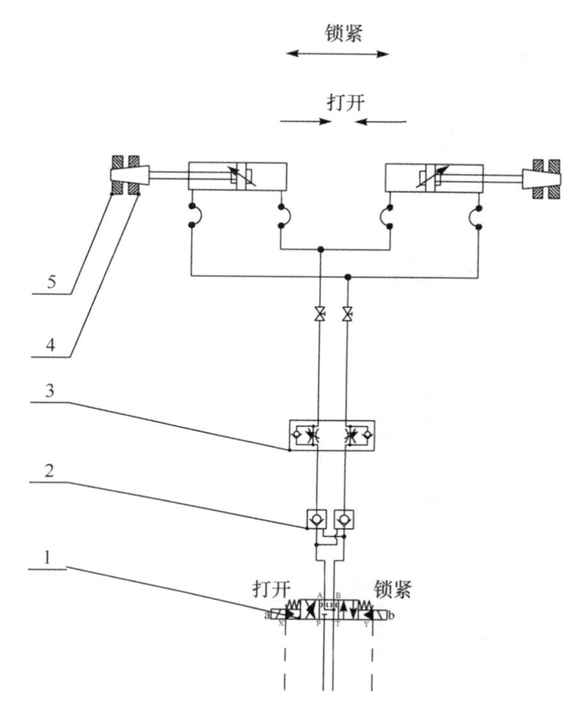

图 6-42　工作辊和中间辊换辊车锁紧液压系统

6.6.8　工作辊和中间辊换辊横移装置

工作辊和中间辊换辊装置中,工作辊和中间辊的摆放有两个位置,即横移车的位置 1 和横移车上的位置 2,见图 6-43。位置 2 通常摆放新工作辊和中间辊,位置空闲。换辊时换辊车移至前进极限位,换辊车锁紧,位置 1 对准工作辊轴心线,退拉车将旧工作辊和中间辊抽出。然后横移车在横移液压缸的驱动下,横移至位置 2,退拉车将新工作辊和中间辊推入机架,到位后工作辊轴向锁紧装置锁紧,中间辊窜辊锁紧装置锁紧。

工作辊和中间辊换辊横移装置由两个液压缸驱动,见图 6-44。液压缸用机械装置实现同步。液压系统由比例阀 1 和平衡阀 2 组成。平衡阀的作用是在执行元件的回油管路中建立背压,使液压缸运动速度不受载荷变化的影响,保持平稳。执行元件在负载变化时仍能平稳运动,防止负载或速度突然变化对系统的冲击,造成轧辊损伤。

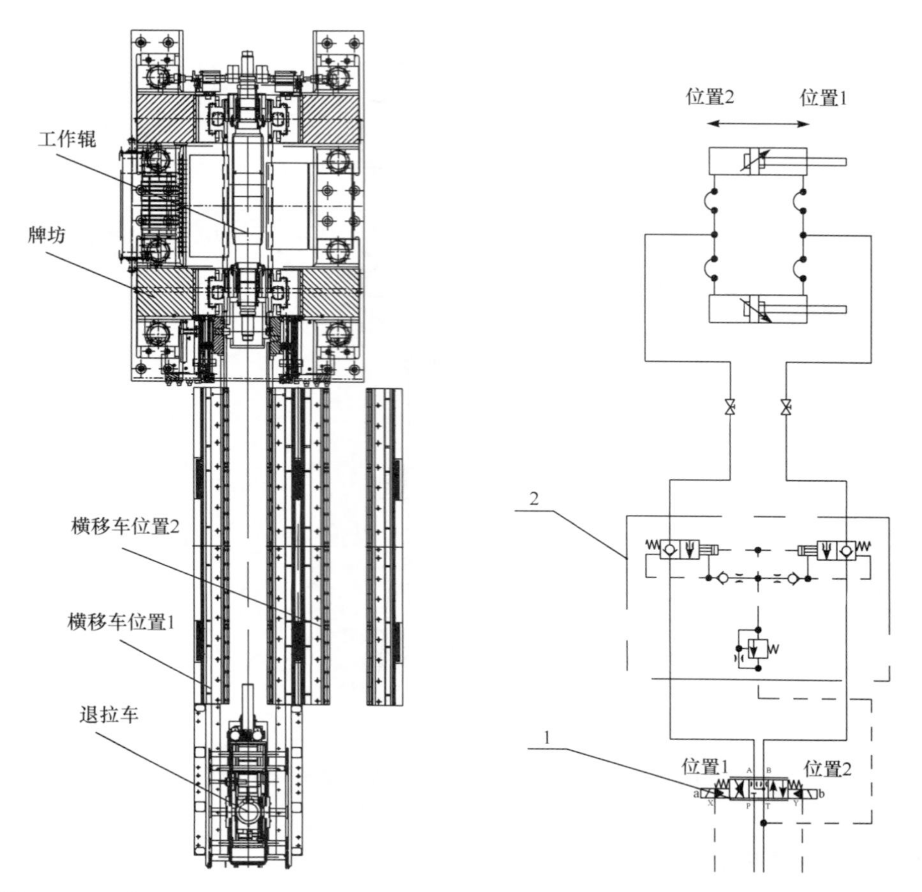

图 6-43　工作辊和中间辊换辊车横移装置　图 6-44　工作辊和中间辊换辊车横移液压系统

6.6.9　工作辊和中间辊换辊装置轧辊锁紧

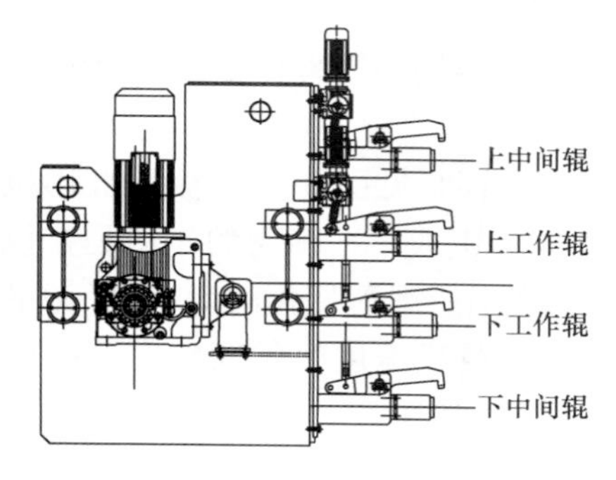

图 6-45　换辊装置轧辊锁紧

更换轧辊时推进轧辊用退拉车前面的撞头，抽出轧辊用退拉车前面的勾头，见图 6-45。抽辊前勾头尖端插入到轧辊端部的环形槽内。勾头的摆动用液压缸驱动，每个勾头一个液压缸。上下工作辊共用一套液压系统，上中间辊一套液压系统，下中间辊一套液压系统，见图 6-46。

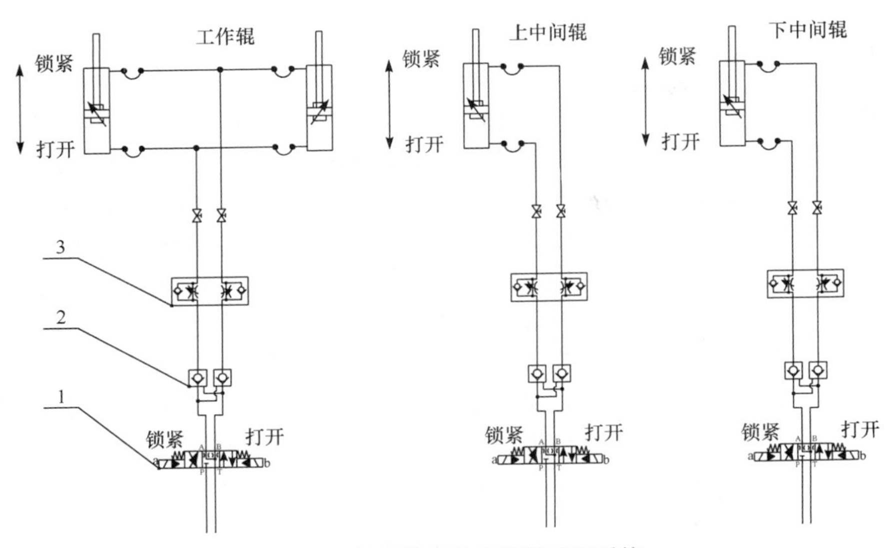

图 6-46 换辊装置轧辊锁紧液压系统

6.7 出口液压设备

冷连轧机出口设备主要包括加送辊1、飞剪2、转向辊3、皮带助卷器4、卷取机5、卸卷小车6、卷筒支撑7、压辊8，如图6-47所示。

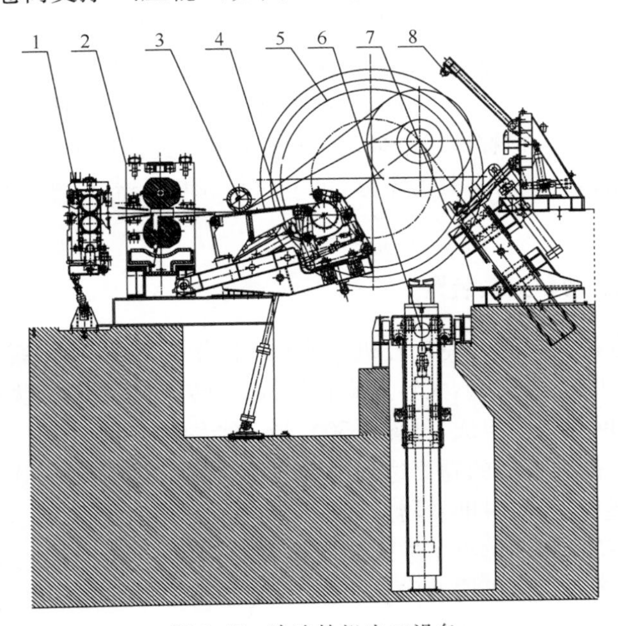

图 6-47 冷连轧机出口设备

6.7.1 下夹送辊升降

出口加送辊安装在飞剪的入口侧，钢卷分卷剪切时防止带钢抖动，并将带钢夹送到转向辊和磁力导板台。上下夹送辊分别通过1台交流变频电机驱动，防止带钢在辊面上打滑。正常轧制时，上夹送辊与带钢速度保持同步，下夹送辊下降缩回，并停止转动。进行分卷剪切时，处于下降位置的下夹送辊开始加速至出口带钢速度。当下夹送辊的速度等于带钢速度后，下夹送辊上升加送带钢。夹紧后，压力继电器4发出信号，见图6-48，表明下夹送辊已上升至极限位置。夹送辊对带钢夹紧力的大小由减压阀3调节。

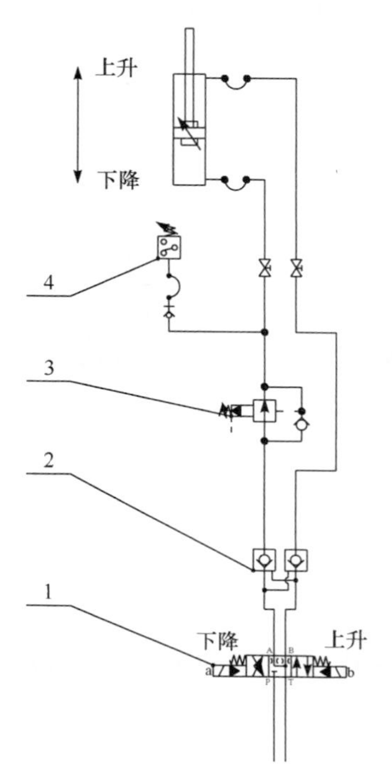

图6-48　下夹送辊升降液压系统

6.7.2 飞剪横移和锁紧

为便于检修维护和更换剪刃，飞剪本体可以从其工作位置横移至操作侧。飞剪横移通过一个液压缸驱动。飞剪在工作位置时，通过4个液压缸夹紧。机组运行时，飞剪必须处于工作位置并被夹紧。

飞剪横移和锁紧液压系统见图6-49。当需要飞剪进行检修维护时，通过人工方式操作，先松开飞剪(电磁换向阀6的a电磁铁得电)，夹紧液压缸缩回，飞剪松开，此时液控单向阀1导通。电磁换向阀2的电磁铁b得电，横移液压缸伸出，飞剪横移出到检修位置。飞剪夹紧后，压力继电器9发出信号。若夹紧力不够，可手动调节增压器9，增大夹紧液压缸无杆腔油液压力。

6.7.3 卷取机止动和夹紧装置

冷连轧机卷取机布置在冷连轧机飞剪和转向辊的后面，由两套张力卷筒、卷筒传动机构、涨紧机构、大转盘、大转盘旋转机构、大转盘夹紧机构、大转盘止动机构、外支撑、压辊和助卷器等组成，见图6-50。当一个卷筒卷取时，另一个卷筒做卷取前的准备工作。卸卷位上的卷筒达到预定的卷径时，飞剪前的夹送辊夹紧带钢，卷取位置上的压辊压下，同时助卷器升起抱紧助卷位的卷筒。飞剪启动剪断带钢，卷取位卷筒开始旋转，卸卷位小车进入卸卷位置并拖住钢卷，这时卷取机压辊抬起，外支撑退回，卷筒涨缩径机构动作卷筒缩径，卸卷小车将钢卷移出卷筒并运走。在飞剪剪断带钢的同时，助卷位的卷筒已经加速到剪切速度，带头通过穿带装置进入

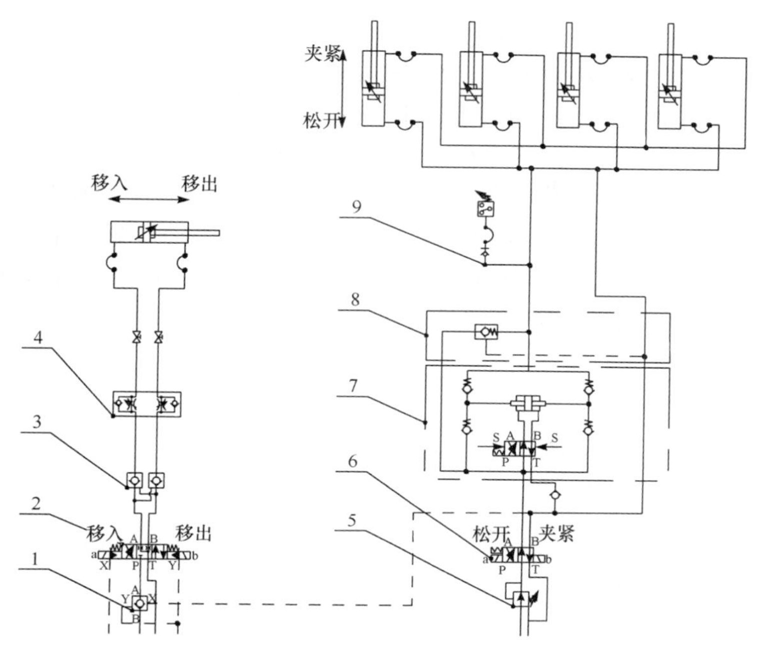

图 6-49　飞剪横移和锁紧液压系统

助卷器，当带材在助卷位卷筒上缠绕 3～4 圈后，助卷器打开并降下，飞剪前加送辊打开，大转盘后的夹紧装置和止动装置打开。卷取机公转电机启动，大转盘旋转 180°，助卷位卷筒旋转至卷取位，开始正常卷取带钢，原卷取位的卷筒旋转至助卷位置开始下一轮的穿带准备。如此往复，实现连续卷取。

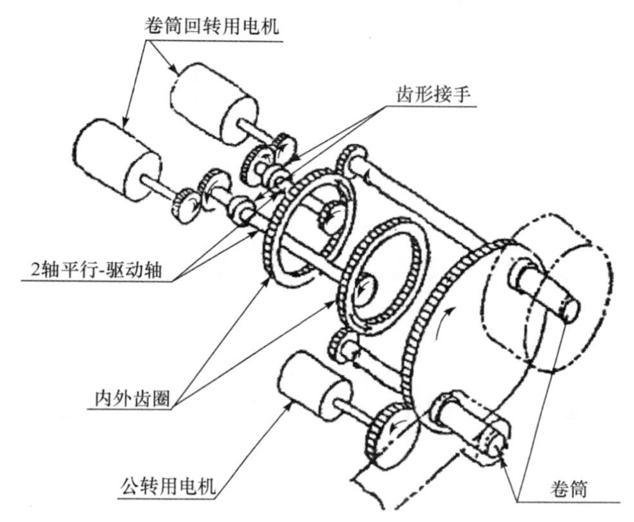

图 6-50　卷取机传动示意图

两个卷筒由各自的主电机通过各自的传动系统分别传动，两个卷筒由各自的涨缩径液压系统实现涨径和缩径。大转盘由设在大转盘底部两侧的两个托辊装置支撑。大转盘为剖分式结构，用螺栓组把合成一个圆盘。圆盘的后端面连接一个大直径外齿圈。在大转盘侧下方有一个小圆柱齿轮与该外齿圈啮合。公转用电机通过行星减速机减速后驱动小齿轮旋转。在回转大盘的外圈上对称布置两个限位块。卷取机的止动和锁紧装置(图 6-51)由两组液压缸控制，分别用于限位和夹紧。正常工作时，大转盘一直处在被锁定状态。大转盘旋转时，锁紧挡块由锁紧液压缸缩回，限位挡块由限位液压缸推动移开。大转盘旋转 180°，止动液压缸拨动

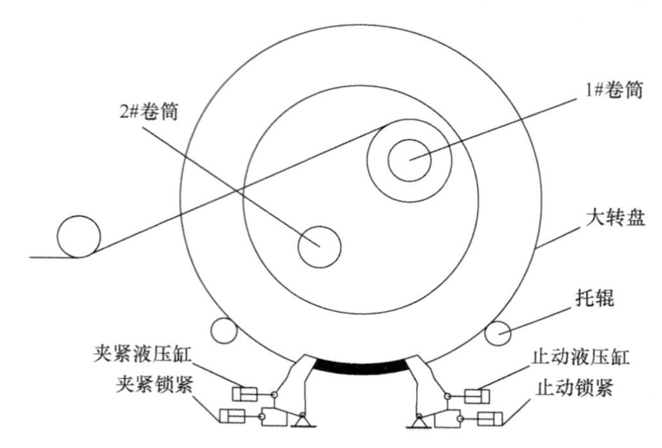

图 6-51　卷取机止动和锁紧装置

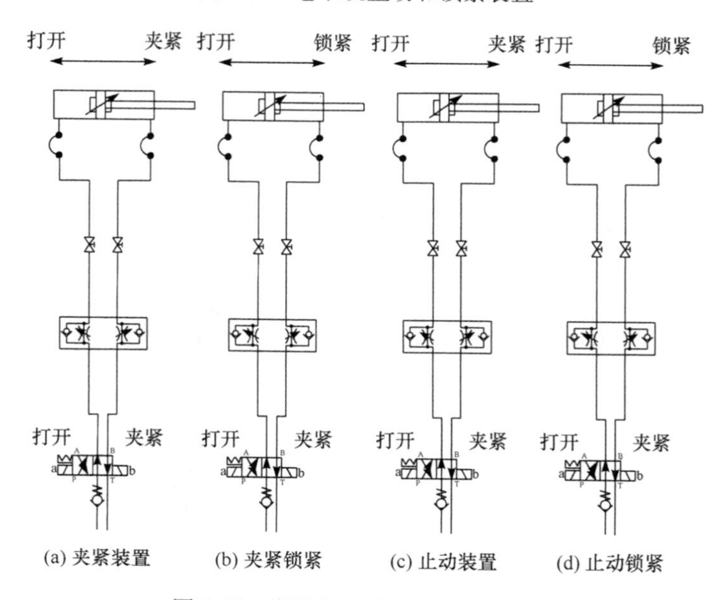

图 6-52　卷取机止动和锁紧液压系统

挡块使大转盘固定，锁紧液压缸推动楔形锁紧销插入锁紧孔内。夹紧液压缸拨动挡块使大转盘固定，锁紧液压缸推动楔形锁紧销插入锁紧孔内。卷取机的止动和锁紧液压系统见图 6-52。

6.7.4　卷取机卷筒涨缩径

卷筒时卷取机的主要组成部分带钢借助助卷器和弧形导板卷绕于卷筒上，使轧制带钢卷取成卷。卷取机有两套可涨缩的张力卷筒，均装在大转盘内，其结构和尺寸基本相同，由各自的电机和传动系统分别驱动。

卷筒为四棱锥涨缩式，由四个扇形板、四个楔形块、卷筒轴及拉杆组成，整个卷筒装配支撑在大转盘的两个轴承上，见图 6-53。

卷筒轴为带燕尾槽的四棱锥结构，卷筒轴上装有四个带鞋面的楔形块，楔形块的内侧与卷筒轴燕尾槽相连，外侧则与扇形板燕尾槽相连，扇形板与楔形块相滑动的表面也带斜面。长拉杆穿过卷筒轴的空心长孔，长拉杆头部固定十字轴，十字轴与四个楔形块相连，长拉杆尾部则与卷筒涨缩液压缸的活塞杆相连。涨缩液压缸带动长拉杆、十字轴和楔形块移动，使扇形板沿楔形块斜面滑动，从而实现卷筒涨缩。

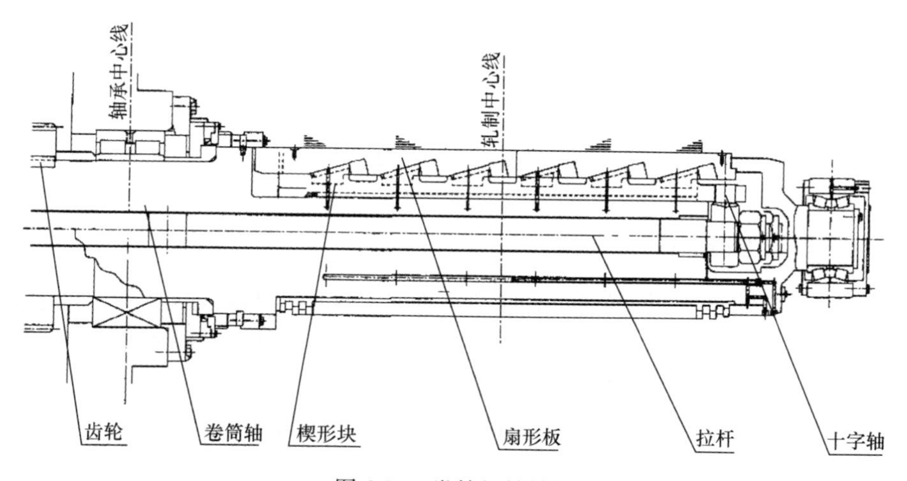

图 6-53　卷筒机械结构

卷筒的涨缩是卸卷的需要。卷取时卷筒涨开，卸卷时卷筒收缩。涨缩径液压系统见图 6-54。为防止涨径力过大造成扇形板和楔形块过度磨损，二位四通换向阀 3 的进油口设有减压阀 1。一旦泵站掉电，进油口单向阀 2 能够保持液压缸的涨径或缩径状态。涨径状态或缩径状态是通过两个压力继电器 5 的反馈信号判断出的。蓄能器组件 7 连接涨径的有杆腔，蓄能器 7 用于吸收张力波动导致的无杆腔油液压力的波动。液压胶管与涨缩径液压缸之间是通过旋转接头和配油盘 6 实现的,配油盘设置在大转盘内部。

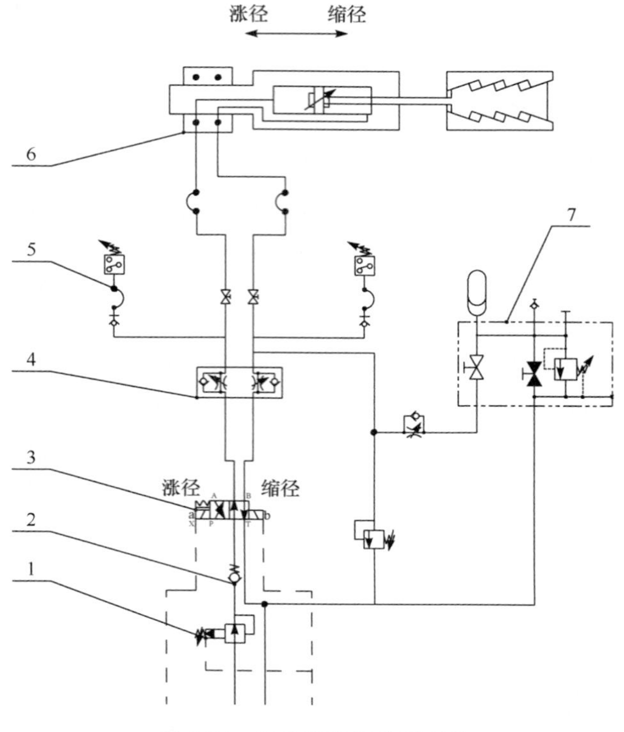

图 6-54　卷取涨缩径液压系统

6.7.5　卷取机卷筒支撑

近年来随着带钢厚度、卷重、张力以及卷取速度的不断增加,在卷筒的悬臂端设置了活动支撑,从而消除了卷筒相对于助卷辊和夹送辊之间的不平行度和卷筒悬臂端的振动,提高了钢卷卷取质量。活动支撑采用液压升降式结构,在卷筒卷取带钢时,托架支撑在卷筒的头部。升降托架装在导向机构内,由液压缸驱动实现升降。

卷取机完成卸卷,转盘旋转 180°,大转盘固定(止动装置关闭、止动装置锁紧、夹紧装置关闭、夹紧装置锁紧、转盘传动制动器关闭)后,穿带位置外置轴承开始上升,外置轴承达到上极限位置,上升停止。卷取机穿带位置准备穿带。与此同时,卷取位置外置轴承也开始上升,外置轴承达到上极限位置,上升停止,卷取机卷取位置卷筒开始加速至正常轧制速度。

当卷取位置卷筒上的钢卷达到预定的外径后,经飞剪分卷剪切,卷取位置卷筒卷完带尾,带尾定位,卷筒停止转动,安全活动门打开,钢卷小车上升与钢卷接触并切换成高压，上下压辊抬起时，卷取位置外支撑开始下降，外支撑达到下极限位置，下降停止，钢卷小车开始卸卷。与此同时，穿带位置卷筒完成卷取带头，并已建立带钢张力后，皮带助卷器下降至极限位置。当卷取机转盘启动转动信号后，穿带位置外支撑开始下降，外支撑达到下极限位置，下降停止。当卸卷小车处于下降极限位置或在中间位置与前进极限位置之间时，卷取机转盘开始旋转，旋转180°后，旋转停止，转盘固定。

当皮带助卷器需要检修维护时，轧机停机，卷取机转盘固定，穿带位置外支撑下降至下极限位置，这时皮带助卷器从初始位置向操作侧方向移出。当检修维护完毕，皮带助卷器返回初始位置后，穿带位置外支撑上升至上极限位置。

当卷取位置外支撑处于下极限位置时，卷取机转盘才能旋转，钢卷小车才能卸卷。

卷筒支撑液压系统见图 6-55，外支撑上升用压力继电器 4 检测，外支撑下降用极限开关检测。

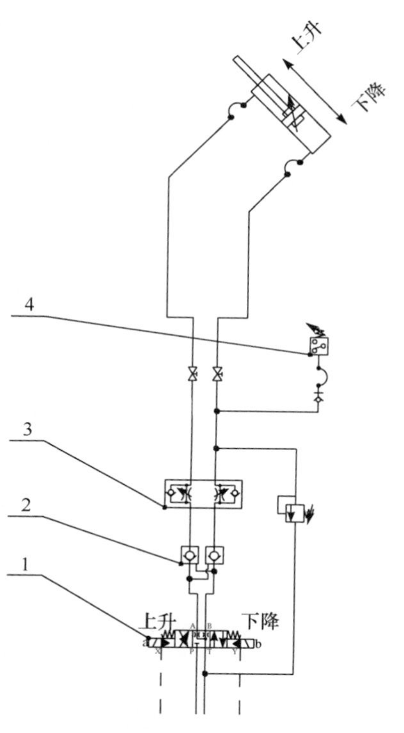

图 6-55　卷筒支撑液压系统

6.7.6　卷取机压辊

卷取机压辊布置在卷筒出口工作位置，用于在卷取机卷取快结束，飞剪切断带钢之前，上下两个压辊通过两个液压缸在带钢甩尾前压住正在卷取的带尾，防止钢卷松开。卷取完毕后，压辊在钢卷小车从卷筒上取出钢卷之前松开。

压辊包括上下压辊，上下压辊分别通过液压缸驱动压下和抬起。轧机出口带钢速度降至飞剪剪切速度，飞剪准备分卷剪切时，上、下压辊投入压紧钢卷，当压力继电器 6 有信号时，上、下压辊已压紧带钢。飞剪剪切完毕，卷取机卷完带尾，钢卷小车鞍座与钢卷接触并切换为高压后，上、下压辊抬起，上、下压辊抬起停止。压辊液压系统原理见图 6-56。

当钢卷小车处的卷筒卷取带钢时，若出口段发生断带，则机组停止，上、下压辊紧急投入。

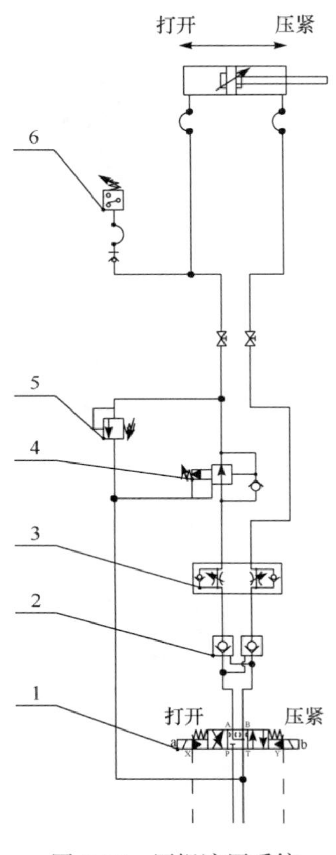

图 6-56　压辊液压系统

6.7.7　皮带助卷器升降

现代化的冷连轧机带钢出口最高速度已达 40m/s，为了提高轧机生产率，缩短辅助操作时间，用助卷器帮助带钢缠绕在卷筒上。助卷器的形式有皮带式和链带式两大类，每类都有不同的结构形式。皮带式除最常用的水平移动方式外，还有垂直移动式和摆动式。皮带助卷器由摆动辊、助卷皮带及底座等组成。

冷连轧机现在普遍采用皮带助卷器，形式为单带垂直移动式。皮带助卷器由液压缸垂直移动，便于在卷取机的卷取位置将带头卷上卷筒。皮带采用无头网孔皮带。皮带安装在五个惰性辊上。一个辊子装在前枢轴臂上，两个辊子装在后枢轴臂上。通过液压缸将皮带缠绕在卷筒上用于初始卷取。另外两个辊子安装在主框架上，可以通过一个气缸进行调节以保持皮带的张力，或者在更换皮带时释放这种张力。在前枢轴臂的端部将提供一个液压操作的带钢导板用于引导带钢的头部，皮带助卷器的皮带可以快速更换而无须拆除任何辊子。

皮带助卷器为全液压式，见图 6-57，两条特制无接头的助卷皮带由摆动辊和涨紧辊涨紧。准备卷取时，液压缸驱动摆动辊和涨紧辊动作使助卷皮带附于卷筒上并随卷筒回转，当带钢头通过导板进入助卷带与卷筒之间的开口时，带钢被咬入，在摆动辊的引导下，带钢压紧在卷筒上形成第一圈，在卷筒上缠绕 3 圈左右后，助卷辊退回原位，卷取机开始张力卷取。

助卷头升降由一个比例阀控制，通过斜坡功能控制启动和减速。斜坡的斜率以及速度给定值可以在控制系统中调节。

6.7.8　卸卷小车

卸卷小车在卷取机卷取位置和出口步进梁受料鞍座之间移动。通过人工或自动方式将卷取位置卷筒上的钢卷运至出口步进梁受料卷位。

钢卷小车横移通过一台交流变频电机传动控制。电机为齿轮制动电机。钢卷小车横移控制包括位置控制和速度控制。

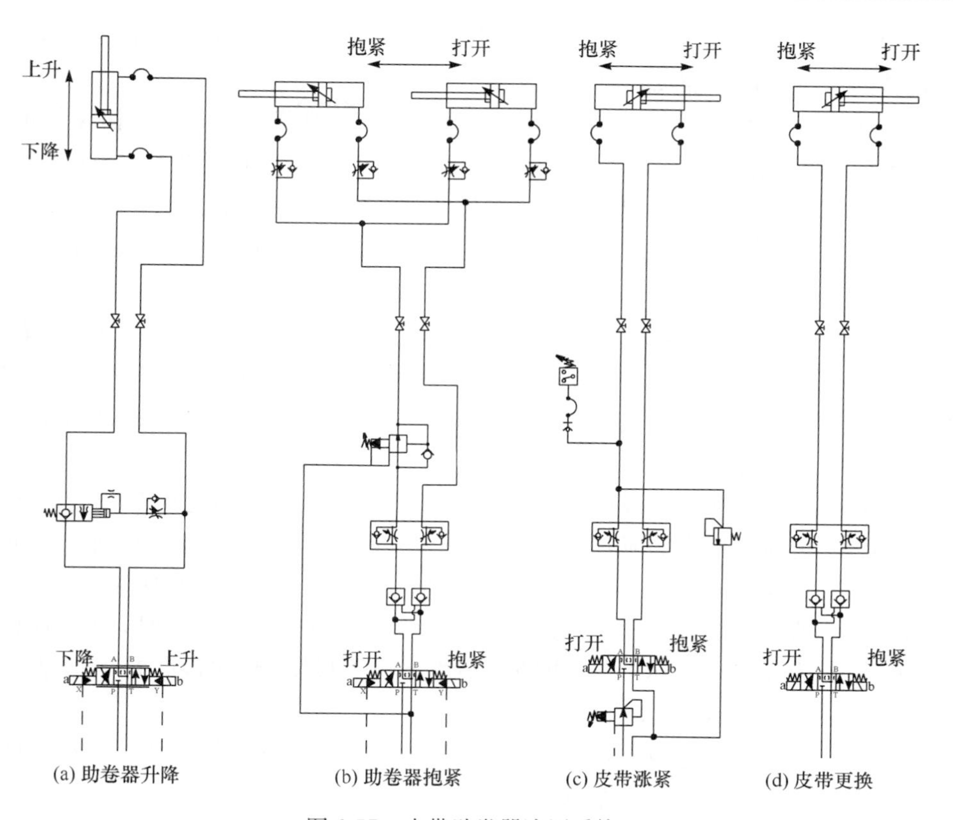

图 6-57　皮带助卷器液压系统

通过一个位置传感器实现实际值测量，此传感器用于钢卷小车整个行程的位移测量。钢卷小车的定位精度为±1mm。

钢卷小车前进方向是指向出口步进梁受料鞍座方向移动，后退方向是指向卷取机卷取位置方向移动。

钢卷小车的升降装置用于以下用途：将卷取机卷取位置卷筒上的钢卷托起；将钢卷存放在出口步进梁受料鞍座上。

通过一个升降液压缸驱动实现上升和卸卷操作。钢卷小车升降控制包括位置控制和速度控制。通过一个位置传感器实现实际值测量，此传感器提供钢卷小车整个升降行程的位移测量。

卸卷小车动作过程如下。

初始位置(卷取机卷筒上有钢卷)→上升快速/慢速(高度对中)→上升停止(卸卷小车鞍座与钢卷接触，卷筒缩径)→前进快速/慢速→中间位置→前进停止→下降快速/慢速→下降停止→前进快速/慢速→前进停止(在步进梁受料鞍座处，受料鞍座上无钢卷）→下降慢速→下降停止（钢卷落在步进梁受料鞍座上）→后退快速/慢速→后退停止（初始位置）。

处于初始位置的卸卷小车接到分卷剪切信号后，升降鞍座开始以快速低辊缝升；当达到离设定钢卷间隙为 200mm 时，卸卷小车以低速低辊缝升；当达到离预定钢卷间隙为 100mm 时，卸卷小车上升停止，卸卷小车处于准备位置。在飞剪分卷剪切之前，卸卷小车准备位置（离预定钢卷间隙 100mm）通过位置闭环控制保持。

当飞剪分卷剪切后，卷筒完成带尾卷取并停止转动，活动安全门打开。卸卷小车以低速低辊缝升，上升 100mm 并延时 0.5s（延时可调节）后，升降鞍座与钢卷接触，卸卷小车停止上升，切换成高压。这时，卷取机上、下压辊抬起，卷取位置外置轴承下降至极限位置。

卷取位置卷筒缩径至极限位置后，卷筒低速反向旋转，卸卷小车开始快速前进。当快慢速位置极限响应时，卸卷小车处于中间位置，卸卷小车停止前进。卸卷小车先快速高压下降，转为低速下降，下降到位后停止。卸卷小车快速前进，距出口步进梁中心一定距离时，转为低速前进，当步进梁位置极限响应时，卸卷小车停止前进。卸卷小车以低速下降，当卸卷小车下位置极限响应时，卸卷小车停止下降。这时，钢卷落在出口步进梁的受料鞍座上。

卸卷小车快速后退，距机组中心一定距离时，转为低速，当卸卷位置极限响应时，停止后退。这时，卸卷小车返回到初始位置。

无论在何种情况下，卸卷小车托起钢卷上升/下降，而此时发生上升/下降停止，则必须切换到高压，防止卸卷小车升降鞍座自动下降。

卸卷小车卸卷时，当卸卷小车鞍座与卷取机卷筒上的钢卷表面接触并切换到高压时，卸卷小车上升位置必须保持；当卷筒缩径，由于钢卷重量，卸卷小车鞍座将下沉，卸卷小车再次上升至保持位置（闭环控制），上述情况反向也有效。

当卸卷小车处于下降极限位置或处于中间位置与前进极限位置之间时，卷取机转盘才能旋转。

当卸卷小车在卷取机卷取位置处卷筒卸卷时，若卸卷小车前进移动的行程与钢卷实际移动行程相差≥150mm，卸卷小车前进停止并发出报警信号。

卸卷下车液压系统见图 6-58，卸卷小车的升降由比例阀 1 驱动，4 为低压溢流阀，8 为高压溢流阀，高低压切换由二位四通换向阀 2 实现。换向阀 2 电磁铁 b 得电，减压阀 2 溢流切换到低压，液控单向阀 2 打开。平衡阀 5 在液压缸无杆腔建立背压，使液压缸运动平稳。

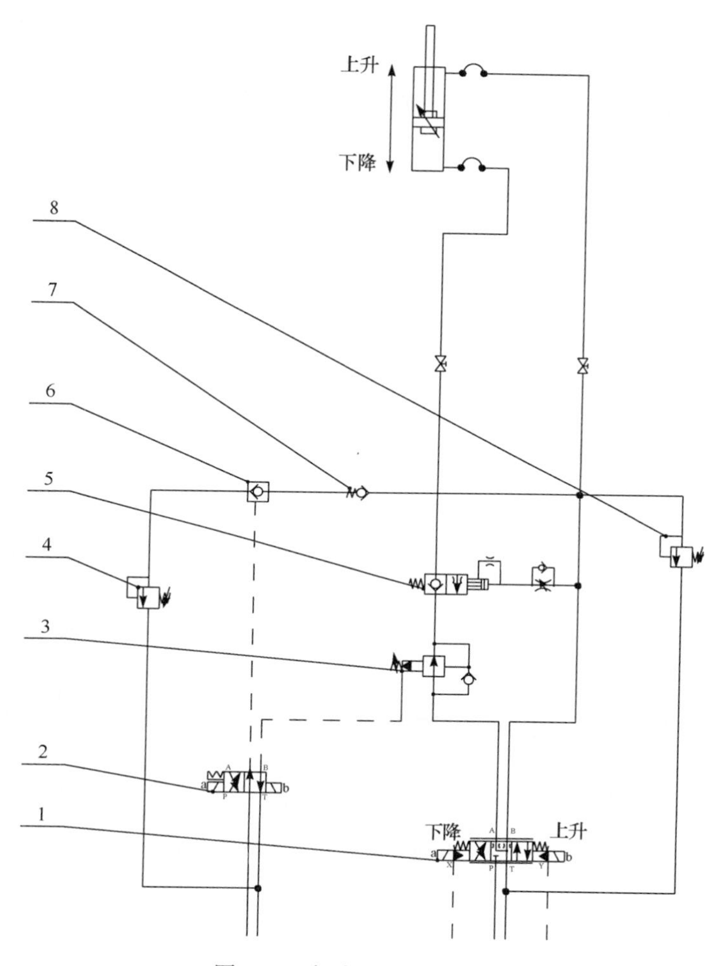

图 6-58　卸卷小车液压系统

6.7.9　步进梁升降和横移

步进梁用于接收钢卷小车卸在 No. 1 卷位(钢卷鞍座)上的钢卷,并将钢卷输送至 No. 6 卷位。在 No. 4 卷位,钢卷称重。在 No. 3 卷位,钢卷打捆。No. 5 和 No. 6 卷位为吊卷位,吊车将 No. 5、No. 6 卷位上的钢卷吊走。

当步进梁选择为自动方式时,步进梁就启动运行周期(后退、上升、前进、下降运行)。当一个运行周期(后退、上升、前进、下降运行)完成时,步进梁自动方式 OFF,步进梁停止运行。步进梁的前进/后退运动通过一个比例阀控制,步进梁后退至极限位置(No. 1 卷位)使用两种速度。步进梁的升降运动通过一个比例阀控制,见图 6-59。

前进/后退开始之前 50ms 时，液压锁换向阀得电，在前进/后退结束之后 50ms 时，液压锁换向阀失电。上升/下降开始之前 50ms 时，液压锁换向阀得电，在上升/下降结束之后 50ms 时，液压锁换向阀失电。

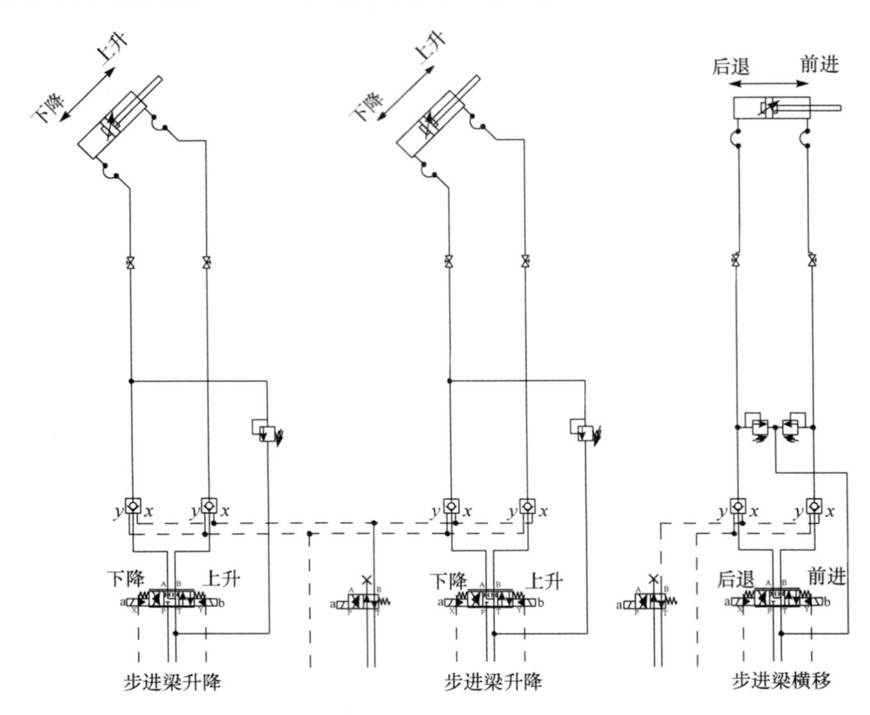

图 6-59　步进梁升降和横移液压系统

第 7 章　轧 机 标 定

在轧制构成中，轧辊和带钢的相互作用是通过轧制力来体现的，轧辊对轧件施加力，使轧件发生塑性变形，从而使轧件的厚度变薄，这是轧制过程的主要目的之一。但与此同时，轧件却给轧辊以同样大小的反作用力，使机座各零件产生一定的弹性变形，而这些零件的弹性变形的累积后果，都反映在轧辊的辊缝增大，这称为弹跳，见图 7-1。

轧机弹跳量一般可达 2～5mm，对冷轧薄板来说，由于压下量很小，必须考虑弹跳影响，并对弹跳值进行精确的计算。

轧机操作时所能调节的只是轧辊空载辊缝 S_0，控制系统要完成的任务是如何通过调节空载辊缝来达到所需的厚度，轧机的弹跳现象可用弹跳方程描述：

$$h = S_0 + \Delta S = S_0 + \frac{P}{K_m}$$

式中，h 为轧件出口厚度；S_0 为预调辊缝值；ΔS 为轧机弹跳值；P 为轧制力；K_m 为轧机纵向刚度。

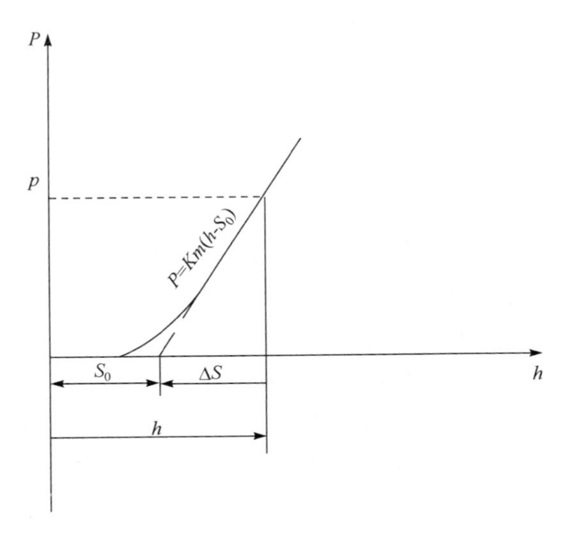

图 7-1　轧机弹跳曲线

在实际操作中，为了消除不稳定的影响，采用了零位标定的方法，即先将轧辊预先压靠达到一定的轧制力 P_0，此时将轧辊的指示位置清零（作为零位），这样可克服不稳定段的影响。

图 7-2 表示了压靠零位过程，$ok'l'$线为预压靠曲线，在 o 处轧辊开始变形，压靠力为 P_0时变形为 of'，此时将辊缝清零，然后抬辊，如抬到 g 点，此时辊缝仪指示值为 $f'g=S$，由于 gkl 曲线和 $ok'l'$完全对称，因此 $of'=gf$，所以 of 即为 S，$S=S_0$。如此时输入厚度为 H，轧件产生轧制力 P(轧件塑性变形曲线为 Hnq)，轧出厚度为 h。从图中可以得到如下关系：

$$Q\times(\Delta h+HG)=P,\quad Q=\tan\beta$$

$$h=S_0+\Delta S=S_0+\frac{P}{K_m},\quad K_m=\tan\alpha$$

式中，Q 为轧件塑性刚度；K_m 为轧机纵向刚度。

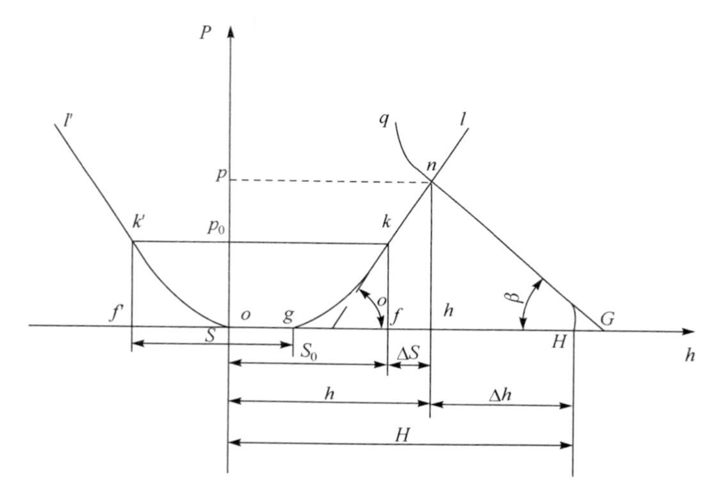

图 7-2　压靠零位过程

试验表明，轧机的弹跳曲线并非呈线性关系，在小轧制力区为一曲线，当轧制力大到一定值后，轧制力和变形才近似呈线性关系。这一现象的产生的原因与零件之间存在接触变形、轴承间隙等有关。这一非线性区并不稳定，每次换辊后都有所变化，因此轧制每次换辊之后必须重新标定零位。

标定零位的过程有两种方法：有带标定和无带标定。有带标定即辊缝中有带钢，无带标定即辊缝中没有带钢。有带标定只涉及零位辊缝的重新计算，相对简单。这里着重介绍无带标定，无带标定可分按以下步骤进行(图 7-3)。

(1) 初始化。

辊缝系统控制方式为位置控制，工作辊弯辊力为 0，中间辊弯辊力为 0，中间辊窜辊完全插入。

这一步主要有两个任务，一是计算新辊系的辊缝接触位置，二是程序中储存的旧辊系重量清零。新辊系辊缝的接触位置计算公式为

$$S_{contact}=H_{cyl}-0.03+\left(\frac{DBR_{new}}{2}+DIR_{new}+DWR_{new}\right)-\left(\frac{DBR_{max}}{2}+DIR_{max}+DWR_{max}\right)$$

式中，$S_{contact}$为辊缝接触时辊缝缸位置值(辊缝缸释放到底时值最大)；H_{cyl}为辊缝缸行程；DBR_{new}为新的下支撑辊辊径；DIR_{new}为新的下中间辊辊径；DWR_{new}为新的下工作辊辊径；DBR_{max}为支撑辊辊径最大值；DIR_{max}为中间辊辊径最大值；DWR_{max}为工作辊辊径最大值。

(2) 辊缝缸释放到底。

辊缝系统无控制方式，伺服阀输出100%，比例阀输出100%，辊缝缸杆侧压力250bar。工作辊弯辊力为0，中间辊弯辊力为0，中间辊窜辊完全插入。两侧辊缝系统位置值(绝对值)不等于辊缝缸行程。

(3) 两侧辊缝缸位置同步。

辊缝系统无控制方式，伺服阀输出100%，比例阀输出100%，辊缝缸杆侧压力250bar。工作辊弯辊力为0，中间辊弯辊力为0，中间辊窜辊完全插入。标定两侧辊缝缸位置值(绝对值)等于辊缝缸行程。

(4) 辊缝关闭5mm。

辊缝系统控制方式为位置控制，工作辊弯辊力为0，中间辊弯辊力为0，中间辊窜辊完全插入。两侧辊缝缸从释放位置上台5mm。

(5) 标定倾斜清零。

辊缝系统控制方式为位置控制，工作辊弯辊力为0，中间辊弯辊力为0，中间辊窜辊完全插入。旧辊系标定倾斜值清零。

(6) 辊缝关闭到最小轧制力。

辊缝系统控制方式为轧制力控制，工作辊弯辊力为0，中间辊弯辊力为0，中间辊窜辊完全插入。此时最小轧制力值为3MN，主要用于平衡下辊系重量，并使辊缝完全接触。

(7) 辊缝关闭到接触轧制力。

辊缝系统控制方式为单独轧制力控制，工作辊弯辊力为86%，中间辊弯辊力为86%，中间辊窜辊完全插入。传动侧和操作侧轧制力设定值分别为1.5MN，主要用于平衡下辊系重量，并使辊缝完全接触。

(8) 辊缝打开5mm。

辊缝系统控制方式为位置控制，工作辊弯辊力为86%，中间辊弯辊力为86%，中间辊窜辊完全插入。辊缝位置在接触位置的基础上打开5mm。

(9) 称下辊系重量。

辊缝系统控制方式为位置控制,工作辊弯辊力为86%,中间辊弯辊力为86%,中间辊窜辊完全插入。辊缝位置在接触位置的基础上打开5mm,倾斜值为0。由两侧油压传感器的实测值计算传动侧和操作侧下辊系的重量,并存储于计算机中,用于两侧实际轧制力的计算。

(10) 辊缝关闭到接触轧制力。

辊缝系统控制方式为轧制力控制,工作辊弯辊力为86%,中间辊弯辊力为86%,中间辊窜辊完全插入。接触轧制力设定值为2MN(去除下辊系重量后),倾斜控制器投入。

(11) 乳液冷却打开。

辊缝系统控制方式为轧制力控制,工作辊弯辊力为86%,中间辊弯辊力为86%,中间辊窜辊完全插入。接触轧制力设定值为2MN,倾斜控制器投入,乳液喷射系统打开。

(12) 转动工作辊。

辊缝系统控制方式为轧制力控制,工作辊弯辊力为86%,中间辊弯辊力为86%,中间辊窜辊完全插入。接触轧制力设定值为2MN,倾斜控制器投入,乳液喷射系统打开,工作辊转动。

(13) 中间辊窜动。

辊缝系统控制方式为轧制力控制,工作辊弯辊力为86%,中间辊弯辊力为86%,中间辊窜动至0位。接触轧制力设定值为2MN,倾斜控制器投入,乳液喷射系统打开,工作辊转动。

(14) 检查轧辊转动速度。

辊缝系统控制方式为轧制力控制,工作辊弯辊力为86%,中间辊弯辊力为86%,中间辊窜辊位置0位。接触轧制力设定值为2MN,倾斜控制器投入,乳液喷射系统打开,工作辊转动速度小于1m/s。

(15) 新功能备用。

(16) 辊缝关闭到标定轧制力。

辊缝系统控制方式为轧制力控制,工作辊弯辊力为86%,中间辊弯辊力为86%,中间辊窜辊位置0位。标定轧制力设定值为10MN,倾斜控制器投入,乳液喷射系统打开,工作辊转动速度小于1m/s。

(17) 切换到单独轧制力控制模式。

辊缝系统控制方式为单独轧制力控制,工作辊弯辊力为86%,中间辊弯辊力为86%,中间辊窜辊位置0位。单侧标定轧制力设定值为5MN,倾斜控制器不使能,乳液喷射系统打开,工作辊转动速度小于1m/s。

(18) 支撑辊转动4周。

辊缝系统控制方式为单独轧制力控制，工作辊弯辊力为86%，中间辊弯辊力为86%，中间辊窜辊位置0位。单侧标定轧制力设定值为5MN，倾斜控制器不使能，乳液喷射系统打开，工作辊转动速度小于1m/s，支撑辊转动4轴后结束。

(19) 新功能备用。

(20) 标定位置。

辊缝系统控制方式为单独轧制力控制，工作辊弯辊力为86%，中间辊弯辊力为86%，中间辊窜辊位置0位。单侧标定轧制力设定值为5MN，倾斜控制器不使能，乳液喷射系统打开，工作辊转动速度小于1m/s。两侧辊缝缸的实际位置值标定为0，辊缝缸实际位置值由实际位置转换为相对位置。此时的倾斜值作为标定倾斜值存储在程序中。

(21) 新功能备用。

(22) 辊缝打开到接触轧制力。

辊缝系统控制方式为轧制力控制，工作辊弯辊力为86%，中间辊弯辊力为86%，中间辊窜辊位置0位。单侧接触轧制力设定值为1MN，倾斜控制器不使能，乳液喷射系统打开，工作辊转动速度小于1m/s。

(23) 工作辊停止转动。

辊缝系统控制方式为轧制力控制，工作辊弯辊力为86%，中间辊弯辊力为86%，中间辊窜辊位置0位。单侧接触轧制力设定值为1MN，倾斜控制器不使能，乳液喷射系统打开，工作辊转动停止。

(24) 乳液冷却关闭。

辊缝系统控制方式为轧制力控制，工作辊弯辊力为86%，中间辊弯辊力为86%，中间辊窜辊位置0位。单侧接触轧制力设定值为1MN，倾斜控制器不使能，乳液喷射系统关闭。

(25) 新功能备用。

(26) 打开辊缝到10mm。

辊缝系统控制方式为位置控制，工作辊弯辊力为86%，中间辊弯辊力为86%，中间辊窜辊位置0位。辊缝位置设定值为10mm。

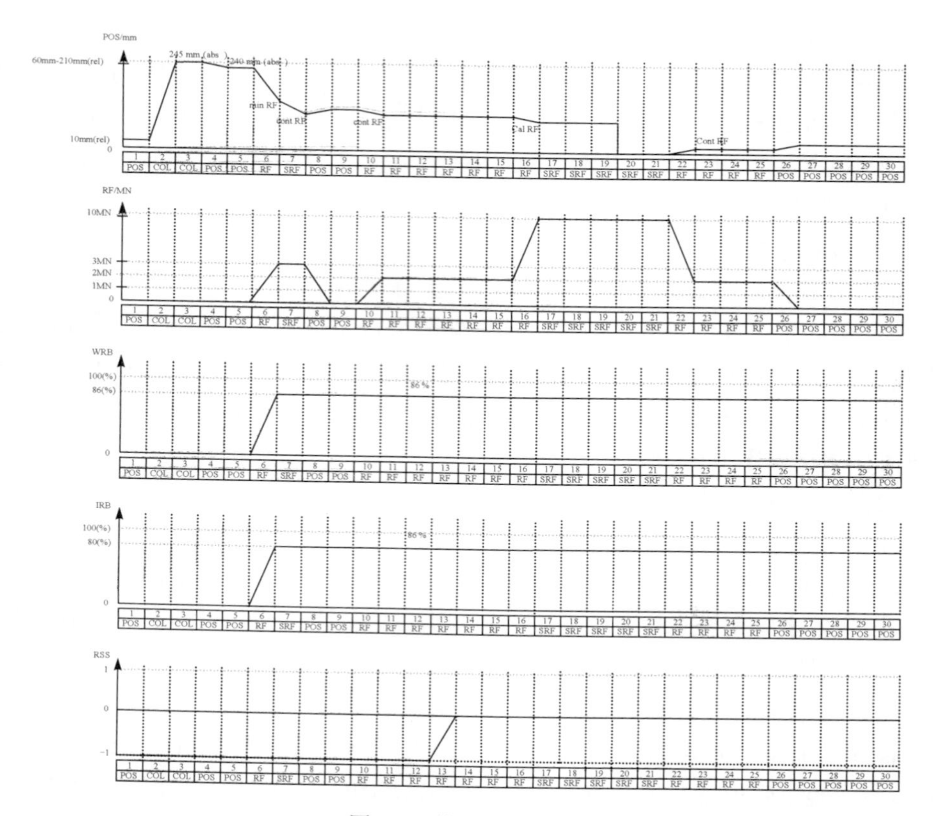

POS/mm
60mm-210mm(rel)
245 mm (abs)
240 mm (abs)
min RF
cont RF
cont RF
Cal RF
Cont RF
10mm(rel)
0
RF/MN
10MN
3MN
2MN
1MN
0
WRB
100(%)
86(%)
86 %
0
IRB
100(%)
80(%)
86 %
0
RSS
1
0
-1

图 7-3 轧机标定过程

第 8 章　液压伺服系统 Simulink 仿真

8.1　MATLAB 仿真工具软件 Simulink 简介

MATLAB 名字是由 MATrix 和 LABoratory 两词的前 3 个字母组合而成的。其强大的矩阵运算能力和完美的图形可视化功能，使得它成为国际控制界应用最广的首选计算机工具，其他工程和非工程领域也进入了应用 MATLAB 的高潮。

系统仿真是根据被研究的真实系统的数学模型研究系统性能的一门学科，现在尤指利用计算机去研究数学模型行为的方法。其基本内容包括系统、模型、算法、计算机程序设计与仿真结果显示、分析与验证等环节。

Simulink 是由 The Math Works 公司于 1990 年推出的产品，用于 MATLAB 下进行动态系统建模、仿真和综合分析的集成软件包，它可以处理的系统包括：线性、非线性系统；离散、连续及混合系统；单任务、多任务离散事件系统。该环境刚推出时的名字为 Simulab，由于其名字很类似于当时的一个很著名的语言——Simula 语言，所以次年更名为 Simulink。“Simu”一词表明它可以用于计算机仿真，而“Link”一词表明它能进行系统连接，即把一系列模块连接起来，构成复杂的系统模型。正是由于它的这两大功能和特色，使得它成为仿真领域首选的计算机环境。

早在 Simulink 出现之前，仿真一个给定框图的连续系统是件很复杂的事，当时 MATLAB 虽然已经支持较简单的常微分方程求解，但用语句的方式建立起整个系统的状态方程模型还是比较困难的事，所以需要借助于其他的仿真语言工具，如 ACSL 语言，来描述系统模型，并对之进行仿真。当时采用这样的语言建立模型需要很多的手工编程，很不直观，对复杂的问题来说出错是难以避免的，结果经常令人难以相信；另外，由于过多的手工编程，使得解决问题的时间浪费很多，很不经济；最致命的，因为它们毕竟属于不同的语言，相互之间传送数据很不方便。Simulink 的出现让设计者把更多的精力集中在系统的设计和校正上。

在 Simulink 提供的图形用户界面 GUI 上，只要进行鼠标的简单拖拉操作就可构造出复杂的仿真模型。它外表以方块图形式呈现，且采用分层结构。从建模角度讲，这既适用于自上而下的设计流程，又适于自下而上的逆程设计。从分析研究角度讲，Simulink 模型不仅能让用户知道具体环节的动态细节，而且能让用户清晰地了解各器件、各子系统间的信息交换，掌握各部分之间的交互影响。

在 Simulink 环境中，用户将摆脱理论演绎时必须作理想化假设的无奈，观察到现实世界中摩擦、风阻、齿隙、饱和、死区等非线性因素和各种随机因素对系统行为的影响。在 Simulink 环境中，用户可以在仿真进程中改变感兴趣的参数，实时观察系统行为的变化，使用户摆脱了深奥数学推理的压力和烦琐编程的困扰。

8.2 单侧液压辊缝位置闭环系统动态分析

轧机单侧液压辊缝系统动态模型如图 8-1 所示，K_{vp} 为位置电压增益，PI 为 PI 控制器，伺服放大器可简化成一比例环节，其增益为 K_a，K_v 为伺服阀流量增益，ζ_v 为伺服阀阻尼系比，w_v 为伺服阀固有频率，A_h 为液压缸无杆腔的有效作用面积，w_r 为液压弹簧和负载弹簧串联耦合时的刚度和阻尼之比，w_2 负载刚度与阻尼之比，w_0 为液压弹簧和负载弹簧与质量构成的系统的固有频率，ζ_0 为阻尼比，各参数值见表 8-1。

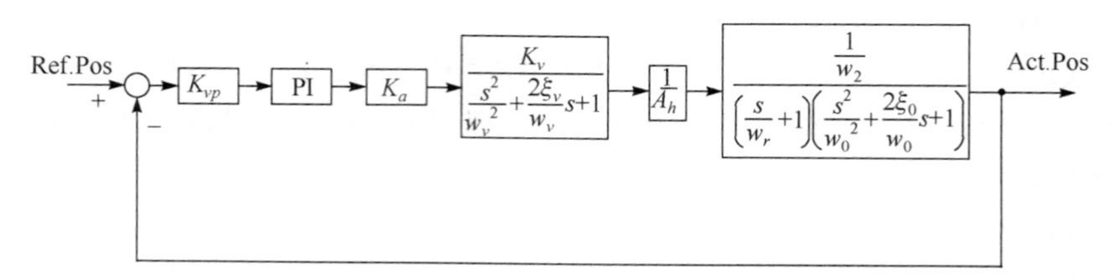

图 8-1 单侧液压辊缝系统位置闭环动态模型

表 8-1 系统主要参数

K_{vp}/(V/m)	K_a/(A/V)	K_v/[m^3/(s·A)]	ζ_v	w_v/(rad/s)	A_h/m^2	w_2/(rad/s)
14500	0.001	0.3161	0.89	1256.6	0.4985	0.0786

w_r/(rad/s)	ζ_0	w_0/(rad/s)
0.00361	0.3183	305.85

由于 $w_v \gg w_0$，在分析系统的频率特性时，可以把伺服阀看成一个比例环节，对系统的稳定性及频宽不会产生明显的影响，又 $w_r \ll w_0$，因此可以忽略，则惯性环节称为积分环节，简化和未简化系统频域和时域响应比较见图 8-2 和图 8-3。系统的开环传递函数为(在不考虑 PI 校正的情况下)

$$G=\frac{K_{vp}\times K_a\times K_v/A_h\times w_r/w_2}{s\left(\frac{s^2}{w_0^2}+\frac{2\xi_0}{w_0}s+1\right)}$$

将仿真参数代入得

$$G=\frac{4.222}{1.069\times 10^{-5}s^3+0.002081s^2+s}$$

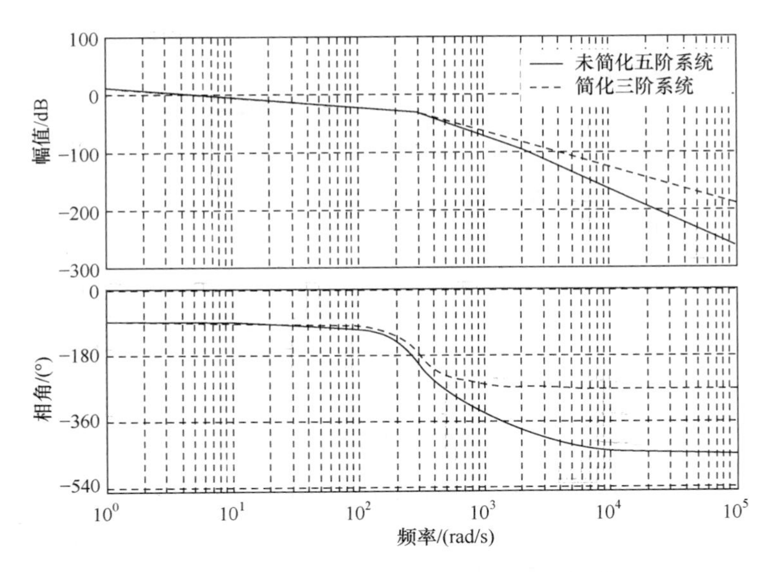

图 8-2　简化系统与未简化系统 Bode 图比较

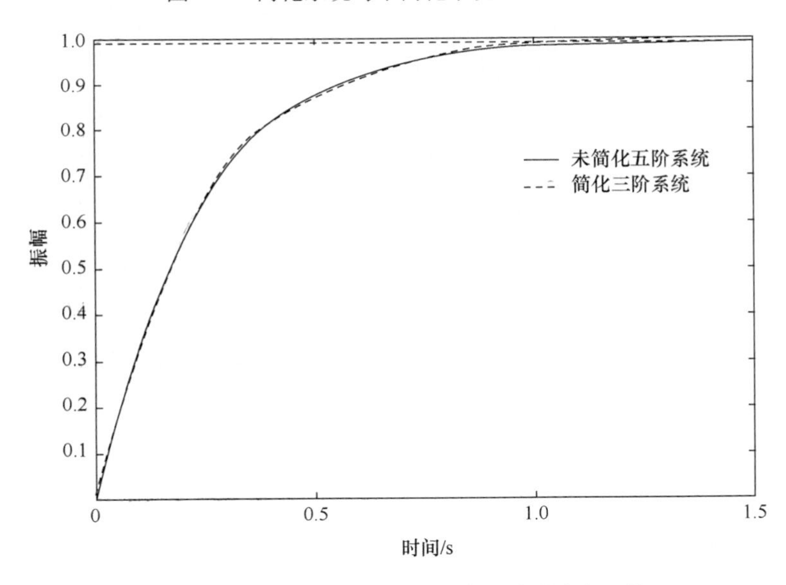

图 8-3　简化系统与未简化系统的阶跃响应比较

其闭环系统阶跃响应见图 8-4，其开环系统 Bode 图见图 8-5，很显然不能满足要求，必须进行校正。

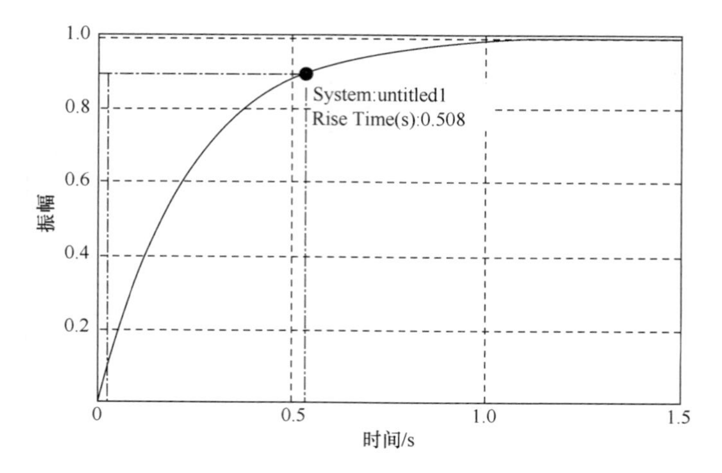

图 8-4　未校正系统闭环阶跃响应

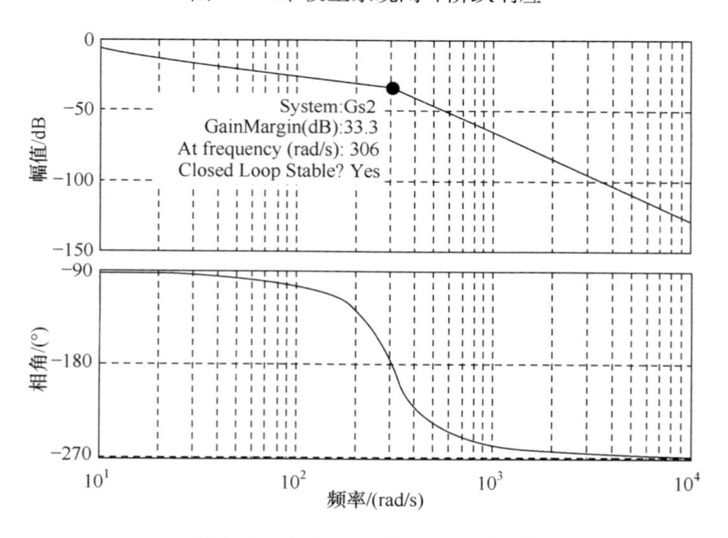

图 8-5　未校正系统开环 Bode 图

8.2.1　PI 校正

从图 8-4 和图 8-5 可以看出，未经校正系统不能满足所要求的性能指标，所以必须在系统中加入附加装置以改善系统性能，这称为校正或补偿，所引入的附加装置称为校正装置或补偿装置。工业生产过程中，常用的校正装置是 PID(Proportional、Integral and Derivative)控制器，为串联校正装置。在本课题研究的冷轧机上采用的是 PI 校正装置。这种控制器具有简单的结构，在实际应用中又较易于整定。根据实际系统的参数取 $K_p=1$，$K_i=0.033$，可调增益暂取 25。校正后开环传

递函数为

$$G=\frac{4.222\times 25\left(1+\frac{0.033}{s}\right)}{1.069\times 10^{-5}s^3+0.002081s^2+s}$$

校正后开环系统 Bode 图见图 8-6,闭环系统的阶跃响应见图 8-7。幅值穿越频率 $w_c=120\text{rad/s}$,$w_b=231\text{rad/s}$,幅值裕量 $K_g=-5.32\text{dB}$,相角裕量 $\gamma=73.6°$,系统频宽为 20～38Hz,动态性能符合要求。

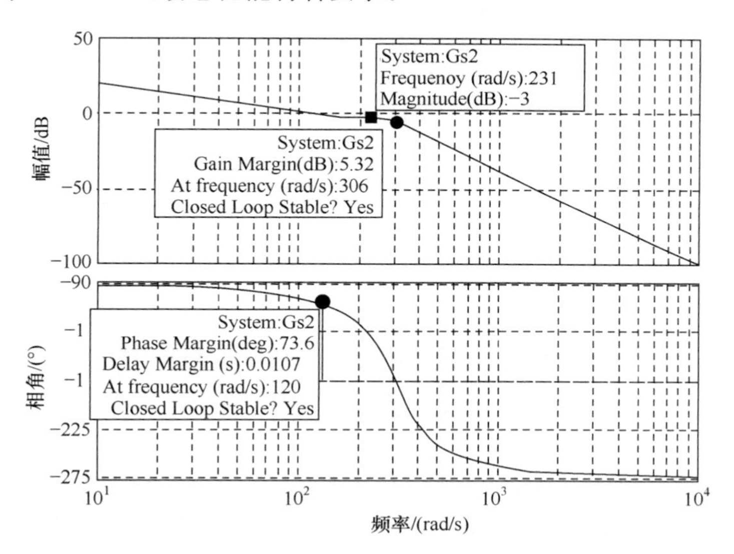

图 8-6　校正后开环系统的 Bode 图

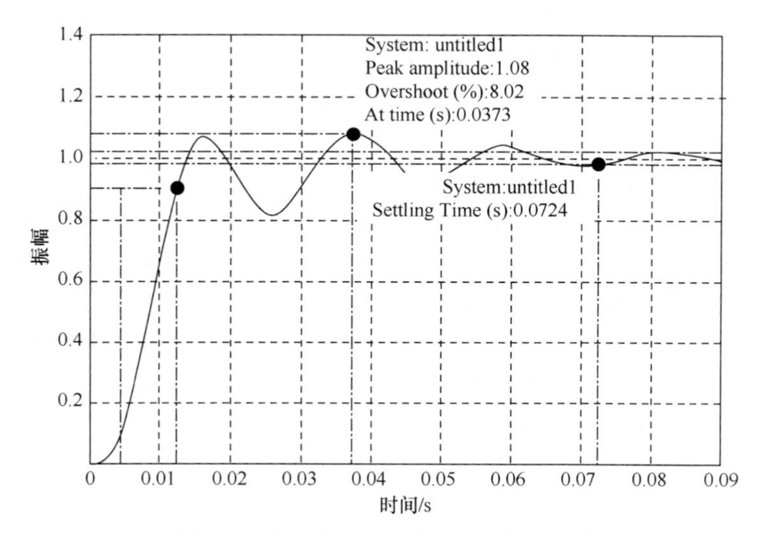

图 8-7　校正后闭环系统的闭环阶跃响应

8.2.2 系统的静态误差

在考虑弹性负载的情况下，系统为 0 型系统，存在静态误差，系统误差一般由三部分组成，即速度误差、负载干扰误差以及内扰误差，在此考虑后两项，有

$$X_t=\frac{K_{ce}}{K_v A_h^2}F_{L0}$$

$$\Delta X_t \leqslant \frac{q_v}{A_h K_v}\times 0.05$$

式中，X_t 为负载干扰误差；ΔX_t 为内扰误差；F_{L0} 为阶跃干扰力，取 5×10^5 N；K_{ce} 为总流量压力系数，取为 $5.5833\times10^{-12}\mathrm{m^3/(s\cdot Pa)}$；$K_v$ 为开环增益，105.55 1/s；q_v 为负载流量，$0.0032\mathrm{m^3/s}$；

静态误差：

$$\Delta E=\sqrt{X_t^2+\Delta X_t^2}=3.04\mu\mathrm{m}<10\mu\mathrm{m}$$

精度符合要求。

8.3 基于 MATLAB/Simulink 单侧液压辊缝位置闭环系统动态分析

用机理法建立模型时忽略次要因素，并进行了简化，因此模型与实际系统相比存在误差是必然的。而用 MATLAB/Simulink 建模，各参数的概念比较直观，不必像推倒传递函数方法那样作大量的简化和假设，其模型精度要高于机理模型，且便于分析各参数变化对系统性能的影响。对伺服阀控制的非对称缸系统，推倒系统的传递函数是很烦琐的，而用 Simulink 可直接从原始的方程直接搭建系统的模型。对具有大量实测参数的 AGC 系统，用 Simulink 对该系统进行仿真不失为一种有效的方法。

从图 8-7 可以看出，系统在阶跃信号作用下的瞬态响应缓慢，又阻尼比较低，过渡过程曲线有振荡。如果将阻尼比提高到 0.7，就能使系统的稳定性和快速性有明显的改善，系统的响应时间也会很理想。采用加速度或压力负反馈校正是提高阻尼比而又不降低效率的有效办法。根据实际情况，本书采用加速度负反馈校正，校正后系统的阻尼比可达到 0.7，采用速度负反馈校正提高固有频率。

构建系统的 Simulink 模型如图 8-8 所示，图中 Step 和 Signal Generator 模块为信号输入，P_b 模块为背压，h_k 为初始行程，Constant2 为负载压力，Scope 和 Simout 模块为系统输出模块。系统的仿真参数见表 8-2。

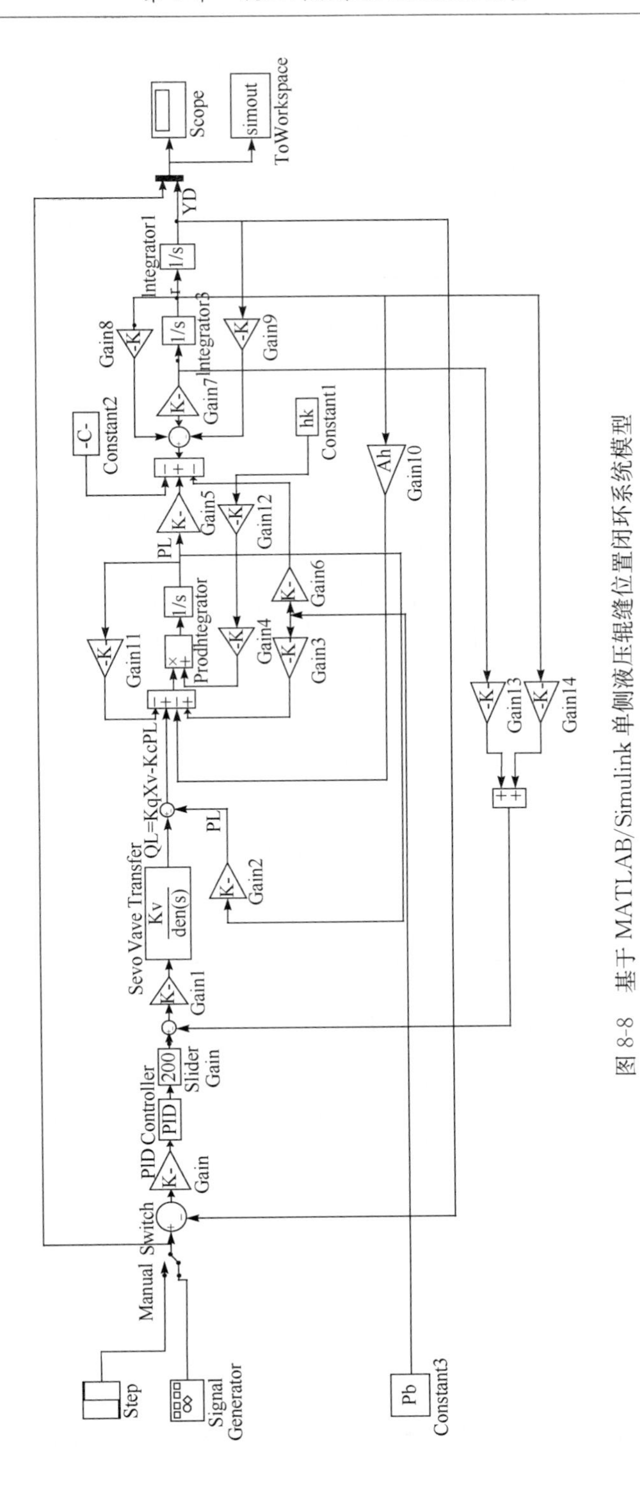

图 8-8　基于 MATLAB/Simulink 单侧液压辊缝位置闭环系统模型

表 8-2　仿真主要参数

K_{vp} /(V/m)	K_p	K_i	K_a /(A/V)	K_v /[m³/(s·A)]	ζ_v	w_v/(rad/s)	K_c /[m³/(s·Pa)]	C_{ic} /[m³/(s·Pa)]
14500	1	0.033	0.001	0.3161	0.89	1256.6	5.55×10^{-12}	3.33×10^{-14}
A_r/m²	A_h/m²	P_b/MPa	F/MN	m/kg	K/(N/m)	B_c/(N·s/m)	h_k/m	β_e/MPa
0.0608	0.4985	7	5	69191	3.5×10^9	2.4×10^7	0.133	700

当输入为正弦信号时，系统的跟踪结果如图 8-9 所示，当输入为方波信号时，系统的跟踪结果如图 8-10 所示。

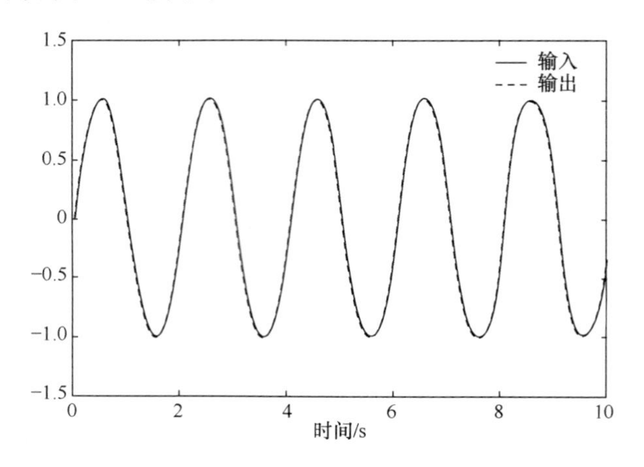

图 8-9　正弦跟踪

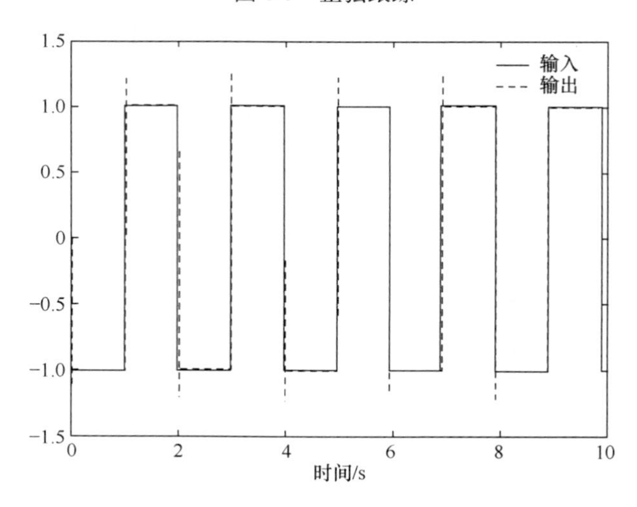

图 8-10　方波跟踪

采用速度和加速度负反馈校正后系统的 Bode 图见图 8-11，阶跃响应见图 8-12。

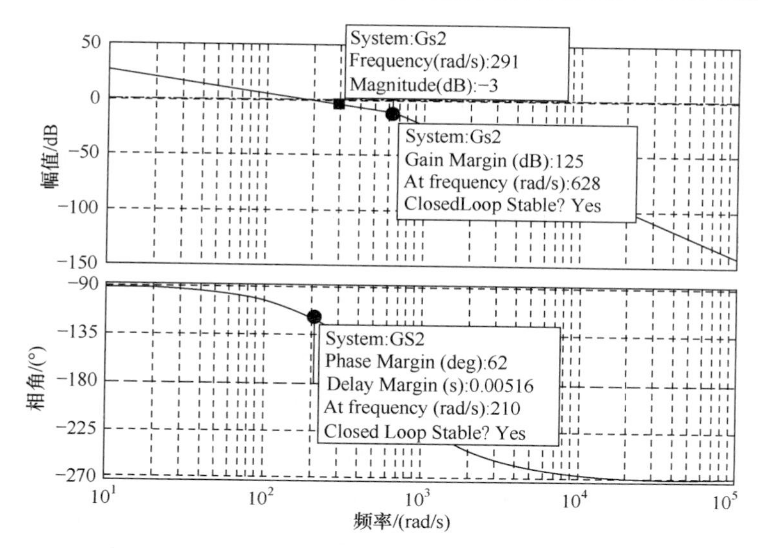

图 8-11　速度和加速度反馈校正后开环系统 Bode 图

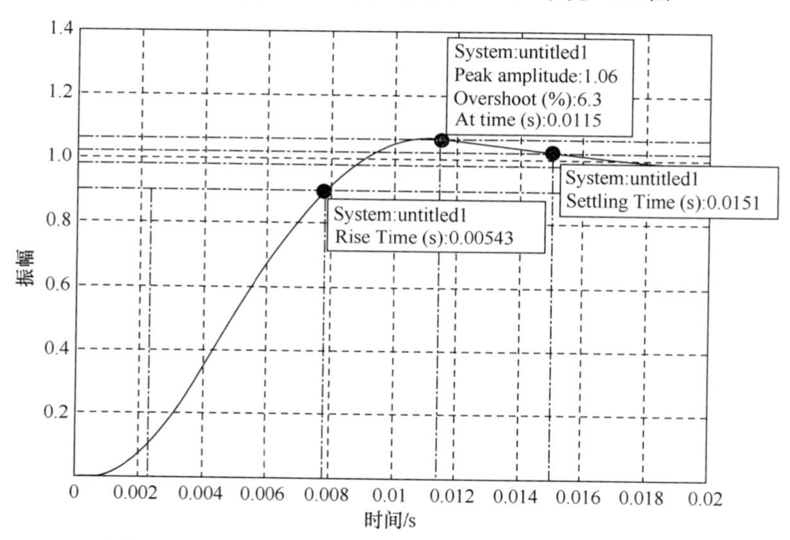

图 8-12　速度和加速度反馈校正后闭环系统的阶跃响应

8.3.1　液压缸内部泄漏系数对液压辊缝位置闭环系统动态性能的影响

随着使用时间的延长，液压缸不断磨损，液压缸内部泄漏系数将逐渐增大，使系统的动态性能发生变化。取液压缸的初始行程为 133mm，得到不同泄漏系数下系统的阶跃响应如图 8-13～图 8-19 所示。从图中可以看出当泄漏系数大于 3.333×10^{-10}后，系统的稳态误差将逐渐增大，响应速度变慢，当泄漏系数大到一定程度，液压缸将出现爬行现象。

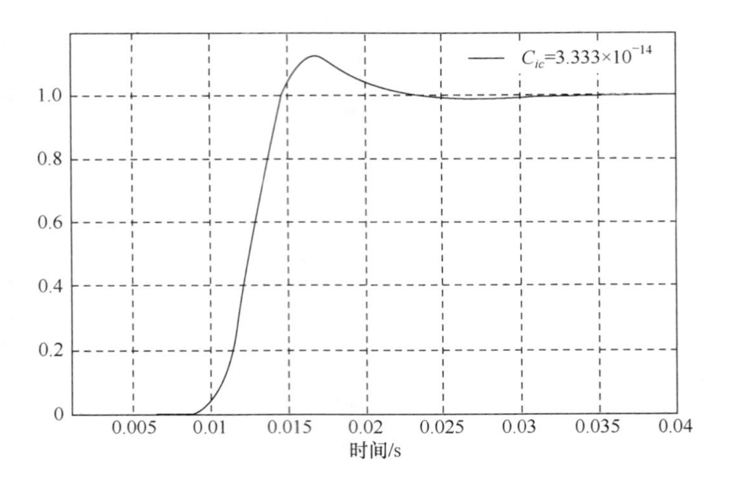

图 8-13　泄漏系数为 3.333×10^{-14}的阶跃响应曲线

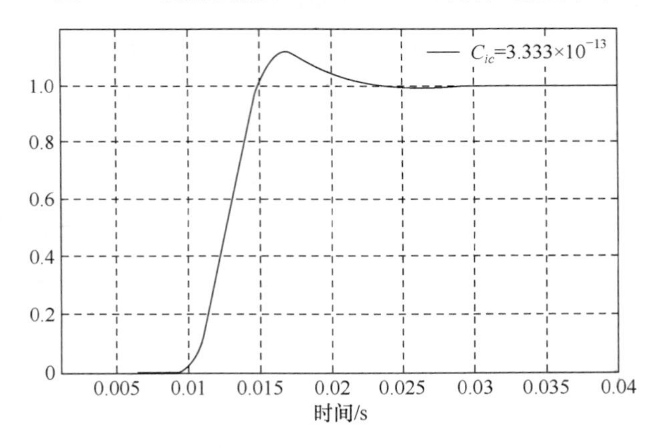

图 8-14　泄漏系数为 3.333×10^{-13}的阶跃响应曲线

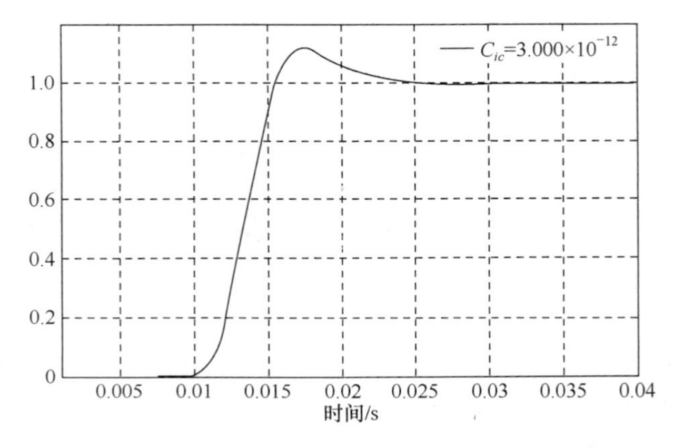

图 8-15　泄漏系数为 3.333×10^{-12}的阶跃响应曲线

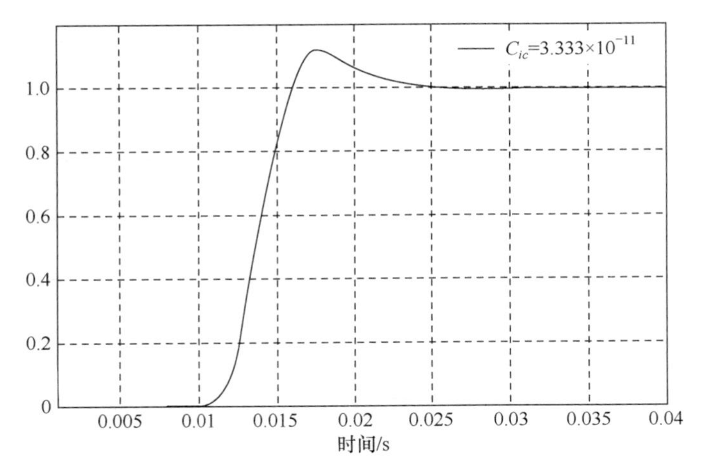

图 8-16　泄漏系数为 3.333×10^{-14}的阶跃响应曲线

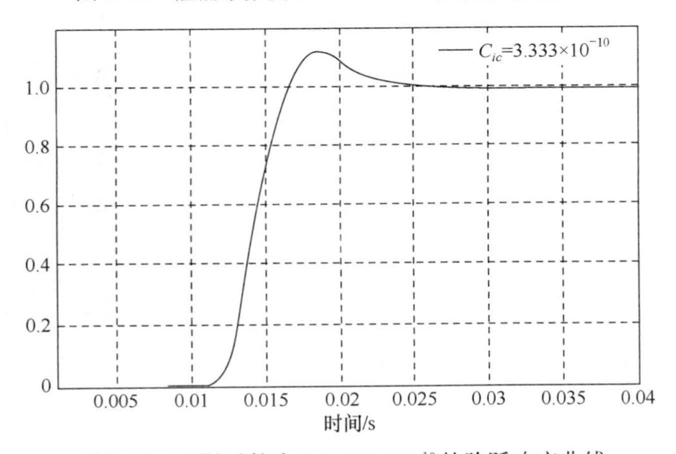

图 8-17　泄漏系数为 3.333×10^{-10}的阶跃响应曲线

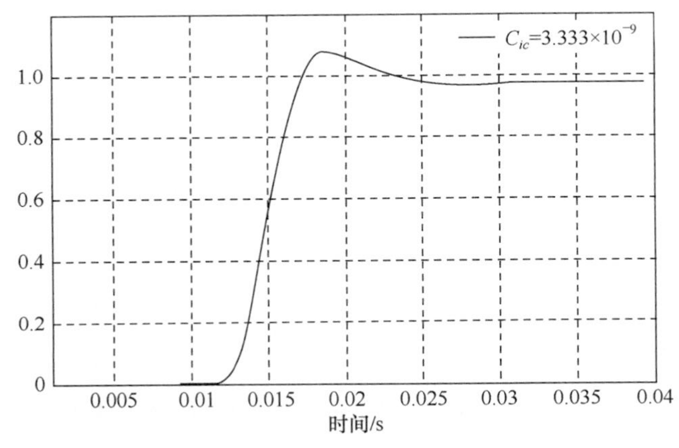

图 8-18　泄漏系数为 3.333×10^{-9}的阶跃响应曲线

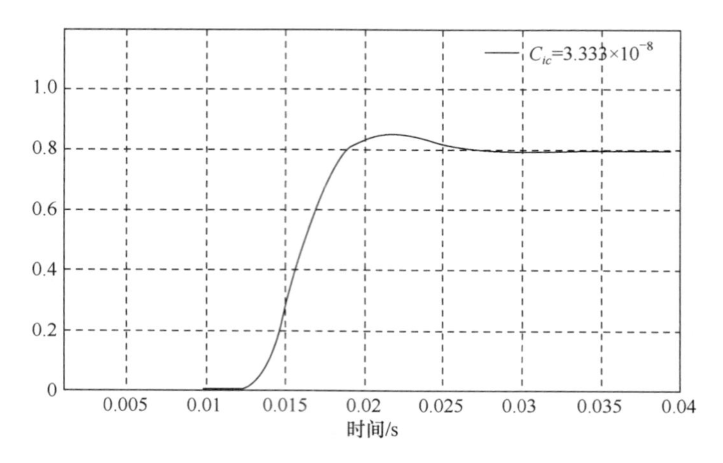

图 8-19　泄漏系数为 3.333×10^{-8}的阶跃响应曲线

8.3.2　液压缸初始行程对液压辊缝位置闭环系统动态性能的影响

随着轧辊的磨损或重新加工，轧辊的直径将逐渐减小，从而导致液压缸的初始行程发生变化，对系统的性能产生很大的影响。从不同初始行程的阶跃响应曲线图 8-20～图 8-24 可以看出，当初始行程较大时，系统的超调量较大，随着初始行程减小，超调量减小，当初始行程小到一定程度时，系统将出现振荡，变得不稳定，这主要是由初始行程的变化引起系统的阻尼比和固有频率发生变化造成的。为了克服液压缸初始行程的影响，在实际应用过程中，通过调整楔形块补偿换辊后的轧辊磨损量，进而将液压缸的初始行程固定在中位附近。

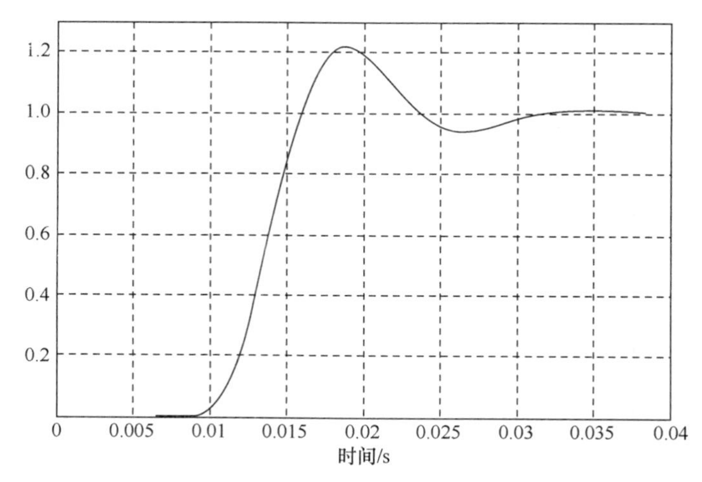

图 8-20　初始行程为 250mm 时系统的阶跃响应曲线

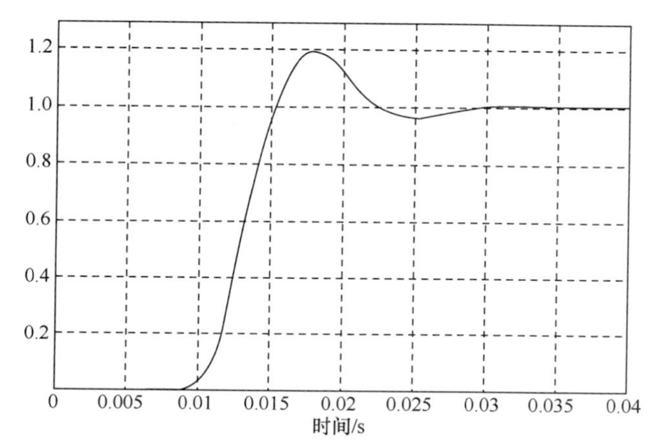

图 8-21　初始行程为 200mm 时系统的阶跃响应曲线

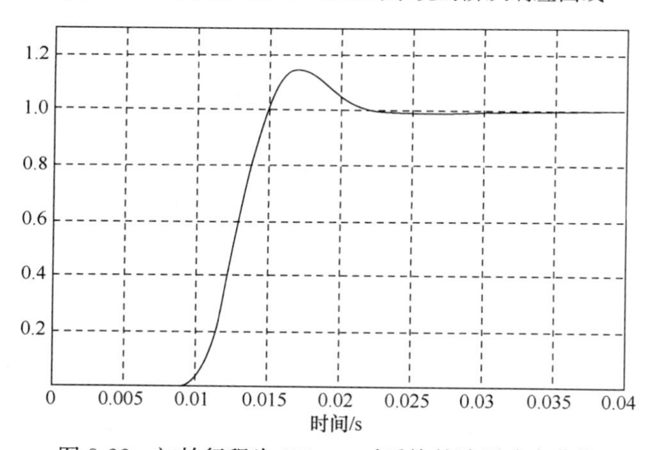

图 8-22　初始行程为 150mm 时系统的阶跃响应曲线

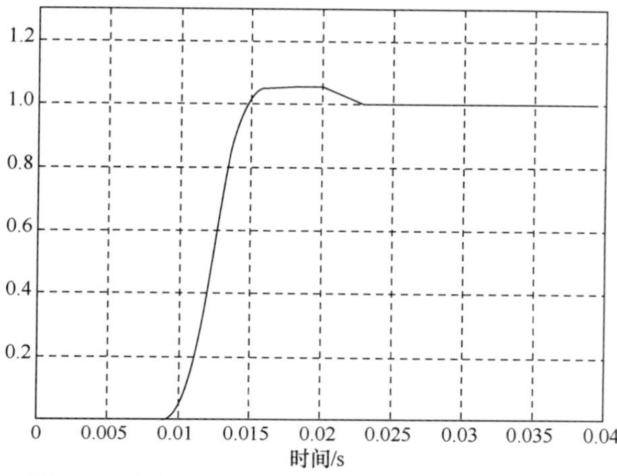

图 8-23　初始行程为 100mm 时系统的阶跃响应曲线

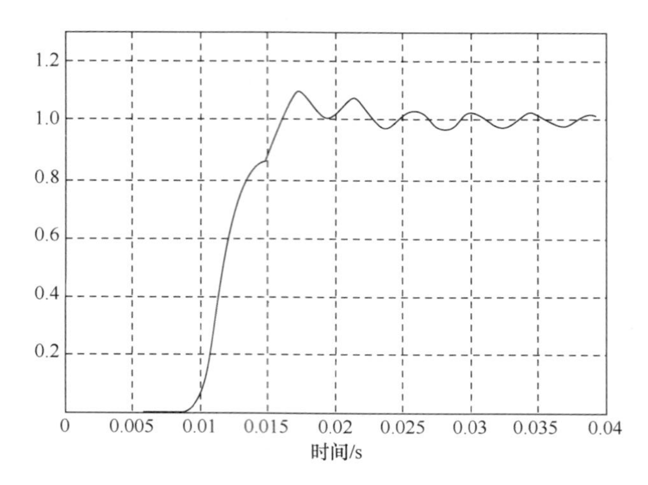

图 8-24　初始行程为 50mm 时系统的阶跃响应曲线

图 8-25～图 8-30 为不同初始行程开环系统 Bode 图，从图中可以看出，初始行程较大或较小时，系统的幅值裕度和相角裕度减小，稳定性能变差。

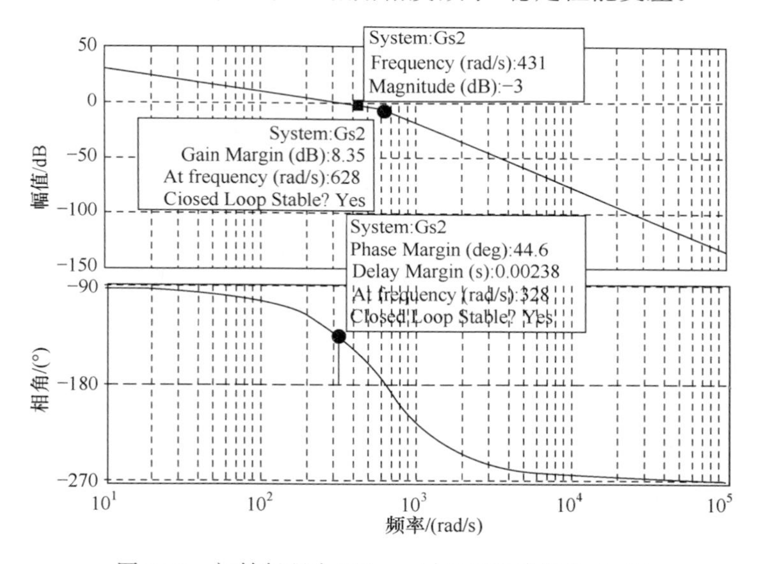

图 8-25　初始行程为 250mm 时开环系统的 Bode 图

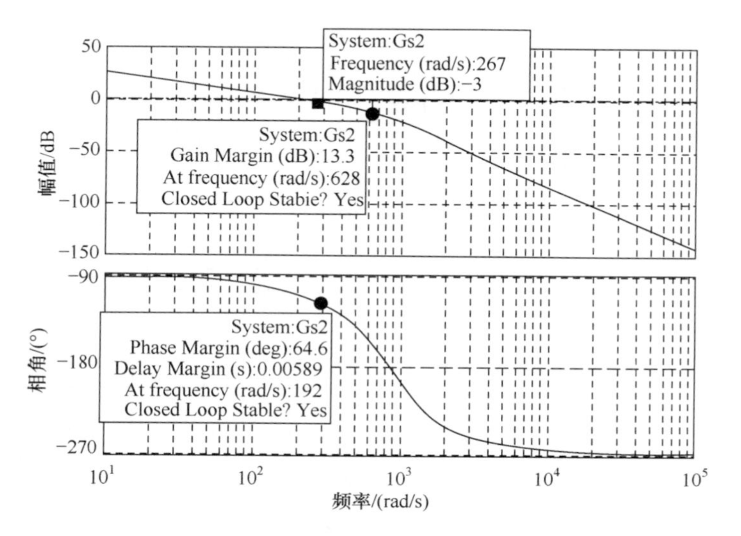

图 8-26　初始行程为 200mm 时开环系统的 Bode 图

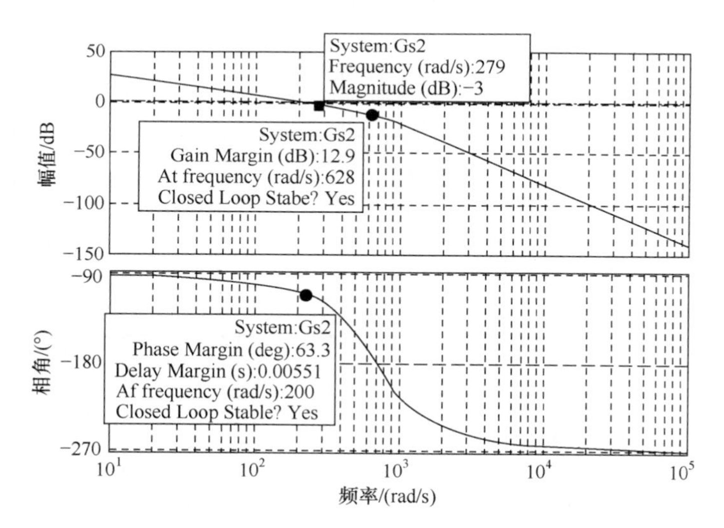

图 8-27　初始行程为 150mm 时开环系统的 Bode 图

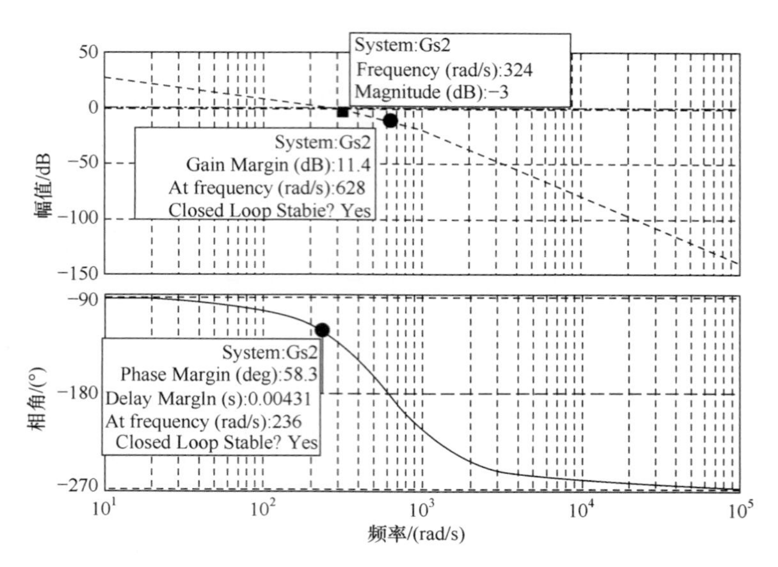

图 8-28　初始行程为 100mm 时开环系统的 Bode 图

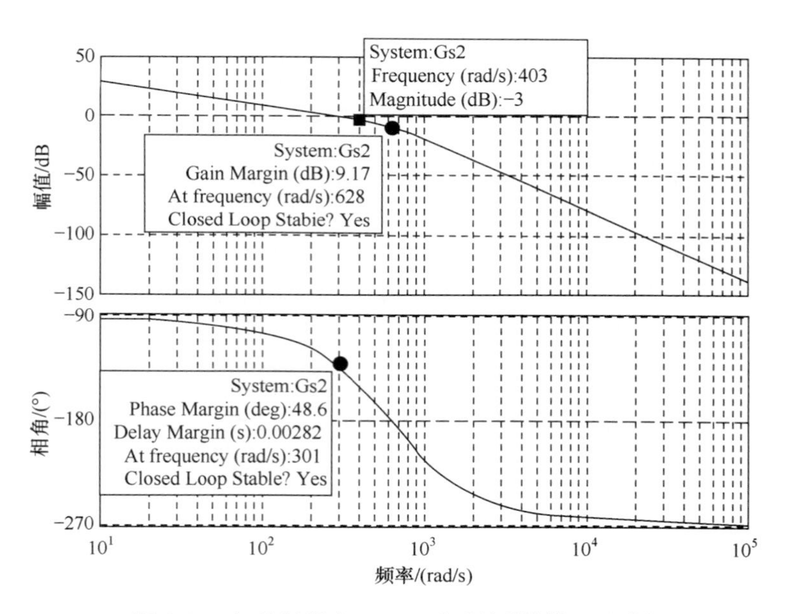

图 8-29　初始行程为 50mm 时开环系统的 Bode 图

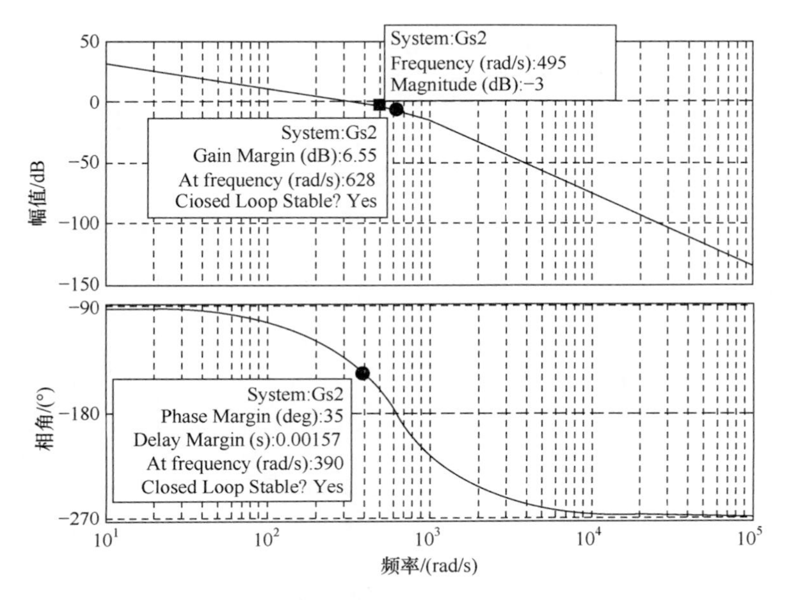

图 8-30　初始行程为 10mm 时开环系统的 Bode 图

8.4　单机架液压 HGC 系统模拟

构建模拟框图如图 8-31 所示，参考位置输入数据、参考倾斜输入、液压缸背压、驱动侧液压缸负载、操作侧液压缸负载、机架刚度、材料模数等数据见图 8-32～图 8-38，均为现场采集到的实际数据。驱动侧实际位置输出和模拟后的位置输出见图 8-39，误差见图 8-40。操作侧的实际位置输出和模拟值见图 8-41，误差见图 8-42。从模拟结果可以看出，实际数据和模拟数据拟合得很好，误差基本在 5μm 以内，说明所建模型是正确的。

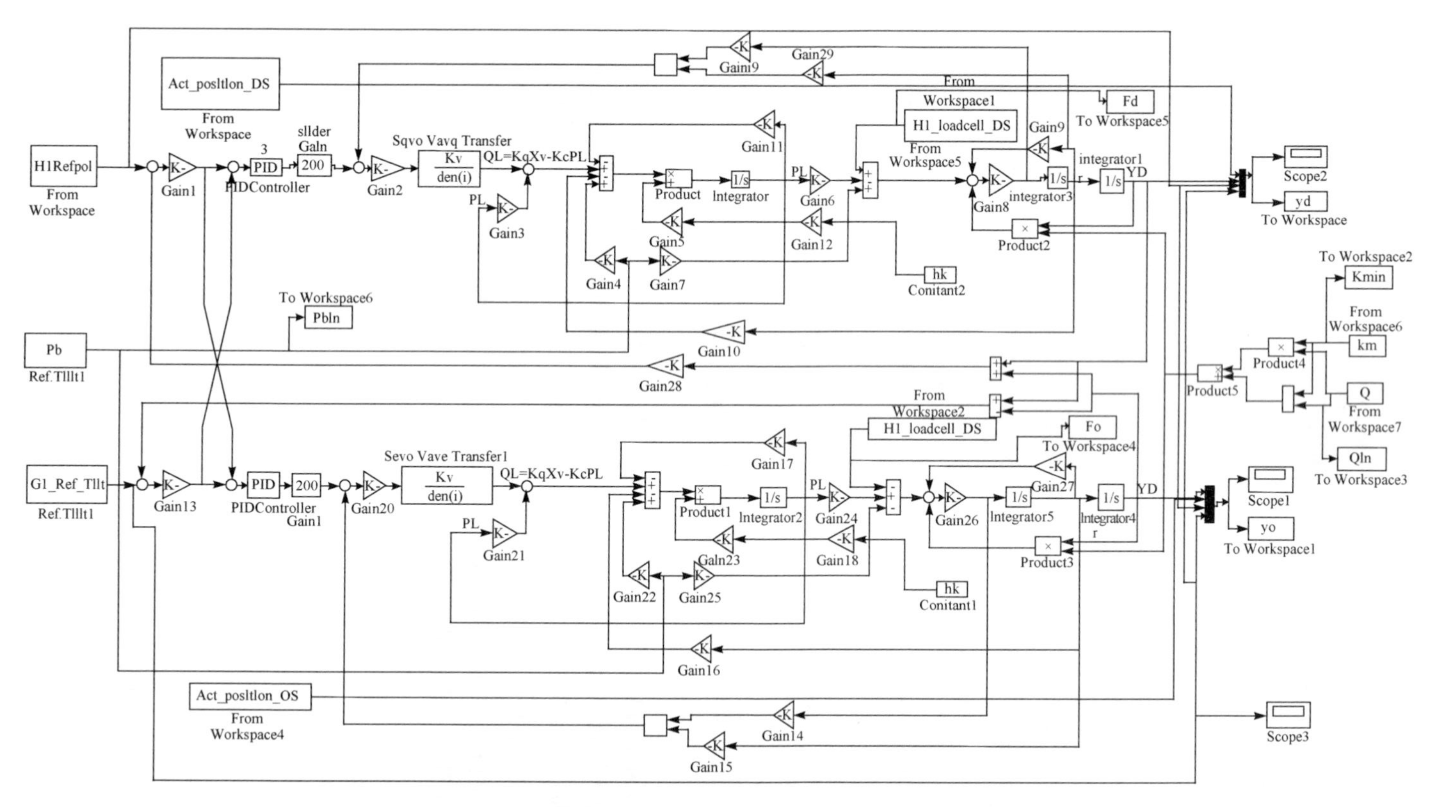

图 8-31　单机架液压位置闭环系统 Simulink 仿真模型

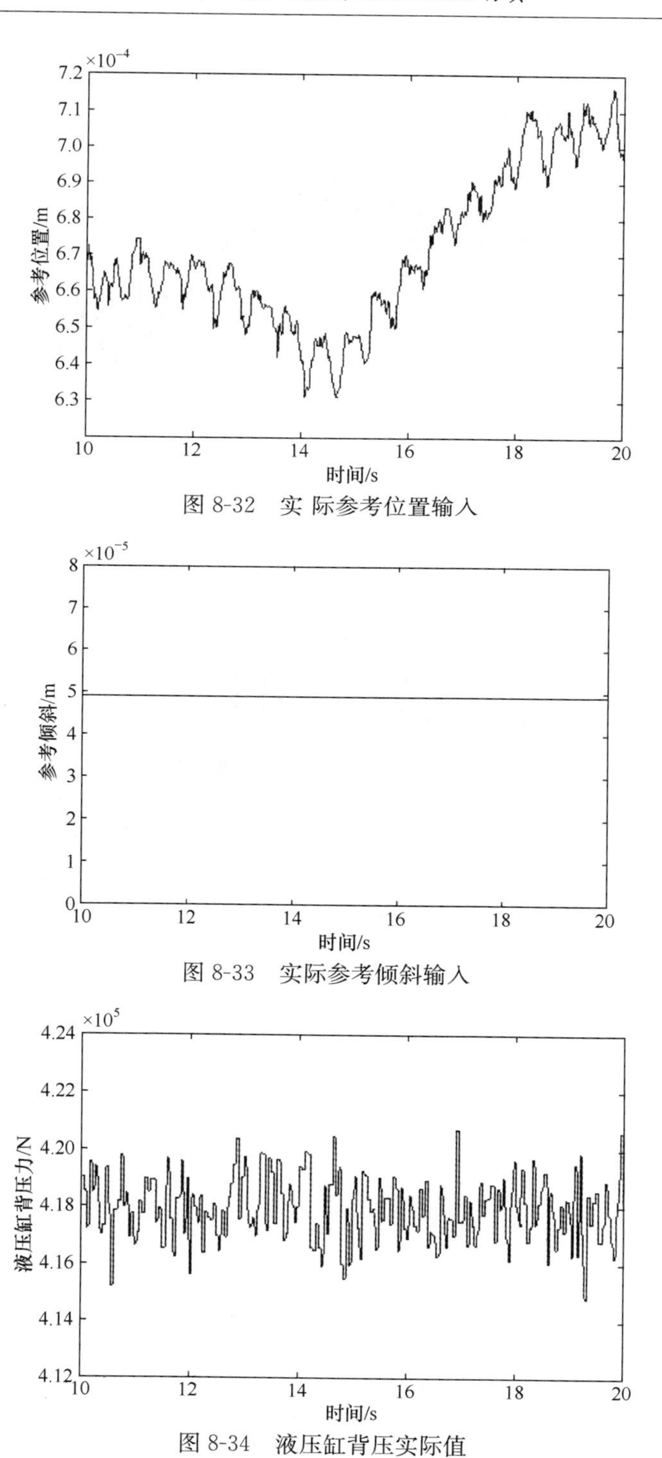

图 8-32　实 际参考位置输入

图 8-33　实际参考倾斜输入

图 8-34　液压缸背压实际值

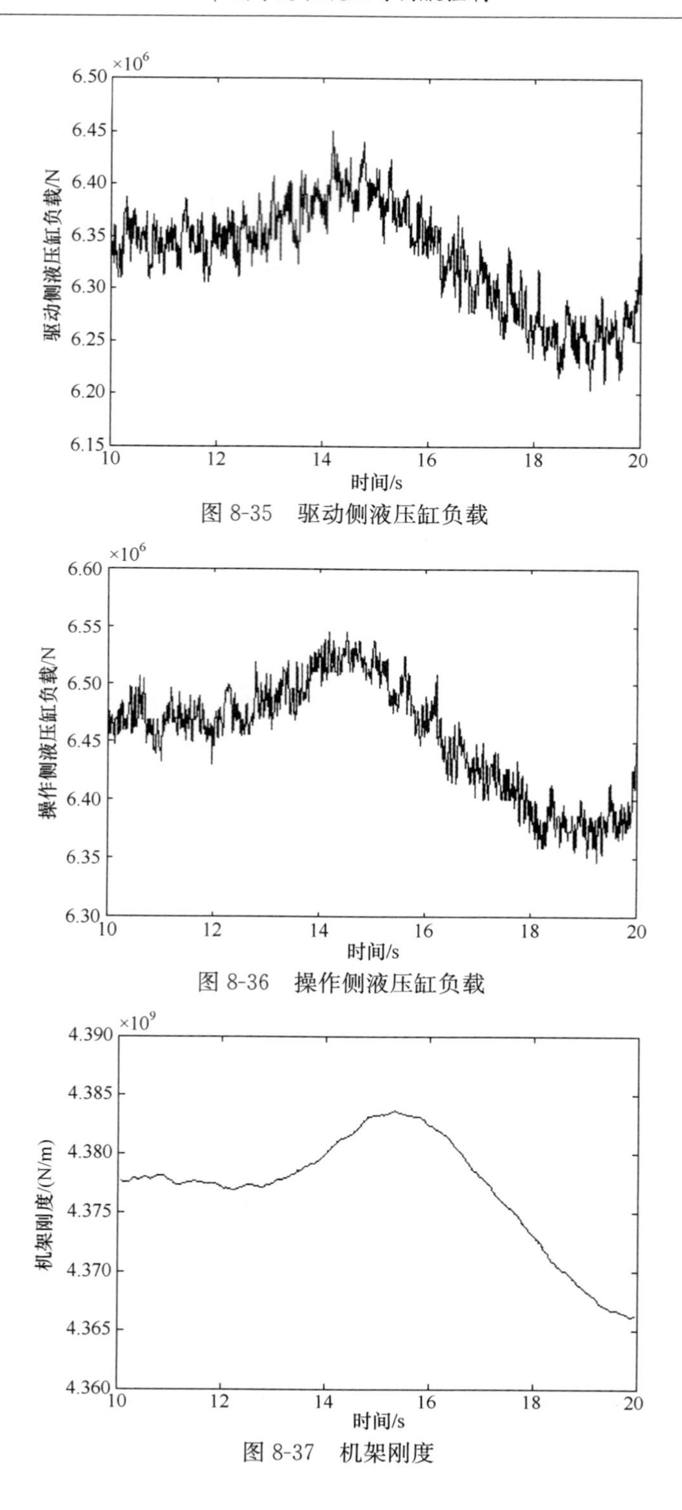

图 8-35　驱动侧液压缸负载

图 8-36　操作侧液压缸负载

图 8-37　机架刚度

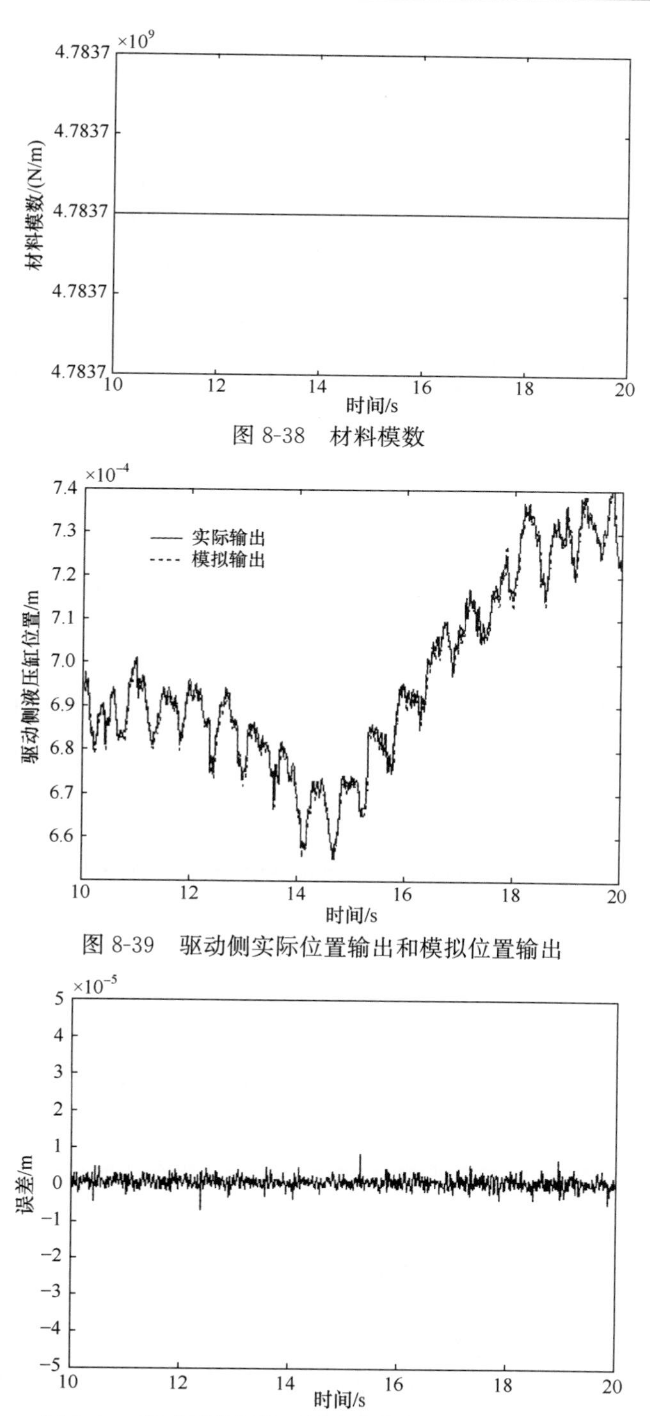

图 8-38　材料模数

图 8-39　驱动侧实际位置输出和模拟位置输出

图 8-40　驱动侧模拟位置输出和实际位置输出的误差

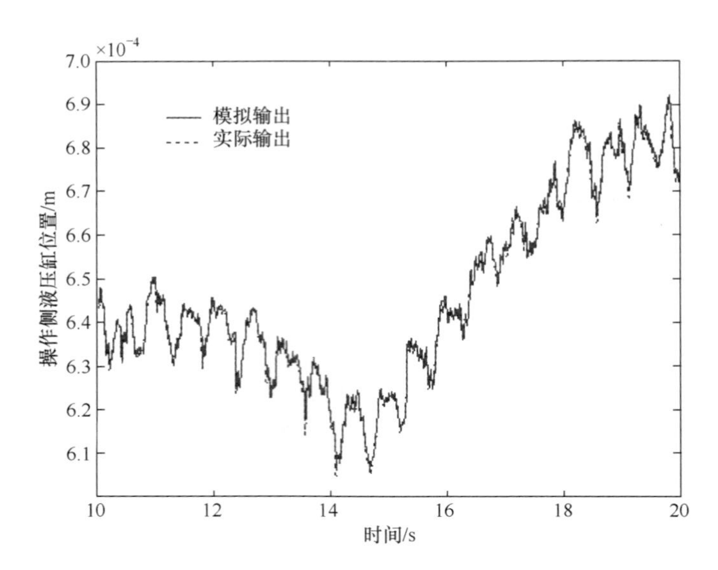

图 8-41　操作侧实际位置输出和模拟位置输出

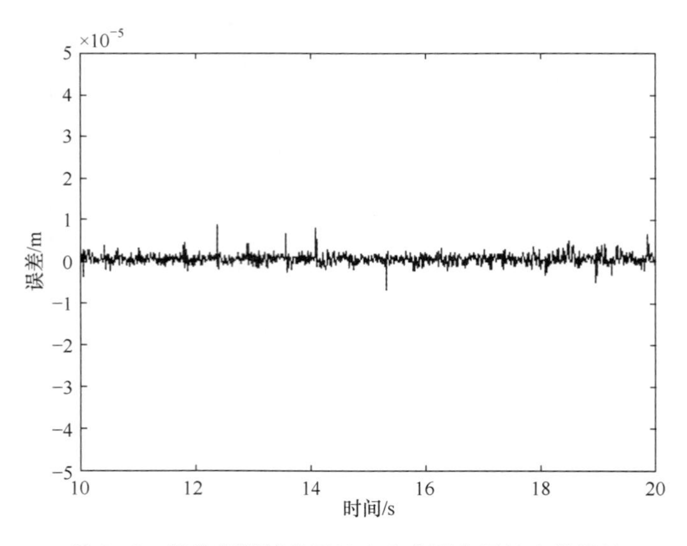

图 8-42　操作侧模拟位置输出和实际位置输出的误差

8.5　前馈 AGC 模拟分析

在图 8-31 仿真模型的基础上，以其为子模块，构建第一机架前馈 AGC 模拟模型如图 8-43 所示。来料设定厚度 0.002498m，来料误差 46μm，参考倾斜值为 0，出口厚度设定值为 0.001544m，液压缸背压力 419424.8N，驱动侧液压缸负载为

6.62066MN，操作侧液压缸负载 6.74224MN，材料塑性刚度系数 4.78368×10^{9} N/m，机架刚度 4.41170381×10^{9} N/m，这些模拟数据均来自实际生产数据。

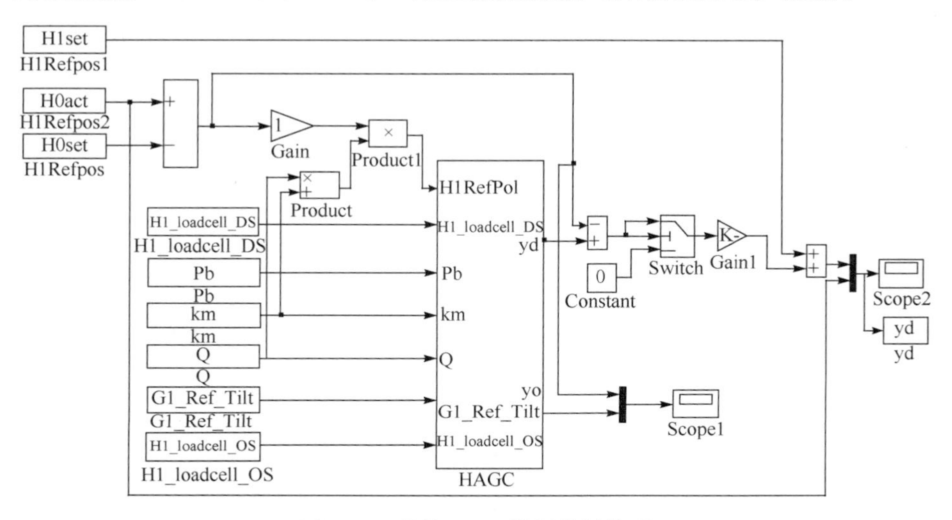

图 8-43　前馈 AGC 模拟分析模型

模拟结果见图 8-44，结果表明轧件厚度误差由轧制前的 46μm 减少到轧制后的 12μm，达到稳态时有 4μm 的误差，可见轧件入口厚度误差对轧件出口厚度精度影响较大。实际材料的弹性模数一般大于轧机的实际刚度，若只采用前馈 AGC 控制出口厚度精度，则轧件的偏差由轧前的正偏差变为轧后的负偏差。前馈 AGC 必需和其他厚度控制方法结合，才能有效地控制带钢出口厚度。

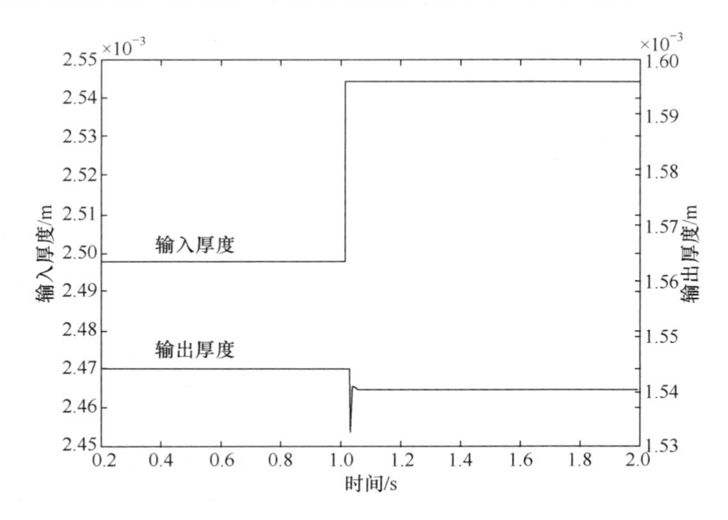

图 8-44　轧件入口厚度的变化对出口厚度的影响

当材料塑性刚度系数由 4.78368×10^9N/m 变化到 5.37334×10^9N/m 时，轧件厚度误差由轧制前的 46μm 减少到轧制后的 18μm，见图 8-45，即使达到稳态时仍有 10μm 的误差。由此可见轧件的塑性刚度系数对轧件出口厚度的影响较大，且随着材料塑性刚度系数的增加，出口厚度的偏差增大。

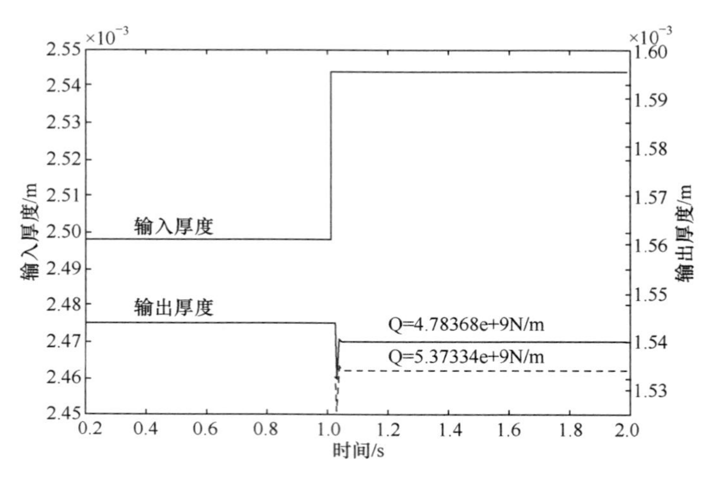

图 8-45 前馈 AGC 轧件塑性刚度系数变化的影响

8.6 监控 AGC 模拟分析

前馈 AGC 属于开环控制，控制精度完全依赖计算的正确性，但在第一机架，材料的塑性刚度系数 Q 无法准确测得，因此其控制精度不是很高，必须和监控 AGC 相结合互相取长补短提高精度。

在前馈 AGC 模拟模型加上监控 AGC 的模拟分析模型如图 8-46 所示，仿真数据与 8.5 节相同，模拟结果见图 8-47，结果表明轧件厚度误差由轧制前的 46μm 减少到轧制后的 5μm，达到稳态时有 2μm 的误差。

当材料塑性刚度系数由 4.78368×10^9N/m 变化到 5.37334×10^9N/m 时，轧件厚度误差由轧制前的 46μm 减少到轧制后的 12μm，见图 8-48，达到稳态时有 2μm 的误差。

前馈 AGC 和监控 AGC 的模拟结果对比见表 8-3。当轧件的塑性刚度系数为 4.78368×10^9N/m，只有前馈 AGC 作用时，轧后的振荡峰值为 12μm，稳态值为 4μm，有监控 AGC 作用时，轧后的振荡峰值为 5μm，稳态值为 2μm。当轧件的塑性刚度系数为 5.37334×10^9N/m 时，只有前馈 AGC 作用，轧后的振荡峰值为 18μm，稳态值为 10μm，有监控 AGC 作用时，轧后的振荡峰值为 12μm，稳态值为 2μm。由此可以看出，监控 AGC 不同程度地减小了轧件塑性刚度、带材入口厚度波动对带钢出口厚度的影响，但不能完全消除该影响。

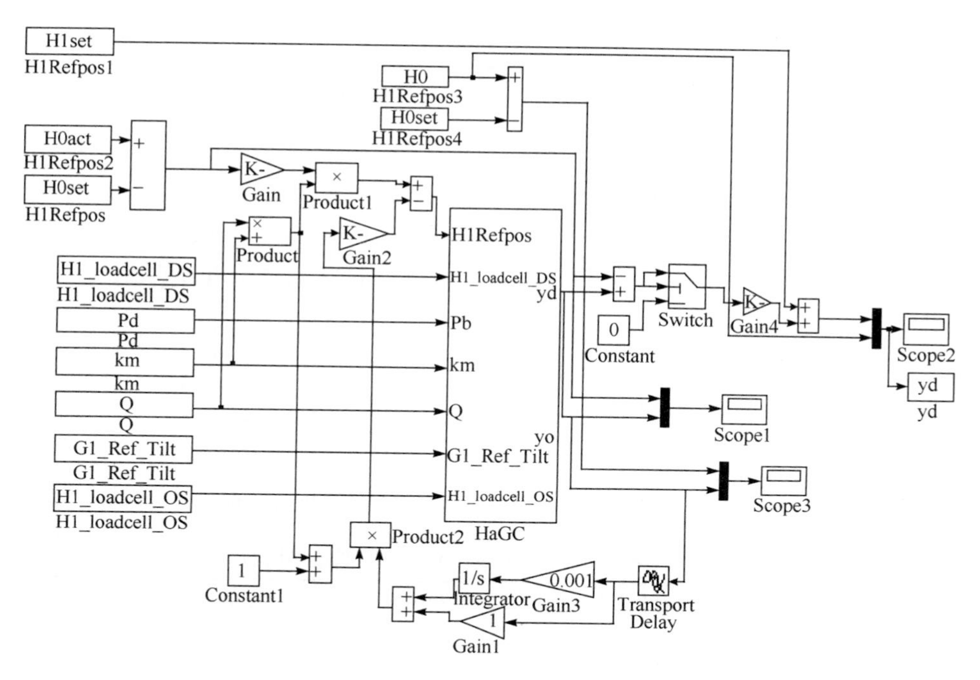

图 8-46　监控 AGC 模拟分析模型

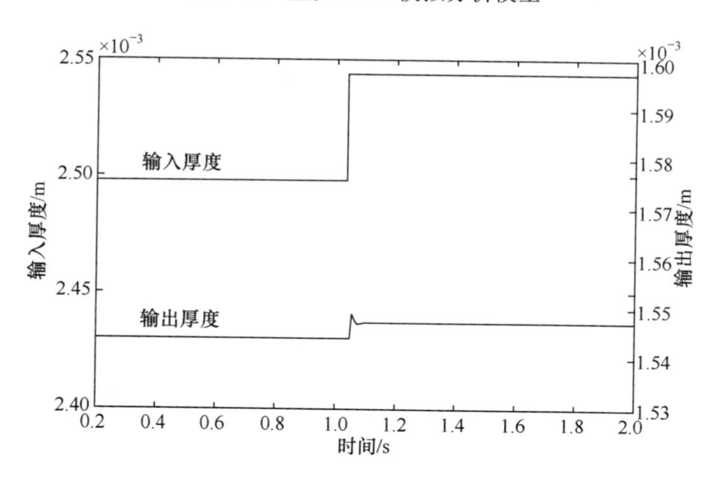

图 8-47　监控 AGC 对出口厚度的影响

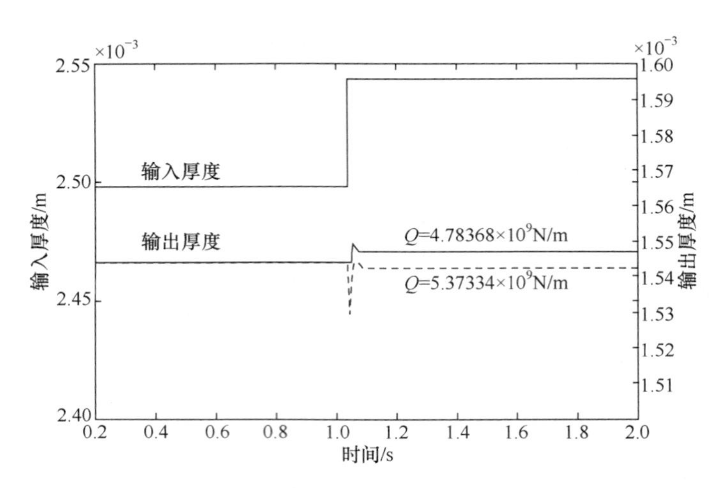

图 8-48　监控 AGC 轧件塑性刚度系数变化的影响

表 8-3　前馈 AGC 和监控 AGC 的模拟结果比较

材料厚度误差	轧件塑性刚度系数	AGC 模式	振荡峰值/μm	稳态值/μm
46μm	4.78368×10^9N/m	只有前馈 AGC	12	4
		同时监控 AGC	5	2
	5.37334×10^9N/m	只有前馈 AGC	18	10
		同时监控 AGC	12	2

第 9 章　基于神经网络的自适应 PID 控制

加减速、不停轧而自由改变板厚规格、带钢头部、尾部等轧制状态称为非稳定轧制。如何提高在非稳定轧制过程中带钢的厚度控制精度，进而提高板带材的成品率，是当今板带材厚度控制领域的一个热门课题，现在普遍采用的方法是用设定模型进行控制。而且引进的轧机系统在设计阶段有自适应控制，但在安装调试的过程中，由于诸多原因，传统的自适应控制在实际的轧机上很难实现，所以在实际生产过程中，自适应控制并没有得到应用。以某冷轧厂一号线冷连轧机组第一机架液压 AGC 系统为研究对象，从神经网络智能 PID 控制的角度，对该机架的不稳定轧制状态进行了自适应控制研究。

电液伺服系统中普遍存在着压力-流量非线性、伺服阀零偏、双向增益不等、死区等非线性环节，还存在由液压介质黏温特性引起的伺服阀时变特性，系统质量负载引起的系统惯性变化等时变特性。所有的这些非线性及时变特性都使得电液伺服系统难以利用已有的古典控制方法对其进行自适应控制器设计，这也是传统的自适应控制在实际 AGC 系统中难于实现的原因。

传统的自适应技术的发展对提高这类系统的控制精度和鲁棒性起到很大的作用，但是在大扰动作用下，或系统存在严重的不确定性时，自适应算法趋于复杂，并可能引起非线性系统的不稳定。

对神经网络在控制系统中应用的研究，近年来得到了广泛的关注，主要是因为：①神经网络表现出对非线性函数的较强逼近能力；②大多数控制系统均表现出某种未知非线性特性。在控制领域，将神经网络与控制系统相结合，是继专家模糊控制之后的又一不需要建立数学模型的控制方法，为复杂非线性和不确定系统的控制开辟了一条新途径。

本书采用神经网络作为对象的在线辨识器、神经 PID 作为控制器构成神经网络自适应控制方案，仿真结果表明，该方案能有效地提高电液伺服控制系统的控制精度和鲁棒性。

9.1　PID 控制原理

9.1.1　模拟 PID 控制原理

PID 控制是最早发展起来的控制策略之一，由于其算法简单、鲁棒性好和可靠性高，被广泛应用于工业过程控制。常规 PID 控制系统原理框图如图 9-1 所示。

系统由模拟 PID 控制器和被控对象组成。

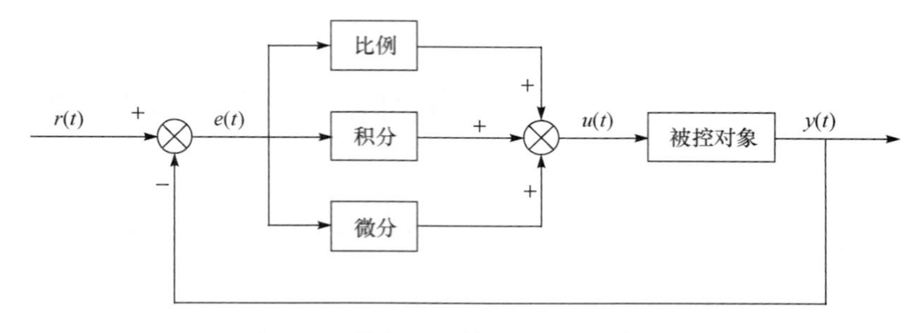

图 9-1　模拟 PID 控制系统原理框图

PID 控制器是一种线性控制器，它根据给定值 $r(t)$ 与实际输出值 $y(t)$ 构成控制偏差：

$$e(t)=r(t)-y(t)$$

将偏差的比例(P)、积分(I)和微分(D)通过线性组合构成控制量，对被控对象进行控制，故称 PID 控制器。其控制规律为

$$u(t) = K_P\left[e(t)+\frac{1}{T_I}\int_0^t e(t)\mathrm{d}t+\frac{T_D\mathrm{d}e(t)}{\mathrm{d}t}\right]$$

或写成传递函数形式为

$$G(s)=\frac{U(s)}{E(s)}=K_P\left(1+\frac{1}{T_I s}+T_D s\right)$$

式中，K_P 为比例系数；T_I 为积分时间常数；T_D 为微分时间常数。

简单说来，PID 控制器各校正环节的作用如下。

(1) 比例环节：即时成比例地反映控制系统的偏差信号 $e(t)$，偏差一旦产生，控制器将立即产生控制作用，以减少偏差。比例系数 K_P 增大，可减小控制系统的稳态误差，提高控制精度。但 K_P 增大会使系统的相对稳定性降低，甚至造成系统不稳定。

(2) 积分环节：主要用于消除静差，提高系统的无差度，使系统稳态性能提高。积分作用的强弱取决于积分时间常数 T_I，T_I 越大，积分作用越弱，反之越强。同时，必须比例和积分一起控制才能达到即使系统稳定又提高误差度的目的。

(3) 微分环节：能反映偏差信号的变化趋势，并能在偏差信号变得太大之前，在系统中引入一个有效的早期修正信号，从而加快系统的动作速度，减小调节时间。就改善控制系统的作用而言，只有比例加微分一起控制才能奏效，主要作用是增加控制系统的阻尼比。微分作用的不足之处是放大了噪声信号。

9.1.2　数字 PID 控制算法

由于计算机控制是一种采样控制，它只能根据采样时刻的偏差计算控制量，因

此式传递函数中中的积分和微分项不能直接使用，需要进行数字化处理。按模拟 PID 控制算法，现以一系列的采样时刻点 k_T 代表连续时间 t，以和式代表积分，以增量代替微分，则可作如下近似变换：

$$\begin{cases} t \approx kT, \quad k = 0,1,2,\cdots \\ \int_0^t e(t)\mathrm{d}t \approx T\sum_{j=0}^{k} e(jT) = T\sum_{j=0}^{k} e(j) \\ \dfrac{\mathrm{d}e(t)}{\mathrm{d}t} \approx \dfrac{e(kT) - e[(k-1)T]}{T} = \dfrac{e(k) - e(k-1)}{T} \end{cases}$$

式中，T 为采样周期。

可得离散的 PID 表达式为

$$u(k) = K_P e(k) + K_I \sum_{j=0}^{k} e(j) + K_D[e(k) - e(k-1)]$$

式中，k 为采样序号，$k=0,1,2,\cdots$；$u(k)$ 为第 k 次采样时刻的计算机输出值；$e(k)$ 为第 k 次采样时刻输入的偏差值；$e(k-1)$ 为第 $k-1$ 次采样时刻输入的偏差值；K_I 为积分系数，$K_I = K_P T/T_I$；K_D 为微分系数，$K_D = K_P T_D/T$。

9.2　神经网络 PID 控制

神经网络 PID 控制原理如图 9-2 所示，其中有两个神经网络：NNI——系统在

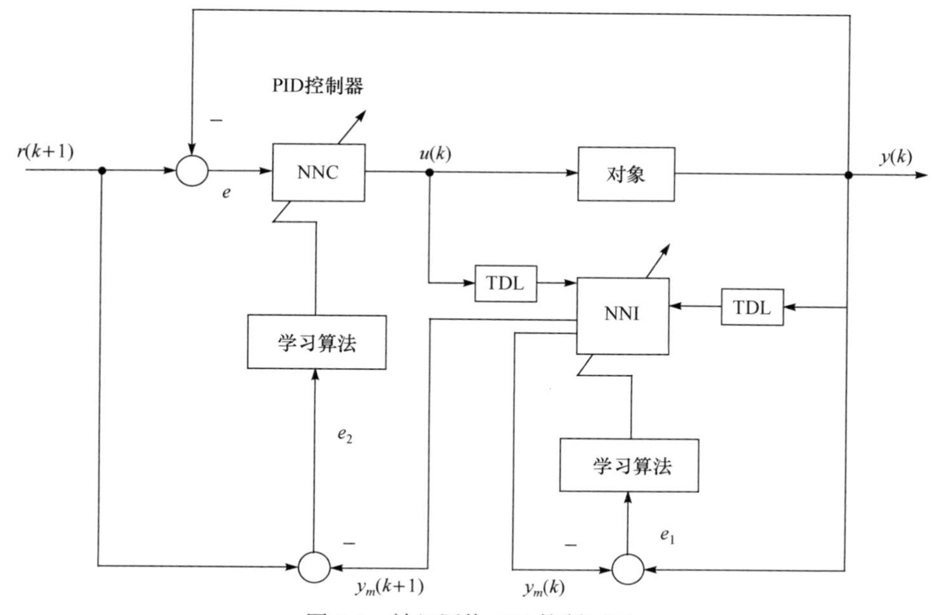

图 9-2　神经网络 PID 控制原理

线辨识器;NNC——自适应 PID 控制器。系统的工作原理是:在由 NNI 对被控对象进行在线辨识的基础上,通过实时调整 NNC 的权系,使系统具有自适应性,达到有效控制的目的。

9.2.1 神经网络辨识器

设被控对象为

$$y(k)=g[u(k-1),\cdots,u(k-m),y(k-1),\cdots,y(k-n)]$$

式中,$g[\cdot]$未知,由神经网络 NNI 进行在线辨识,采用串-并联结构。网络的输入是被控对象的输入/输出序列$\{u(k),y(k)\}$,如图 9-2 所示。NNI 中的前馈网络采用 3 层 BP 网实现,网络结构见图 9-3。

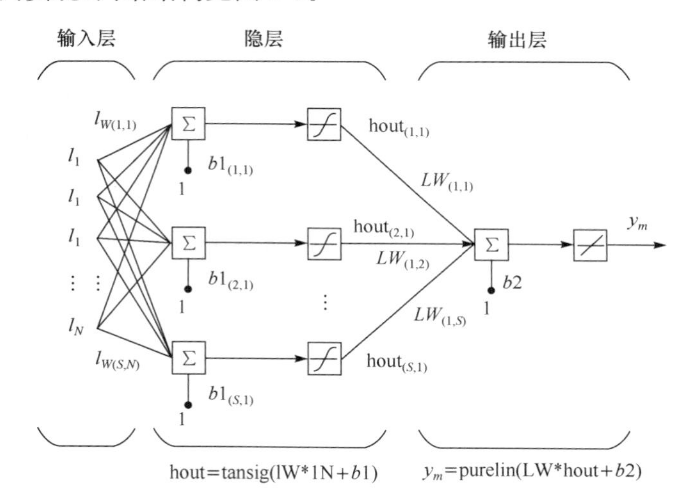

图 9-3　NNI 网络结构

BP 网络的输入为

$$\mathrm{IN}=[I_1(k);I_2(k);\cdots;I_N(k)]=[u(k-1);\cdots;u(k-m);y(k-1);\cdots;y(k-n)]$$

式中,$N=n+m$。

隐层第 i 个节点的输出为

$$\mathrm{hout}_{(i,1)}(k)=f[x_i(k)]$$

$$x_i(k)=\sum_{j=1}^{N}IW_{(i,j)}(k)I_j(k)+b1_{(i,1)}(k),\quad j=1,2,\cdots,N$$

式中,$\mathrm{hout}_{(i,1)}$为隐层第 i 个神经元的输出;f 为隐层第 i 个神经元的作用函数,这里取为 MATLAB 神经网络工具箱的 tansig 函数,即

$$f(x)=\frac{1-\mathrm{e}^{-2x}}{1+\mathrm{e}^{-2x}}$$

$IW_{(i,j)}$为隐层第 i 个神经元至输入层第 j 个神经元的连接权值;$b1_{(i,1)}$为隐层

第 i 个神经元的阈值；N 为输入层神经元个数。

NNI 网络的输出为

$$y_m(k)=\sum_{i=1}^{S}LW_{(1,i)}(k)\mathrm{hout}_{(i,1)}(k)+b2(k)$$

式中，$y_m(k)$为神经神经网络辨识器在 k 时刻的输出；S 为隐层神经元个数；$LW_{(1,i)}$ 为输出层神经元至隐层第 i 个神经元的连接权值；$b2$ 为输出层神经元的阈值。

设准则函数为

$$E_1(k)=\frac{1}{2}[y(k)-y_m(k)]^2=\frac{1}{2}e_1^2(k)$$

网络权值和阈值的调整采用具有阻尼项的 BP 算法，可得

$$LW_{(1,i)}(k+1)=LW_{(1,i)}(k)+\eta_1 e_1(k+1)\mathrm{hout}_{(i,1)}(k)+\beta(LW_{(1,i)}(k)-LW_{(1,i)}(k-1))$$

$$b2(k+1)=b2(k)+\eta_1 e_1(k+1)+\beta(b2(k)-b2(k-1))$$

$$\begin{aligned}IW_{(i,j)}(k+1)=&IW_{(i,j)}(k)+\eta_1 e_1(k+1)LW_{(1,i)}(k)f'(x_i(k))I_j(k)\\&+\beta(IW_{(i,j)}(k)-IW_{(i,j)}(k-1))\end{aligned}$$

$$\begin{aligned}b1_{(i,1)}(k+1)=&b1_{(i,1)}(k)+\eta_1 e_1(k+1)LW_{(1,i)}(k)f'(x_i(k))\\&+\beta(b1_{(i,1)}(k)-b1_{(i,1)}(k-1))\end{aligned}$$

式中，$y(k)$为 k 时刻对象的实际输出；$e1(k)$为 k 时刻对象的实际输出和神经网络辨识器输出的差值；$LW_{(1,i)}(k+1)$为 $k+1$ 时刻 NNI 中输出层神经元和隐层第 i 个神经元的连接权值；$LW_{(1,i)}(k)$为 k 时刻 NNI 中输出层神经元和隐层第 i 个神经元的连接权值；η_1 为学习算子，$0<\eta_1\leqslant 1$；β 为阻尼系数，$0<\beta<1$；$\mathrm{hout}_{(i,1)}(k)$为隐层第 i 个神经元在 k 时刻的输出；$LW_{(1,i)}(k-1)$为 $k-1$ 时刻 NNI 中输出层神经元和隐层第 i 个神经元的连接权值；$b2(k+1)$为 $k+1$ 时刻 NNI 中输出层神经元的阈值；$b2(k)$为 k 时刻 NNI 中输出层神经元的阈值；$b2(k-1)$为 $k-1$ 时刻 NNI 中输出层神经元的阈值；$IW_{(i,j)}(k+1)$为 $k+1$ 时刻 NNI 中隐层第 i 个神经元和输入层第 j 个神经元的连接权值；$IW_{(i,j)}(k)$为 k 时刻 NNI 中隐层第 i 个神经元和输入层第 j 个神经元的连接权值；f'为作用函数 f 的导数；$I_j(k)$为 k 时刻输入层第 j 个神经元的输出；$IW_{(i,j)}(k-1)$为 $k-1$ 时刻 NNI 中隐层第 i 个神经元和输入层第 j 个神经元的连接权值；$b1_{(i,1)}(k+1)$为 $k+1$ 时刻 NNI 中隐层第 i 个神经元的阈值；$b1_{(i,1)}(k)$为 k 时刻 NNI 中隐层第 i 个神经元的阈值；$b1_{(i,1)}(k-1)$为 $k-1$ 时刻 NNI 中隐层第 i 个神经元的阈值。

神经网络在 $k+1$ 时刻的输入为

$$\mathrm{IN}=[u(k);\cdots;u(k-m+1);y(k);\cdots;y(k-n+1)]$$

神经网络在 $k+1$ 时刻的输出为

$$y_m(k+1)=LW(k+1)\mathrm{tansig}(IW(k+1)\mathrm{IN})+b2(k+1)$$

9.2.2　神经网络 PID 控制器

图 9-2 中的 NNC 采用自适应线性神经元结构，网络的权系值 $V=[v_1,v_2,v_3]$

表征 PID 控制器的三个系数 K_P、K_I、K_D，应用神经网络所具有的学习能力使得当对象与扰动有变化时，辨识的对象模型随着变化。神经 PID 控制器的权系值不断地调整，使控制系统能适应环境，实现有效的控制。

神经元的输入为

$$\begin{cases} c_1(k) = e(k) \\ c_2(k) = \sum_{j=0}^{k} e(j) \\ c_3(k) = e(k) - e(k-1) \end{cases}$$

输出为

$$u(k)=v_1c_1(k)+c_2c_2(k)+v_3c_3(k)$$

设准则函数为

$$E_2(k)=\frac{1}{2}[r(k+1)-y_m(k+1)]^2=\frac{1}{2}e_2^2(k+1)$$

则 NNC 网络权值调整算法用梯度下降法实现：

$$v_i(k+1) = v_i(k) + \eta_2 e_2(k+1)c_i(k)\frac{\partial y_m(k+1)}{u(k)}$$

$$\frac{\partial y_m(k+1)}{u(k)} = \sum_{i=1}^{S} LW_{(1,i)}(k+1)f'(x_i(k+1))IW_{(i,1)}(k+1)$$

式中，$r(k+1)$为 $k+1$ 时刻设定输入值；$e_2(k+1)$为 $k+1$ 时刻设定输入值与 NNI 输出值的差；η_2 为学习算子，$0<\eta_2\leqslant 1$。

9.3 基于神经网络自适应 PID 控制的模拟

9.3.1 隐层神经元数的确定

按照未简化的模型，$m=n=5$。利用单机架液压 AGC 系统模拟的结果，取驱动侧控制器输出和驱动侧实际位置输出 20000 组数据对，建立一个 3 层前馈 BP 网络，输出层的传递函数为 purelin，隐层传递函数为 tansig，隐层神经元数 S 分别取 9、10、11、12、13、14、15、16、17、20，用 trainlm 函数对该网络进行训练，结果见表 9-1。

表 9-1 隐层采用不同神经元数的训练结果

输入	隐层	输出	学习步长	学习速率	训练时间/s	均方差 MSE	训练数据最大误差/μm	检验数据最大误差/μm
10	9	1	500	0.01	888.44	2.28024×10^{-6}	4.8858	8.3416
10	10	1	500	0.01	1004.3	2.67168×10^{-6}	4.5563	3.8881
10	11	1	500	0.01	1136.1	2.33747×10^{-6}	4.8903	7.9184

续表

输入	隐层	输出	学习步长	学习速率	训练时间/s	均方差 MSE	训练数据最大误差/μm	检验数据最大误差/μm
10	12	1	500	0.01	1245.1	2.36318×10^{-6}	4.8014	5.5490
10	13	1	500	0.01	1456.8	2.04134×10^{-6}	4.9230	4.4597
10	14	1	500	0.01	1526.0	1.99037×10^{-6}	4.7016	4.4127
10	15	1	500	0.01	1682.9	1.92285×10^{-6}	4.8769	4.2014
10	16	1	500	0.01	1796.9	2.08756×10^{-6}	4.9824	4.7303
10	17	1	500	0.01	2891.7	2.30643×10^{-6}	4.7439	8.1245
10	20	1	500	0.01	5307.7	1.77118×10^{-6}	4.8059	20.903

从表 9-1 可以看出，在输入节点数、输出节点数、学习步长、学习速率相同的情况下，使用同一组数据对对采用不同隐层神经元数目的 3 层前向 BP 网络进行训练，得到的结果是不同的。训练时间随着隐层神经元数的增加而增加，MSE 在 S 取 15 时达到最小，而且具有很好的范化能力，由此可见隐层神经元的数目取 15 比较合理。

9.3.2 基于神经网络自适应 PID 控制的前馈 AGC 模拟

系统模拟以 MATLAB6.5 为工具，在 Simulink 环境下实现，构建模型见图 9-4 和图 9-5。神经网络辨识器和控制器用 MATLAB Fcn 实现，对象的初始输入和输出取 0～1 的随机数，辨识器的初始权值和阈值取 0～0.03 的随机数，控制器仍采用 PI 控制，v_1 初始值取 0～0.75 的随机数，v_2 初始值取 0～0.00075 的随机数。$\eta_1=\eta_2=0.000001$，$\beta=0.000005$。

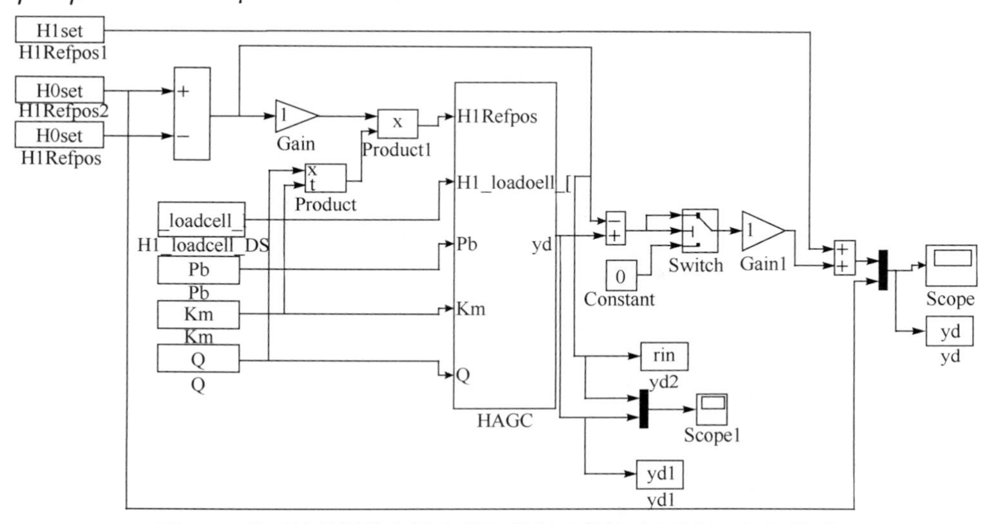

图 9-4 基于神经网络自适应 PID 控制的前馈 AGC Simulink 模型

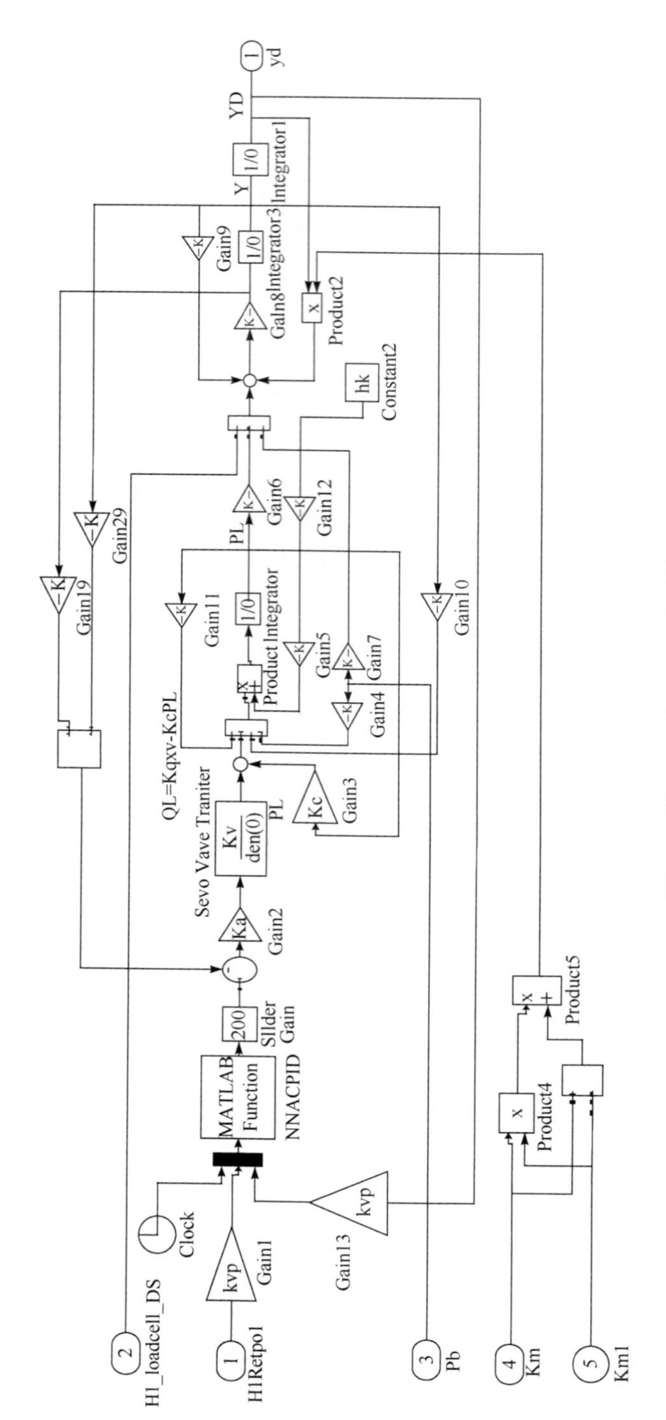

图 9-5　图 9-4 中的 HAGC 子系统

仿真数据与 8.5 节第一机架前馈 AGC 模拟分析数据相同，模拟结果见图 9-6。结果表明轧件厚度误差由轧前的 46μm 减小到轧后的 7μm，与常规 PID 控制的 12μm 相比有明显的减小，稳态误差不变仍为 4μm。

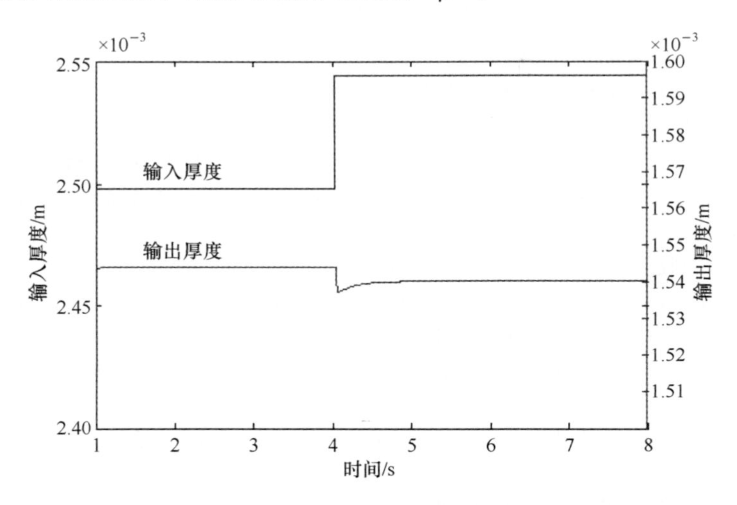

图 9-6　神经网络自适应 PID 控制的模拟结果

参考文献

蔡尚峰. 1982. 自动控制原理[M]. 北京:机械工业出版社.

曹鑫铭. 1991. 液压伺服系统[M]. 北京:冶金工业出版社.

程胜,刘宝权. 2004. 冷连轧机厚度控制技术的发展[J]. 吉林工程技术师范学院学报,12:17-20.

程胜,刘宝权. 2005. 液压伺服阀控制非对称缸系统 Simulink 建模的研究[J]. 吉林工程技术师范学院学报,3:34-37.

丁修堃. 2006. 轧制过程自动化[M]. 北京:冶金工业出版社.

费静,张岩,王军生,等. 2012. 冷轧乳化液压力协调控制系统. 中国金属学会. 2012 年全国轧钢生产技术会论文集(下)[C]. 中国金属学会:6.

付伟,刘宝权,高恩运,等. 2010. 冷轧机压上系统的自适应非线性补偿与应用[J]. 鞍钢技术,4:29-34.

耿晓琳. 2012. 防缠导板在冷轧生产中的应用和改进[J]. 一重技术,1:22-25.

顾瑞龙. 1984. 控制理论及电液控制系统[M]. 北京:机械工业出版社.

官忠范. 1997. 液压传动系统[M]. 北京:机械工业出版社.

侯永刚,秦大伟,费静,等. 2012. 过程数据采集与分析系统在冷连轧机组中的应用[J]. 冶金自动化,4:47-50.

侯永刚,秦大伟,费静,等. 2012. 冷连轧机过程数据自动采集与分析系统. 中国金属学会. 2012 年全国轧钢生产技术会论文集(下)[C]. 中国金属学会:5.

侯永刚,秦大伟,宋君,等. 2011. PDA 在冷连轧机组基础自动化控制系统中的应用. 中国金属学会. 第八届(2011)中国钢铁年会论文集[C]. 中国金属学会:7.

焦时光. 2006. 卡罗塞尔卷取机结构和参数分析及仿真[D]. 秦皇岛:燕山大学.

金耀辉,王军生,宋君,等. 2015. 冷连轧机负荷分配多目标优化计算方法[J]. 冶金自动化,2:52-57.

金兹伯格 V B. 2002. 高精度板带轧制理论与实践[M]. 北京:冶金工业出版社.

康阳. 2014. 轧制线调整装置在 UCMW 轧机上的应用[J]. 重型机械,4:13-15.

雷天觉. 1998. 新编液压工程手册[M]. 北京:北京理工大学出版社.

李红薇. 2008. 转盘式双卷筒卷取机结构设计与计[D]. 重庆:重庆大学.

李洪人. 1981. 液压控制系统[M]. 北京:国防工业出版社.

李韶岗,陆志贤. 2011. 冷连轧机组 Carrousel 卷取机的参数设计及控制分析[J]. 冶金设备,4:5-10.

李永堂,雷步芳,高雨茁. 2003. 液压系统建模与仿真[M]. 北京:冶金工业出版社.

李志锋,宋君,刘宝权,等. 2014. Oracle Forms 在冷轧二级 HMI 系统中的应用分析[J]. 软件,7:144-148.

刘宝权,李继业. 2006. 冷轧机液压 AGC 系统动态模拟[J]. 鞍钢技术,2:26-29.

刘宝权,柳军,廉法勇. 2009. 冷轧机液压 AGC 神经网络自适应 PID 控制的研究. 中国金属学会. 第七届(2009)中国钢铁年会大会论文集(中)[C]. 中国金属学会:5.

刘宝权，王晓慧，吴萌，等. 2013. 液压管道对轧机工作辊弯辊动态性能的影响. 中国金属学会. 第九届中国钢铁年会论文集[C]. 中国金属学会：5.

刘宝权，王自东，张鸿，等. 2010. 冷轧机压上系统的自适应非线性补偿与应用. 中国金属学会. 第5届中国金属学会青年学术年会论文集[C]. 中国金属学会：6.

刘宝权，张鸿，王自东，等. 2011. 冷轧机附加倾斜后双侧非对称轧制力的计算[J]. 钢铁，10：52-56.

刘宝权，张鸿，王自东，等. 2012. 冷轧机工作辊非对称弯辊的板形调控理论研究与应用[J]. 北京科技大学学报，2：184-189.

刘宝权，张鸿，王自东，等. 2013. UC 轧机中间辊非对称弯辊改善辊间压力分布[J]. 沈阳工业大学学报，2：166-170.

刘宝权. 2005. 冷连轧机液压 AGC 系统结构与模型的研究[D]. 沈阳：东北大学.

刘宝权. 2008. 冷轧机液压 AGC 神经网络自适应 PID 控制的研究. 中国金属学会. 2008 年全国轧钢生产技术会议文集[C]. 中国金属学会：6.

刘宝权. 2012. 冷轧带钢非对称板形调控理论研究与工业应用[D]. 北京：北京科技大学.

刘长年. 1985. 液压伺服系统的分析与设计[M]. 北京：科学出版社.

刘金琨. 2003. 先进 PID 控制及其 MATLAB 仿真[M]. 北京：电子工业出版社.

卢天燚，刘宝权. 2004. 冷连轧机厚度控制技术的应用[J]. 冶金设备管理与维修，144：13-14.

陆元章. 1989. 液压系统的建模与分析[M]. 上海交通大学出版社.

陆志贤，陈兴光，李韶岗. 2013. Carrousel 卷取机关键技术介绍及主要参数设计[J]. 冶金设备，2：35-38.

路甬祥. 2002. 液压气动技术手册[M]. 北京：机械工业出版社.

梅如敏. 2011. 卡罗塞尔卷取机结构和主要技术参数分析[J]. 重型机械，5：58-61.

潘文全. 1982. 流体力学基础[M]. 北京：机械工业出版社.

秦大伟，侯永刚，宋君，等. 2012. 冷连轧机带钢跟踪技术研究与应用. 中国金属学会. 2012 年全国轧钢生产技术会论文集(上)[C]. 中国金属学会：4.

秦大伟，宋君，王军生，等. 2011. 单机架平整机组伸长率控制技术. 中国金属学会. 第八届(2011)中国钢铁年会论文集[C]. 中国金属学会：5.

秦大伟，张岩，王军生，等. 2013. 连续热镀锌线镀层厚度自动控制系统研究与应用. 中国金属学会. 第九届中国钢铁年会论文集[C]. 中国金属学会：5.

秦大伟，张岩，王军生，等. 2014. 热镀锌线镀层厚度自动控制系统研究[J]. 鞍钢技术，5：27-30.

宋君，秦大伟，张岩，等. 2011. 平整机组过程控制系统开发及应用. 中国金属学会. 第八届(2011)中国钢铁年会论文集[C]. 中国金属学会：4.

宋君，秦大伟，张岩，等. 2012. 鞍钢 1450mm 平整机过程控制系统开发及应用[J]. 鞍钢技术，4：31-34.

宋君，王奎越，秦大伟，等. 2012. 鞍钢 1780mm 平整机模型系统优化[J]. 鞍钢技术，6：55-58.

王春行. 1991. 液压伺服控制系统[M]. 北京：机械工业出版社.

王国栋. 1986. 板形控制和板形理论[M]. 北京：冶金工业出版社.

王军生，白金兰，刘相华. 2009. 带钢冷连轧原理与过程控制[M]. 北京：科学出版社.

王军生，候永刚，张岩，等. 2012. 鞍钢宽带钢冷连轧机组板形控制机型配置研究与应用. 中国金属学会青年委员会、北京机械工程学会. 第二届钢材质量控制技术——形状、性能、尺寸精度、表面质量控制与改善学术研讨会文集[C]. 中国金属学会青年委员会、北京机械工程学会：7.

王军生，彭艳，张殿华，等. 2012. 冷轧机板形控制技术研发与应用. 中国金属学会. 2012 年全国轧钢生产技术会论文集(上)[C]. 中国金属学会：6.

王奎越，宋君，王军生，等. 2012. 鞍钢莆田 1450mm 酸洗过程控制系统的开发应用[J]. 鞍钢技术，5：17-20.

王沫然. 2002. Simulink4 建模及动态仿真[M]. 北京：电子工业出版社.

王廷溥，齐克敏. 1998. 金属塑性加工力学-轧制理论与工艺[M]. 北京：冶金工业出版社.

王晓慧，丁智，刘宝权，等. 2012. 基于 RBF 神经网络的快速伺服刀架迟滞特性建模[J]. 东南大学学报(自然科学版)，S1：217-220.

闻新，周露，李翔. 2003. MATLAB 神经网络仿真与应用[M]. 北京：科学出版社.

徐乐江. 2007. 板带冷轧机板形控制与机型选择. 北京：冶金工业出版社.

徐利璞，计江，钱广阔. 2014. 卡罗塞尔卷取机自动化控制[J]. 轧钢，31(5)：53-54.

尹海元，孙明奎，江东海. 2014. 冷连轧机工作辊防缠导板功能和应用[J]. 冶金设备，212：143-145.

张建功，刘宝权，刘佳伟. 2006. 液压 AGC 电液伺服系统单神经元自适应控制与仿真研究[J]. 鞍钢技术，3：27-31.

张康，侯云峰. 2008. 冷轧机工作辊防缠导板的结构设计[J]. 一重技术，1：9-10.

张小平，秦建平. 2006. 轧制理论[M]. 北京：冶金工业出版社.

张岩，邵富群，王军生，等. 2009. 冷连轧机辊缝自动标定原理及应用[J]. 冶金自动化，5：33-37.

张岩，邵富群，王军生，等. 2010. 冷连轧机厚度自动控制策略应用对比分析[J]. 控制工程，3：265-268.

张岩，邵富群，王军生，等. 2011. 连续热镀锌层厚度自适应控制[J]. 东北大学学报(自然科学版)，11：1525-1528，1533.

张岩，邵富群，王军生，等. 2012. 基于模糊自适应模型的热镀锌锌层厚度控制[J]. 沈阳工业大学学报，5：576-580，590.

张岩，邵富群，王军生，等. 2012. 热镀锌锌层厚度自适应控制模型的研究与应用[J]. 钢铁，2：62-66.

张岩，吴华良，刘宝权. 2007. 冷轧生产线酸洗冲洗段挤干辊的自动控制[J]. 鞍钢技术，2：36-38，41.

赵荣，廖德勇，刘宝权. 2014. 冷轧机工作辊弯辊控制系统模拟[J]. 辽宁科技大学学报，1：10-15，28.

赵志业. 1991. 金属塑性变形与轧制理论[M]. 北京：冶金工业出版社.

朱为昌. 1993. 塑性加工力学[M]. 北京：北京科技大学出版社.

Liu B Q，Wang Z D，Zhang H，et al. 2010. Nonlinear self-adaptive compensation of screw down system of TCM[J]. Advanced Material Research：1883-1888.

Liu B Q，Wang Z D，Zhang H，et al. 2010. The mathematical models and simulation on work roll bending control system of cold rolling Mill[J]. The 10th International Conference on Steel Rolling,10:1621-1631.

Wang Y P,Yang X B,Jin Y H,et al. 2014. The mathematical models and simulation on work roll bending control system of cold rolling mill[J]. Applied Mechanics and Materials:2337-2341.

Zhang Y,Shao F Q,Wang J S,et al. 2010. Application study of variable parameters PID tension dynamic control in cold rolling mill[J]. Advanced Material Research,12:1924-1928.

Zhang Y,Shao F Q,Wang J S,et al. 2010. A model-free adaptive control for selective cooling of cold rolling flatness control[J]. The 10th International Conference on Steel Rolling, 10: 1134-1138.